2.1.11- 绘制卡通小鸡

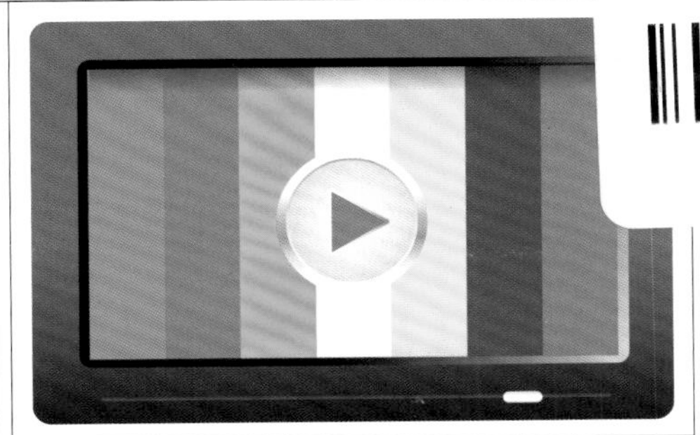

2.2.8- 绘制播放器

2.3 课堂练习 - 绘制冬天夜景

2.4 课后习题 - 绘制咖啡店标志

3.1.10- 绘制度假卡

3.2.6- 绘制乡村风景

3.4 课堂练习 - 绘制彩虹插画

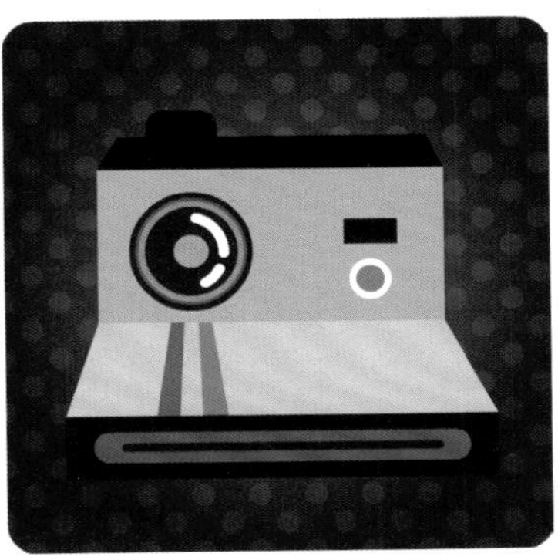

3.5 课后习题 - 绘制老式相机

4.1.8- 绘制啤酒标志

4.2 课堂练习 - 制作生日贺卡

4.3 课后习题 - 制作可乐瓶盖

5.1.9- 制作平板电脑广告

5.2 课堂练习 - 制作装饰画

5.3 课后习题 - 制作餐饮广告

6.1.8- 制作海上风景动画

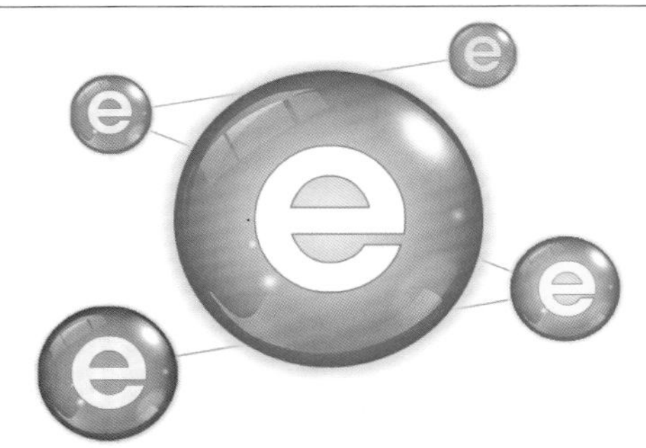

6.2.6 制作按钮实例

6.3 课堂练习 - 制作卡通插画

6.4 课后习题 - 制作动态按钮

7.1.6- 制作打字效果

7.2.9- 制作城市动画

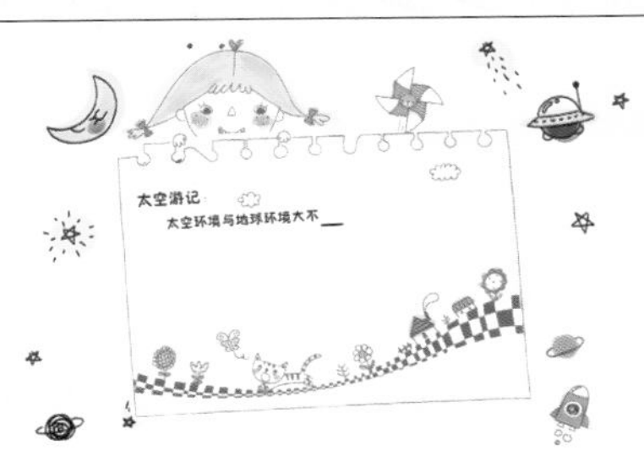

7.3 课堂练习 - 制作日记动画

7.4 课后习题 - 制作加载条效果

8.1.6- 制作飘落效果

8.2.5- 制作遮罩招贴动画

8.3 课堂练习 - 制作文字遮罩效果

8.4 课后习题 - 制作飞行效果

9.1.7- 添加图片按钮音效

9.2 课堂练习 - 为动画添加声音

9.3 课后习题 - 制作英语屋

10.1.8- 制作精美闹钟

10.2 课堂练习 - 制作系统时钟

10.3 课后习题－制作下雪效果

11.1.5－制作摄影俱乐部

11.2 课堂练习－制作快乐农场

11.3 课后习题－制作美肤栏

12.2.2－制作脑筋急转弯问答

12.3 课堂练习－制作西餐厅知识问答

12.4 课后习题－制作生活小常识问答

13.1－制作美食节贺卡

13.2－制作旅行相册

13.3－制作音乐广告

13.4－制作房地产网页

13.5－制作射击游戏

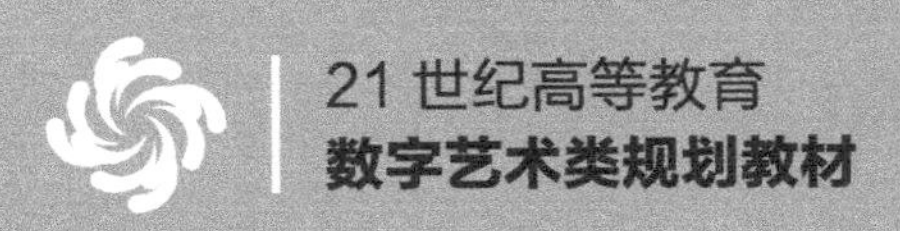

# Flash CS6 中文版基础教程

贾玉珍 王绪宛 ◎ 主编
王宓 张顺利 ◎ 副主编

人民邮电出版社
北京

图书在版编目（CIP）数据

Flash CS6中文版基础教程 / 贾玉珍，王绪宛主编
. -- 北京 : 人民邮电出版社，2013.12（2023.9重印）
21世纪高等教育数字艺术类规划教材
ISBN 978-7-115-34467-0

Ⅰ. ①F… Ⅱ. ①贾… ②王… Ⅲ. ①动画制作软件－高等学校－教材 Ⅳ. ①TP391.41

中国版本图书馆CIP数据核字(2014)第019110号

## 内容提要

本书全面、系统地介绍了Flash CS6中文版的基本操作方法和网页动画的制作技巧，包括Flash CS6中文版基础入门、图形的绘制与编辑、对象的编辑与操作修饰、文本的编辑、外部素材的应用、元件和库、基本动画的制作、层与高级动画、声音素材的编辑、动作脚本的应用、交互式动画的制作、组件与行为、商业案例实训等内容。

本书将案例融入软件功能的介绍过程中，在介绍了基础知识和基本操作后，精心设计了课堂案例，力求通过课堂案例演练，使学生快速掌握软件的应用技巧；最后通过课后习题实践，拓展学生的实际应用能力。在本书的最后一章，精心安排了专业设计公司的5个精彩实例，力求通过这些实例的制作，提高学生网页动车的制作能力。

本书适合作为高等院校数字艺术、计算机等相关专业的教材，也可作为相关人员的自学参考书。

◆ 主　　编　贾玉珍　王绪宛
副 主 编　王　宓　张顺利
责任编辑　李海涛
责任印制　彭志环

◆ 人民邮电出版社出版发行　　北京市丰台区成寿寺路11号
邮编　100164　　电子邮件　315@ptpress.com.cn
网址　https://www.ptpress.com.cn
涿州市般润文化传播有限公司印刷

◆ 开本：787×1092　1/16　　彩插：2
印张：16　　2013年12月第1版
字数：390千字　　2023年9月河北第16次印刷

定价：39.80元（附光盘）

读者服务热线：(010)81055256　印装质量热线：(010)81055316
反盗版热线：(010)81055315
广告经营许可证：京东市监广登字20170147号

# 前言

Flash 是由 Adobe 公司开发的网页动画制作软件。它功能强大、易学易用，深受网页制作爱好者和动画设计人员的喜爱，已经成为这一领域最流行的软件之一。目前，我国很多高等院校的数字媒体艺术类专业，都将“Flash”列为一门重要的专业课程。为了帮助本科院校的教师比较全面、系统地讲授这门课程，使学生能够熟练地使用 Flash 来进行动画设计，几位长期在高等院校从事 Flash 教学的教师和专业网页动画设计公司经验丰富的设计师，共同编写了本书。

本书的体系结构经过精心的设计，按照“软件功能解析—课堂案例—课堂练习—课后习题”这一思路进行编排，力求通过软件功能解析使读者深入学习软件功能和制作特色，通过课堂案例演练，使读者快速熟悉软件功能和动画设计思路，通过课堂练习和课后习题，拓展读者的实际应用能力。在本书的最后一章，精心安排了专业设计公司的 5 个精彩实例，通过介绍这些制作实例，帮助读者提高网页动画的制作能力。在内容编写方面，力求细致全面、重点突出；在文字叙述方面，注意言简意赅、通俗易懂；在案例选取方面，强调案例的针对性和实用性。

本书配套光盘中包含了书中所有案例的素材及效果文件。另外，为方便教师教学，本书配备了详尽的课堂练习和课后习题的操作步骤以及 PPT 课件、教学大纲等丰富的教学资源，读者可到人民邮电出版社教学服务与资源网（www.ptpedu.com.cn）免费下载使用。本书的参考学时为 58 学时，其中实训环节为 18 学时，各章的参考学时参见下面的学时分配表。

| 章　节 | 课 程 内 容 | 学 时 分 配 | |
|---|---|---|---|
| | | 讲　授 | 实　训 |
| 第 1 章 | Flash CS6 中文版基础入门 | 2 | |
| 第 2 章 | 图形的绘制与编辑 | 3 | 2 |
| 第 3 章 | 对象的编辑与修饰 | 3 | 1 |
| 第 4 章 | 文本的编辑 | 3 | 1 |
| 第 5 章 | 外部素材的应用 | 2 | 1 |
| 第 6 章 | 元件和库 | 3 | 1 |
| 第 7 章 | 基本动画的制作 | 4 | 2 |
| 第 8 章 | 层与高级动画 | 4 | 2 |
| 第 9 章 | 声音素材的编辑 | 2 | 1 |
| 第 10 章 | 动作脚本的应用 | 3 | 2 |
| 第 11 章 | 交互式动画的制作 | 3 | 3 |
| 第 12 章 | 组件与行为 | 3 | 2 |
| 第 13 章 | 商业案例实训 | 5 | |
| 课 时 总 计 | | 40 | 18 |

本书由贾玉珍、王绪宛任主编，王宓、张顺利任副主编，其中贾玉珍编写第 1 章～第 4 章，王绪宛编写第 5 章～第 8 章，王宓编写第 9 章～第 11 章，张顺利编写第 12 章～第 13 章。

由于时间仓促，加之水平有限，书中难免存在错误和不妥之处，敬请广大读者批评指正。

编　者

2013 年 7 月

# 目录

# CONTENTS

Flash CS6

1 Chapter

# 第 1 章 Flash CS6 中文版基础入门

本章将详细讲解 Flash CS6 中文版的基本知识和基本操作。通过对本章的学习，读者要对 Flash CS6 中文版有初步的认识和了解，并能够掌握软件的基本操作方法和技巧，为以后的学习打下坚实的基础。

课堂学习目标：

- 了解 Flash CS6 中文版的操作界面；
- 掌握文件操作的方法和技巧。

# 1.1 Flash CS6 中文版的操作界面

Flash CS6 中文版的操作界面由以下几部分组成：菜单栏、主工具栏、工具箱、时间轴、场景和舞台、属性面板以及浮动面板，如图 1-1 所示。

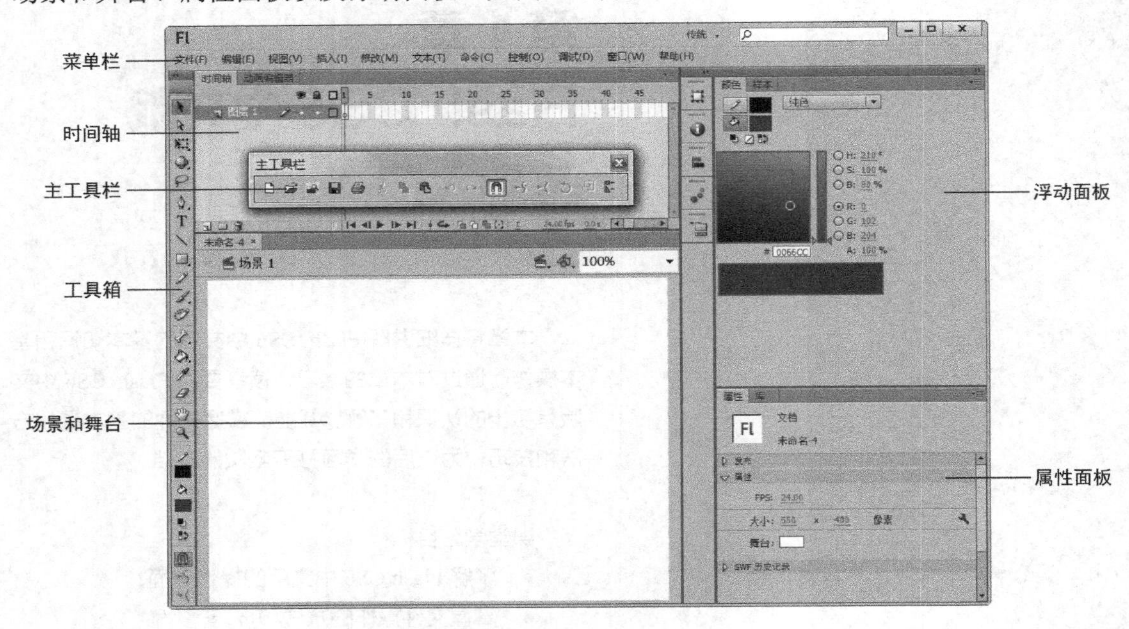


图 1-1

## 1.1.1 菜单栏

Flash CS6 中文版的菜单栏依次分为“文件”、“编辑”、“视图”、“插入”、“修改”、“文本”、“命令”、“控制”、“调试”、“窗口”及“帮助”，如图 1-2 所示。

文件(F) 编辑(E) 视图(V) 插入(I) 修改(M) 文本(T) 命令(C) 控制(O) 调试(D) 窗口(W) 帮助(H)

图 1-2

- “文件”菜单：主要功能是创建、打开、保存、打印、输出动画，以及导入外部图形、图像、声音、动画文件，以便在当前动画中进行使用。
- “编辑”菜单：主要功能是对舞台上的对象以及帧进行选择、复制、粘贴，以及自定义面板、设置参数等。
- “视图”菜单：主要功能是进行环境设置。
- “插入”菜单：主要功能是向动画中插入对象。
- “修改”菜单：主要功能是修改动画中的对象。
- “文本”菜单：主要功能是修改文字的外观、对齐，以及对文字进行拼写检查等。
- “命令”菜单：主要功能是保存、查找、运行命令。
- “控制”菜单：主要功能是测试播放动画。
- “调试”菜单：主要功能是对动画进行调试。

- “窗口”菜单：主要功能是控制各功能面板是否显示以及面板的布局设置。
- “帮助”菜单：主要功能是提供 Flash CS6 在线帮助信息和支持站点的信息，包括教程和 ActionScript 帮助。

### 1.1.2　主工具栏

为方便使用，Flash CS6 中文版中一些常用命令以按钮的形式组织在一起，置于操作界面的上方。主工具栏上的按钮依次为“新建”按钮、“打开”按钮、“转到 Bridge”按钮、“保存”按钮、“打印”按钮、“剪切”按钮、“复制”按钮、“粘贴”按钮、“撤消”按钮、“重做”按钮、“贴紧至对象”按钮、“平滑”按钮、“伸直”按钮、“旋转与倾斜”按钮、“缩放”按钮以及“对齐”按钮，如图 1-3 所示。

选择“窗口 > 工具栏 > 主工具栏”命令，可以调出主工具栏，之后可以通过鼠标拖动改变工具栏的位置。

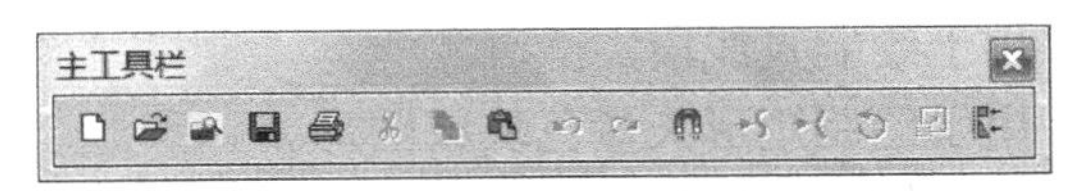


图 1-3

- “新建”按钮：新建一个 Flash 文件。
- “打开”按钮：打开一个已存在的 Flash 文件。
- “转到 Bridge”按钮：用于打开文件浏览窗口，从中可以对文件进行浏览和选择。
- “保存”按钮：保存当前正在编辑的文件，不退出编辑状态。
- “打印”按钮：将当前编辑的内容送至打印机输出。
- “剪切”按钮：将选中的内容剪切到系统剪贴板中。
- “复制”按钮：将选中的内容复制到系统剪贴板中。
- “粘贴”按钮：将剪贴板中的内容粘贴到选定的位置。
- “撤消”按钮：取消前面的操作。
- “重做”按钮：还原被取消的操作。
- “贴紧至对象”按钮：选择此按钮进入贴紧状态，用于绘图时调整对象的准确定位；设置动画路径时能自动粘连。
- “平滑”按钮：使曲线或图形的外观更光滑。
- “伸直”按钮：使曲线或图形的外观更平直。
- “旋转与倾斜”按钮：改变舞台对象的旋转角度和倾斜变形。
- “缩放”按钮：改变舞台中对象的大小。
- “对齐”按钮：调整舞台中多个选中对象的对齐方式。

### 1.1.3　工具箱

工具箱提供了图形绘制和编辑的各种工具，分为工具、查看、颜色、选项 4 个功能区，如图 1-4 所示。选择“窗口 > 工具”命令，可以调出工具箱。

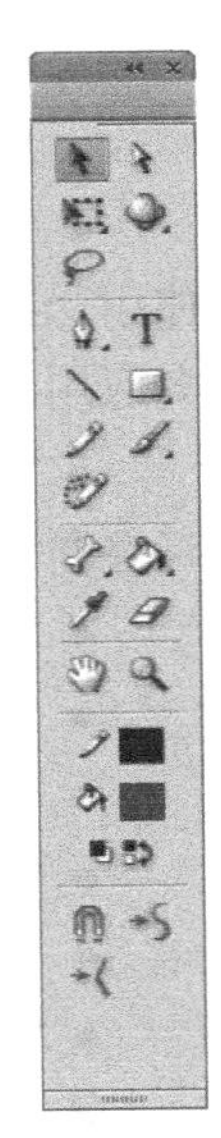

图 1-4

#### 1. 工具区

该区提供了选择、创建、编辑图形的工具。

- “选择工具”：用于选择和移动舞台上的对象，改变对象的大小和形状等。

- “部分选取工具”：用于抓取、选择、移动和改变形状路径。
- “任意变形工具”：用于对舞台上选定的对象进行缩放、扭曲、旋转变形。
- “渐变变形工具”：用于对舞台上选定对象的填充渐变色变形。
- “3D 旋转工具”：可以在 3D 空间中旋转影片剪辑实例。在使用该工具选择影片剪辑后，3D 旋转控件出现在选定对象之上。$x$ 轴为红色、$y$ 轴为绿色、$z$ 轴为蓝色。使用橙色的自由旋转控件可使其同时绕 $x$ 和 $y$ 轴旋转。
- “3D 平移工具”：可以在 3D 空间中移动影片剪辑实例。在使用该工具选择影片剪辑后，影片剪辑的 $x$、$y$ 和 $z$ 三个轴将显示在舞台上对象的顶部。$x$ 轴为红色，$y$ 轴为绿色，而 $z$ 轴为黑色。应用此工具可以将影片剪辑分别沿着 $x$、$y$ 或 $z$ 轴进行平移。
- “套索工具”：用于在舞台上选择不规则的区域或多个对象。
- “钢笔工具”：用于绘制直线和光滑的曲线，调整直线长度、角度及曲线曲率等。
- “文本工具”：用于创建、编辑字符对象和文本窗体。
- “线条工具”：用于绘制直线段。
- “矩形工具”：用于绘制矩形矢量色块或图形。
- “椭圆工具”：用于绘制椭圆形、圆形矢量色块或图形。
- “基本矩形工具”：绘制基本矩形，此工具用于绘制图元对象。图元对象是允许用户在属性面板中调整其特征的形状。对于使用该工具创建的形状，可以精确地控制其大小、边角半径及其他属性，而无需从头开始绘制。
- “基本椭圆工具”：绘制基本椭圆形，此工具用于绘制图元对象。图元对象是允许用户在属性面板中调整其特征的形状。对于使用该工具创建的形状，可以精确地控制其开始角度、结束角度、内径及其他属性，而无需从头开始绘制。
- “多角星形工具”：用于绘制等比例的多边形（单击矩形工具，将弹出多角星形工具）。
- “铅笔工具”：用于绘制任意形状的矢量图形。
- “刷子工具”：用于绘制任意形状的色块矢量图形。
- “喷涂刷工具”：可以一次性地将形状图案“刷”到舞台上。默认情况下，喷涂刷使用当前选定的填充颜色喷射粒子点，也可以使用喷涂刷工具将影片剪辑或图形元件作为图案应用。
- “Deco 工具”：可以对舞台上的选定对象应用效果。在选择 Deco 工具后，可以从属性面板中选择要应用的效果样式。
- “骨骼工具”：可以向影片剪辑、图形和按钮实例添加 IK 骨骼。
- “绑定工具”：可以编辑单个骨骼和形状控制点之间的连接。
- “颜料桶工具”：用于改变色块的色彩。
- “墨水瓶工具”：用于改变矢量线段、曲线、图形边框线的色彩。
- “滴管工具”：可以将舞台图形的属性赋予当前绘图工具。
- “橡皮擦工具”：用于擦除舞台上的图形。

**2. 查看区**

该区的工具用于改变舞台画面以便更好地观察。

- “手形工具”：可以移动舞台画面以便更好地观察。
- “缩放工具”：用于改变舞台画面的显示比例。

### 3．颜色区

该区的工具用于选择绘制、编辑图形的笔触颜色和填充色。

- “笔触颜色”按钮：用于选择图形边框和线条的颜色。
- “填充颜色”按钮：用于选择图形要填充区域的颜色。
- “黑白”按钮：系统默认的颜色。
- “交换颜色”按钮：可将笔触颜色和填充色进行交换。

### 4．选项区

不同工具有不同的选项，通过“选项”区可以为当前选择的工具选择属性。

## 1.1.4　时间轴

时间轴用于组织和控制文件内容在一定时间内播放。按照功能的不同，时间轴窗口分为左右两部分，分别为层控制区、时间线控制区，如图 1-5 所示。时间轴的主要组件是层、帧和播放头。

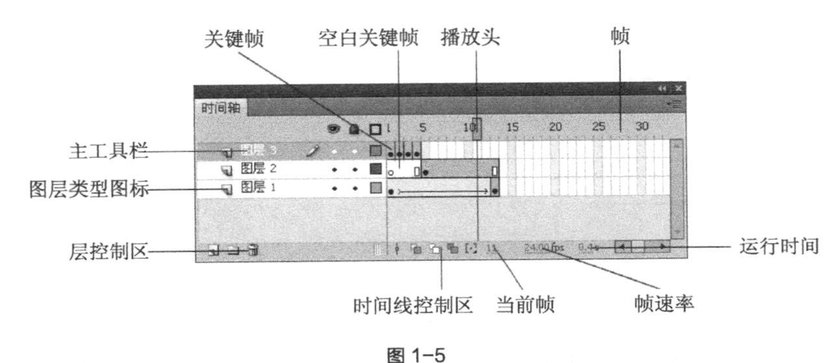


图 1-5

### 1．层控制区

层控制区位于时间轴的左侧。层就像堆叠在一起的多张幻灯胶片一样，每个层都包含一个显示在舞台中的不同图像。在层控制区中，可以显示舞台上正在编辑的作品所有层的名称、类型、状态，并可以通过工具按钮对层进行操作。

- “新建图层”按钮：用于增加新层。
- “新建文件夹”按钮：用于增加新的图层文件夹。
- “删除”按钮：用于删除选定层。
- “显示或隐藏所有图层”按钮：用于控制选定层的显示/隐藏状态。
- “锁定或解除锁定所有图层”按钮：用于控制选定层的锁定/解锁状态。
- “将所有图层显示为轮廓”按钮：用于控制选定层的显示图形外框/显示图形状态。

### 2．时间线控制区

时间线控制区位于时间轴的右侧，由帧、播放头和多个按钮及信息栏组成。与胶片一样，Flash 文档也将时间长度分为帧。每个层中包含的帧显示在该层名右侧的一行中。时间轴顶部的时间轴标题指示帧编号。播放头指示舞台中当前显示的帧。信息栏显示当前帧编号、动画播放速率以及到当前帧为止的运行时间等信息。时间线控制区按钮的基本功能如下。

- “帧居中”按钮：可以将当前帧显示到控制区窗口中间。
- “绘图纸外观”按钮：可以在时间线上设置一个连续的显示帧区域，区域内的帧所包含的内容同时显示在舞台上。

●“绘图纸外观轮廓”按钮：可以在时间线上设置一个连续的显示帧区域，除当前帧外，区域内的帧所包含的内容仅显示图形外框。

●“编辑多个帧”按钮：可以在时间线上设置一个连续的显示帧区域，区域内的帧所包含的内容可同时显示和编辑。

●“修改标记”按钮：单击该按钮会显示一个多帧显示选项菜单，定义 2 帧、5 帧或全部帧内容。

### 1.1.5 场景和舞台

场景是所有动画元素的最大活动空间，如图 1-6 所示。像多幕剧一样，场景可以不止一个。要查看特定场景，可以选择“视图 > 转到”命令，再从其子菜单中选择场景的名称。

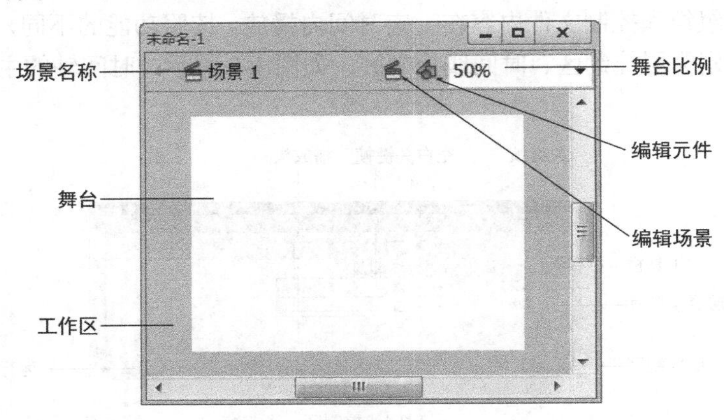


图 1-6

场景也就是常说的舞台，是编辑和播放动画的矩形区域。在舞台上可以放置和编辑矢量插图、文本框、按钮、导入的位图图形、视频剪辑等对象。舞台包括大小、颜色等设置。

在舞台上可以显示网格和标尺，帮助制作者准确定位。选择“视图 > 网格 > 显示网格”命令即可显示网格，如图 1-7 所示；选择“视图 > 标尺”命令即可显示标尺，如图 1-8 所示。

在制作动画时，还常常需要辅助线来作为舞台上不同对象的对齐标准。需要时，可以从标尺上向舞台拖动鼠标以产生绿色的辅助线，如图 1-9 所示，它在动画播放时并不显示。不需要辅助线时，从舞台上向标尺方向拖动辅助线即可将其删除。还可以通过选择“视图 > 辅助线 > 显示辅助线”命令来显示辅助线，通过选择“视图 > 辅助线 > 编辑辅助线”命令来修改辅助线的颜色等属性。

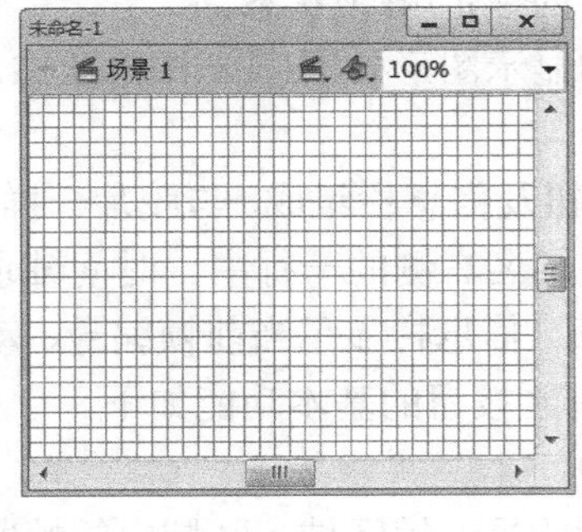


图 1-7

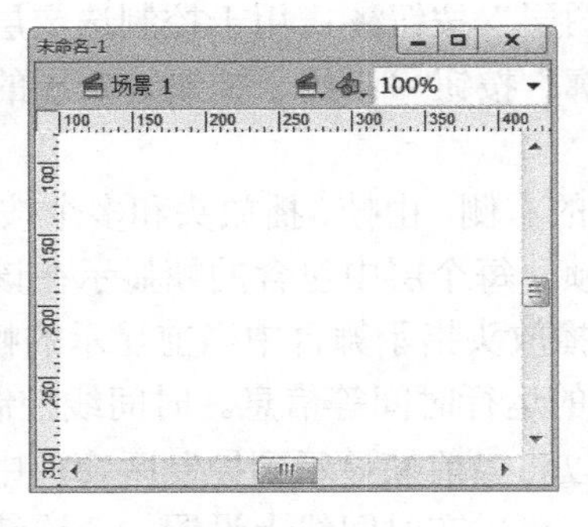


图 1-8

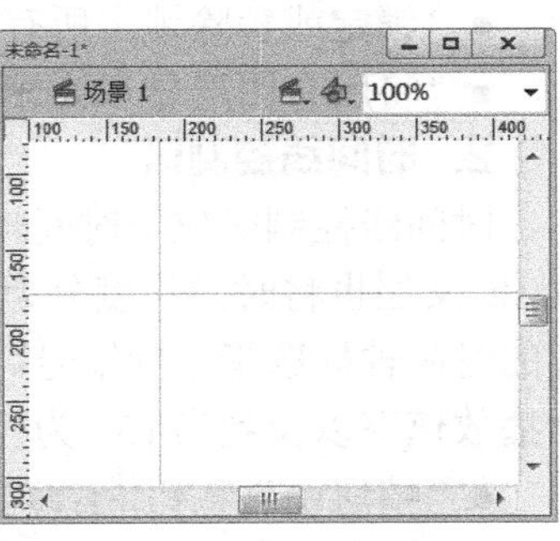


图 1-9

### 1.1.6　“属性”面板

对于正在使用的工具或资源，使用“属性”面板，可以很容易地查看和更改它们的属性，从而简化文档的创建过程。当选定单个对象，如文本、组件、形状、位图、视频、组、帧等时，“属性”面板可以显示相应的信息和设置，如图 1-10 所示。当选定了两个或多个不同类型的对象时，“属性”面板会显示选定对象的总数，如图 1-11 所示。

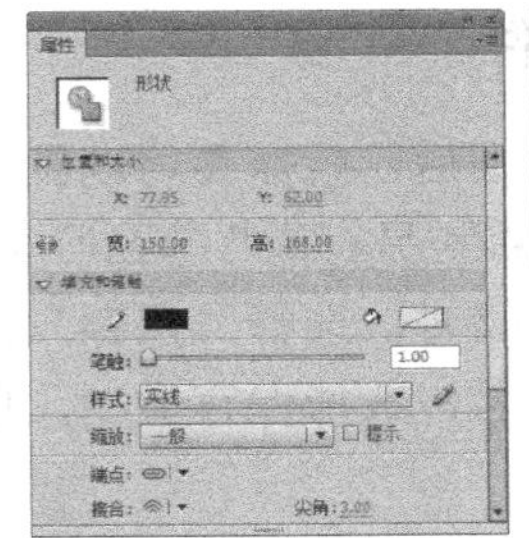

图 1-10

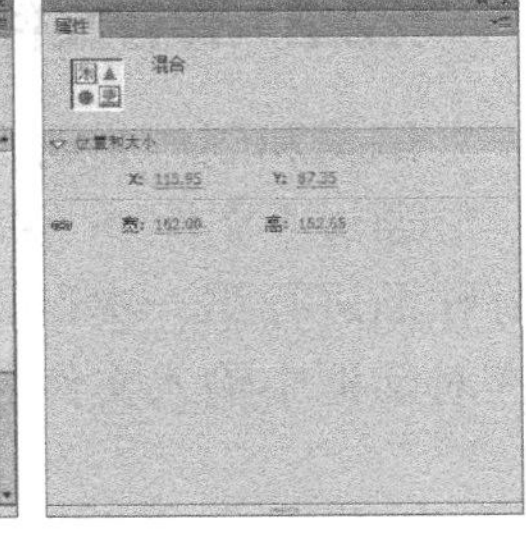

图 1-11

### 1.1.7　浮动面板

使用面板可以查看、组合和更改资源。但屏幕的大小有限，为了尽量使工作区最大，Flash CS6 提供了许多种自定义工作区的方式，如可以通过“窗口”菜单显示、隐藏面板，还可以通过鼠标拖动来调整面板的大小以及重新组合面板，如图 1-12、图 1-13 所示。

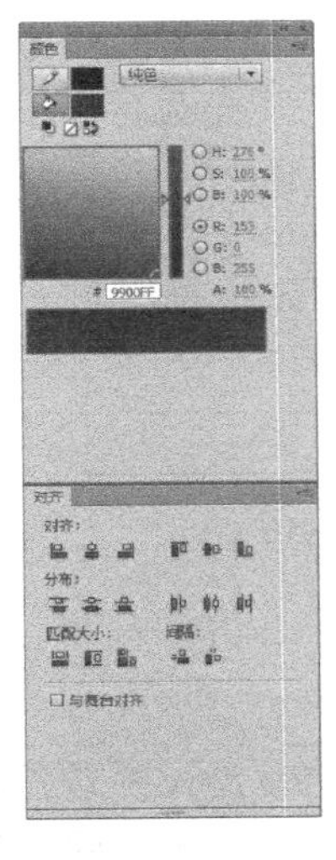

图 1-12

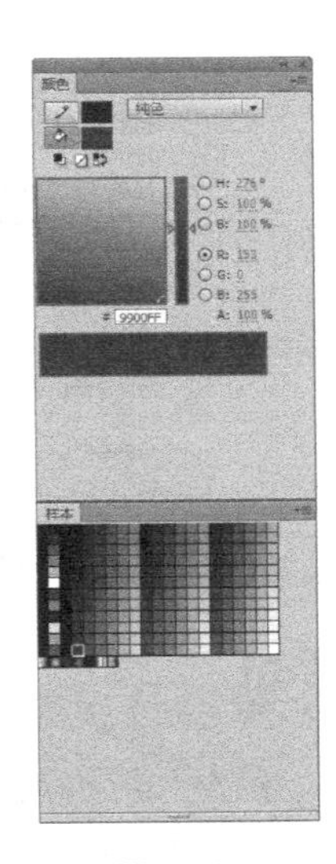

图 1-13

## 1.2　Flash CS6 中文版的文件操作

### 1.2.1　新建文件

新建文件是使用 Flash CS6 进行设计的第一步。

选择“文件 > 新建”命令，弹出“新建文档”对话框，如图 1-14 所示。在对话框中，可以创建 Flash 文档，设置 Flash 影片的媒体和结构，创建 Flash 幻灯片演示文稿，演示幻灯片或多媒体等连续性内容，创建基于窗体的 Flash 应用程序，应用于 Internet，也可以创建用于控制影片的外部动作脚本文件等。选择完成后，单击“确定”按钮，即可完成新建文件的任务，如图 1-15 所示。

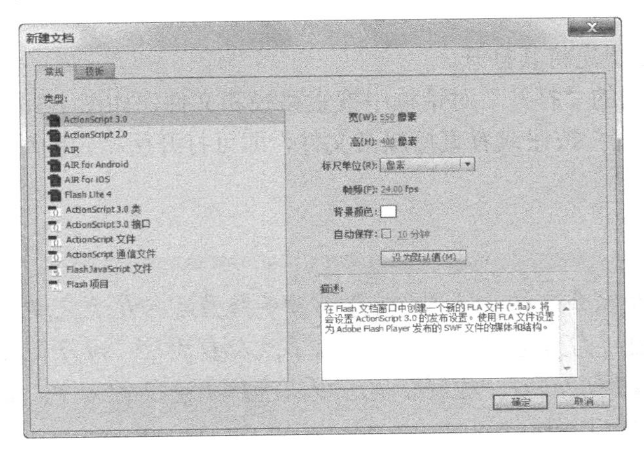


图 1-14

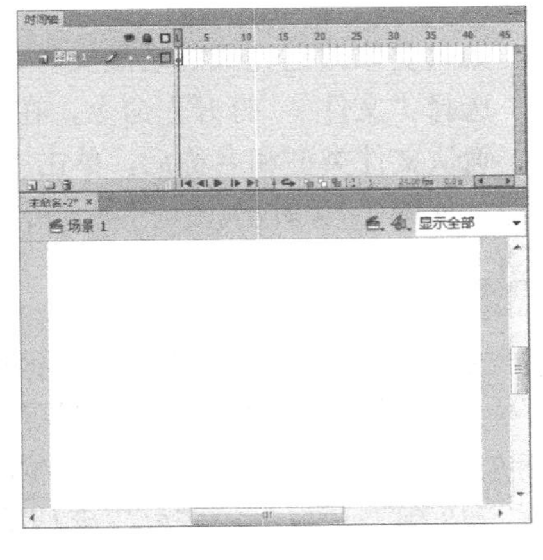


图 1-15

### 1.2.2 保存文件

编辑和制作完动画后，就需要将动画文件进行保存。

通过“文件 > 保存/另存为”等命令可以将文件保存在磁盘上，如图 1-16 所示。当设计好作品进行第一次存储时，选择“保存”命令，弹出“另存为”对话框，如图 1-17 所示；在对话框中输入文件名，选择保存类型，单击“保存”按钮即可将动画保存。

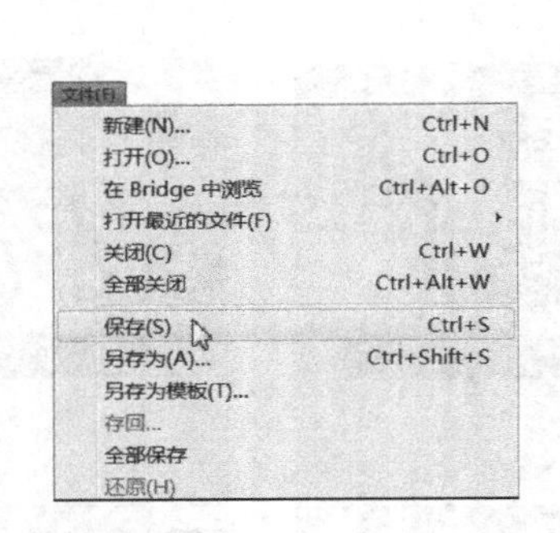


图 1-16

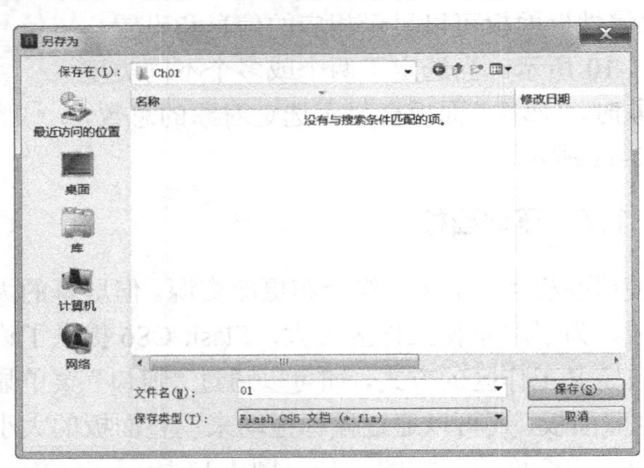


图 1-17

**提示**

*当对已经保存过的动画文件进行各种编辑操作后，再选择“保存”命令，将不弹出“另存为”对话框，计算机会直接保留最终确认的结果，并覆盖原始文件。因此，在未确定要放弃原始文件之前，应慎用此命令。*

若既要保留修改过的文件，又不想放弃原文件，可以选择“文件 > 另存为”命令，将弹出“另存为”对话框。在对话框中，可以为更改过的文件重新命名、选择路径、设定保存类型，然后进行保存，这样可使原文件保留不变。

### 1.2.3 打开文件

如果要修改已完成的动画文件，必须先将其打开。

选择“文件 > 打开”命令，在弹出的“打开”对话框中搜索路径和文件，如图 1-18 所示。确认文件类型和名称后，单击“打开”按钮或者直接双击文件，即可打开所指定的动画文件，如图 1-19 所示。

**技巧**

*在“打开”对话框中，也可以一次打开多个文件。只要在文件列表中将所需的几个文件选中，并单击“打开”按钮，系统就将逐个打开这些文件，而无需多次反复调用“打开”对话框。在“打开”对话框中，按住 Ctrl 键的同时，用鼠标单击可以选择不连续的文件；按住 Shift 键，用鼠标单击可以选择连续的文件。*

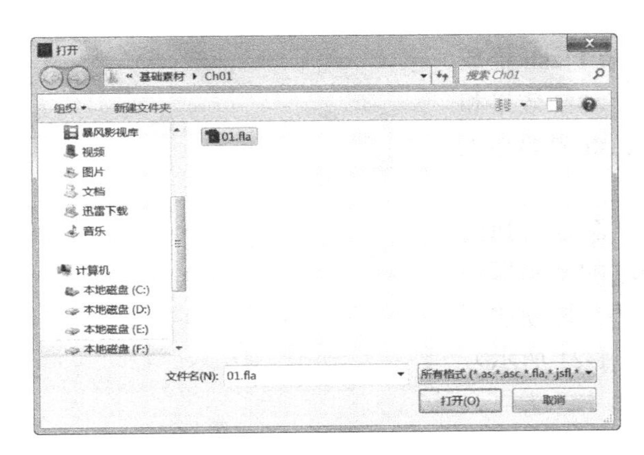


图 1-18

图 1-19

## 1.2.4 输出文件

动画作品设计完成后，要通过输出或发布方式将其制作成可以脱离 Flash CS6 环境播放的动画文件。并不是所有的应用系统都支持 Flash 文件格式，如果要在网页、应用程序、多媒体中编辑动画作品，可以将它们导出成通用的文件格式，如 GIF、JPEG、PNG、BMP、QuickTime 或 AVI。

选择“文件 > 导出”命令，其子菜单如图 1-20 所示，可以选择将文件导出为图像或影片。

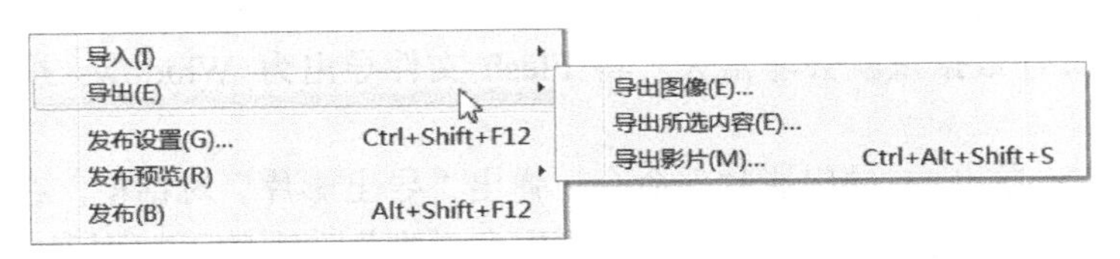


图 1-20

- “导出图像”命令：可以将当前帧或所选图像导出为一种静止图像格式，或者导出为单帧 Flash Player 应用程序。
- “导出所选内容”命令：可以将当前所选择的内容导出为一个以“.fxg”为后缀的文件。
- “导出影片”命令：可以将动画导出为包含一系列图像、音频的动画格式或静止帧；当导出静止图像时，可以为文档中的每一帧都创建一个带有编号的图像文件；还可以将文档中的声音导出为 WAV 格式文件。

**提示**

*将 Flash 图像保存为位图、GIF、JPEG、BMP 格式文件时，会丢失图像的矢量信息，而仅以像素信息保存。但在将 Flash 图像导出为矢量图形文件时，如 Illustrator 格式，则可以保留其矢量信息。*

## 1.2.5 输出影片格式

Flash CS6 可以输出多种格式的动画或图形文件，一般包含以下几种常用类型。

### 1. SWF 影片（*.swf）

SWF 动画是浏览网页时常见的动画格式，它是以“.swf”为后缀的文件，具有动画、声音和交互等功能，它需要在浏览器中安装 Flash 播放器插件才能观看。将整个文档导出为具有动画效果和交互功能的 Flash SWF 文件，便于将 Flash 内容导入其他应用程序，如 Dreamweaver 中。

选择“文件 > 导出 > 导出影片”命令，弹出“导出影片”对话框，在“文件名”选项的文本框中输入要导出的动画的名称，在“保存类型”选项的下拉列表中选择“SWF 影片（*.swf）”（如图 1-21 所示），单击“保存”按钮，即可导出影片。

图 1-21

**提示**

*在以 SWF 格式导出 Flash 文件时，文本以 Unicode 格式进行编码。Unicode 编码是一种文字信息的通用字符集编码标准，它是一种 16 位编码格式。也就是说，Flash 文件中的文字使用双位元组字符集进行编码。*

## 2. Windows AVI（*.avi）

Windows AVI 是标准的 Windows 影片格式，它是一种很好的、用于在视频编辑应用程序中打开 Flash 动画的格式。由于 AVI 是基于位图的格式，因此如果包含的动画很长或者分辨率比较高，文件数据量就会非常大。将 Flash 文件导出为 Windows 视频时，会丢失所有的交互性。

选择“文件 > 导出 > 导出影片”命令，弹出“导出影片”对话框，在“文件名”选项的文本框中输入要导出视频文件的名称，在“保存类型”选项的下拉列表中选择“Windows AVI（*.avi）”，如图 1-22 所示，单击“保存”按钮，弹出“导出 Windows AVI”对话框，如图 1-23 所示。

图 1-22

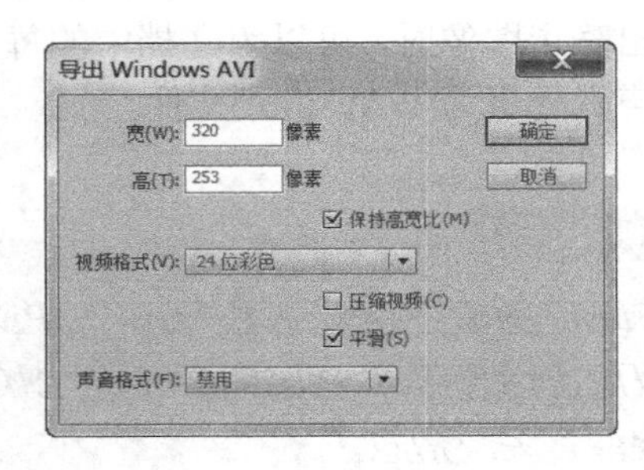


图 1-23

- “宽”和“高”选项：可以指定 AVI 影片的宽度和高度，以像素为单位。当指定宽度和高度两者之一时，另一个尺寸会自动设置，这样会保持原始文档的高宽比。
- “保持高宽比”选项：取消对此选项的勾选，可以分别设置宽度和高度。
- “视频格式”选项：可以选择输出作品的颜色位数。目前许多应用程序不支持 32 位色的图像格式，因此如果使用这种格式时出现问题，可以使用 24 位色的图像格式。

- “压缩视频”选项：勾选此选项，可以选择标准的 AVI 压缩选项。
- “平滑”选项：可以消除导出 AVI 影片中的锯齿。勾选此选项，能产生高质量的图像。当背景为彩色时，AVI 影片可能会在图像的周围产生模糊，此时不勾选此选项。
- “声音格式”选项：设置音轨的取样率和大小，以及是以单声还是以立体声导出声音。取样率高，声音的保真度就高，但文件占据的存储空间也大。取样率和大小越小，导出的文件所占存储空间就越小，但可能会影响声音品质。

### 3. WAV 音频（*.wav）

可以将动画中的音频对象导出，并以 WAV 声音文件格式保存。

选择“文件 > 导出 > 导出影片”命令，弹出“导出影片”对话框，在“文件名”选项的文本框中输入要导出音频文件的名称，在“保存类型”选项的下拉列表中选择“WAV 音频（*.wav）”（如图 1-24 所示），单击“保存”按钮，弹出“导出 Windows WAV”对话框，如图 1-25 所示。

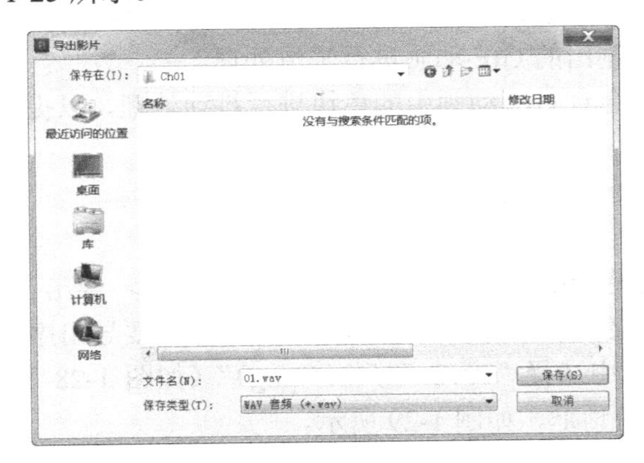


图 1-24

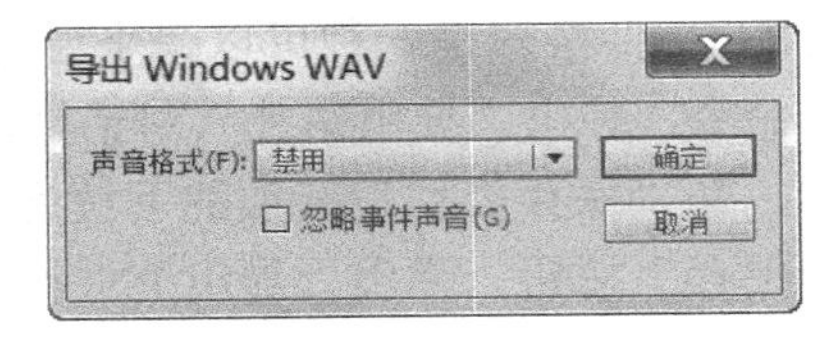


图 1-25

- “声音格式”选项：可以设置导出声音的取样频率、比特率以及立体声或单声。
- “忽略事件声音”选项：勾选此选项，可以从导出的音频文件中排除事件声音。

### 4. JPEG 图像（*.jpg）

可以将 Flash 文档中当前帧上的对象导出成 JPEG 位图文件。JPEG 格式图像为高压缩比的 24 位位图。JPEG 格式适合显示包含连续色调（如照片、渐变色或嵌入位图）的图像，其导出设置与位图（*.bmp）相似。

### 5. GIF 动画（*.gif）

网页中常见的动态图标大部分是 GIF 动画形式，它是由多个连续的 GIF 图像组成的。在 Flash 动画时间轴上的每一帧都会变为 GIF 动画中的一幅图像。GIF 动画不支持声音和交互，并比不含声音的 SWF 动画文件所占存储空间大。

选择“文件 > 导出 > 导出影片”命令，弹出“导出影片”对话框，在“文件名”选项的文本框中输入要导出序列文件的名称，在“保存类型”选项的下拉列表中选择“GIF 动画（*.gif）”（如图 1-26 所示），单击“保存”按钮，弹出“导出 GIF”对话框，如图 1-27 所示。

- “宽”和“高”选项：用于设置 GIF 动画的尺寸。
- “分辨率”选项：用于设置导出动画的分辨率，并且让 Flash CS6 根据图形的大小自动计算宽度和高度。单击“匹配屏幕”按钮，可以将分辨率设置为与显示器相匹配。
- “颜色”选项：用于创建导出图像的颜色数量。

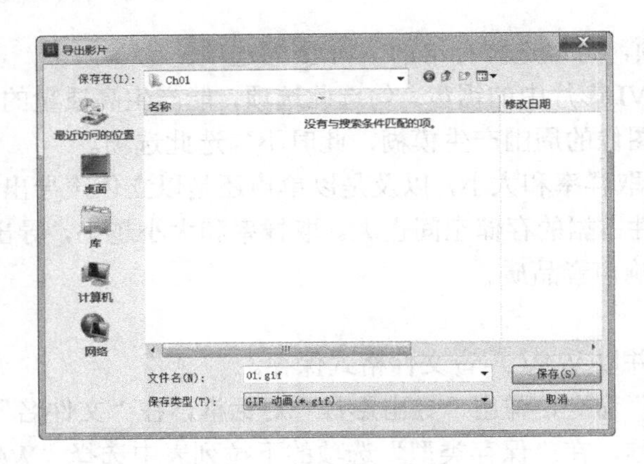


图 1-26

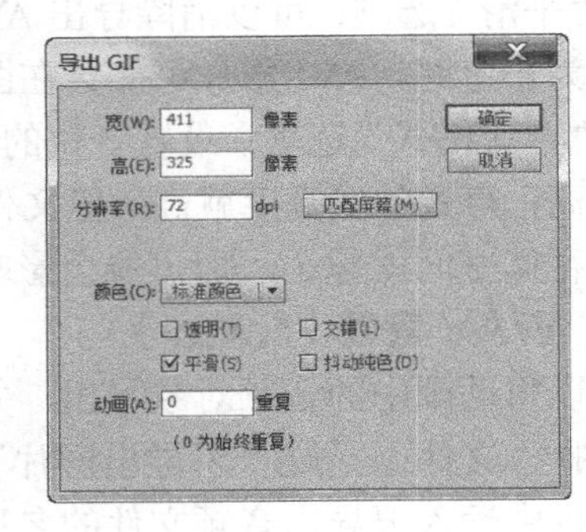


图 1-27

● “透明”选项：勾选此选项，输出的 GIF 动画的背景色为透明。

● “交错”选项：勾选此选项，在浏览者下载过程中，动画以交互方式显示。

● “平滑”选项：勾选此选项，会对输出的 GIF 动画进行平滑处理。

● “抖动纯色”选项：勾选此选项，会对 GIF 动画中的色块进行抖动处理，以提高画面质量。

● “动画”选项：可以设置 GIF 动画的播放次数。

## 6. PNG 序列（*.png）

PNG 文件格式是一种可以跨平台支持透明度的图像格式。选择“文件 > 导出 > 导出影片”命令，弹出“导出影片”对话框，在“文件名”选项的文本框中输入要导出序列文件的名称，在“保存类型”选项的下拉列表中选择“PNG 序列（*.png）”（如图 1-28 所示），单击“保存”按钮，弹出“导出 PNG”对话框，如图 1-29 所示。

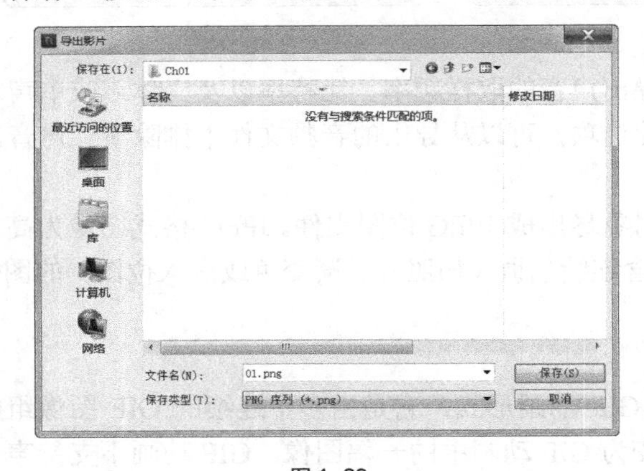


图 1-28

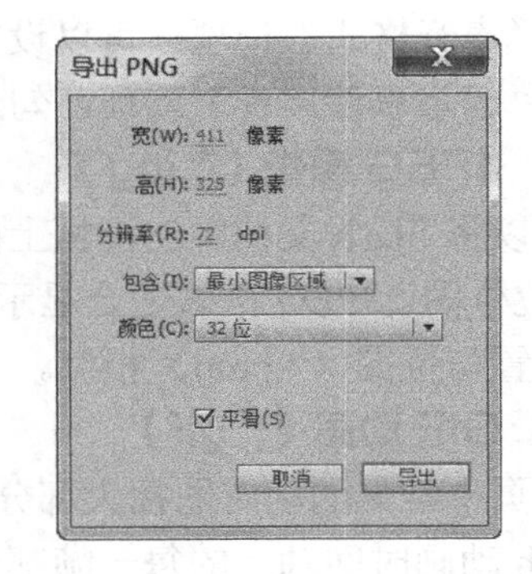


图 1-29

● “宽”和“高”选项：用于设置 PNG 图像的尺寸大小。

● “分辨率”选项：用于设置导出图像的分辨率，并且让 Flash CS6 根据图形的大小自动计算宽度和高度。

● “包含”选项：可以设置导出图像的区域大小。

● “颜色”选项：用于创建导出图像的颜色数量。

● “平滑”选项：勾选此选项，会对输出的 PNG 图像进行平滑处理。

Flash CS6

# 2 Chapter

# 第 2 章 图形的绘制与编辑

本章将介绍利用 Flash CS6 中文版绘制图形和编辑图形的技巧、多种选择图形的方法以及设置图形色彩的技巧。通过本章的学习，要掌握绘制图形、编辑图形的方法和技巧，要能独立绘制出所需的各种图形效果并对其进行编辑，为进一步学习 Flash CS6 打下坚实的基础。

课堂学习目标：

- 熟练掌握基本线条与图形绘制的方法；
- 熟练掌握绘制与选择图形的方法和技巧；
- 掌握编辑图形的方法和技巧；
- 了解图形色彩的应用方法。

# 2.1 基本线条与图形的绘制

在 Flash CS6 中创造的充满活力的设计作品都是由基本图形组成的。Flash CS6 提供了各种工具用来绘制线条和图形。

## 2.1.1 线条工具

选择“线条工具”，在舞台上单击并按住鼠标不放并向右拖动到需要的位置，绘制出一条直线后松开鼠标，直线效果如图 2-1 所示。在线条工具“属性”面板中可以设置不同的笔触颜色、笔触大小、笔触样式，如图 2-2 所示。

设置不同的笔触属性后，绘制的线条效果如图 2-3 所示。

图 2-1

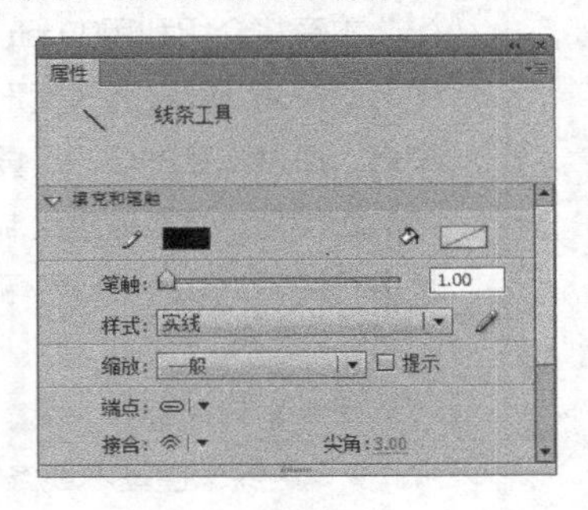


图 2-2

图 2-3

**提示**

*选择“线条工具”时，如果按住 Shift 键的同时拖曳鼠标绘制，则只能在 45° 或 45° 的倍数方向绘制直线，而且无法为线条工具设置填充属性。*

## 2.1.2 铅笔工具

选择“铅笔工具”，在舞台上单击并按住鼠标不放，在舞台上随意绘制出线条后松开鼠标，线条效果如图 2-4 所示。如果想要绘制出平滑或伸直的线条和形状，可以在工具箱下方的选项区域中为铅笔工具选择一种绘画模式，如图 2-5 所示。

图 2-4

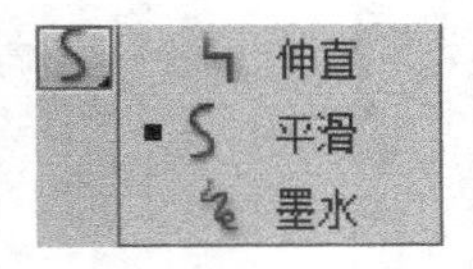


图 2-5

- “伸直”选项：可以绘制直线，并将接近三角形、椭圆、圆形、矩形和正方形的形状转换为这些常见的几何形状。
- “平滑”选项：可以绘制平滑曲线。
- “墨水”选项：可以绘制不用修改的手绘线条。

在铅笔工具的“属性”面板中设置不同的笔触颜色、笔触大小、笔触样式（如图 2-6 所示），之后绘制的图形效果如图 2-7 所示。

单击“属性”面板右侧的“编辑笔触样式”按钮，弹出“笔触样式”对话框，如图 2-8 所示，在对话框中可以自定义笔触样式。

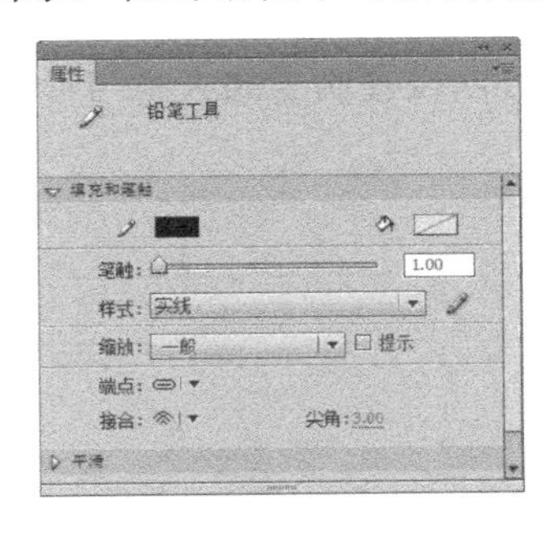


图 2-6

图 2-7

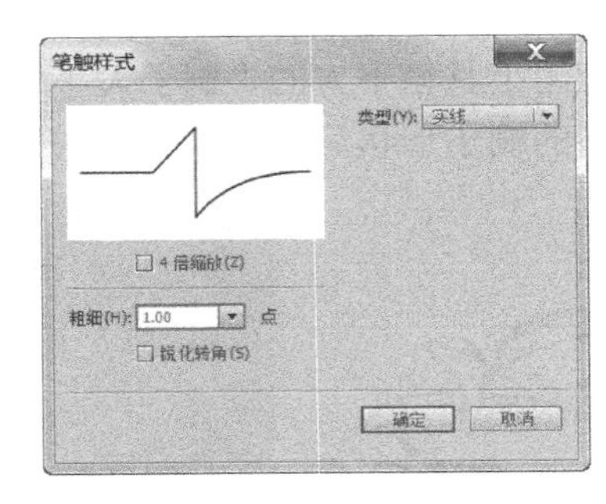


图 2-8

- “4 倍缩放”选项：可以放大 4 倍预览设置不同选项后所产生的效果。
- “粗细”选项：可以设置线条的粗细。
- “锐化转角”选项：勾选此选项可以使线条的转折效果变得明显。
- “类型”选项：可以在其下拉列表中选择线条的类型。

**提示**

*选择“铅笔工具”时，如果按住 Shift 键的同时拖曳鼠标绘制，可将线条限制为垂直或水平方向。*

### 2.1.3　椭圆工具

选择“椭圆工具”，在舞台上单击并按住鼠标不放，向需要的位置拖曳鼠标，绘制椭圆后松开鼠标，图形效果如图 2-9 所示。按住 Shift 键的同时绘制图形，可以绘制出圆形，效果如图 2-10 所示。

在椭圆工具的“属性”面板中设置不同的笔触颜色、笔触大小、笔触样式和填充颜色（如图 2-11 所示），之后绘制的图形效果如图 2-12 所示。

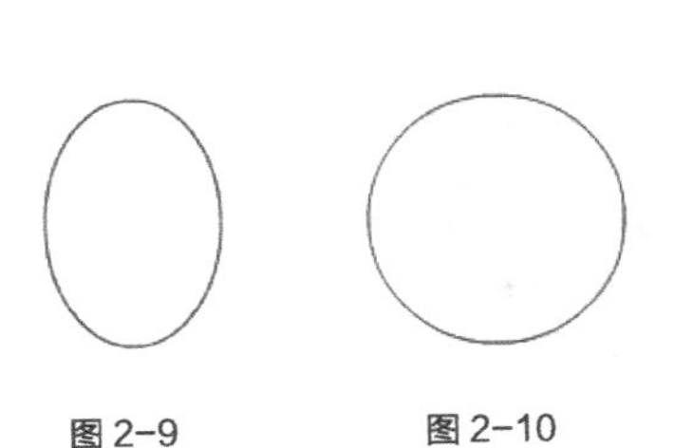

图 2-9　　图 2-10

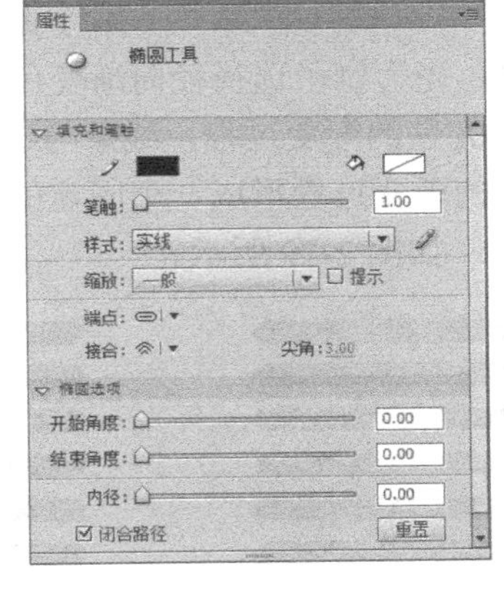


图 2-11

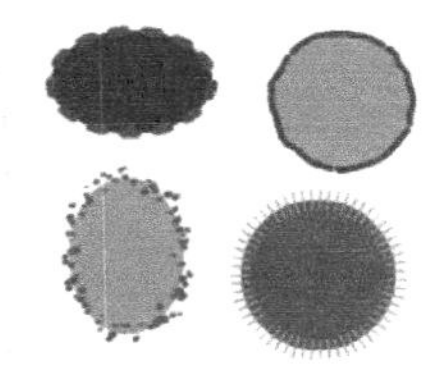

图 2-12

### 2.1.4 刷子工具

选择“刷子工具”，在舞台上单击并按住鼠标不放，随意绘制出笔触，松开鼠标，图形效果如图 2-13 所示。可以在刷子工具的“属性”面板中设置不同的填充颜色和笔触平滑度，如图 2-14 所示。

应用工具箱下方的“刷子大小”、“刷子形状”，可以设置刷子的大小与形状。设置不同的刷子形状后所绘制的笔触效果如图 2-15 所示。

图 2-13

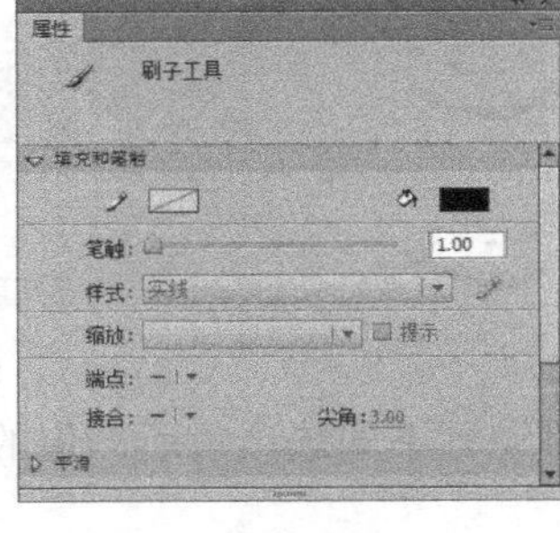


图 2-14

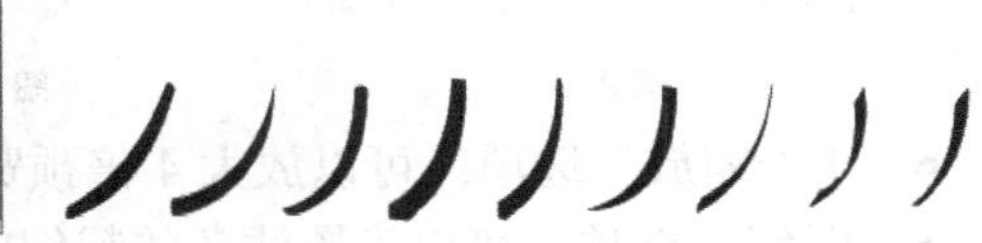

图 2-15

系统在工具箱的下方提供了 5 种刷子的模式，如图 2-16 所示。

- “标准绘画”模式：在同一层的线条和填充上以覆盖的方式涂色。
- “颜料填充”模式：对填充区域和空白区域涂色，其他部分（如边框线）不受影响。
- “后面绘画”模式：在舞台上同一层的空白区域涂色，但不影响原有的线条和填充。
- “颜料选择”模式：在选定的区域内进行涂色，未被选中的区域不能够涂色。
- “内部绘画”模式：在内部填充上绘图，但不影响线条。如果在空白区域中开始涂色，该填充不会影响任何现有填充区域。

应用不同模式绘制出的效果如图 2-17 所示。

图 2-16

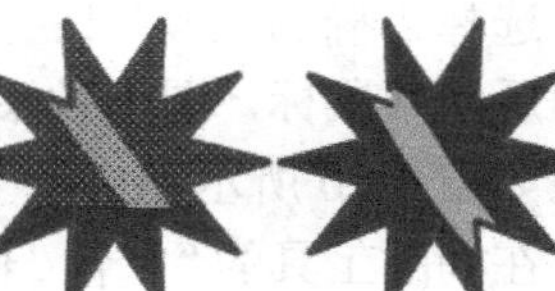

标准绘画　颜料填充　后面绘画　颜料选择　内部绘画

图 2-17

- “锁定填充”按钮：先为刷子选择径向渐变色彩，当没有选择此按钮时，用刷子绘制线条，每个线条都有自己完整的渐变过程，线条与线条之间不会互相影响，如图 2-18 所示；当选择此按钮时，颜色的渐变过程形成一个固定的区域，在这个区域内，刷子绘制到的地方就会显示出相应的色彩，如图 2-19 所示。

图 2-18　　图 2-19

在使用刷子工具涂色时，可以使用导入的位图作为填充。

导入“02”图像，效果如图2-20所示。选择“窗口 > 颜色”命令，弹出“颜色”面板，将“颜色类型”选项设为“位图填充”，用刚才导入的位图作为填充图案，如图2-21所示。选择“刷子工具”，在窗口中随意绘制一些笔触，效果如图2-22所示。

图2-20

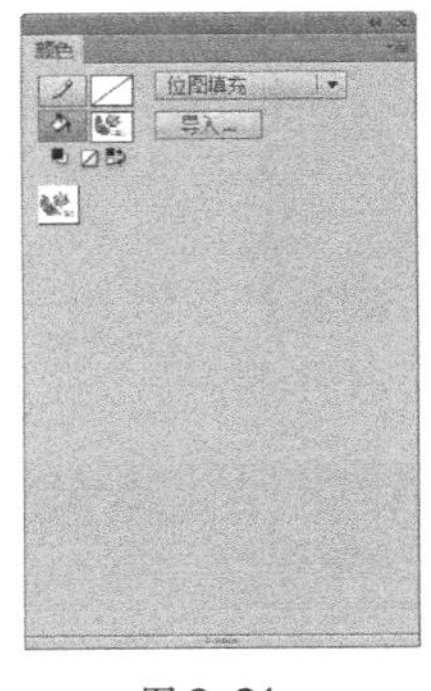


图2-21

图2-22

### 2.1.5 矩形工具

选择“矩形工具”，在舞台上单击并按住鼠标不放，向需要的位置拖曳鼠标，绘制出矩形图形后松开鼠标，矩形图形效果如图2-23所示；按住Shift键的同时绘制图形，可以绘制出正方形，如图2-24所示。

可以在矩形工具的“属性”面板中设置不同的笔触颜色、笔触大小、笔触样式和填充颜色，如图2-25所示。设置不同的笔触属性和填充颜色后，绘制的图形效果如图2-26所示。

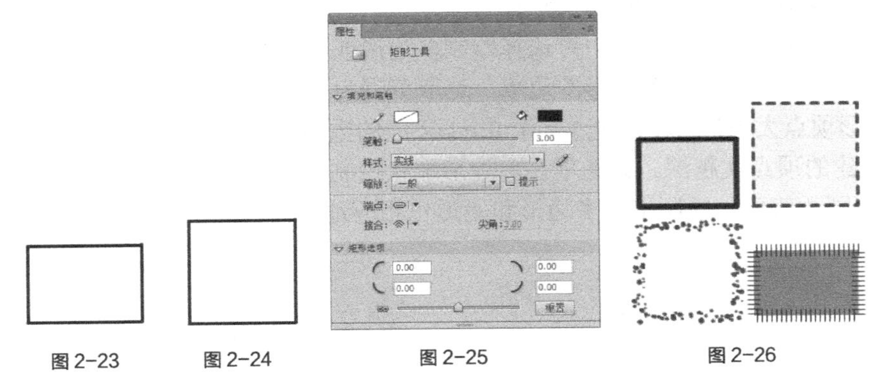


图2-23　图2-24　图2-25　图2-26

可以应用矩形工具绘制圆角矩形，方法是选择“属性”面板，在“矩形选项”的数值框中输入需要的数值，如图2-27所示。输入的数值不同，绘制出的圆角矩形也相应地不同，效果如图2-28所示。

### 2.1.6 多角星形工具

应用多角星形工具可以绘制出不同样式的多边形和星形。选择“多角星形工具”，在舞台上单击并按住鼠标不放，向需要的位置拖曳鼠标，绘制出多边形后松开鼠标，多边形效果如图2-29所示。

在多角星形工具“属性”面板中可以设置不同的笔触颜色、笔触大小、笔触样式和填充颜色，如图2-30所示。设置不同的边框属性和填充颜色后，绘制的图形效果如图2-31所示。

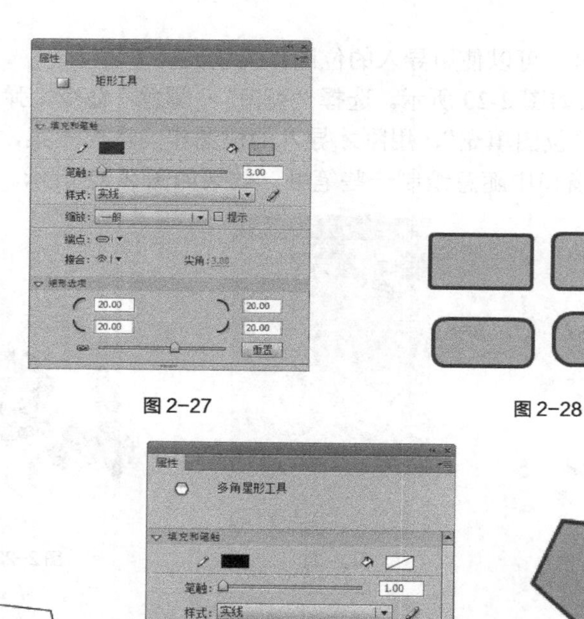


图 2-27

图 2-28

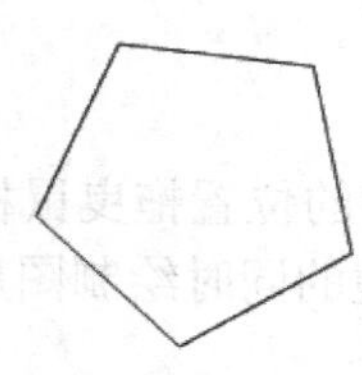

图 2-29

图 2-30

图 2-31

单击“属性”面板下方的 选项... 按钮，在弹出的“工具设置”对话框中可以自定义多边形的各种属性，如图 2-32 所示。

- “样式”选项：在此选项中可选择绘制多边形或星形。
- “边数”选项：设置多边形的边数，选取范围为 3～32。
- “星形顶点大小”选项：输入一个 0～1 之间的数字以指定星形顶点的深度。此数字越接近 0，创建的顶点就越深。此选项在多边形形状绘制中不起作用。

设置不同数值后，绘制出的多边形和星形也相应地不同，如图 2-33 所示。

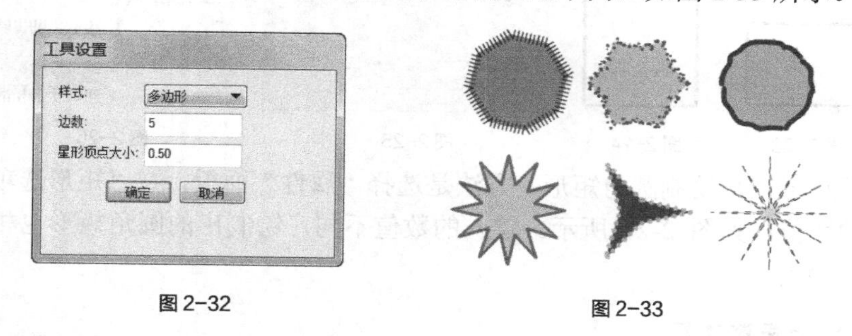


图 2-32

图 2-33

### 2.1.7 钢笔工具

选择“钢笔工具”，将鼠标指针放置在舞台上想要绘制曲线的起始位置，然后单击并按住鼠标不放。此时出现第一个锚点，并且钢笔尖光标变为箭头形状，如图 2-34 所示。松开鼠标，将鼠标指针放置在想要绘制的第二个锚点的位置，单击并按住鼠标不放，绘制出一条直线段，如图 2-35 所示。将鼠标向其他方向拖曳，直线转换为曲线，如图 2-36 所示。

松开鼠标，一条曲线绘制完成，如图 2-37 所示。

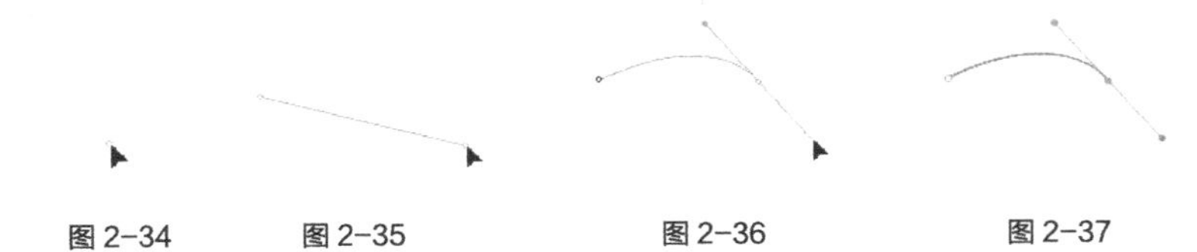

图 2-34　图 2-35　图 2-36　图 2-37

用相同的方法可以绘制出由多条曲线段组合而成的不同样式的曲线，如图 2-38 所示。

在绘制线段时，如果按住 Shift 键，再进行绘制，绘制出的线段将被限制为倾斜 45° 的倍数，如图 2-39 所示。

在绘制线段时，“钢笔工具”的指针会产生不同的变化，其表示的含义也不同。

- 增加节点：当指针变为带加号时（如图 2-40 所示），在线段上单击就会增加一个节点，这样有助于更精确地调整线段。增加节点后的效果如图 2-41 所示。

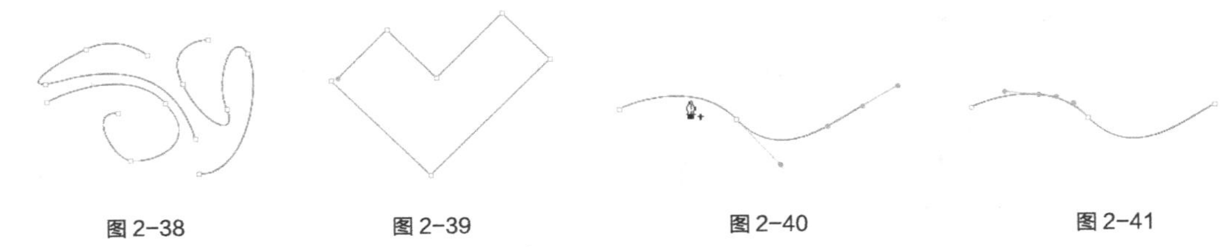

图 2-38　图 2-39　图 2-40　图 2-41

- 删除节点：当指针变为带减号时（如图 2-42 所示），在线段上单击节点，就会将这个节点删除。删除节点后的效果如图 2-43 所示。
- 转换节点：当指针变为带折线时（如图 2-44 所示），在线段上单击节点，就会将这个节点从曲线节点转换为直线节点。转换节点后的效果如图 2-45 所示。

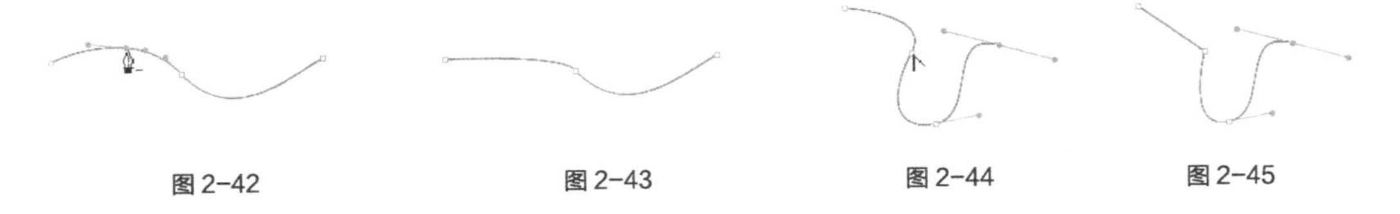

图 2-42　图 2-43　图 2-44　图 2-45

**提示**

*当选择钢笔工具进行绘画时，若在用铅笔、刷子、线条、椭圆或矩形工具创建的对象上单击，就可以调整该对象的节点，以改变这些线条的形状。*

### 2.1.8　选择工具

选择“选择工具”，工具箱下方出现如图 2-46 所示的按钮，利用这些按钮可以完成以下工作。

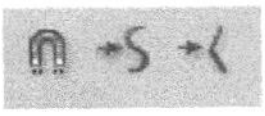

图 2-46

- “贴紧至对象”按钮：可自动将舞台上两个对象定位到一起，一般制作引导层动画时可利用此按钮将关键帧的对象锁定到引导路径上。此按钮还可以将对象定位到网格上。
- “平滑”按钮：可以柔化选择的曲线线条。当选中对象时，此按钮变为可用。
- “伸直”按钮：可以锐化选择的曲线线条。当选中对象时，此按钮变为可用。

#### 1. 选择对象

选择“选择工具”，在舞台中的对象上单击鼠标可以进行点选，如图 2-47 所示；按住 Shift 键，再点选对象，可以同时选中多个对象，如图 2-48 所示；在舞台中拖曳出一个矩形可以框选对象，如图 2-49 所示。

图 2-47　　图 2-48　　图 2-49

#### 2. 移动和复制对象

选择“选择工具”后，点选对象（如图 2-50 所示），按住鼠标不放，即可直接拖曳对象到任意位置，如图 2-51 所示。

选择“选择工具”后，点选对象，按住 Alt 键拖曳选中的对象到任意位置，选中的对象会被复制，如图 2-52 所示。

图 2-50　　图 2-51　　图 2-52

#### 3. 调整矢量线条和色块

选择“选择工具”，将鼠标指针移至对象上方，指针下方出现圆弧，如图 2-53 所示。此时拖动鼠标，即可对选中的线条和色块进行调整，如图 2-54 所示。

### 2.1.9 部分选取工具

选择“部分选取工具”，在对象的外边线上单击，对象上出现多个节点，如图 2-55 所示。拖动节点可以调整控制线的长度和斜率，从而改变对象的曲线形状，如图 2-56 所示。

图 2-53　　图 2-54　　图 2-55　　图 2-56

**提示**

*若想增加图形上的节点，可选择“钢笔工具”，然后在图形上单击。*

在改变对象的形状时，“部分选取工具”的指针会产生不同的变化，其表示的含义也不同。

- 带黑色方块的光标：当鼠标指针被放置在节点以外的线段上时会变为（如图 2-57 所示）。这时可以移动对象到其他位置，如图 2-58、图 2-59 所示。

图 2-57　图 2-58　图 2-59

- 带白色方块的光标：当鼠标指针被放置在节点上时会变为（如图 2-60 所示），这时可以移动单个的节点到其他位置，如图 2-61、图 2-62 所示。

图 2-60　图 2-61　图 2-62

- 变为小箭头的光标：当鼠标指针被放置在节点调节手柄的尽头时会变为（如图 2-63 所示），这时可以调节与该节点相连的线段的弯曲度，如图 2-64、图 2-65 所示。

图 2-63　图 2-64　图 2-65

*在调整节点的手柄时，调整一个手柄，另一个相对的手柄也会随之发生变化。如果只想调整其中的一个手柄，按住 Alt 键，再进行调整即可。*

可以将直线节点转换为曲线节点，并进行弯曲度调节。选择“部分选取工具”，在对象的外边线上单击，对象上显示出节点，如图 2-66 所示。用鼠标单击要转换的节点，节点从空心变为实心，表示可编辑，如图 2-67 所示。

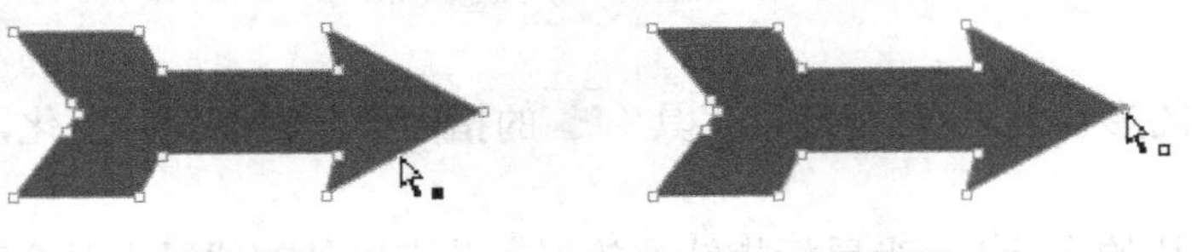

图 2-66　　图 2-67

按住 Alt 键同时单击并按住鼠标将节点向外拖曳，节点增加出两个可调节手柄，如图 2-68 所示。应用调节手柄可调节线段的弯曲度，如图 2-69 所示。

图 2-68　　图 2-69

### 2.1.10　套索工具

选择“套索工具”，在场景中导入一幅位图，按 Ctrl+B 组合键，将位图进行分离。用鼠标在位图上任意单击勾选想要的区域，形成一个封闭的选区，如图 2-70 所示。松开鼠标，选区中的图像即被选中，如图 2-71 所示。

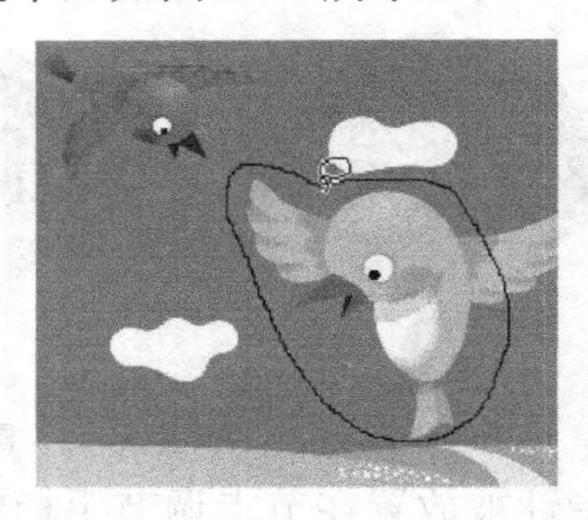

图 2-70

图 2-71

选择“套索工具”后，工具箱的下方会出现如图 2-72 所示的按钮。

- “魔术棒”按钮：可以点选的方式选择颜色相似的位图图形。

选中“魔术棒”按钮，将鼠标指针放在位图上，指针变为（如图 2-73 所示），在要选择的位图上单击，与点取点颜色相近的图像区域被选中，如图 2-74 所示。

图 2-72

图 2-73

图 2-74

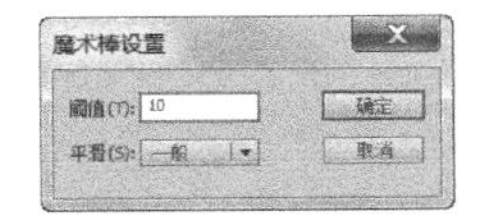

图 2-75

● “魔术棒设置”按钮：可以用来设置魔术棒的属性，应用不同的属性，魔术棒选取的图像区域大小各不相同。

单击“魔术棒设置”按钮，弹出“魔术棒设置”对话框，如图 2-75 所示。

在“魔术棒设置”对话框中设置不同数值后，所产生的不同效果如图 2-76 所示。

（a）阈值为 10 时选取图像的区域

（b）阈值为 50 时选取图像的区域

图 2-76

● “多边形模式”按钮：可以用鼠标精确地勾画想要选中的图像。

选中“多边形模式”按钮，在图像上单击鼠标，确定第一个定位点，松开鼠标并将鼠标指针移至下一个定位点，再次单击鼠标。用相同的方法直到勾画出想要的图像，并使选取区域形成一个封闭的状态，如图 2-77 所示。双击鼠标，选区中的图像即被选中，如图 2-78 所示。

图 2-77

图 2-78

### 2.1.11　课堂案例——绘制卡通小鸡

【案例学习目标】使用不同的绘图工具绘制卡通小鸡图形。

【案例知识要点】使用椭圆工具、矩形工具、钢笔工具、刷子工具来完成卡通小鸡的绘制，如图 2-79 所示。

图 2-79

【文件所在位置】光盘/Ch02/效果/绘制卡通小鸡.fla。

（1）选择“文件 > 新建”命令，在弹出的“新建文档”对话框中选择“ActionScript 3.0”选项，再单击“确定”按钮，进入新建文档舞台窗口。

（2）将“图层 1”重新命名为“背景”。选择“椭圆”工具，在椭圆“属性”面板中将“笔触颜色”设为无，“填充颜色”设为青色（#61CCEB），其他选项的设置如图 2-80 所示。然后在舞台窗口中绘制多个圆形，效果如图 2-81 所示。

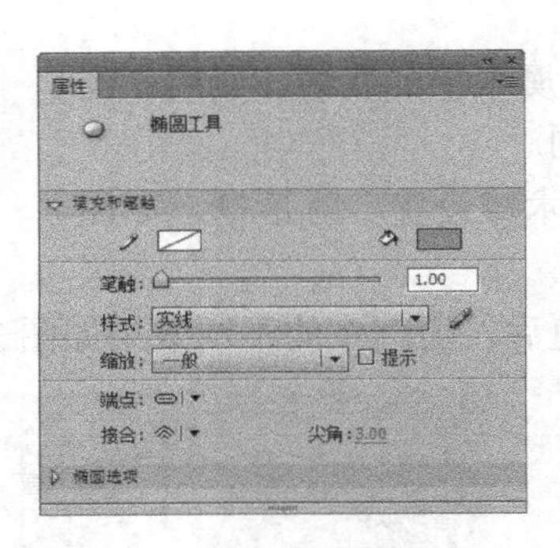

图 2-80　　图 2-81

（3）选择“选择工具”，单击选中图形，按 Ctrl+C 组合键复制图形，再按 Ctrl+Shift+V 组合键，将图形粘贴到当前位置。选择“任意变形工具”，按住 Alt+Shift 组合键的同时，用鼠标拖动右上方的的控制点，等比例缩小图形，效果如图 2-82 所示。在工具箱中将“填充颜色”设为淡青色（#DDF1FC），填充图形，效果如图 2-83 所示。

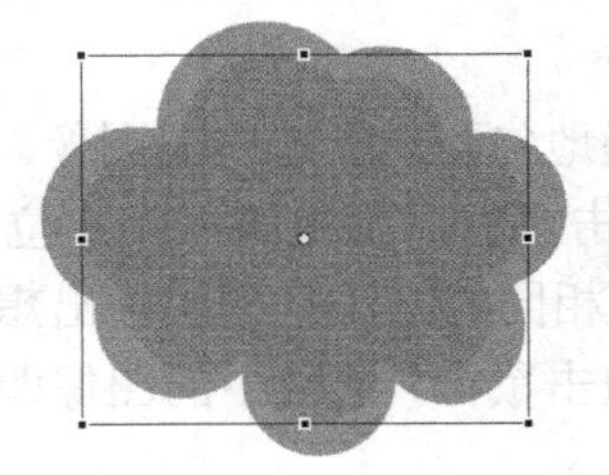

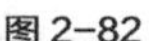

图 2-82　　图 2-83

（4）单击“时间轴”面板下方的“新建图层”按钮，创建新图层并将其命名为“脑袋”。选择“窗口 > 颜色”命令，弹出“颜色”面板，在“颜色类型”选项的下拉列表中选择“径向渐变”，在色带上设置 3 个控制点：分别选中色带两端的控制点，并将其设为淡黄色（# F8F5B4）、棕色（# CB914B），再选中色带中间的控制点，将其设为淡棕色（# F8CB82），生成渐变色，如图 2-84 所示。选择“椭圆工具”，在舞台窗口中适当的位置绘制椭圆形，效果如图 2-85 所示。

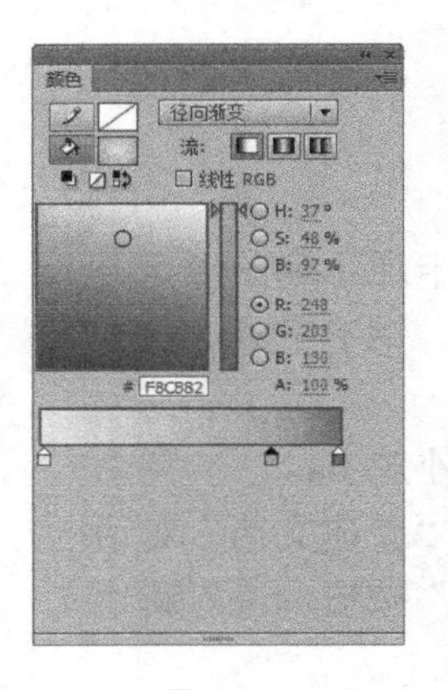

图 2-84　　图 2-85

（5）单击“时间轴”面板下方的“新建图层”按钮，创建新图层并将其命名为“眼睛”。选择“椭圆工具”，并在工具箱中将“填充颜色”设为白色，然后在按住 Shift 键的同时，在舞台窗口中绘制圆形，效果如图 2-86 所示。

（6）选择“选择工具”，单击选中圆形，按住 Alt+Shift 键的同时，单击并按住鼠标水平向右拖曳圆形到适当的位置，松开鼠标即复制圆形，效果如图 2-87 所示。

图 2-86　　图 2-87

（7）选择“矩形工具”，在工具箱中将“笔触颜色”设为无，“填充颜色”设为黑色，在舞台窗口中绘制矩形，效果如图 2-88 所示。

（8）选择“多角星形工具”，在多角星形“属性”面板中将“笔触颜色”设为无，“填充颜色”设为黑色。在“属性”面板中单击“工具设置”选项下的 选项... 按钮，在弹出的“工具设置”对话框中，将“边数”选项设为 5，其他选项设置如图 2-89 所示。然后单击“确定”按钮，在圆形的上方绘制 1 个星星，效果如图 2-90 所示。

图 2-88

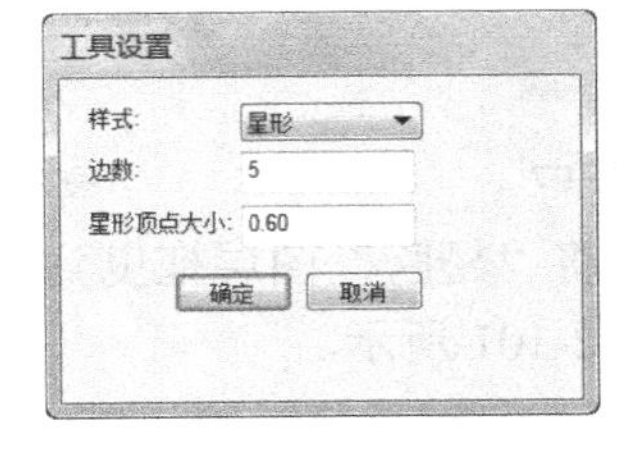


图 2-89

图 2-90

（9）单击“时间轴”面板下方的“新建图层”按钮，创建新图层并将其命名为“嘴巴”。选择“钢笔工具”，绘制一个闭合路径，如图 2-91 所示。

（10）选择“颜料桶工具”，在工具箱中将“填充颜色”设为橘红色（#EB5C1E），在边线内部单击鼠标，填充图形，如图 2-92 所示。选择“选择工具”，在边线上双击鼠标选中边线，再按 Delete 键将其删除，效果如图 2-93 所示。

图 2-91

图 2-92

图 2-93

（11）选择“选择工具”，选中图形，按 Ctrl+C 组合键复制图形，再按 Ctrl+Shift+V 组合键，将图形粘贴到当前位置。选择“任意变形工具”，按住 Alt 键的同时，用鼠标拖动上方中间的控制点，缩小图形，效果如图 2-94 所示。在工具箱中将“填充颜色”设为棕色（#530000），填充图形，效果如图 2-95 所示。

（12）单击“时间轴”面板下方的“新建图层”按钮，创建新图层并将其命名为“翅膀”。选择“钢笔工具”，绘制一个闭合路径，效果如图 2-96 所示。

图 2-94

图 2-95

（13）选择“颜料桶工具”，在工具箱中将“填充颜色”设为橘红色（#EB5C1E），在边线内部单击鼠标，填充图形，效果如图 2-97 所示。选择“选择工具”，在边线上双击鼠标选中边线，再按 Delete 键将其删除，效果如图 2-98 所示。使用相同的方法制作右边翅膀，效果如图 2-99 所示。

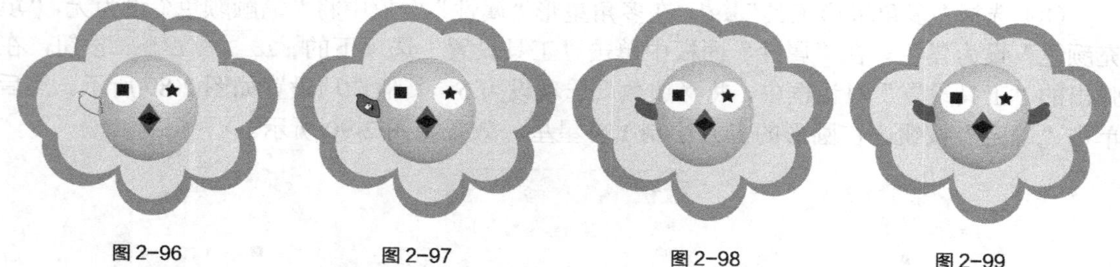
图 2-96　　图 2-97　　图 2-98　　图 2-99

（14）在“时间轴”面板中，将“翅膀”图层拖曳到“脑袋”图层的下方（如图 2-100 所示），在舞台窗口中的效果如图 2-101 所示。

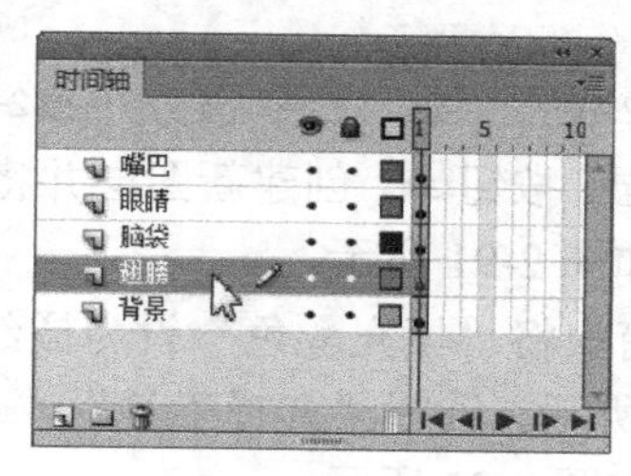

图 2-100

图 2-101

（15）选中“嘴巴”图层，单击“时间轴”面板下方的“新建图层”按钮，创建新图层并将其命名为“腿”。选择“刷子工具”，在工具箱中将“填充颜色”设为橘红色（#EB5C1E），在工具箱下方的“刷子大小”选项中将笔刷设为第 3 个，将“笔刷形状”选项设为圆形，在舞台窗中绘制出图形，效果如图 2-102 所示。用相同的方法制作小鸡左边的腿图形，效果如图 2-103 所示。

图 2-102　　图 2-103

（16）单击“时间轴”面板下方的“新建图层”按钮，创建新图层并将其命名为“心形”。选择“钢笔工具”，绘制一个闭合路径，效果如图 2-104 所示。

（17）选择“颜料桶工具”，在工具箱中将“填充颜色”设为褐色（#95262A），在边线内部单击鼠标，填充图形。选择“选择工具”，在边线上双击鼠标选中边线，再按 Delete 键将其删除，效果如图 2-105 所示。卡通小鸡制作完成，按 Ctrl+Enter 组合键即可查看效果。

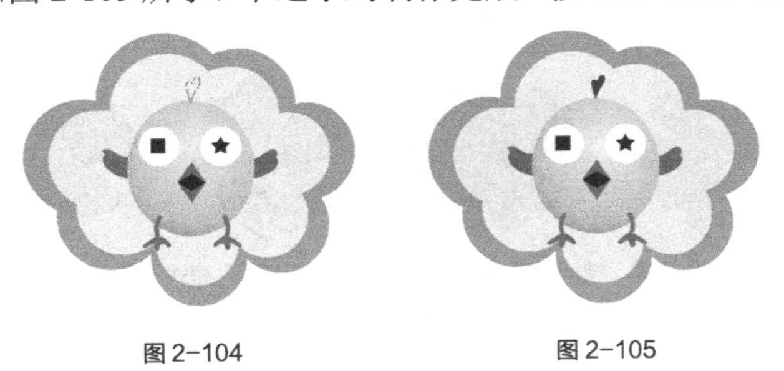

图 2-104　　图 2-105

## 2.2 图形的编辑

图形的编辑工具可用以改变图形的色彩、线条、形态等属性，创建充满变化的图形效果。

### 2.2.1 颜料桶工具

绘制“四叶草”线框图形，如图 2-106 所示。选择“颜料桶工具”，在颜料桶工具“属性”面板中将“填充颜色”设为绿色（#33FF33），如图 2-107 所示。在线框内单击鼠标，线框内被填充颜色，效果如图 2-108 所示。

在工具箱的下方有 4 种填充模式可供选择，如图 2-109 所示。

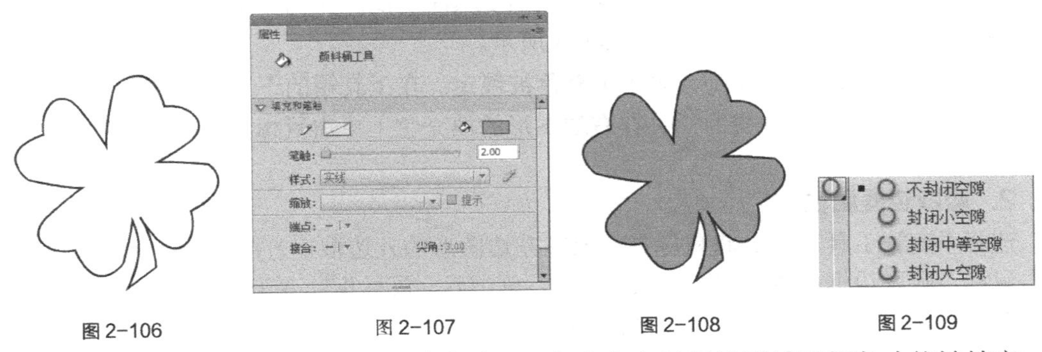


图 2-106　　图 2-107　　图 2-108　　图 2-109

- “不封闭空隙”模式：选择此模式时，只有在完全封闭的区域里颜色才能被填充。
- “封闭小空隙”模式：选择此模式时，当边线上存在小空隙时，允许填充颜色。
- “封闭中等空隙”模式：选择此模式时，当边线上存在中等空隙时，允许填充颜色。
- “封闭大空隙”模式：选择此模式时，当边线上存在大空隙时，允许填充颜色。当选择“封闭大空隙”模式时，如果空隙是小空隙或是中等空隙，也都可以填充颜色。

根据线框空隙的大小，应用不同的模式进行填充，效果如图 2-110 所示。

“锁定填充”按钮：可以对填充颜色进行锁定，锁定后填充颜色不能被更改。

没有选择此按钮时，填充颜色可以根据需要进行变更，如图 2-111 所示。

选择此按钮时，将鼠标指针放置在填充颜色上时会变为，填充颜色被锁定，不能随意变更，如图 2-112 所示。

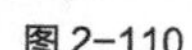
图 2-110

图 2-111　　图 2-112

### 2.2.2 滴管工具

使用滴管工具可以吸取矢量图形的线型和色彩，然后利用颜料桶工具，可以快速修改其他矢量图形内部的填充色。利用墨水瓶工具，可以快速修改其他矢量图形的边框颜色及线型。

#### 1. 吸取填充色

选择“滴管工具”，将鼠标指针放在左边图形的填充色上，指针变为，在填充色上单击鼠标，吸取填充色样本，如图 2-113 所示。

单击后，鼠标指针变为，表示填充色被锁定。在工具箱的下方，取消对“锁定填充”按钮的选取，鼠标指针变为，在右边图形的填充色上单击鼠标，图形的颜色即被修改，效果如图 2-114 所示。

#### 2. 吸取边框属性

选择“滴管工具”，将鼠标指针放在左边图形的外边框上，指针变为，在外边框上单击鼠标，吸取边框样本，如图 2-115 所示。单击后，鼠标指针变为，在右边图形的外边框上单击鼠标，即添加边线，效果如图 2-116 所示。

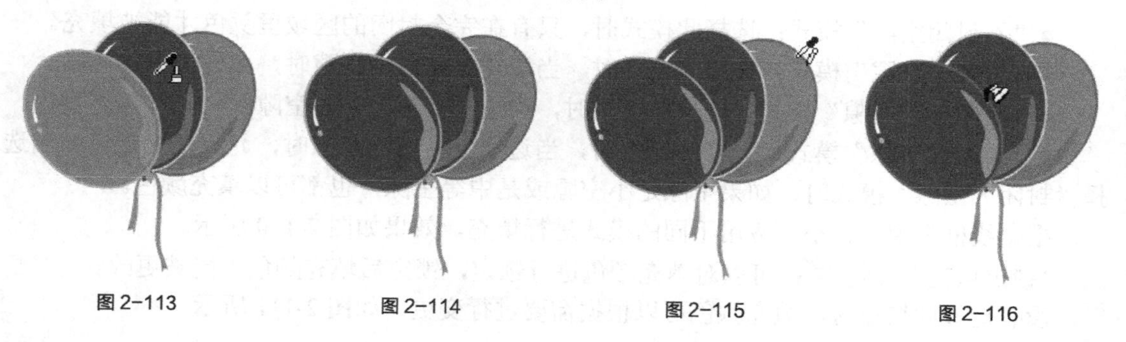
图 2-113　　图 2-114　　图 2-115　　图 2-116

### 3. 吸取位图图案

滴管工具可以用来吸取外部引入的位图图案。导入 06 图像（如图 2-117 所示），再按 Ctrl+B 组合键，将其打散。绘制一个圆形图形，如图 2-118 所示。

选择“滴管工具”，将鼠标指针放在位图上，指针变为，单击鼠标，吸取图案样本，如图 2-119 所示。单击后，指针变为，在圆形图形上单击鼠标，图案即被填充，效果如图 2-120 所示。

图 2-117

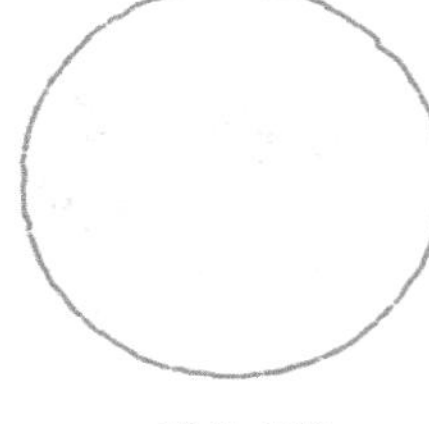
图 2-118

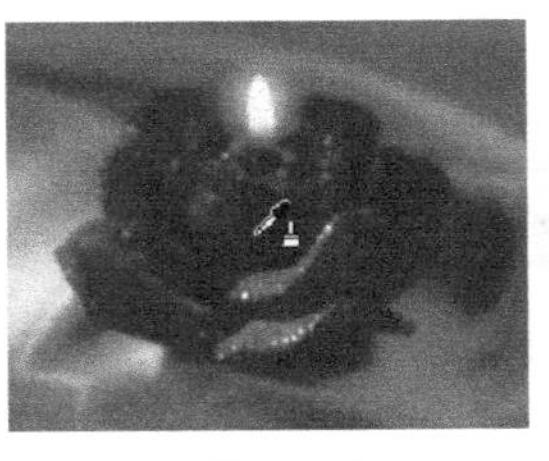
图 2-119

图 2-120

选择“渐变变形工具”，单击被填充图案样本的椭圆形，出现控制点，如图 2-121 所示。按住 Shift 键，同时将左下方的控制点向中心拖曳，如图 2-122 所示。填充图案变小，效果如图 2-123 所示。

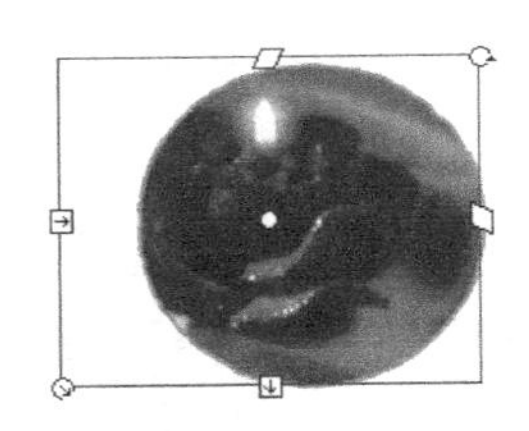
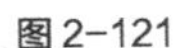
图 2-121

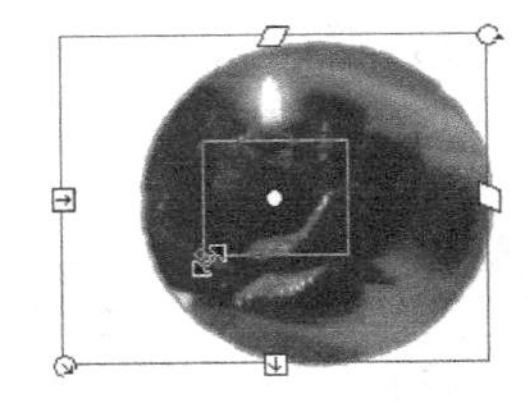
图 2-122

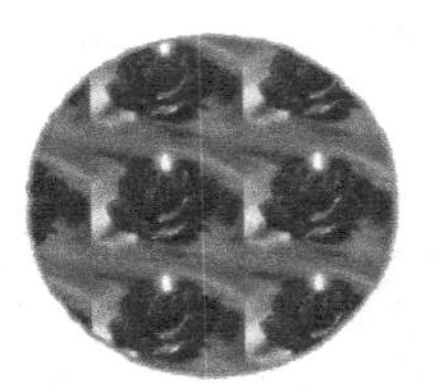
图 2-123

### 4. 吸取文字颜色

滴管工具可用以吸取文字的颜色。选择要修改的目标文字（如图 2-124 所示），再选择“滴管工具”，将鼠标指针放在源文字上，指针变为，如图 2-125 所示。在源文字上单击鼠标，源文字的文字属性即被应用到了目标文字上，效果如图 2-126 所示。

滴管工具 文字属性

图 2-124

滴管工具 文字属性

图 2-125

滴管工具 文字属性

图 2-126

## 2.2.3 橡皮擦工具

选择“橡皮擦工具”，在图形上想要删除的地方单击并拖动鼠标，图形即被擦除，如图 2-127 所示。在工具箱下方的“橡皮擦形状”按钮的下拉菜单中，可以选择橡皮擦的形状与大小。

如果想得到特殊的擦除效果，工具箱的下方还设置了 5 种擦除模式可供选择，如图 2-128 所示。

- “标准擦除”模式：擦除同一层的线条和填充。选择此模式擦除图形的前后对照效果如图 2-129 所示。
- “擦除填色”模式：仅擦除填充区域，其他部分（如边框线）不受影响。选择此模式擦除图形的前后对照效果如图 2-130 所示。

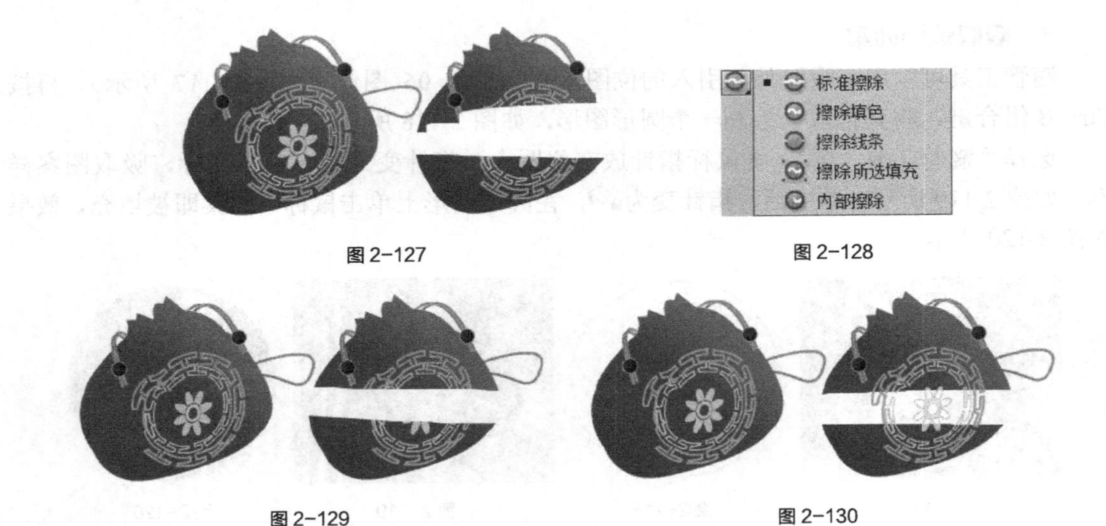


图 2-127

图 2-128

图 2-129

图 2-130

●“擦除线条”模式：仅擦除图形的线条部分，但不影响其填充部分。选择此模式擦除图形的前后对照效果如图 2-131 所示。

●“擦除所选填充”模式：仅擦除已经被选择的填充部分，但不影响其他未被选择的部分。（如果场景中没有任何填充被选择，那么擦除命令无效。）选择此模式擦除图形的前后对照效果如图 2-132 所示。

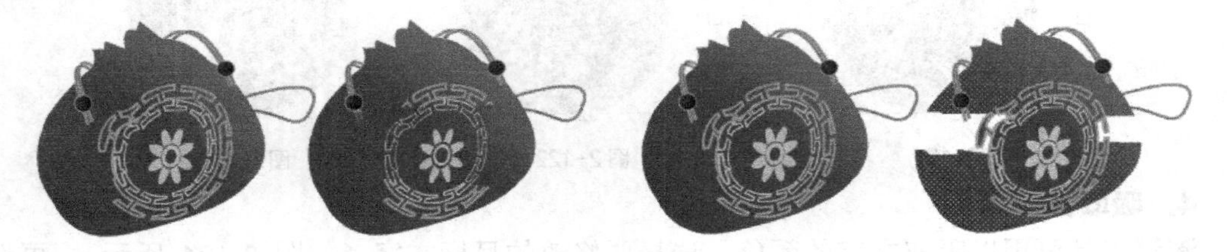

图 2-131

图 2-132

●“内部擦除”模式：仅擦除起点所在的填充区域部分，但不影响线条填充区域外的部分。选择此模式擦除图形的前后对照效果如图 2-133 所示。

图 2-133

要想快速删除舞台上的所有对象，双击“橡皮擦工具”即可。

要想删除矢量图形上的线段或填充区域，可以选择“橡皮擦工具”，再选中工具箱中的“水龙头”按钮，然后单击舞台上想要删除的线段或填充区域即可，效果如图 2-134、图 2-135 所示。

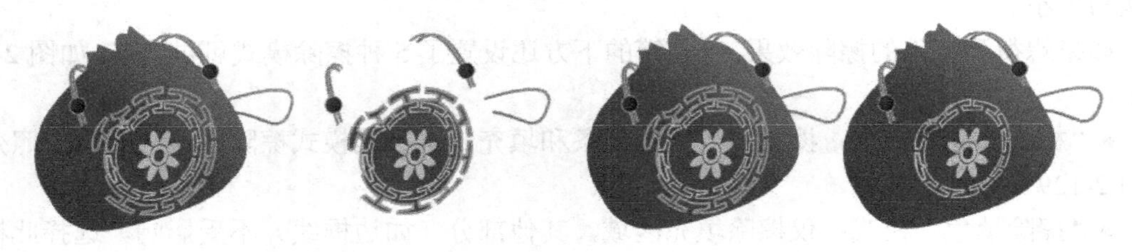

图 2-134

图 2-135

**提示**

*因为导入的位图和文字不是矢量图形，不能擦除它们的部分或全部，所以必须先选择“修改 > 分离”命令，将它们分离成矢量图形，才能使用橡皮擦工具擦除它们的部分或全部。*

### 2.2.4 任意变形工具和渐变变形工具

在制作图形的过程中，可以应用任意变形工具来改变图形的大小及倾斜度，也可以应用渐变变形工具改变图形中渐变填充颜色的渐变效果。

#### 1．任意变形工具

导入09图像，按Ctrl+B组合键，将其打散。选择“任意变形工具”，在图形的周围出现控制点，如图2-136所示。拖动控制点改变图形的大小，效果如图2-137、图2-138所示。（按住Shift键，再拖动控制点，可成比例地拖动图形。）

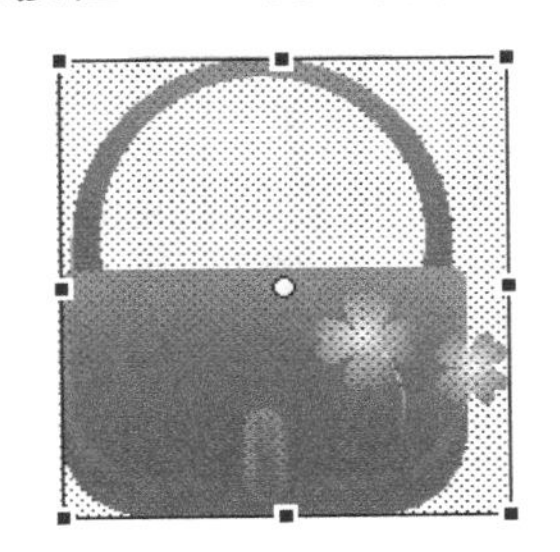

图2-136

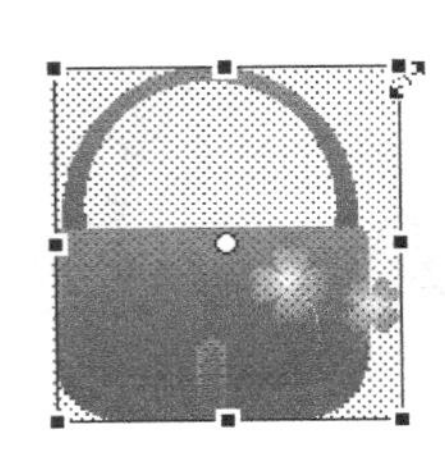

图2-137

图2-138

将鼠标指针放置在4个角的控制点上时会变为，如图2-139所示。拖动鼠标可旋转图形，效果如图2-140、图2-141所示。

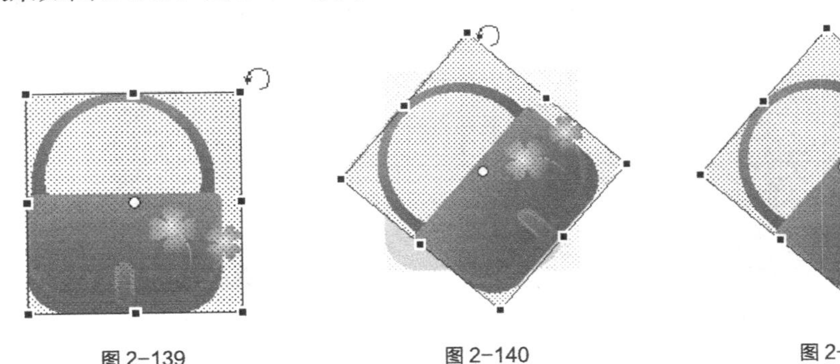

图2-139　　图2-140　　图2-141

工具箱的下方还设置了4种变形模式可供选择，如图2-142所示。

图2-142

- “旋转与倾斜”模式：选中图形，选择“旋转与倾斜”模式，将鼠标指针放在图形上方中间的控制点上，指针变为，按住鼠标不放，向右水平拖曳控制点，如图2-143所示。松开鼠标，图形即变为倾斜，效果如图2-144所示。
- “缩放”模式：选中图形，选择“缩放”模式，将鼠标指针放在图形右上方的控制点上，指针变为，按住鼠标不放，向左下方拖曳控制点，如图2-145所示。松开鼠标，图形即变小，效果如图2-146所示。

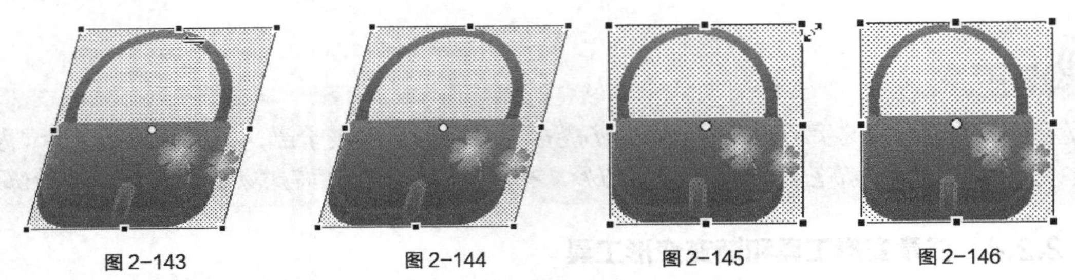

图 2-143　图 2-144　图 2-145　图 2-146

●“扭曲”模式：选中图形，选择“扭曲”模式，将鼠标指针放在图形右上方的控制点上，指针变为▷，按住鼠标不放，向左下方拖曳控制点，如图 2-147 所示。松开鼠标，图形即扭曲，效果如图 2-148 所示。

●“封套”模式：选中图形，选择“封套”模式，图形周围出现一些节点，将鼠标指针放在这些节点上时，指针变为▷，拖动节点，如图 2-149 所示。松开鼠标，图形即扭曲，效果如图 2-150 所示。

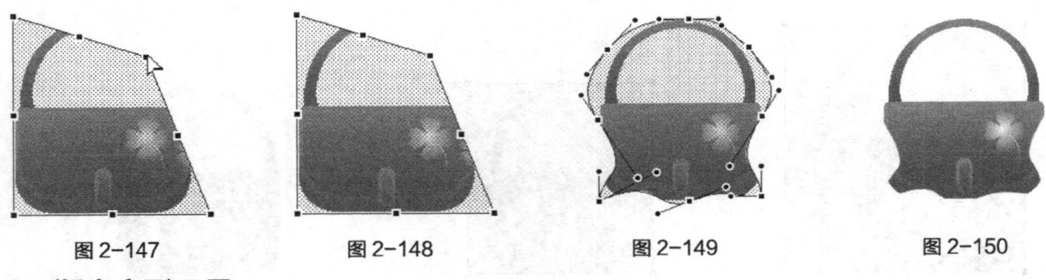

图 2-147　图 2-148　图 2-149　图 2-150

### 2. 渐变变形工具

使用渐变变形工具可以改变选中图形中的填充渐变效果。当图形填充色为线性渐变色时，选择“渐变变形工具”，用鼠标单击图形，即出现 3 个控制点和 2 条平行线，如图 2-151 所示。向图形中间拖动方形控制点，渐变区域缩小（如图 2-152 所示），效果如图 2-153 所示。

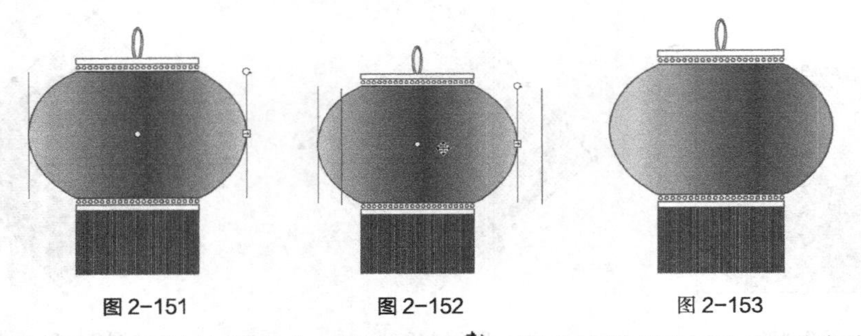

图 2-151　图 2-152　图 2-153

将鼠标指针放置在旋转控制点上，指针变为，拖动旋转控制点可以改变渐变区域的角度（如图 2-154 所示），效果如图 2-155 所示。

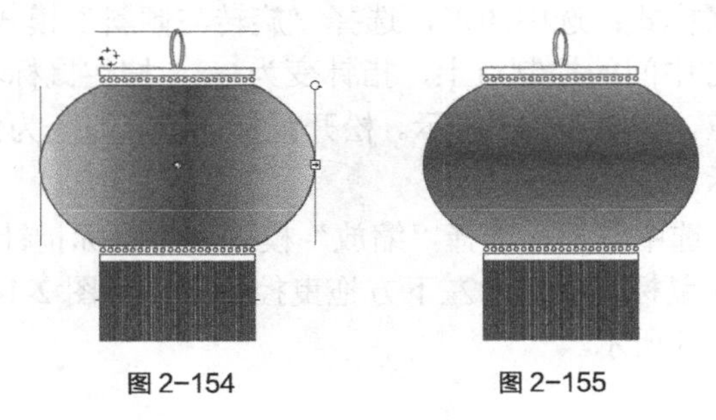

图 2-154　图 2-155

当图形填充色为径向渐变色时，选择“渐变变形工具”，单击图形，即出现 4 个控制点和 1 个圆形外框，如图 2-156 所示。向图形外侧水平拖动方形控制点，水平拉伸渐变区域（如图 2-157 所示），效果如图 2-158 所示。

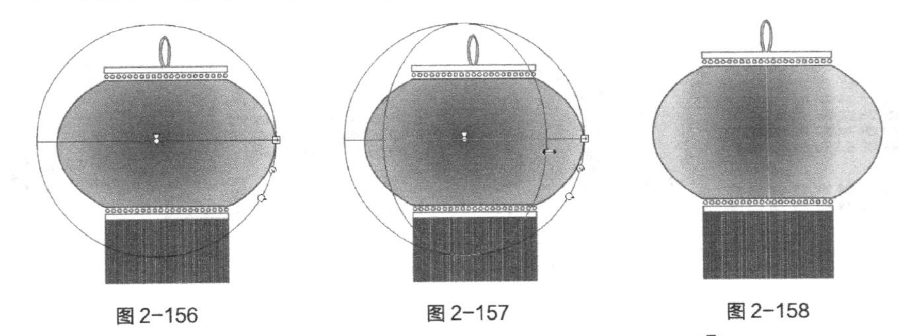

图 2-156　　图 2-157　　图 2-158

将鼠标指针放置在圆形边框中间的圆形控制点上，指针变为，向图形内部拖动鼠标，即缩小渐变区域（如图 2-159 所示），效果如图 2-160 所示。将鼠标指针放置在圆形边框外侧的圆形控制点上，指针变为，向上旋转拖动控制点，即改变渐变区域的角度（如图 2-161 所示），效果如图 2-162 所示。

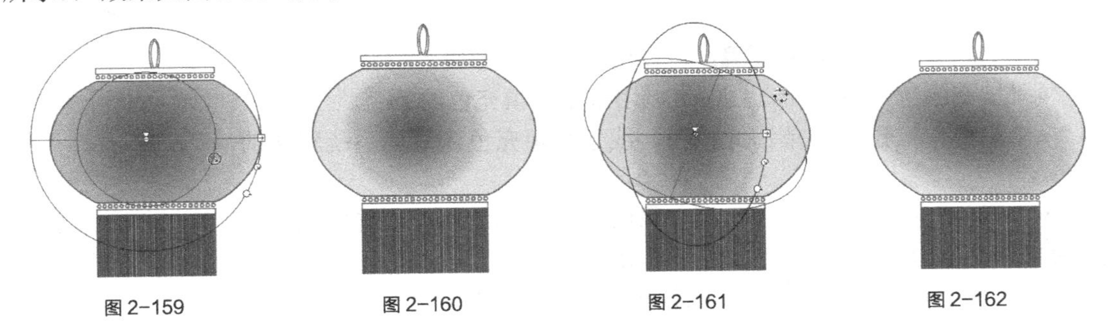

图 2-159　　图 2-160　　图 2-161　　图 2-162

**提示**

*通过移动中心控制点可以改变渐变区域的位置。*

### 2.2.5 纯色编辑面板

在工具箱的下方单击“填充颜色”按钮，会弹出纯色面板，如图 2-163 所示。在该面板中可以选择系统设置好的颜色，如想自行设定颜色，单击面板右上方的颜色选择按钮，弹出“颜色”面板。在“颜色”面板右侧的颜色选择区中可以选择要自定义的颜色，如图 2-164 所示；滑动“颜色”面板右侧的滑动块可以设定颜色的亮度，如图 2-165 所示。

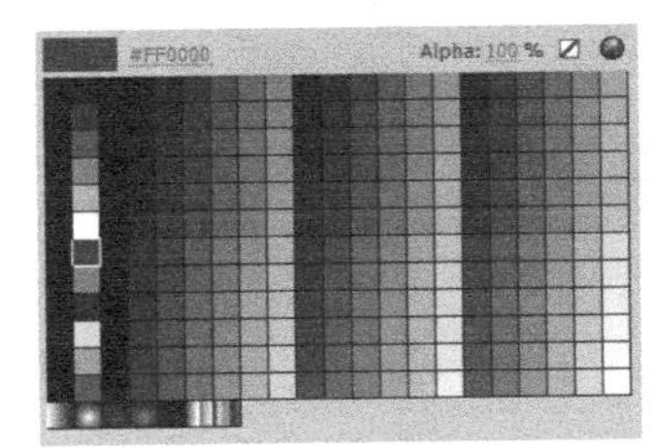

图 2-163

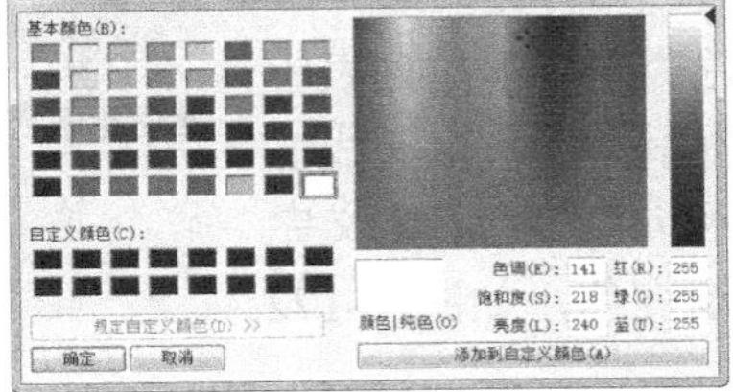

图 2-164

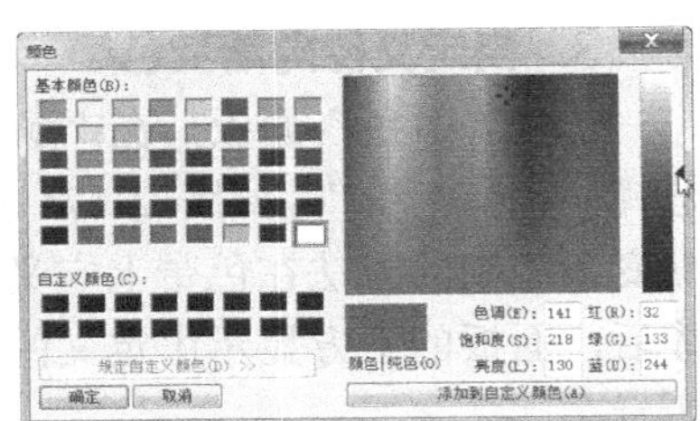

图 2-165

设定颜色后，可在“颜色|纯色”框中预览设定结果，如图 2-166 所示。单击面板右下方的“添加到自定义颜色”按钮，即可将定义好的颜色添加到面板左下方的“自定义颜色”区域中，如图 2-167 所示。然后单击“确定”按钮，自定义颜色完成。

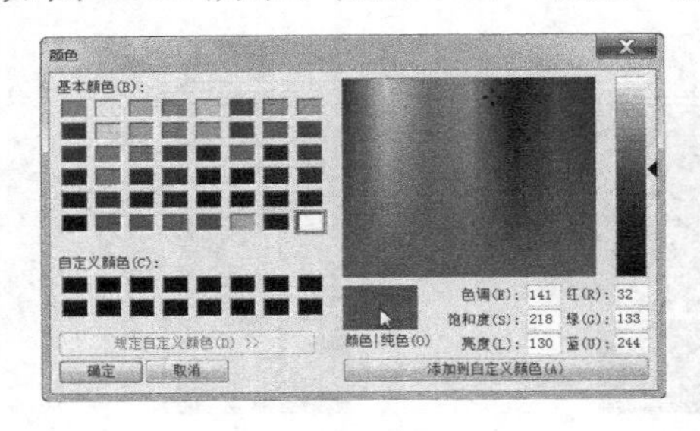

图 2-166

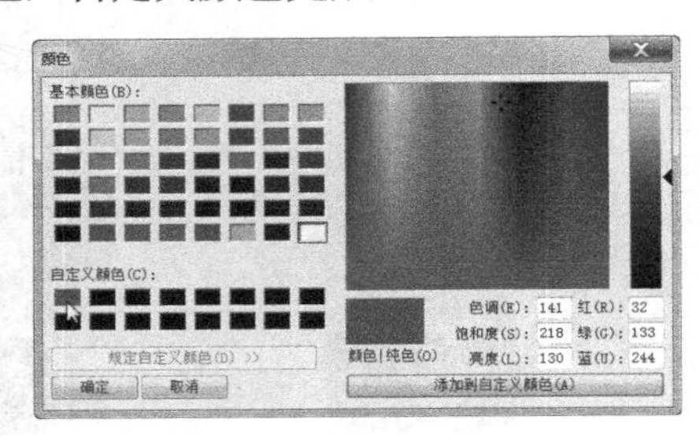

图 2-167

## 2.2.6 颜色面板

选择“窗口 > 颜色”命令，即弹出“颜色”面板。

### 1. 自定义纯色

选择“颜色”面板，在“颜色类型”的下拉列表中选择“纯色”，如图 2-168 所示。

- “笔触颜色”按钮：可以用来设定矢量线条的颜色。
- “填充颜色”按钮：可以用来设定填充色的颜色。
- “黑白”按钮：单击此按钮，线条与填充色恢复为系统默认的状态。
- “无色”按钮：用于取消矢量线条或填充色块。当选择椭圆工具或矩形工具时，此按钮为可用状态。
- “交换颜色”按钮：单击此按钮，可以将线条颜色和填充色相互切换。
- “H、S、B”和“R、G、B”选项：可以用精确数值来设定颜色。
- “Alpha”选项：用于设定颜色的不透明度，数值选取范围为 0~100。

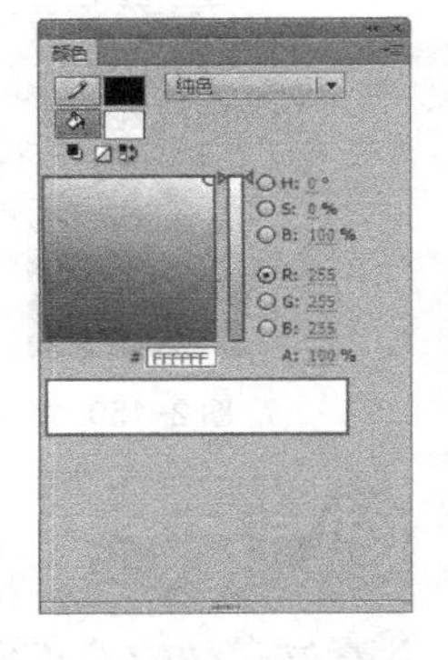

图 2-168

在面板下方的颜色选择区域内，可以根据需要选择相应的颜色。

### 2. 自定义线性渐变色

选择“颜色”面板，在“颜色类型”下拉列表中选择“线性渐变”，如图 2-169 所示。将鼠标指针放置在滑动色带上，指针变为，在色带上单击增加颜色控制点，并在面板下方为新增加的控制点设定颜色及透明度，如图 2-170 所示。当要删除控制点时，将控制点向色带下方拖曳即可。

### 3. 自定义径向渐变色

选择“颜色”面板，在“颜色类型”下拉列表中选择“径向渐变”，如图 2-171 所示。用与定义线性渐变色相同的方法在色带上定义径向渐变色，定义完成后，面板的下方显示出定义的渐变色，如图 2-172 所示。

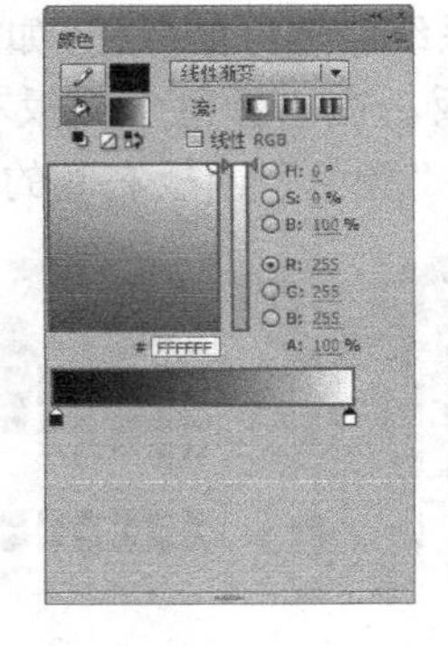

图 2-169

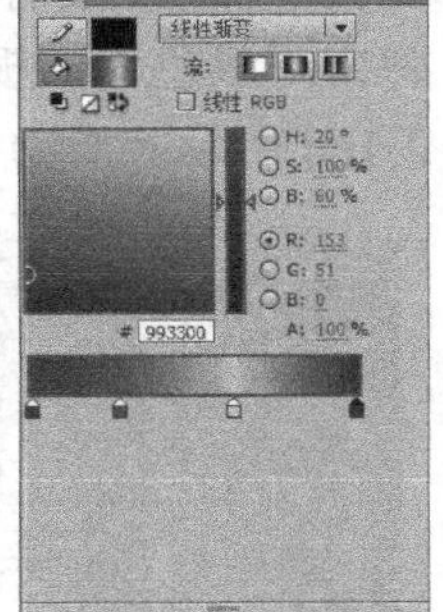

图 2-170

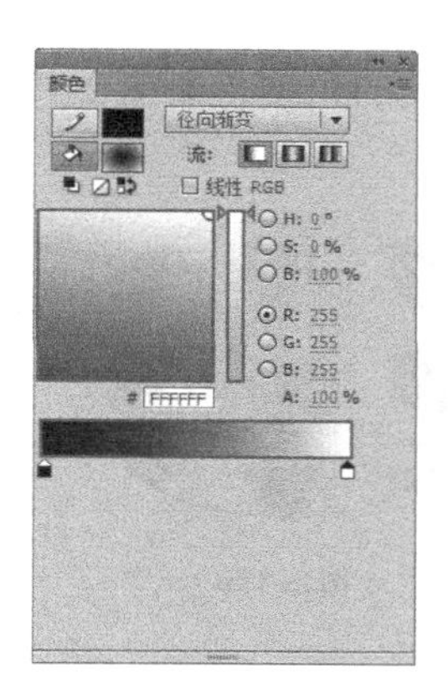


图 2-171

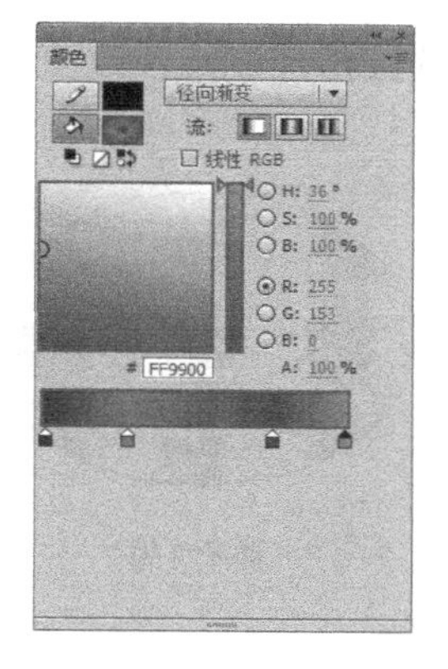


图 2-172

### 4. 自定义位图填充

选择“颜色”面板，在“颜色类型”下拉列表中选择“位图填充”，如图 2-173 所示。然后，在弹出的“导入到库”对话框中选择要导入的图像，如图 2-174 所示。

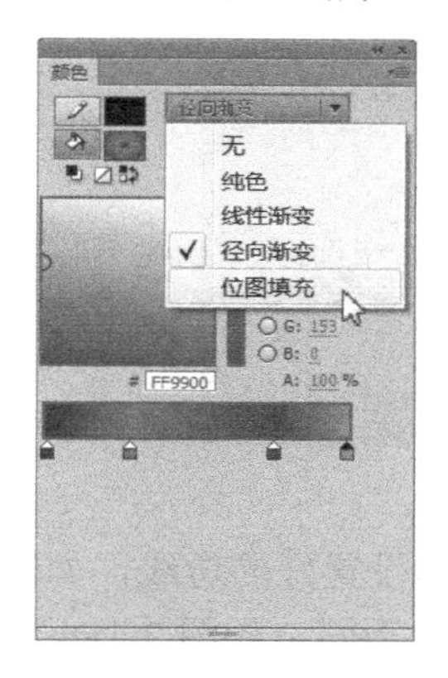


图 2-173

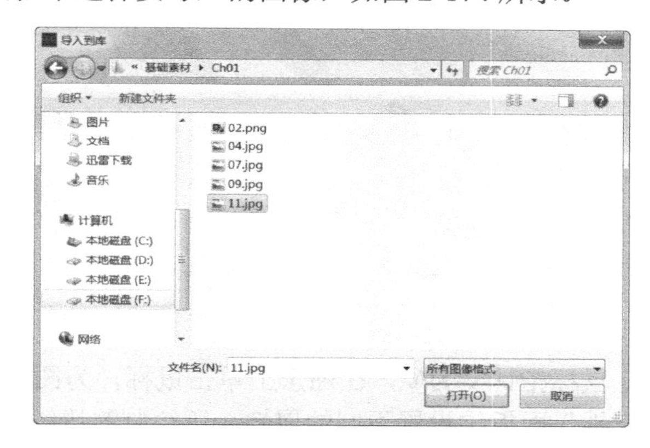


图 2-174

单击“打开”按钮，图像被导入到“颜色”面板中，如图 2-175 所示。选择“椭圆工具”，在场景中绘制出一个椭圆，椭圆即被刚才导入的位图所填充，如图 2-176 所示。

图 2-175

图 2-176

选择“渐变变形工具”，在填充位图上单击，出现控制点。向内拖曳左下方的圆形控制点，如图 2-177 所示，松开鼠标后效果如图 2-178 所示。

向上拖曳右上方的圆形控制点，改变填充位图的角度，如图 2-179 所示，松开鼠标后效果如图 2-180 所示。

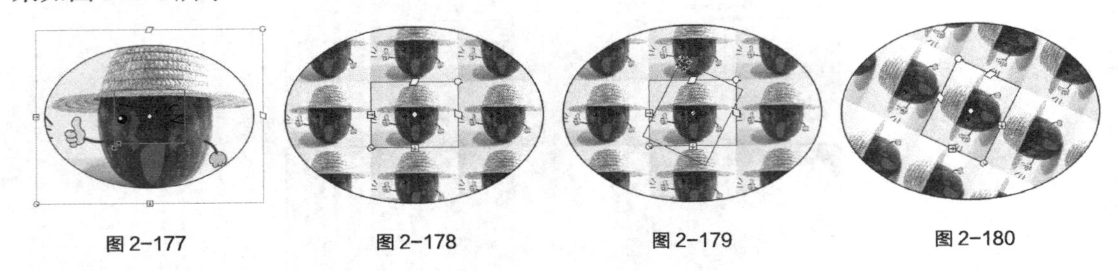

图 2-177　　图 2-178　　图 2-179　　图 2-180

## 2.2.7　墨水瓶工具

使用墨水瓶工具可以修改矢量图形的边线。打开 05 文件（如图 2-181 所示），选择“墨水瓶工具”，在“属性”面板中设置笔触颜色、笔触大小以及笔触样式，如图 2-182 所示。

图 2-181

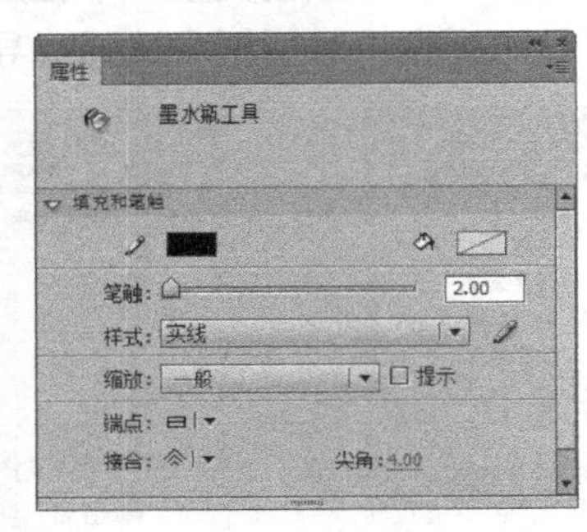


图 2-182

这时，鼠标指针变为，在图形上单击鼠标，为图形增加设置好的边线，如图 2-183 所示。在“属性”面板中设置不同的属性，所绘制的边线效果也不同，如图 2-184 所示。

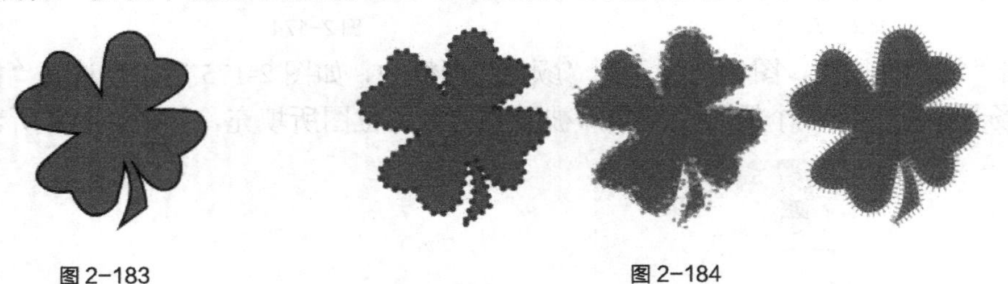

图 2-183　　图 2-184

## 2.2.8　课堂案例——绘制播放器

图 2-185

【案例学习目标】使用绘图工具绘制图形，使用浮动面板设置图形的颜色。

【案例知识要点】使用矩形工具、颜色面板、柔化填充边缘命令、颜料桶工具来完成水晶按钮的绘制，如图 2-185 所示。

【文件所在位置】光盘/Ch02/效果/绘制播放器.fla。

（1）选择“文件 > 新建”命令，在弹出的“新建文档”对话框中选择“ActionScript 3.0”选项，单击“确定”按钮，进入新建文档舞台窗口。

（2）将“图层 1”重新命名为“地盘”。选择“窗口 > 颜色”命令，弹出“颜色”面板，在“类型”的下拉列表中选择“线性渐变”；在色带上设置 3 个控制点，分别选中色带两侧的控制点，并将其设为灰色（# 727171）和黑色（# 231916），再选中色带上中间的控制点，将其设为淡黑色（# 535150），生成渐变色，如图 2-186 所示。选择“矩形工具”，在矩形工具的“属性”面板中将“笔触颜色”设为无，其他选项的设置如图 2-187 所示，然后在舞台窗口中绘制矩形，效果如图 2-188 所示。

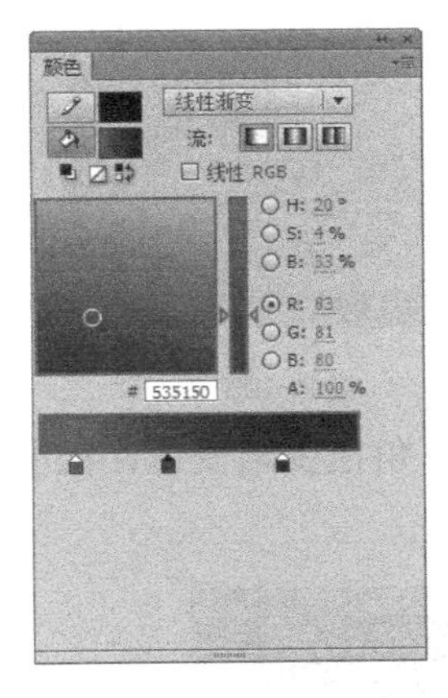


图 2-186

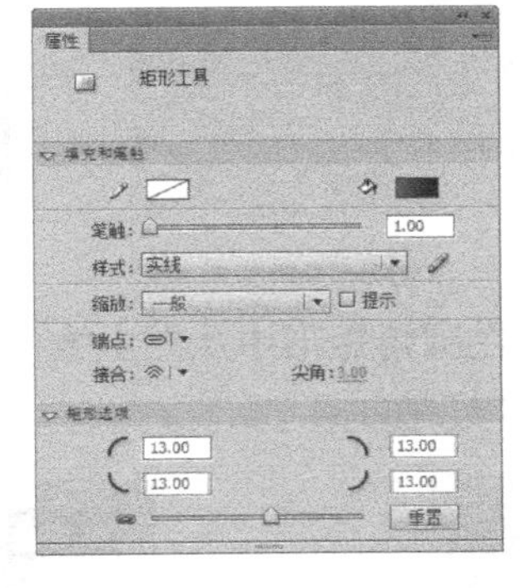


图 2-187

图 2-188

（3）选择“渐变变形工具”，在舞台窗口中单击渐变色，出现控制点和控制线，如图 2-189 所示。将鼠标指针放在外侧圆形的控制点上，指针变为，向右下方拖曳控制点，改变渐变色的角度，如图 2-190 所示。将鼠标指针放在下边的箭头控制点上，指针变为，向上拖曳控制点，改变渐变色的大小，如图 2-191 所示。将鼠标指针放在中心控制点的上方，指针变为，拖曳中心点，将渐变色向下拖曳即改变渐变色的大小，效果如图 2-192 所示。

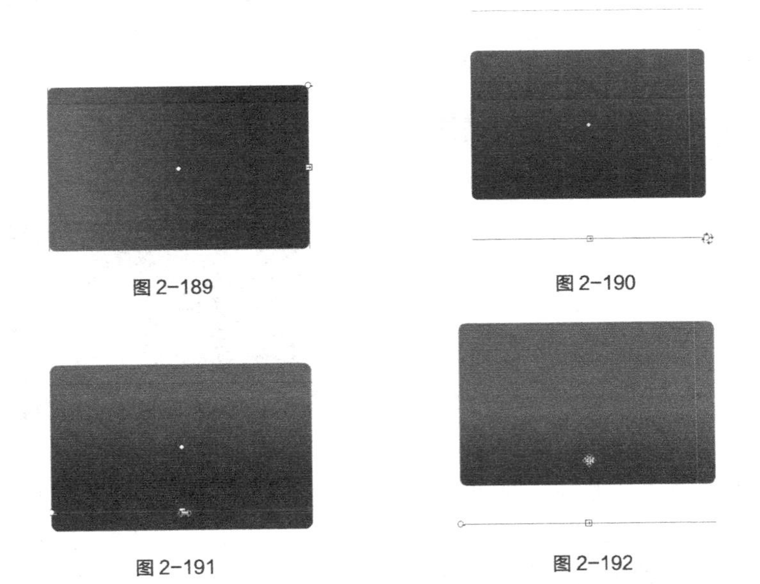

图 2-189　　图 2-190

图 2-191　　图 2-192

（4）选择“颜色”面板，在“类型”下拉列表中选择“线性渐变”，选中色带上左侧的控制点，将其设为灰色（# BFC0C0），选中色带上右侧的控制点，将其设为黑色，生成渐变色，如图 2-193 所示。选择“矩形工具”，在矩形工具的“属性”面板中将“笔触颜色”设为无，其他选项的设置如图 2-194 所示。然后，在舞台窗口中绘制矩形，效果如图 2-195 所示。

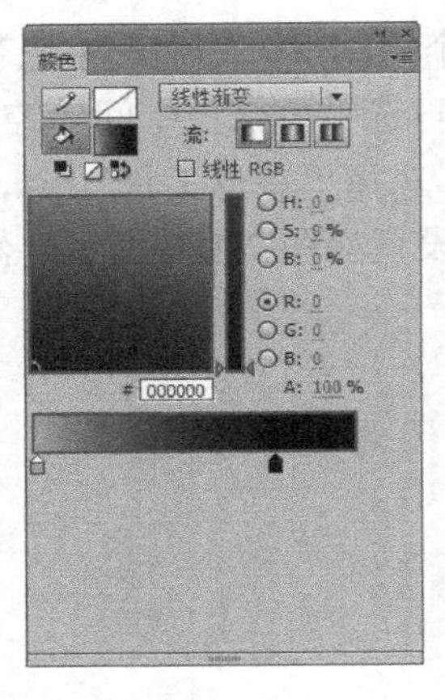


图 2-193

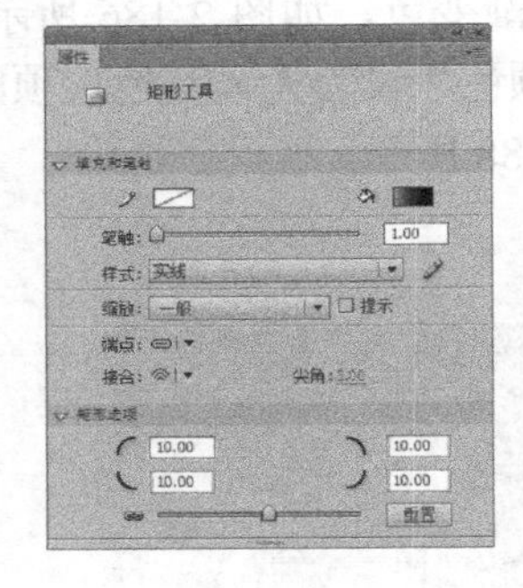


图 2-194

图 2-195

（5）选择“颜料桶工具”，在圆角矩形中从左上方向右下角拖曳渐变色，如图 2-196 所示，渐变色被填充，效果如图 2-197 所示。

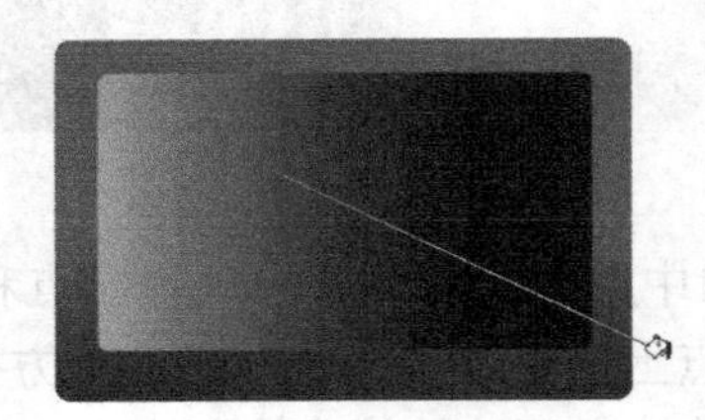

图 2-196

图 2-197

（6）单击“时间轴”面板下方的“新建图层”按钮，创建新图层并将其命名为“播放条”。选择“线条工具”，在线条工具的“属性”面板中将“笔触”选项设为 3，其他选项设置如图 2-198 所示。按住 Shift 键的同时，在舞台窗口中绘制线条，用上述相同的方法为线条填充渐变色，效果如图 2-199 所示。

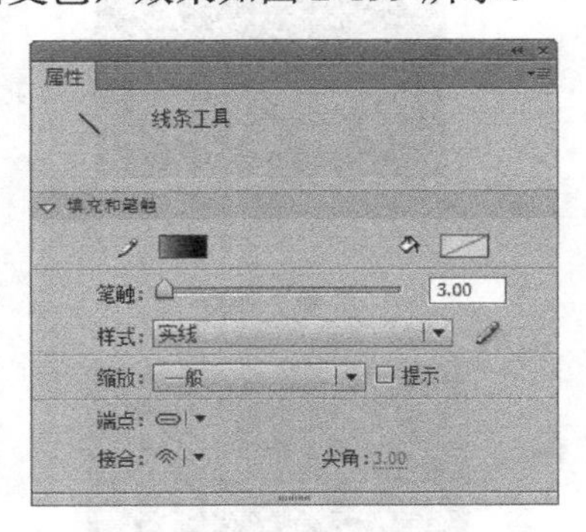


图 2-198

图 2-199

（7）单击“时间轴”面板下方的“新建图层”按钮，创建新图层并将其命名为“拖动头”。选择“矩形工具”，在矩形工具的“属性”面板中，将“笔触颜色”设为无，“填充颜色”设为白色，其他选项的设置如图 2-200 所示。在舞台窗口中绘制圆角矩形，效果如图 2-201 所示。

（8）选择“颜色”面板，在“类型”下拉列表中选择“线性渐变”。在色带上设置 4 个控制点：分别选中色带上两侧的控制点，并将其设为灰色（# CCCCCC），再选中色带上中间的两个控制点，将其设为白色，生成渐变色，如图 2-202 所示。选择“颜料桶工具”，在圆角矩形上拖曳渐变色，图形即被填充，效果如图 2-203 所示。

（9）单击“时间轴”面板下方的“新建图层”按钮，创建新图层并将其命名为“屏幕”。选择“矩形工具”，在矩形工具的“属性”面板中将“笔触颜色”设为无，“填充颜色”设为草绿色（# 80AB36），其他选项的设置如图 2-204 所示。然后，在舞台窗口中绘制一个矩形，效果如图 2-205 所示。

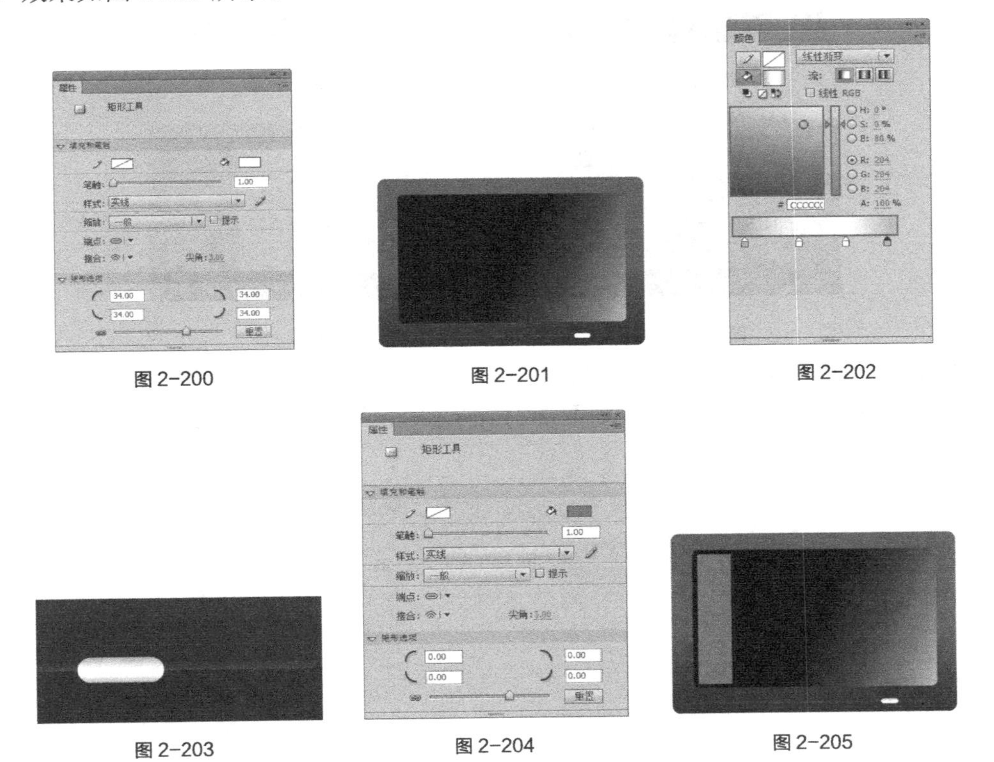

图 2-200　图 2-201　图 2-202

图 2-203　图 2-204　图 2-205

（10）选择“选择工具”，选中矩形，按住 Alt+Shift 键的同时，单击并按住鼠标水平向右拖曳矩形到适当的位置，复制矩形，效果如图 2-206 所示。保持选取状态，在工具箱中将“填充颜色”设为青色（# 268FE0），填充图形，效果如图 2-207 所示。

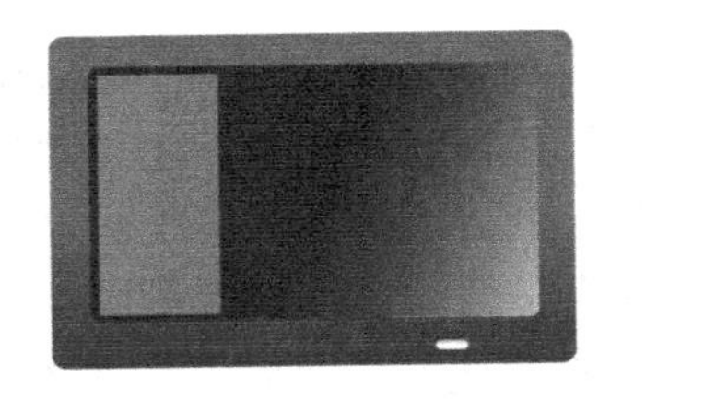

图 2-206

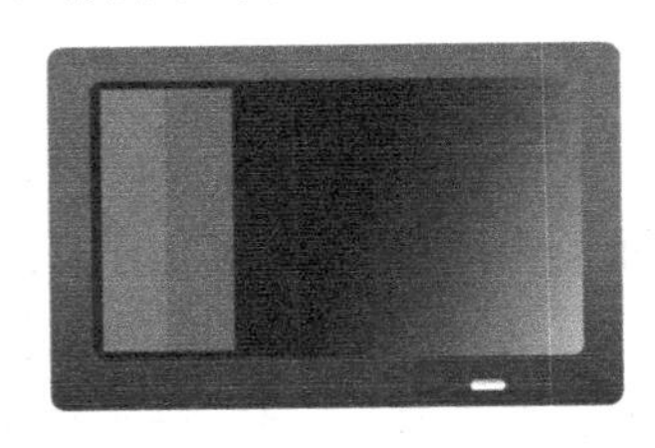

图 2-207

（11）选择“选择工具”，按住 Shift 键的同时，单击第一个矩形，将其同时选中。按住 Alt+Shift 组合键的同时，单击并按住鼠标水平向右拖曳图形到适当的位置，复制图形，效果如图 2-208 所示。按 Ctrl+Y 组合键，按需要复制多个图形，效果如图 2-209 所示。

（12）选择“选择工具”，选中最后一个矩形，按 Delete 键，将其删除，效果如图 2-210 所示。在工具箱中分别将“填充颜色”设为洋红色（# FF7896）、灰白色（# F2F2F2）、淡黄色（# FCDE80）淡黑色（# 545456）、青色（# 268FE0），从左至右依次填充图形，效果如图 2-211 所示。

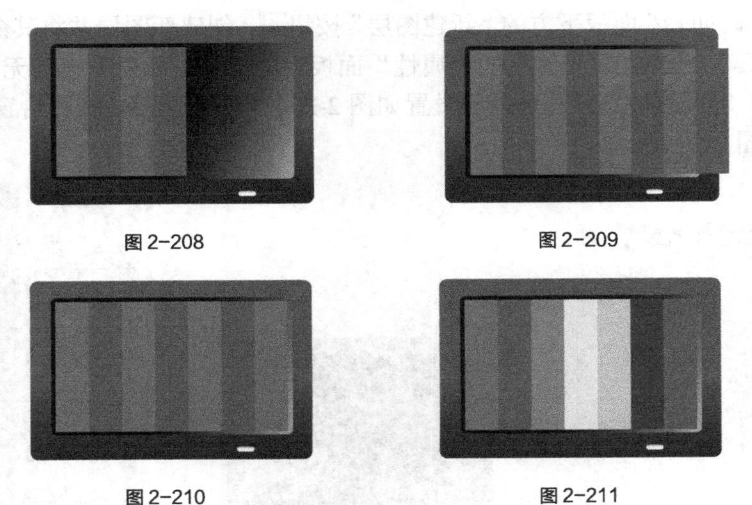

图 2-208　图 2-209

图 2-210　图 2-211

（13）选择“文件 > 导入 > 导入到库”命令，在弹出的“导入到库”对话框中选择“Ch02 >素材 > 绘制播放器 >01”文件（如图 2-212 所示），单击“打开”按钮，文件即被导入到“库”面板中，如图 2-213 所示。

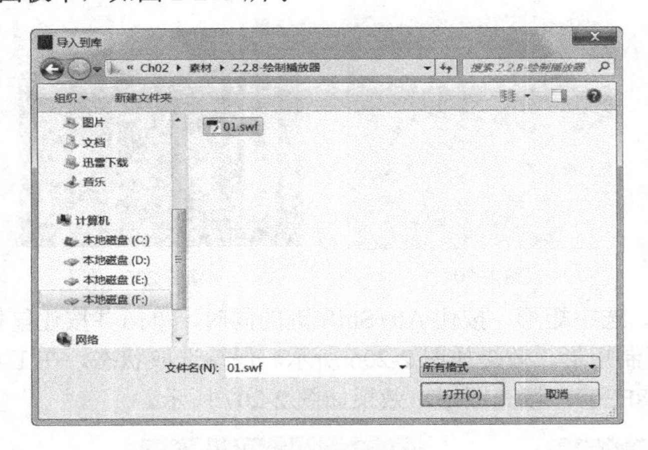


图 2-212

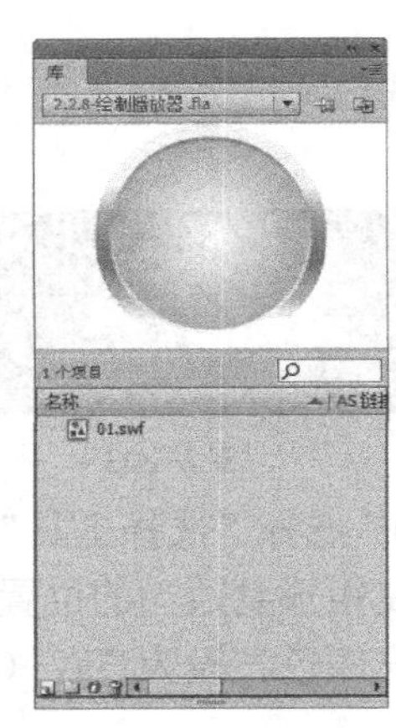


图 2-213

（14）单击“时间轴”面板下方的“新建图层”按钮，创建新图层并将其命名为“按钮”。将“库”面板中的图形元件“01”拖曳到舞台中适当的位置，效果如图 2-214 所示。

（15）单击“时间轴”面板下方的“新建图层”按钮，创建新图层并将其命名为“三角”。选择“多角星形工具”，在多角星形工具的“属性”面板中将“笔触颜色”设为白色，将“填充颜色”设为青色（# 268FE0），将“笔触”设为 2，并单击“工具设置”选项下的 选项... 按钮。在弹出的“工具设置”对话框中，将“边数”选项设为 3，其他选项设置如图 2-215 所示，单击“确定”按钮，即在按钮上方绘制 1 个三角形，效果如图 2-216 所示。

（16）选择“颜色”面板，在“类型”下拉列表中选择“线性渐变”。在色带上设置 3 个控制点：分别选中色带上两侧的控制点，并将其设为白色和淡黑色（# 8D8D8E），选中色带上中间的控制点，将其设为灰色（# CCCCCC），生成渐变色，如图 2-217 所示。选择“墨水瓶工具”，在三角形中拖曳渐变色，图形即被填充，效果如图 2-218 所示。

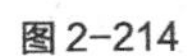
图 2-214

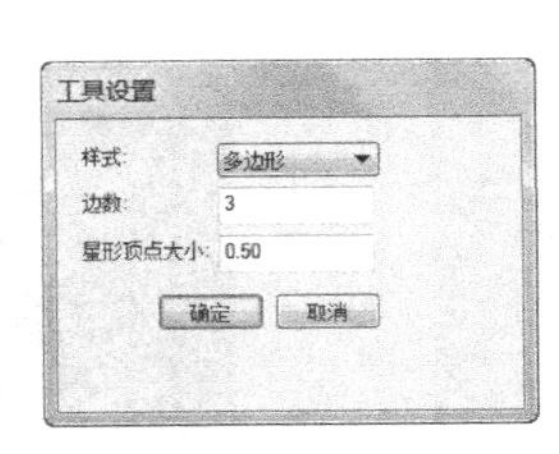


图 2-215

图 2-216

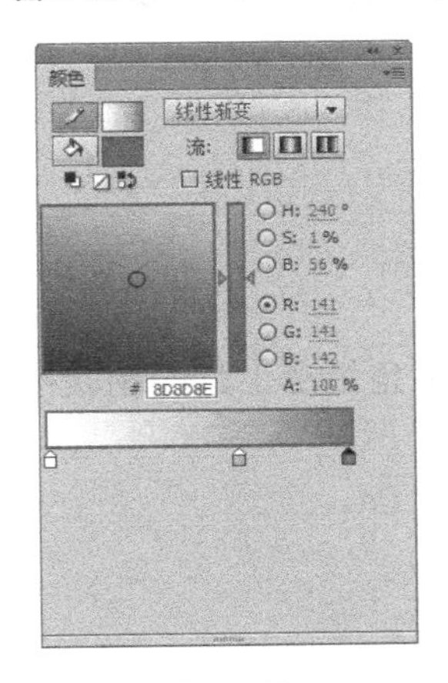


图 2-217

图 2-218

（17）单击“时间轴”面板下方的“新建图层”按钮，创建新图层并将其命名为“透明修饰”。选择“矩形工具”，在矩形工具的“属性”面板中，将“笔触颜色”设为无，“填充颜色”设为白色，其他选项的设置如图 2-219 所示。然后，在舞台窗口中绘制一个矩形，效果如图 2-220 所示。

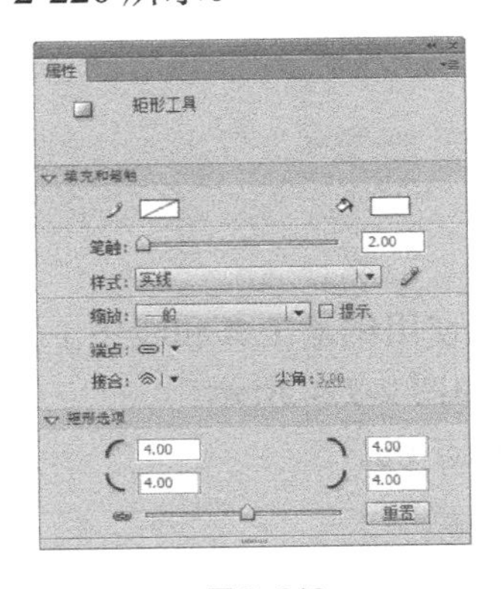


图 2-219

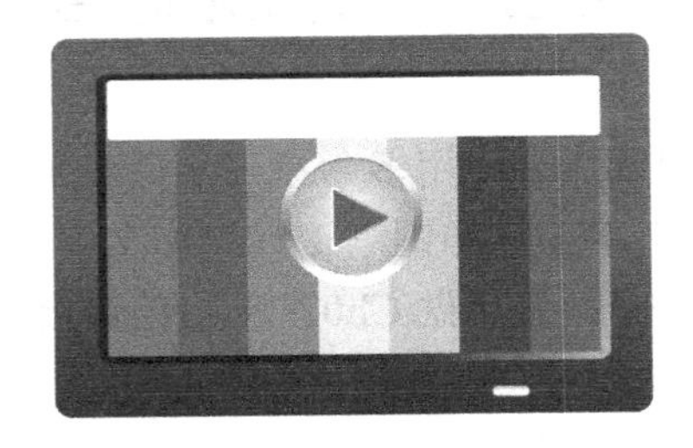

图 2-220

（18）选择“颜色”面板，在“类型”的下拉列表中选择“线性渐变”，选中色带上左侧的控制点，将其设为黑色，在“Alpha”选项中将其不透明度设为 0，选中色带上右侧的控制点，将其设为黑色，在“Alpha”选项中将其不透明度设为 40%，生成渐变色，如图 2-221 所示。选择“颜料桶工具”，在圆角矩形上拖曳渐变色，图形即被填充，效果如图 2-222 所示。至此，播放器绘制完成，按 Ctrl+Enter 组合键即可查看效果。

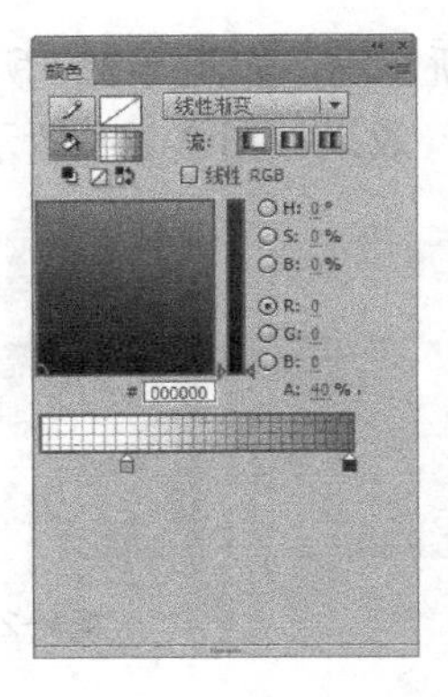


图 2-221

图 2-222

## 2.3 课堂练习——绘制冬天夜景

【练习知识要点】使用椭圆工具、矩形工具和多角星形工具绘制城楼，使用椭圆工具、钢笔工具绘制雪人形体，效果如图 2-223 所示。

【文件所在位置】光盘/Ch02/效果/绘制冬天夜景.fla。

图 2-223

## 2.4 课后习题——绘制咖啡店标志

【习题知识要点】使用多角星形工具绘制星形，使用钢笔工具和线条工具绘制图形和曲线效果，使用文本工具和钢笔工具制作文字，效果如图 2-224 所示。

【文件所在位置】光盘/Ch02/效果/绘制咖啡店标志.fla。

图 2-224

Flash CS6

# 3 Chapter

# 第 3 章 对象的编辑与修饰

使用工具栏中的工具创建向量图形相对来说比较单调，如果能结合修改菜单命令修改图形，就可以改变原图形的形状、线条等，并且可以将多个图形组合起来达到所需要的图形效果。本章将详细介绍 Flash CS6 编辑、修饰对象的功能。通过对本章的学习，可以帮助读者掌握编辑和修饰对象的各种方法和技巧，并能根据具体操作特点，灵活地应用编辑和修饰功能。

课堂学习目标：

- 掌握对象的变形方法和技巧；
- 掌握对象的修饰方法；
- 熟悉运用对齐面板与变形面板来编辑对象。

# 3.1 对象的变形与操作

应用变形命令可以对选择的对象进行变形修改，如扭曲、缩放、倾斜、旋转和封套等，还可以根据需要对对象进行组合、分离、叠放、对齐等一系列操作，从而达到制作的要求。

## 3.1.1 扭曲对象

选择“修改 > 变形 > 扭曲”命令，当前选择的图形上即出现控制点，如图 3-1 所示。鼠标指针变为▷，此时单击并拖动控制点（如图 3-2 所示）可以改变图形顶点的形状，扭曲后的效果如图 3-3 所示。

图 3-1

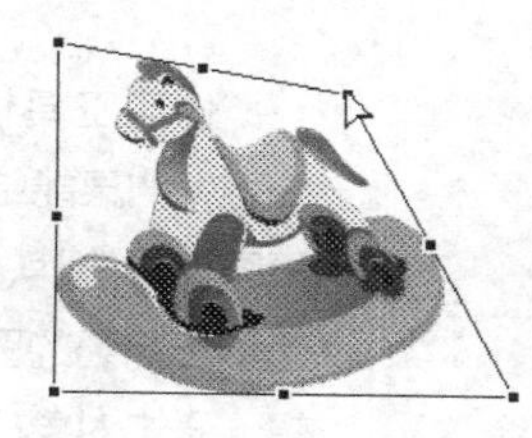
图 3-2

图 3-3

## 3.1.2 封套对象

选择“修改 > 变形 > 封套”命令，当前选择的图形上即出现控制点，如图 3-4 所示。鼠标指针变为▷，此时单击并用鼠标拖动控制点（如图 3-5 所示）可使图形产生相应的弯曲变化，封套后的效果如图 3-6 所示。

图 3-4

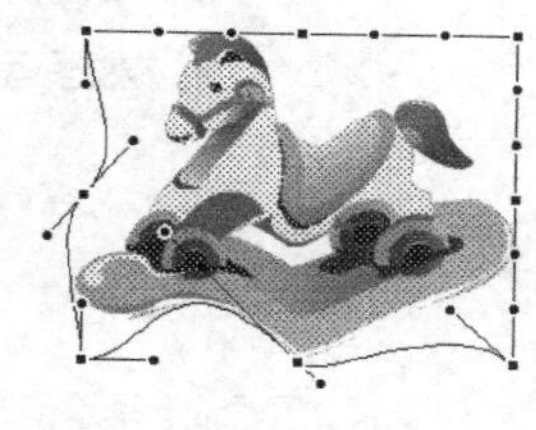
图 3-5

图 3-6

## 3.1.3 缩放对象

选择“修改 > 变形 > 缩放”命令，当前选择的图形上即出现控制点，如图 3-7 所示。鼠标指针变为⤢，单击并按住鼠标不放拖动控制点（如图 3-8 所示），可成比例地改变图形的大小，缩放后的效果如图 3-9 所示。

图 3-7

图 3-8

图 3-9

### 3.1.4 旋转与倾斜对象

选择“修改 > 变形 > 旋转与倾斜”命令，当前选择的图形上即出现控制点，如图3-10所示。将鼠标指针移至中间的控制点上时，指针变为⇌，单击并按住鼠标不放向右水平拖曳控制点（如图3-11所示），然后松开鼠标，图形即变为倾斜，效果如图3-12所示。

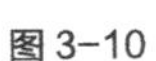

图3-10

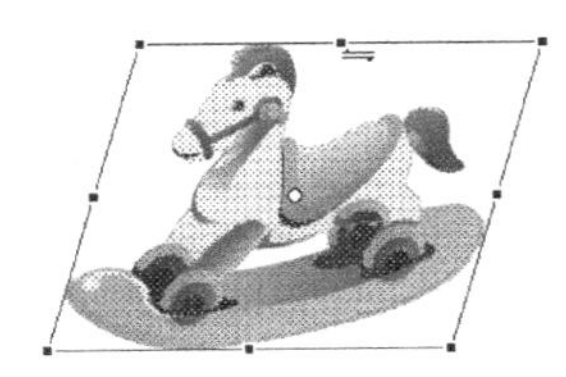

图3-11

图3-12

将鼠标指针放在右上角的控制点上时，指针变为↻（如图3-13所示），单击并按住鼠标拖动控制点即可旋转图形（如图3-14所示），旋转完成后的效果如图3-15所示。

图3-13

图3-14

图3-15

选择“修改 > 变形”中的“顺时针旋转90度”、“逆时针旋转90度”命令，可以将图形按照规定的角度进行旋转，旋转后的效果如图3-16、图3-17所示。

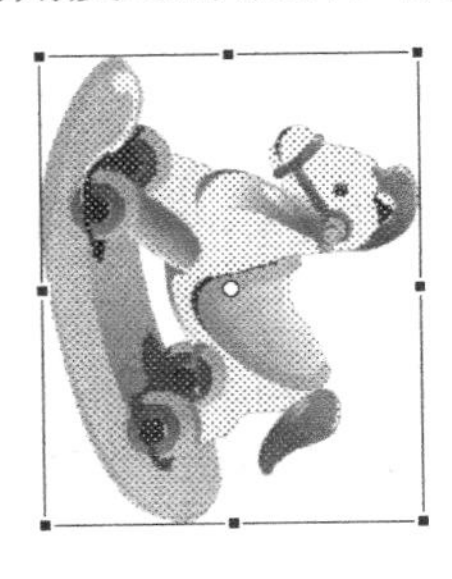

图3-16

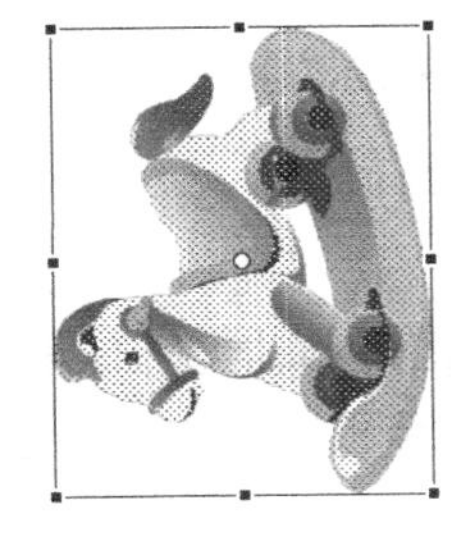

图3-17

### 3.1.5 翻转对象

选择“修改 > 变形”中的“垂直翻转”、“水平翻转”命令，可以将图形进行翻转，效果如图3-18、图3-19所示。

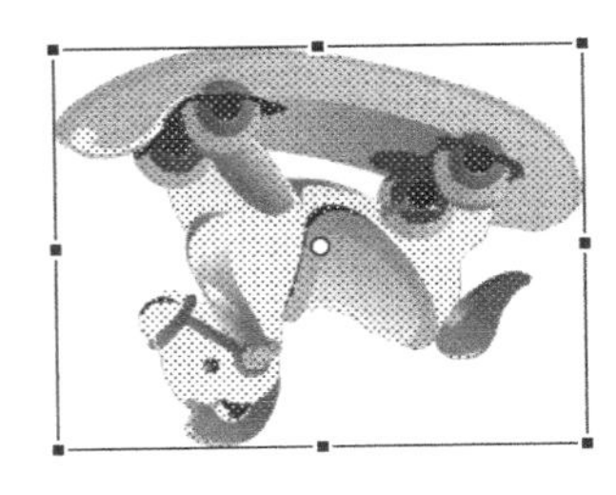

图3-18

图3-19

### 3.1.6 组合对象

选中多个图形，如图 3-20 所示，选择“修改 > 组合”命令，或者按 Ctrl+G 组合键，可将选中的图形进行组合，组合后的效果如图 3-21 所示。

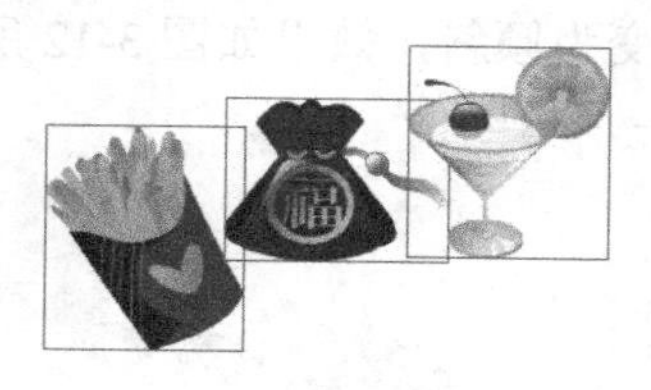

图 3-20

图 3-21

### 3.1.7 分离对象

要修改多个图形的组合、图像、文字或组件的一部分时，可以使用“修改 > 分离”命令。另外，制作变形动画时，需用“分离”命令将图形的组合、图像、文字或组件转变成图形。

选中图形组合，如图 3-22 所示，选择“修改 > 分离”命令，或者按 Ctrl+B 组合键，可将组合的图形打散，多次使用“分离”命令的效果如图 3-23 所示。

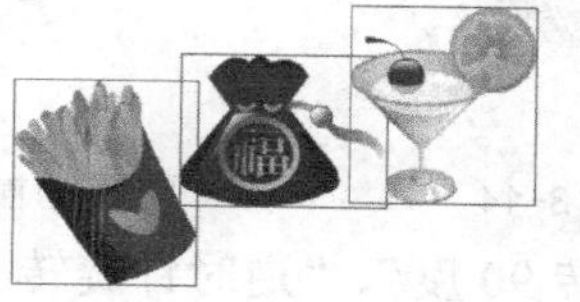

图 3-22

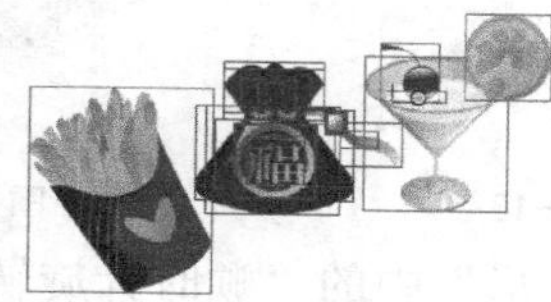

图 3-23

### 3.1.8 叠放对象

制作复杂图形时，多个图形的叠放次序不同，会产生不同的效果，可以通过“修改 > 排列”中的命令实现不同的叠放效果。

如果要将图形移动到所有图形的顶层，选中要移动的托盘图形，如图 3-24 所示，再选择“修改 >排列 > 移至顶层”命令，将选中的托盘图形移动到所有图形的顶层，效果如图 3-25 所示。

图 3-24

图 3-25

提示

*叠放对象只能是图形的组合或组件。*

### 3.1.9 对齐对象

当选择多个图形或图像的组合、组件时，可以通过“修改 > 对齐”中的命令调整它们的相对位置。

如果要将多个图形的底部对齐，先选中多个图形（如图3-26所示），再选择“修改 > 对齐 > 底对齐”命令，将所有图形的底部对齐，对齐后的效果如图3-27所示。

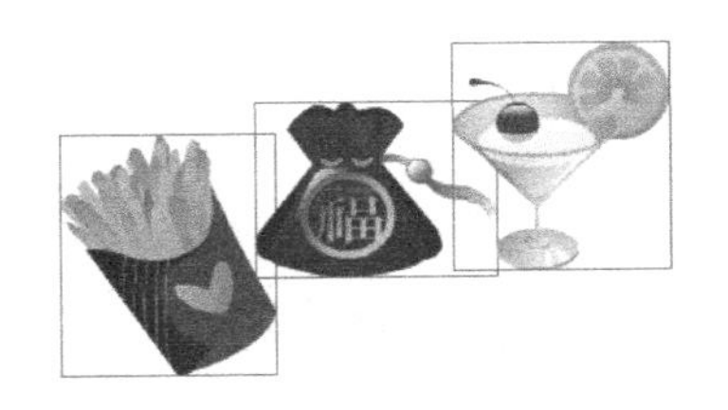

图3-26

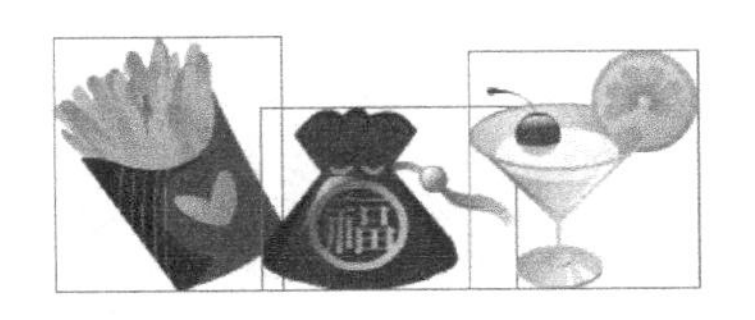

图3-27

### 3.1.10 课堂案例——绘制度假卡

【案例学习目标】使用不同的变形命令编辑图形。

【案例知识要点】使用矩形工具、套索工具、钢笔工具绘制山水图形，使用钢笔工具、水平翻转命令制作椰汁树图形，使用直接复制命令复制多个图形，效果如图3-28所示。

【文件所在位置】光盘/Ch03/效果/绘制度假卡.fla。

图3-28

#### 1. 绘制水和山

（1）选择“文件 > 新建”命令，在弹出的“新建文档”对话框中选择“ActionScript 3.0”，单击“确定”按钮，进入新建文档舞台窗口。按Ctrl+F3组合键，弹出文档的“属性”面板，单击面板中的“编辑文档属性”按钮，弹出“文档设置”对话框。将“宽度”选项设为324像素，“高度”选项设为143像素，将“背景”颜色设为土黄色（#F5C738），单击“确定”按钮，即改变舞台窗口的大小和颜色。

（2）将“图层1”重命名为“水”，如图3-29所示。选择“矩形工具”，在矩形工具的“属性”面板中将“笔触颜色”设为无，将“填充颜色”设为青色（# 28B6EB），在舞台窗口中绘制一个矩形，效果如图3-30所示。

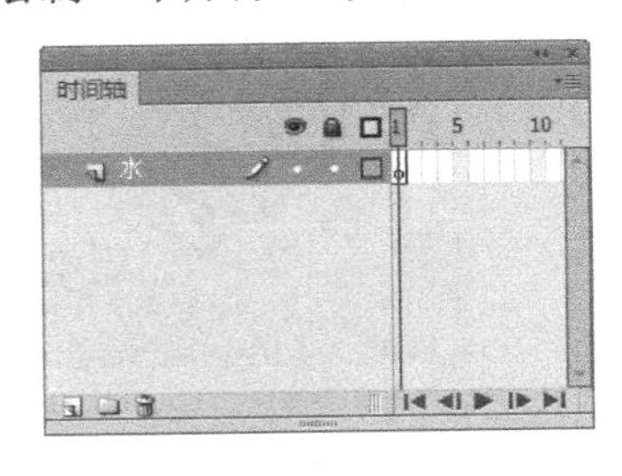


图3-29

图3-30

（3）选择“套索工具”，在工具箱下方单击“多边形模式”按钮，在舞台窗口中选择需要的区域，如图 3-31 所示。在工具箱中将“填充颜色”设为海蓝色（#2C84C7），填充图形，效果如图 3-32 所示。接着，用相同方法制作出如图 3-33 所示的效果。

（4）单击“时间轴”面板下方的“新建图层”按钮，创建新图层并将其命名为“山”。选择“钢笔工具”，绘制一个闭合路径，如图 3-34 所示。

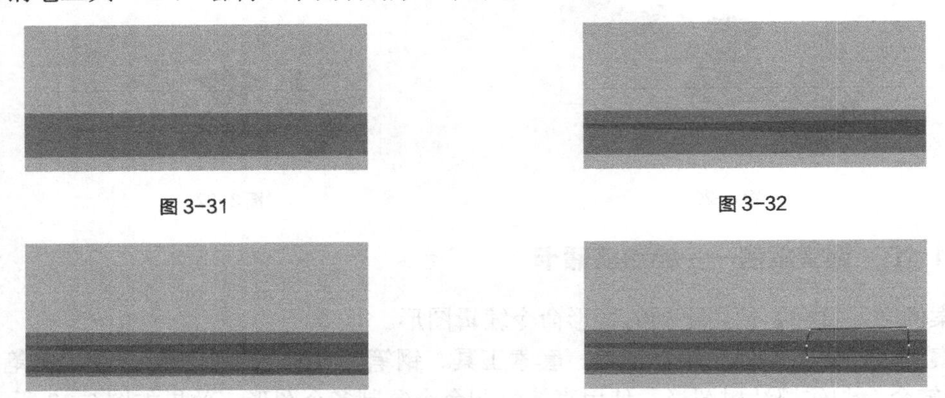

图 3-31 图 3-32 图 3-33 图 3-34

（5）选择“颜料桶工具”，在工具箱中将“填充颜色”设为橘黄色（# EE771D），在边线内部单击鼠标，填充图形，如图 3-35 所示。选择“选择工具”，在边线上双击鼠标选中边线，再按 Delete 键将其删除，效果如图 3-36 所示。接着，使用相同的方法绘制其他图形并填充适当的颜色，效果如图 3-37 所示。

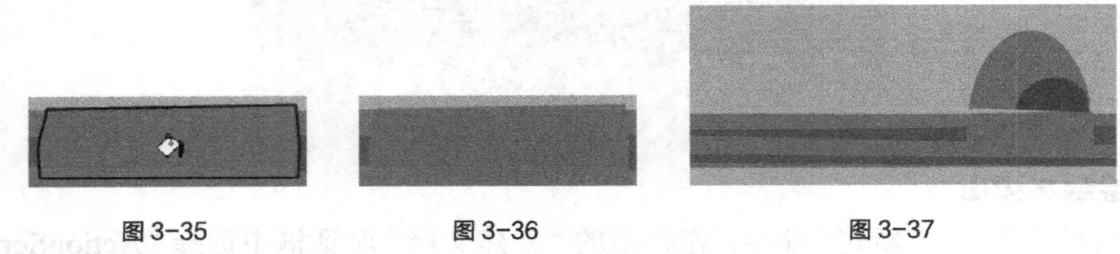

图 3-35 图 3-36 图 3-37

## 2. 绘制椰子树和其他图形

（1）单击“时间轴”面板下方的“新建图层”按钮，创建新图层并将其命名为“椰子树”。选择“钢笔工具”，绘制一个闭合路径，如图 3-38 所示。

（2）选择“颜料桶工具”，在工具箱中将“填充颜色”设为海蓝色（# 133673），在边线内部单击鼠标，填充图形，如图 3-39 所示。选择“选择工具”，在边线上双击鼠标选中边线，再按 Delete 键将其删除，效果如图 3-40 所示。

图 3-38

图 3-39

图 3-40

（3）选择“选择工具”，选中椰子树图形，按 Ctrl+C 组合键，复制图形，再按 Ctrl+Shift+

V组合键，将图形粘贴到当前位置。选择“修改 > 变形 > 水平翻转”命令，将椰子树图形水平翻转，效果如图3-41所示。保持图形选取状态，在按住Alt+Shift组合键的同时，单击并按住鼠标水平向右拖曳图形到适当的位置，效果如图3-42所示。

图3-41

图3-42

（4）单击“时间轴”面板下方的“新建图层”按钮，创建新图层并将其命名为“波浪”。选择“钢笔工具”，绘制一个闭合路径，如图3-43所示。

（5）选择“颜料桶工具”，在工具箱中将“填充颜色”设为白色，在边线内部单击鼠标，填充图形。选择“选择工具”，在边线上双击鼠标选中边线，再按Delete键将其删除，效果如图3-44所示。

（6）选择“选择工具”，选中图形，按Ctrl+C组合键复制图形，再按Ctrl+Shift+V组合键，将图形粘贴到当前位置。选择“任意变形工具”，按住Alt+Shift组合键的同时，用鼠标单击并拖动右上方的控制点，等比例缩小图形，并拖曳复制图形到适当的位置，效果如图3-45所示。

图3-43

图3-44

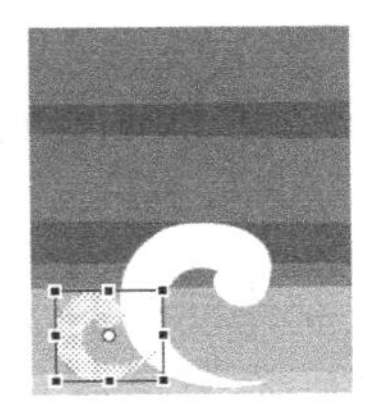

图3-45

（7）选择“选择工具”，按住Shift键，单击第一个图形，按Ctrl+G组合键，将选中的图形进行组合，如图3-46所示。按住Alt+Shift组合键的同时，单击并按住鼠标水平向右拖曳图形到适当的位置，复制图形，效果如图3-47所示。再按Ctrl+Y组合键多次，根据需要复制多个图形，效果如图3-48所示。

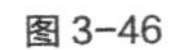

图3-46

图3-47

图3-48

### 3. 输入文字并导入素材图形

（1）单击“时间轴”面板下方的“新建图层”按钮，创建新图层并将其命名为“文字”。选择“文本工具”，在文本工具的“属性”面板中设置大小为15.4点、样式为“Regular”、字体系列为“Arial”、颜色为海蓝色（#133673），然后在舞台窗口中的适当位置输入文字，效果如图 3-49 所示。再次在舞台窗口中输入大小为 18.6 点、样式为“Black”、字体系列为“Arial”的海蓝色（#133673）文字，效果如图 3-50 所示。

图 3-49

图 3-50

（2）单击“时间轴”面板下方的“新建图层”按钮，创建新图层并将其命名为“海豚”。选择“文件 > 导入 > 导入到舞台”命令，在弹出的“导入”对话框中选择“Ch03 >素材 > 绘制度假卡 > 01”文件，单击“打开”按钮，文件即被导入到舞台中，将其拖曳到适当的位置后，效果如图 3-51 所示。度假卡绘制完成，按 Ctrl+Enter 组合键即可查看效果。

图 3-51

## 3.2 对象的修饰

在制作动画的过程中，应用 Flash CS6 中文版自带的一些命令，可以对曲线进行优化，将线条转换为填充，对填充色进行修改或对填充边缘进行柔化处理。

可以应用“对齐”面板来设置多个对象之间的对齐方式，还可以应用“变形”面板来改变对象的大小及倾斜度。

### 3.2.1 将线条转换为填充

应用“将线条转换为填充”命令可以将矢量线条转换为填充色块。打开 03 文件，如图 3-52 所示。选择“墨水瓶工具”，为图形绘制外边线，如图 3-53 所示。

双击图形的外边线将其选中，选择“修改 > 形状 > 将线条转换为填充”命令，将外边线转换为填充色块，如图 3-54 所示。这时，可以选择“颜料桶工具”，为填充色块设置其他颜色，效果如图 3-55 所示。

图 3-52

图 3-53

图 3-54

图 3-55

## 3.2.2　扩展填充

应用扩展填充命令可以将填充颜色向外扩展或向内收缩，扩展或收缩的数值可以自定义。

### 1. 扩展填充色

选中图形的填充颜色，如图 3-56 所示。选择“修改 > 形状 > 扩展填充”命令，弹出“扩展填充”对话框，在“距离”的数值框中输入 4（取值范围为 0.05～144），点选“扩展”单选项，如图 3-57 所示。单击“确定”按钮，填充色即向外扩展，效果如图 3-58 所示。

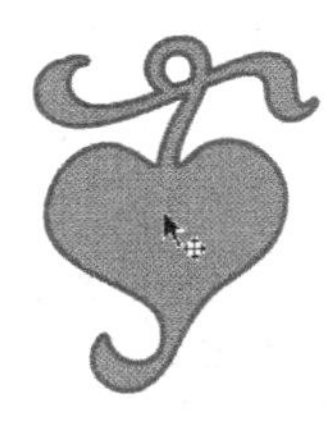
图 3-56

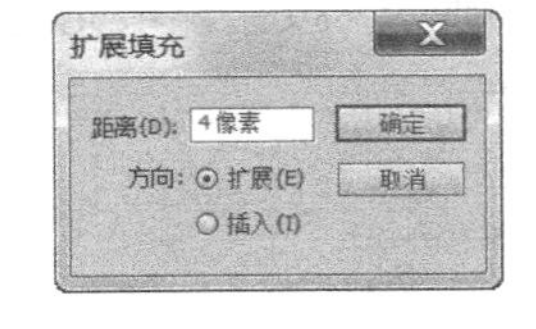

图 3-57

图 3-58

### 2. 收缩填充色

选中图形的填充颜色，选择“修改 > 形状 > 扩展填充”命令，弹出“扩展填充”对话框，在“距离”的数值框中输入 4（取值范围为 0.05～144），点选“插入”单选项，如图 3-59 所示。单击“确定”按钮，填充色即向内收缩，效果如图 3-60 所示。

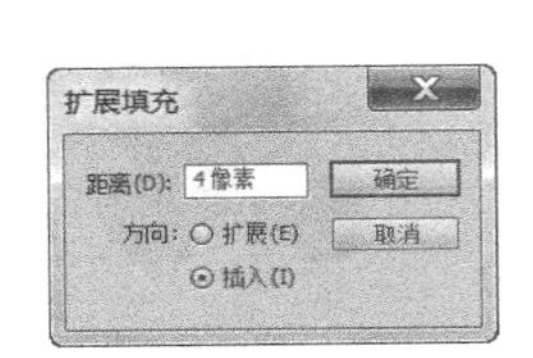

图 3-59

图 3-60

## 3.2.3　柔化填充边缘

### 1. 向外柔化填充边缘

选中图形，如图 3-61 所示，选择“修改 > 形状 > 柔化填充边缘”命令，弹出“柔化填充边缘”对话框，在“距离”的数值框中输入 50，在“步长数”的数值框中输入 5，点选“扩展”选项，如图 3-62 所示。单击“确定”按钮，填充边缘即被柔化，效果如图 3-63 所示。

图 3-61

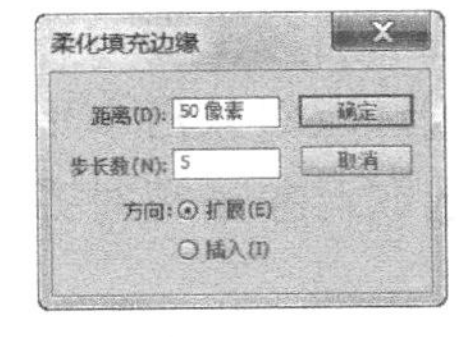

图 3-62

图 3-63

在“柔化填充边缘”对话框中设置不同的数值，所产生的效果也各不相同。

选中图形，选择“修改 > 形状 > 柔化填充边缘”命令，弹出“柔化填充边缘”对话框，在“距离”数值框中输入 30，在“步长数”数值框中输入 10，点选“扩展”单选项，如图 3-64 所示，再单击“确定”按钮，效果如图 3-65 所示。

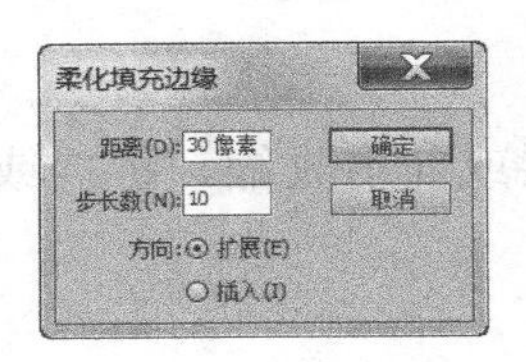


图 3-64

图 3-65

### 2. 向内柔化填充边缘

选中图形，如图 3-66 所示，选择“修改 > 形状 > 柔化填充边缘”命令，弹出“柔化填充边缘”对话框，在“距离”数值框中输入 30，在“步长数”数值框中输入 5，点选“插入”单选项，如图 3-67 所示。单击“确定”按钮，填充边缘即被柔化，效果如图 3-68 所示。

图 3-66

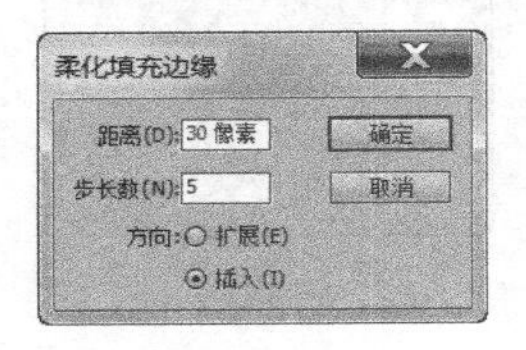


图 3-67

图 3-68

选中图形，选择“修改 > 形状 > 柔化填充边缘”命令，弹出“柔化填充边缘”对话框，在“距离”数值框中输入 20，在“步长数”数值框中输入 5，点选“插入”选项，如图 3-69 所示。单击“确定”按钮，填充边缘即被柔化，效果如图 3-70 所示。

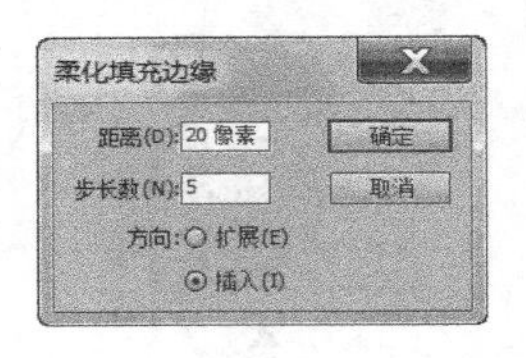


图 3-69

图 3-70

## 3.2.4 “对齐”面板

选择“窗口 > 对齐”命令，弹出“对齐”面板，如图 3-71 所示。

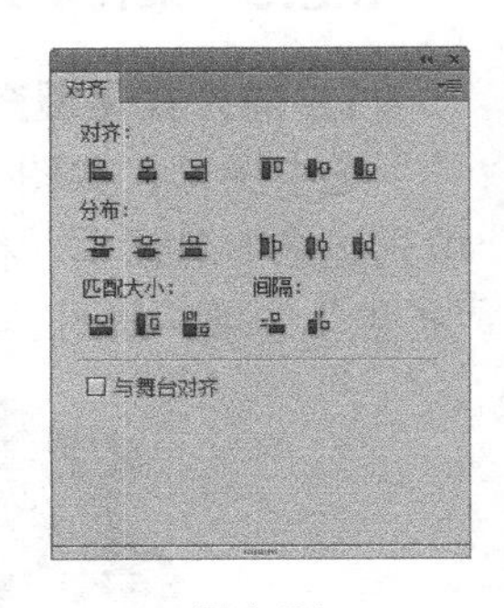


图 3-71

### 1. “对齐”选项组

- “左对齐”按钮：用于设置选取对象左端对齐。
- “水平中齐”按钮：用于设置选取对象沿垂直线中对齐。
- “右对齐”按钮：用于设置选取对象右端对齐。
- “顶对齐”按钮：用于设置选取对象上端对齐。
- “垂直中齐”按钮：用于设置选取对象沿水平线中对齐。
- “底对齐”按钮：用于设置选取对象下端对齐。

### 2. “分布”选项组

- “顶部分布”按钮：用于设置选取对象在横向上的上端间距相等。
- “垂直居中分布”按钮：用于设置选取对象在横向上的中心间距相等。
- “底部分布”按钮：用于设置选取对象在横向上的下端间距相等。
- “左侧分布”按钮：用于设置选取对象在纵向上的左端间距相等。
- “水平居中分布”按钮：用于设置选取对象在纵向上的中心间距相等。

● “右侧分布”按钮：用于设置选取对象在纵向上的右端间距相等。

**3. “匹配大小”选项组**

● “匹配宽度”按钮：用于设置选取对象在水平方向上等尺寸变形（以所选对象中宽度最大的为基准）。

● “匹配高度”按钮：用于设置选取对象在垂直方向上等尺寸变形（以所选对象中高度最大的为基准）。

● “匹配宽和高”按钮：用于设置选取对象在水平方向和垂直方向同时进行等尺寸变形（同时以所选对象中宽度和高度最大的为基准）。

**4. “间隔”选项组**

● “垂直平均间隔”按钮：用于设置选取对象在纵向上间距相等。

● “水平平均间隔”按钮：用于设置选取对象在横向上间距相等。

**5. “与舞台对齐”选项**

“与舞台对齐”复选框：勾选此选项后，上述所有的设置操作都是以整个舞台的宽度或高度为基准的。

打开 05 文件，选中要对齐的图形，如图 3-72 所示。单击“顶对齐”按钮，图形即上端对齐，效果如图 3-73 所示。

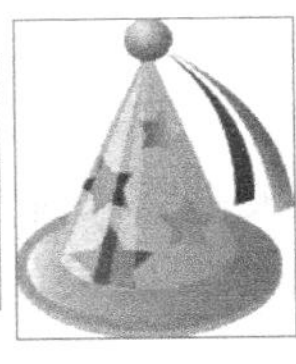

图 3-72

图 3-73

选中要分布的图形，如图 3-74 所示。单击“水平居中分布”按钮，图形即在纵向上中心间距相等，效果如图 3-75 所示。

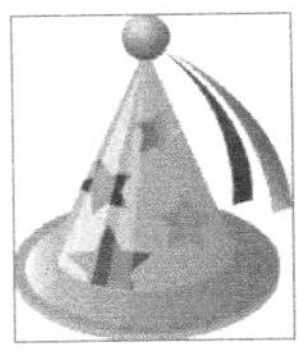

图 3-74

图 3-75

选中要匹配大小的图形，如图 3-76 所示。单击“匹配高度”按钮，图形即在垂直方向上等尺寸变形，效果如图 3-77 所示。

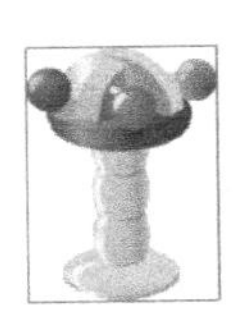
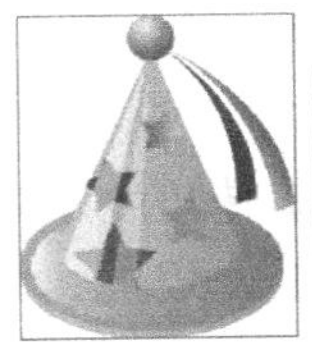

图 3-76

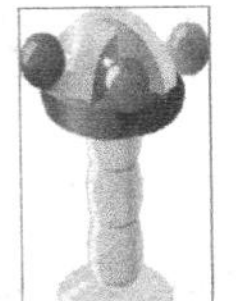
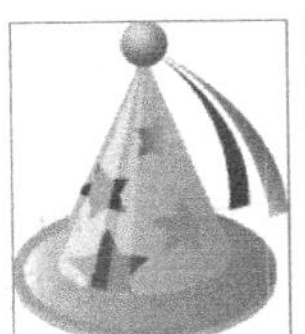

图 3-77

应用同一个命令时，是否勾选“与舞台对齐”复选框所产生的效果不同。选中图形，如图 3-78 所示。单击“左侧分布”按钮，效果如图 3-79 所示；勾选“与舞台对齐”复选框后，单击“左侧分布”按钮，效果如图 3-80 所示。

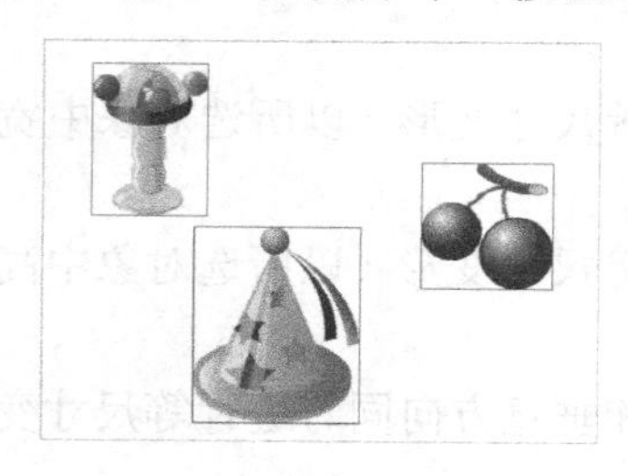
图 3-78

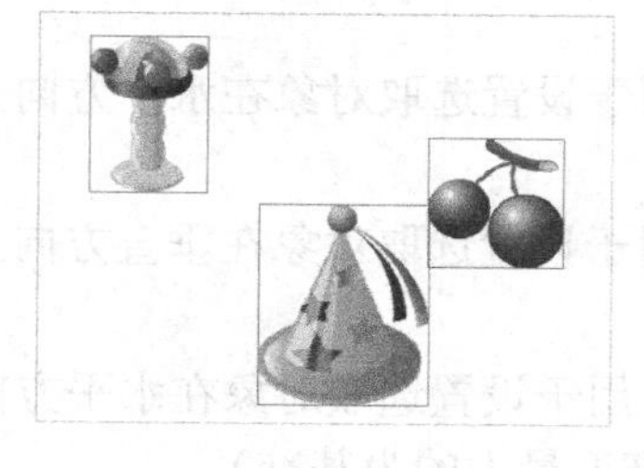
图 3-79

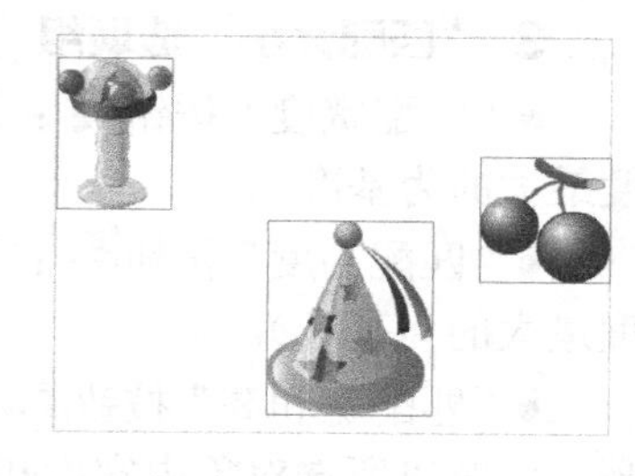
图 3-80

### 3.2.5 变形面板

选择“窗口 > 变形”命令，弹出“变形”面板，如图 3-81 所示。

- “缩放宽度” 100.0 % 和“缩放高度” 100.0 % 选项：用于设置图形的宽度和高度。
- “约束”选项：用于约束“宽度”和“高度”选项，使图形能够成比例地变形。
- “旋转”选项：用于设置图形的角度。
- “倾斜”选项：用于设置图形的水平倾斜或垂直倾斜角度。
- “重制选区和变形”按钮：用于复制图形并将变形设置应用于图形。
- “取消变形”按钮：用于将图形属性恢复到初始状态。

“变形”面板中的设置不同，所产生的效果也各不相同。

导入 06 素材，如图 3-82 所示。选中图形，在“变形”面板中将“缩放宽度”选项设为 50，如图 3-83 所示。按 Enter 键确定操作，图形的宽度即被改变，效果如图 3-84 所示。

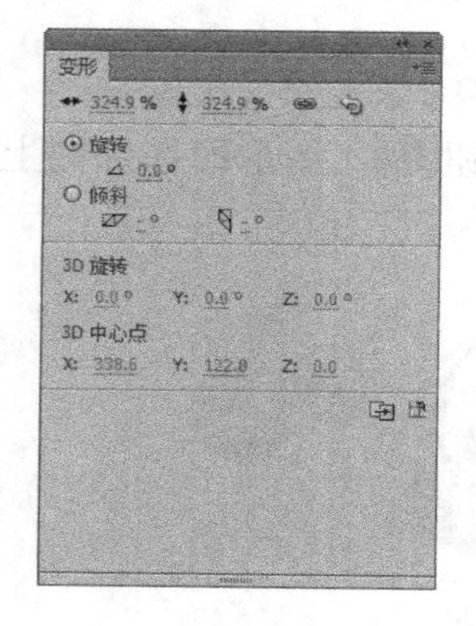
图 3-81

图 3-82

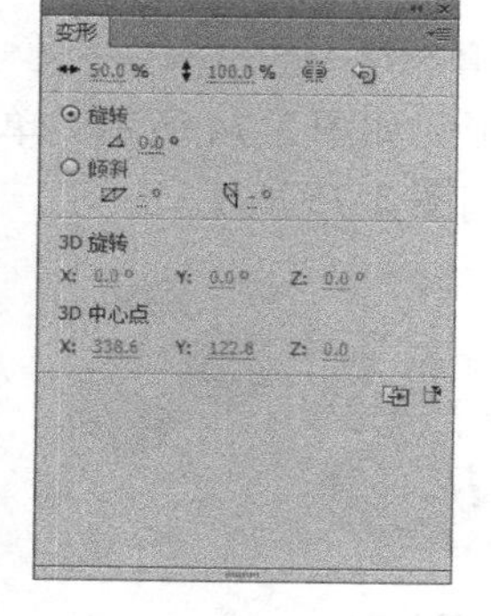
图 3-83

图 3-84

选中图形，在“变形”面板中单击“约束”按钮，将“缩放宽度”选项设为 50，“缩放高度”选项也随之变为 50，如图 3-85 所示。按 Enter 键确定操作，图形的宽度和高度即成比例地缩小，效果如图 3-86 所示。

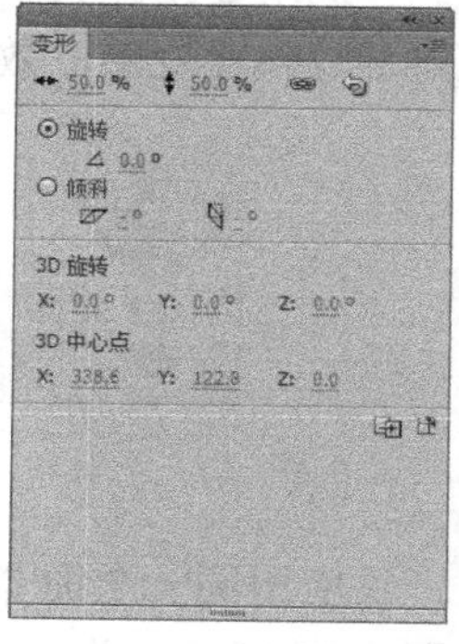
图 3-85

选中图形，在“变形”面板中单击“约束”按钮，将旋转角度设为 50，如图 3-87 所示。按 Enter 键确定操作，图形即被旋转，效果如图 3-88 所示。

选中图形，在“变形”面板中单击选中“倾斜”单选项，将水平倾斜设为 40°，如图 3-89 所示。按 Enter 键确定操作，图形即进行水平倾斜变形，效果如图 3-90 所示。

图 3-86

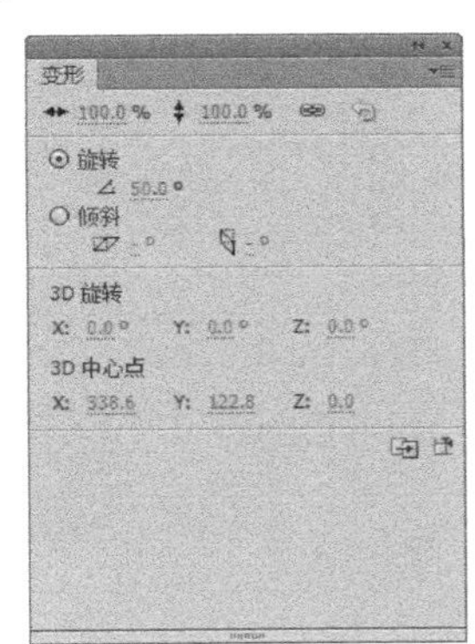


图 3-87

图 3-88

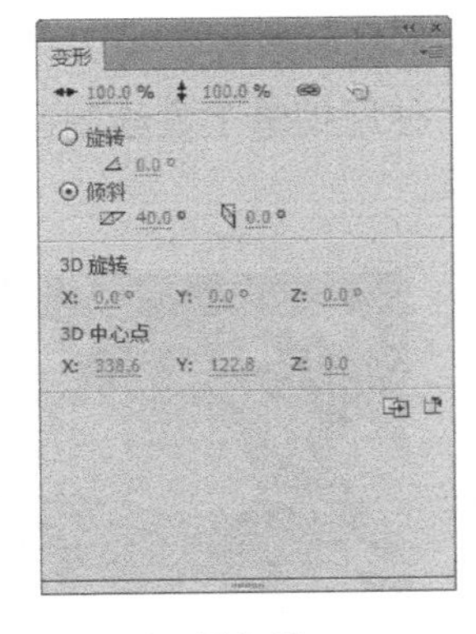


图 3-89

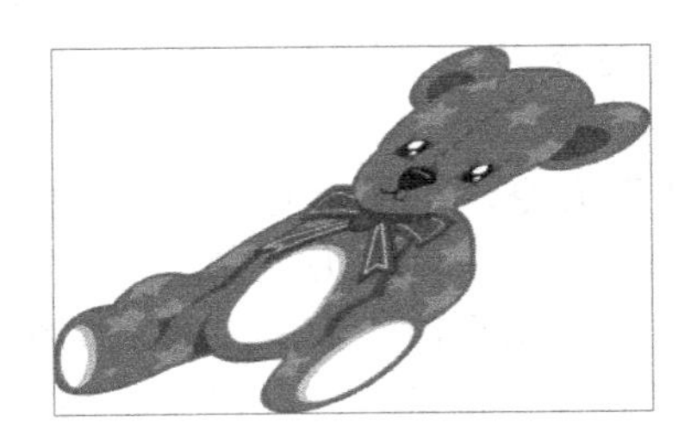

图 3-90

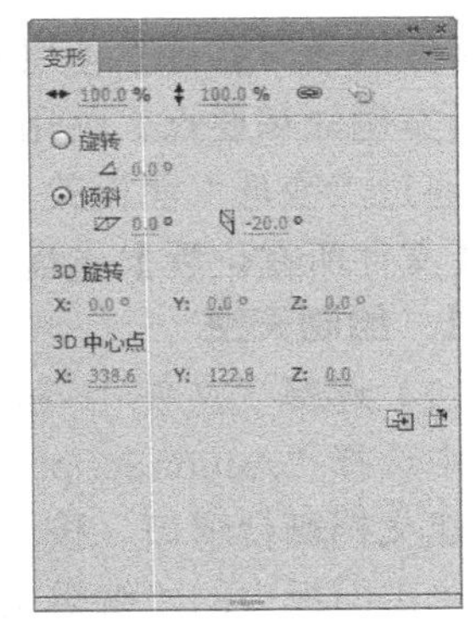


图 3-91

选中图形，在“变形”面板中点选“倾斜”单选项，将垂直倾斜设为–20°，如图 3-91 所示。按 Enter 键确定操作，图形即进行垂直倾斜变形，效果如图 3-92 所示。

选中图形，在“变形”面板中，将旋转角度设为 60°，如图 3-93 所示。单击“重置选区和变形”按钮，图形即被复制并沿其中心点旋转了 60°，效果如图 3-94 所示。

图 3-92

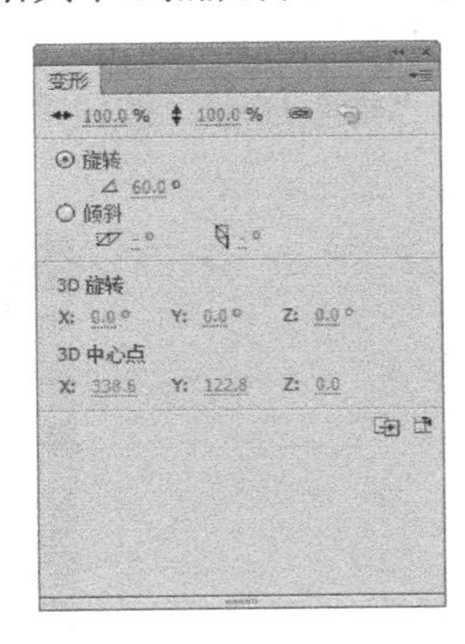


图 3-93

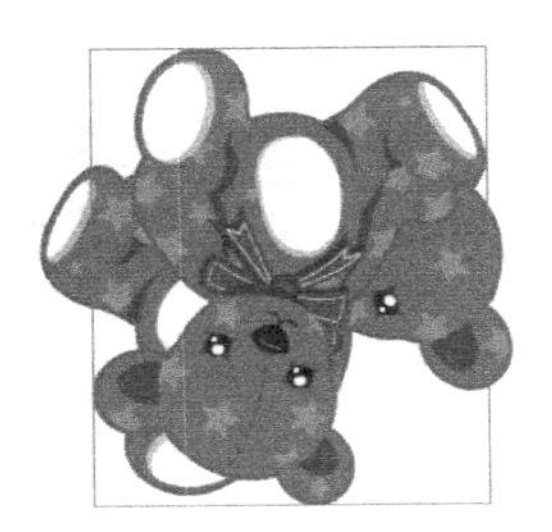

图 3-94

再次单击“重置选区和变形”按钮，图形再次被复制并旋转了 60°，如图 3-95 所示。此时，面板中显示旋转角度为 180°，表示复制出的图形当前的旋转角度为 180°，如图 3-96 所示。

图 3-95

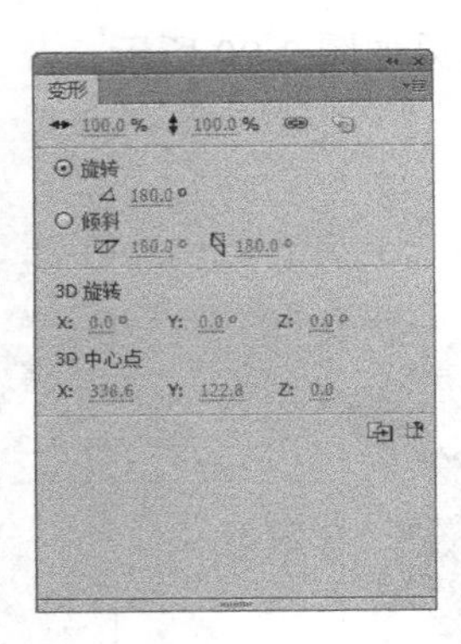

图 3-96

### 3.2.6 课堂案例——绘制乡村风景

【案例学习目标】使用不同的绘图工具绘制图形，使用形状命令编辑图形。

【案例知识要点】使用“柔化填充边缘”命令制作太阳效果，使用钢笔工具绘制白云形状，通过“变形”面板改变图形的大小，完成效果如图 3-97 所示。

【文件所在位置】光盘/Ch03/效果/绘制乡村风景.fla。

#### 1. 绘制天空

图 3-97

（1）选择“文件 > 新建”命令，在弹出的“新建文档”对话框中选择“ActionScript 3.0”选项，再单击“确定”按钮，进入新建文档舞台窗口。按 Ctrl+F3 组合键，弹出文档“属性”面板，单击面板中的“编辑文档属性”按钮，弹出“文档设置”对话框，将“宽度”选项设为 586 像素，“高度”选项设为 488 像素，单击“确定”按钮，改变舞台窗口的大小。

（2）将“图层 1”重新命名为“底图”，如图 3-98 所示。选择“矩形工具”，在工具箱中将“笔触颜色”设为无，“填充颜色”设为青色（#0099FF），在舞台窗口中绘制 1 个矩形。选择“选择工具”，选中矩形，在形状的“属性”面板中将“宽”选项设置为 586，“高”选项设为 488。选择“窗口 > 对齐”命令，弹出“对齐”面板，在“对齐”面板中勾选“与舞台对齐”复选框，分别单击“垂直居中”按钮、“水平居中”按钮，效果如图 3-99 所示。

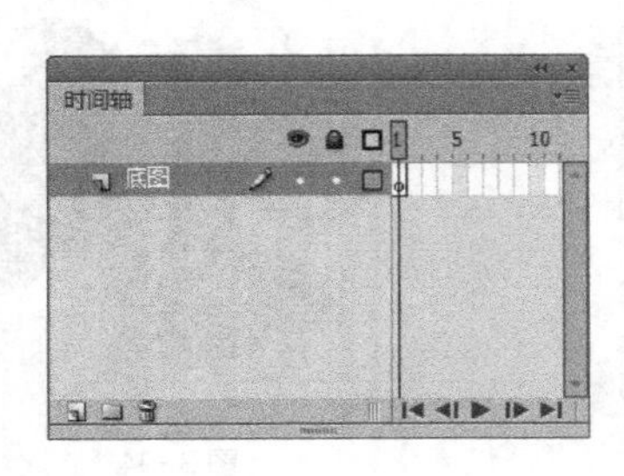

图 3-98

图 3-99

（3）选择“窗口 > 颜色”命令，弹出“颜色”面板，在“类型”下拉列表中选择“线性渐变”。在色带上设置 3 个控制点：分别选中色带上两侧的控制点，并将其设为黄色（# FFF797）和蓝色（# 005BAC），选中色带上中间的控制点，将其设为青色（# 00B0D7），生成渐变色，如图 3-100 所示。选择“颜料桶工具”，按住 Shift 键的同时单击并按住鼠标在青色矩形上从上至下拖曳渐变色，如图 3-101 所示。松开鼠标后，渐变色即被填充，效果如图 3-102 所示。

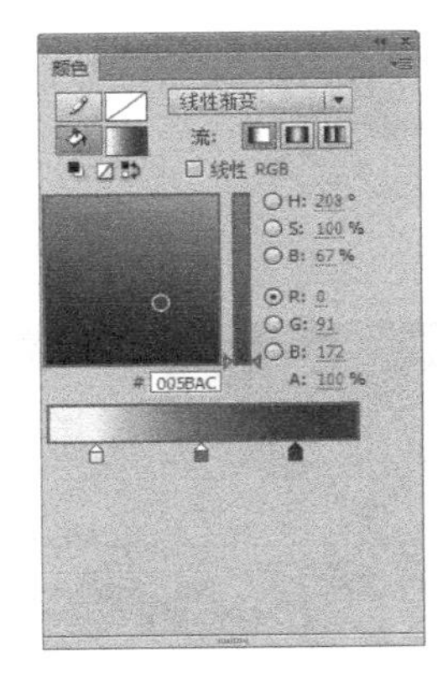

图 3-100

图 3-101

图 3-102

（4）选择“渐变变形工具”，在舞台窗口中单击渐变色，出现控制点和控制线，如图 3-103 所示。将鼠标指针放在中心控制点的上方，指针变为，单击并按住鼠标拖曳中心点，即可将渐变色向上拖曳，改变渐变色的大小，效果如图 3-104 所示。

图 3-103

图 3-104

## 2. 导入素材并绘制白云与太阳

（1）单击“时间轴”面板下方的“新建图层”按钮，创建新图层并将其命名为“装饰”。选择“文件 > 导入 > 导入到库”命令，在弹出的“导入到库”对话框中选择“Ch03 > 素材 > 绘制乡村风景 > 01”文件，再单击“打开”按钮，图形即被导入到“库”面板中，如图 3-105 所示。将“库”面板中的图形元件“01”拖曳到舞台窗口中适当的位置，效果如图 3-106 所示。

图 3-105

（2）单击“时间轴”面板下方的“新建图层”按钮，创建新图层并将其命名为“太阳”。选择“椭圆工具”，在工具箱中将“笔触颜色”设为无，“填充颜色”设为黄色（#F5E528），按住 Shift 键的同时，在适当的位置绘制 1 个圆形，效果如图 3-107 所示。

（3）选择“选择工具”，选中圆形，选择“修改 > 形状 > 柔化填充边缘”命令，在弹出的“柔化填充边缘”对话框中进行设置，如图 3-108 所示。单击“确定”按钮，太阳效果如图 3-109 所示。

（4）单击“时间轴”面板下方的“新建图层”按钮，创建新图层并将其命名为“白云”。选择“钢笔工具”，绘制一个闭合路径，如图 3-110 所示。

图 3-106

图 3-107

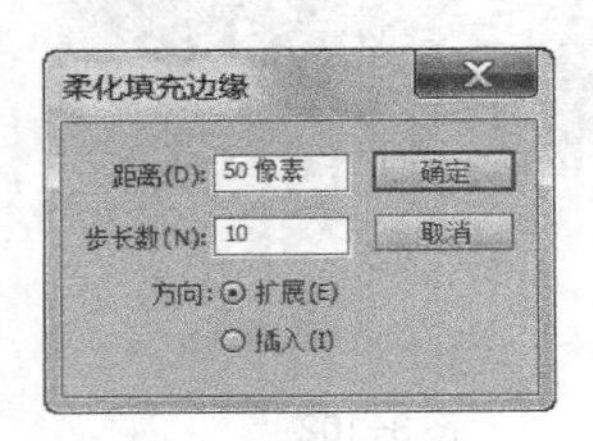


图 3-108

图 3-109

图 3-110

（5）选择“颜色”面板，在“类型”下拉列表中选择“线性渐变”，选中色带上左侧的控制点，将其设为灰色（# FFFDE7），选中色带上右侧的控制点，将其设为青色（# 00A1E9），生成渐变色，如图 3-111 所示。选择“颜料桶工具”，在白云图形中拖曳渐变色，渐变色被填充，效果如图 3-112 所示。选择“选择工具”，双击白云边线将其选中，再按 Delete 键将其删除，效果如图 3-113 所示。

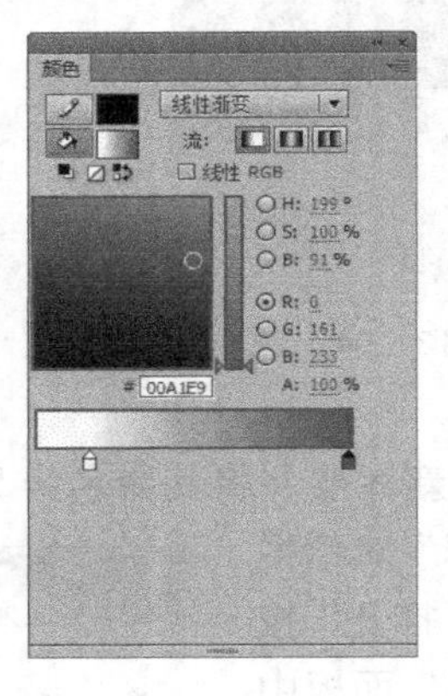


图 3-111

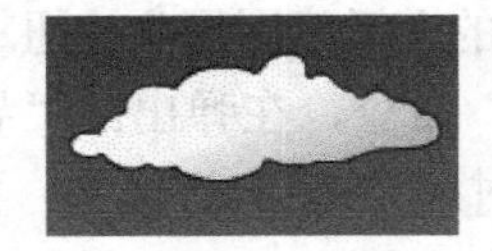

图 3-112

图 3-113

（6）选中“白云”图形，按住 Alt 键的同时将其拖曳到适当的位置，复制图形，效果如图 3-114 所示。选择“窗口 > 变形”命令，弹出“变形”面板，在“变形”面板中将“缩放宽度”选项设为 70%，“缩放高度”选项也随之变为 70%，如图 3-115 所示。按 Enter 键确定操作，效果如图 3-116 所示。

（7）用相同的方法再次复制几朵白云图形，放置到适当的位置并调整其大小，效果如图 3-117 所示。至此，乡村风景效果绘制完成，按 Ctrl+Enter 组合键即可查看，效果如图 3-118 所示。

图 3-114

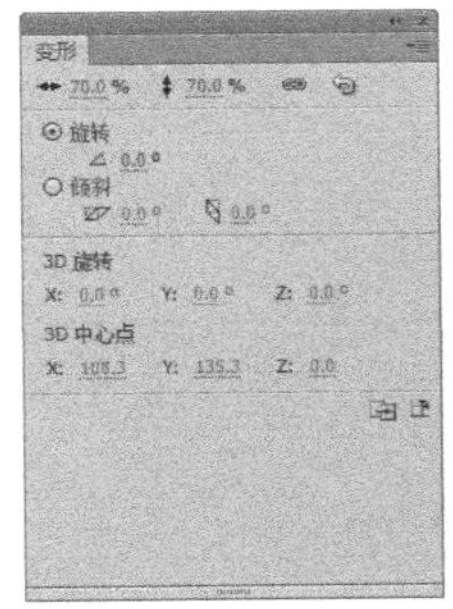


图 3-115

图 3-116

图 3-117

图 3-118

## 3.3 课堂练习——绘制彩虹插画

【练习知识要点】使用钢笔工具和变形面板制作发光图形，使用钢笔工具和颜色面板绘制山坡图形，使用椭圆工具、柔化填充边缘命令制作太阳图形，使用导入命令将图形导入到舞台窗口中，完成后的效果如图 3-119 所示。

【文件所在位置】光盘/Ch03/效果/绘制彩虹插画. fla。

图 3-119

## 3.4 课后习题——绘制老式相机

【习题知识要点】使用矩形工具、椭圆工具、缩放命令和颜色面板制作机身，使用矩形工具、扭曲命令制作相机底座，完成后的效果如图 3-120 所示。

【文件所在位置】光盘/Ch03/效果/绘制老式相机. fla。

图 3-120

# 第 4 章 文本的编辑

Flash CS6 具有强大的文本输入、编辑和处理功能。本章将详细讲解文本的编辑方法和应用技巧。通过学习，可以帮助读者了解并掌握文本的功能及特点，并在设计制作任务中充分利用文本的效果。

课堂学习目标：

- 熟练掌握文本的创建方法；
- 了解文本的类型；
- 熟悉运用文本的转换来编辑文本。

# 4.1 文本的类型及使用

建立动画时，常需要利用文字来更清楚地表达创作者的意图，而建立和编辑文字必须通过 Flash CS6 提供的文本工具才能实现。从 Flash CS6 开始，添加了新文本引擎——文本布局框架（TLF）向 FLA 文件添加文本。TLF 可以支持更多、更丰富的文本布局功能和对文本属性的精细控制。

## 4.1.1 文本的类型

TLF 文本是 Flash CS6 中新添加的一种文本引擎，也是 Flash CS6 中的默认文本类型。

### 1. TLF 文本

选择“文本工具” T，选择“窗口 > 属性”命令，弹出文本工具的“属性”面板，如图 4-1 所示。

图 4-1

选择“文本工具” T，在场景中单击鼠标，插入点文本，如图 4-2 所示。此时直接输入文本即可，如图 4-3 所示。选择“文本工具” T，在场景中单击并按住鼠标，向右拖曳出一个文本框，如图 4-4 所示。此时在文本框中输入文字，文字被限定在文本框中，如果输入的文字较多，文本将会挤在一起，如图 4-5 所示。将鼠标指针放置在文本框右边的小方框上（如图 4-6 所示），单击并按住鼠标向右拖曳文本框到适当的位置（如图 4-7 所示），文字将全部显示，效果如图 4-8 所示。

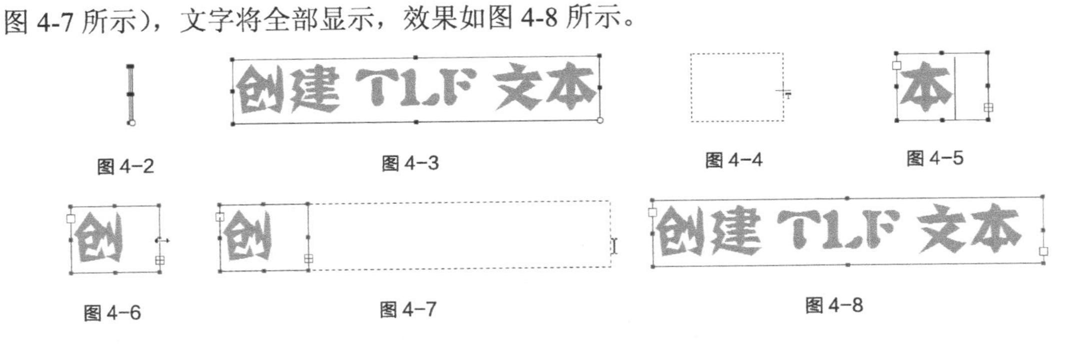


图 4-2　图 4-3　图 4-4　图 4-5

图 4-6　图 4-7　图 4-8

**提示**

*默认情况下，输入的文本为点文本。若想将点文本更改为区域文本，可使用选择工具 调整其大小或者双击容器边框右下角的小圆圈。*

单击文本工具“属性”面板中的“可选”后的倒三角按钮，可显示出 TFL 文本的三种类型，如图 4-9 所示。

图 4-9

- 只读：当作为 SWF 文件发布时，文本无法被选中或编辑。
- 可选：当作为 SWF 文件发布时，文本可以被选中并可复制到剪贴板中，但不可以编辑。对于 TLF 文本，此设置是默认设置。
- 可编辑：当作为 SWF 文件发布时，文本是可以被选中和编辑的。

**提示**

*当使用 TLF 文本时，在“文本 > 字体”菜单中找不到“PostScript”字体。如果对 TLF 文本对象使用了某种“PostScript”字体，Flash 会将此字体替换为_sans 设备字体。*

TLF 文本要求在 FLA 文件的发布设置中指定 ActionScript 3.0、Flash Player 10 或更高版本。

在创作时，不能将 TLF 文本用做图层蒙版。要创建带有文本的遮罩层时，请使用 ActionScript 3.0 创建遮罩层，或者为遮罩层使用传统文本。

**2. 传统文本**

选择“文本工具”T，选择“窗口 > 属性”命令，弹出文本工具的“属性”面板，如图 4-10 所示。

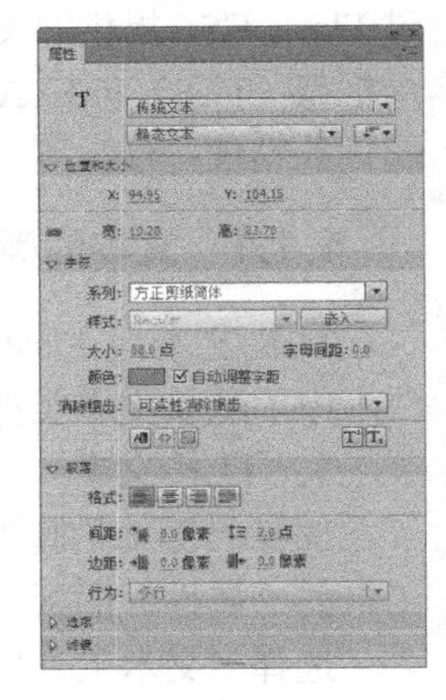

图 4-10

将鼠标指针放置在场景中，指针变为十T。在场景中单击，即出现文本输入光标，如图 4-11 所示。直接输入文字即可，如图 4-12 所示。

用鼠标在场景中单击并按住鼠标，向右下角方向拖曳出一个文本框（如图 4-13 所示），松开鼠标，即出现文本输入光标，如图 4-14 所示。在文本框中输入文字，文字会被限定在文本框中，如果输入的文字较多，会自动转到下一行显示，如图 4-15 所示。

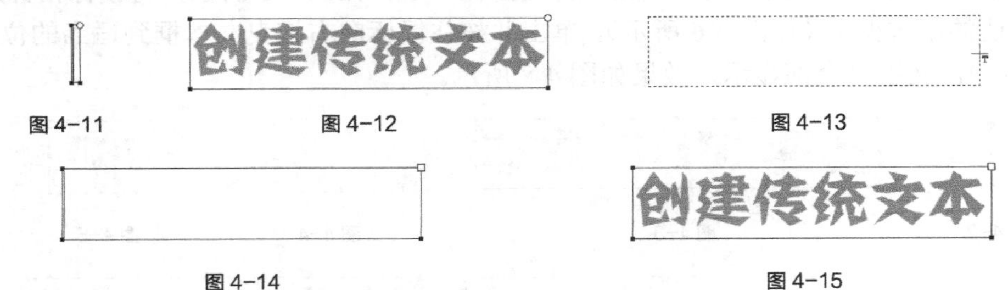


图 4-11　图 4-12　图 4-13　图 4-14　图 4-15

用鼠标向左拖曳文本框右上角的方形控制点，可以缩小文字的行宽，如图 4-16 所示。向右拖曳控制点可以扩大文字的行宽，如图 4-17 所示。

双击文本框右上角的方形控制点（如图 4-18 所示），文字将转换成单行显示状态，方形控制点变为圆形控制点，如图 4-19 所示。

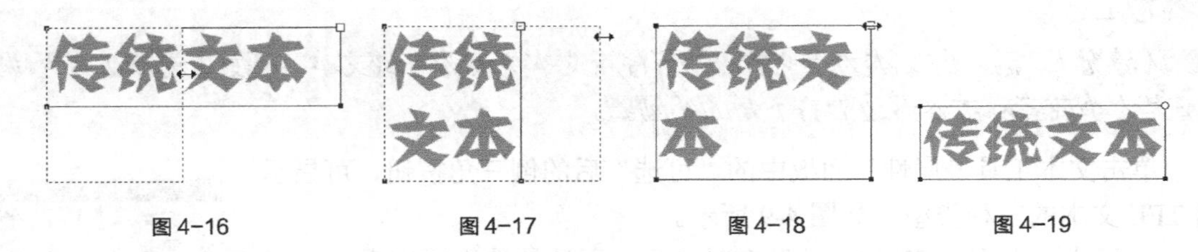


图 4-16　图 4-17　图 4-18　图 4-19

### 4.1.2 文本属性

下面以“传统文本”为例对各文字调整选项逐一介绍，文本属性面板如图 4-20 所示。

**1. 设置文本的字体以及字体大小、样式和颜色**

- “系列”选项：设定选定字符或整个文本块的文字字体。

选中文字（如图 4-21 所示），选择文本工具的“属性”面板，在“字符”选项组中“系列”选项的下拉列表中选择要转换的字体，如图 4-22 所示。单击鼠标，文字的字体即被转换，效果如图 4-23 所示。

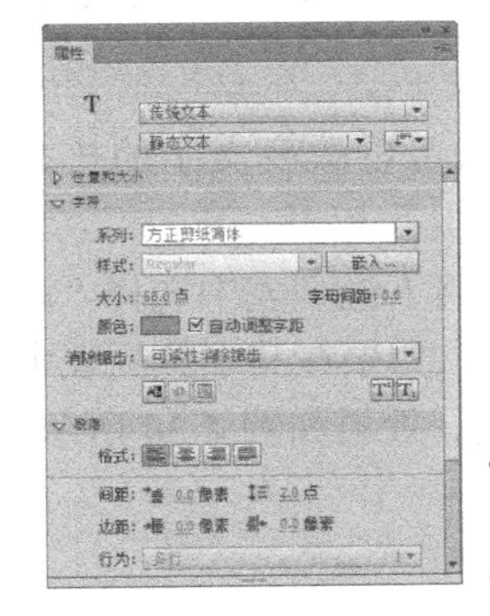


图 4-20

图 4-21

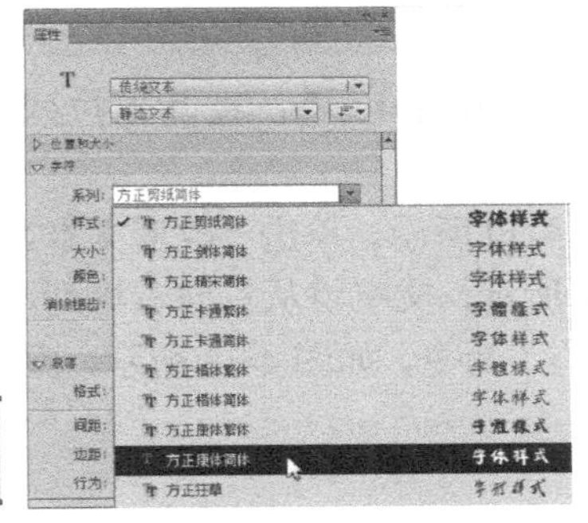


图 4-22

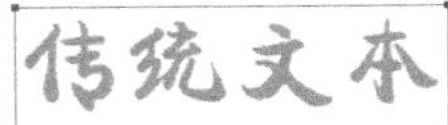


图 4-23

- “大小”选项：设定选定字符或整个文本块的文字大小。选项值越大，文字越大。

选中文字（如图 4-24 所示），在文本工具的“属性”面板中选择“大小”选项，在其数值框中输入设定的数值，或者通过单击并按住鼠标拖动其右侧的滑动条来进行设定，如图 4-25 所示。设置后文字的字号变小，效果如图 4-26 所示。

图 4-24

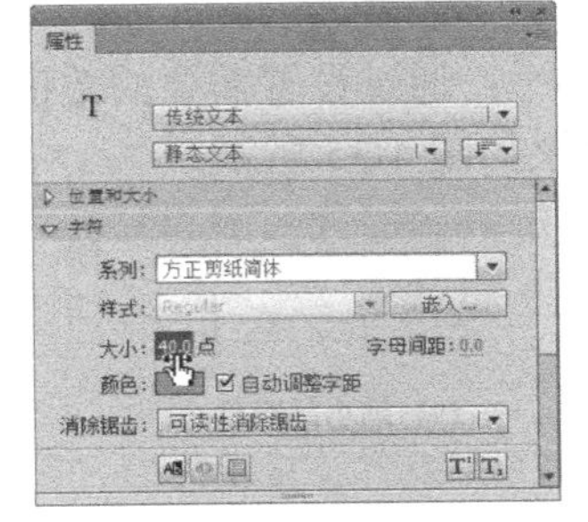


图 4-25

图 4-26

- “文本（填充）颜色”按钮：为选定字符或整个文本块的文字设定颜色。

选中文字，如图 4-27 所示。在文本工具的“属性”面板中单击“颜色”按钮，弹出颜色面板，选择需要的颜色，如图 4-28 所示。为文字替换颜色，效果如图 4-29 所示。

图 4-27

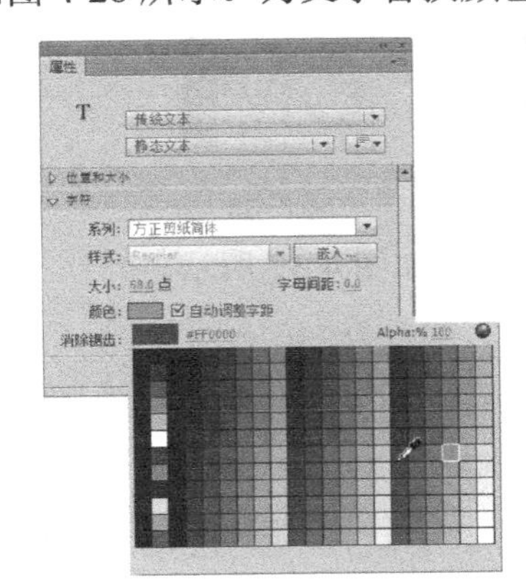


图 4-28

图 4-29

**提示**

*文字只能使用纯色，不能使用渐变色。要想为文本应用渐变，必须将该文本转换为组成它的线条和填充。*

● “改变文本方向”按钮：在其下拉列表中选择需要的选项可以改变文字的排列方向。

选中文字，如图 4-30 所示。单击“改变文本方向”按钮，在其下拉列表中选择“垂直”命令，如图 4-31 所示，文字将从左向右排列，效果如图 4-32 所示。如果在其下拉列表中选择“垂直，从左向右”命令，如图 4-33 所示，文字则将从右向左排列，效果如图 4-34 所示。

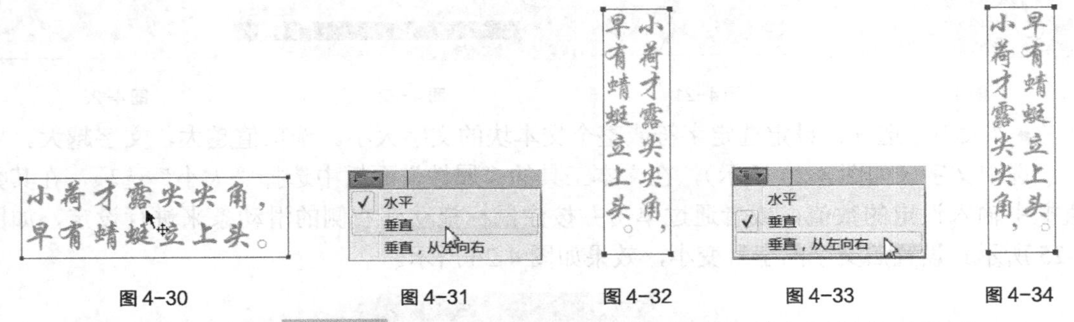


图 4-30　图 4-31　图 4-32　图 4-33　图 4-34

● “字母间距”选项：通过设置需要的数值控制字符之间的相对位置。

设置不同的文字间距的效果如图 4-35 所示。

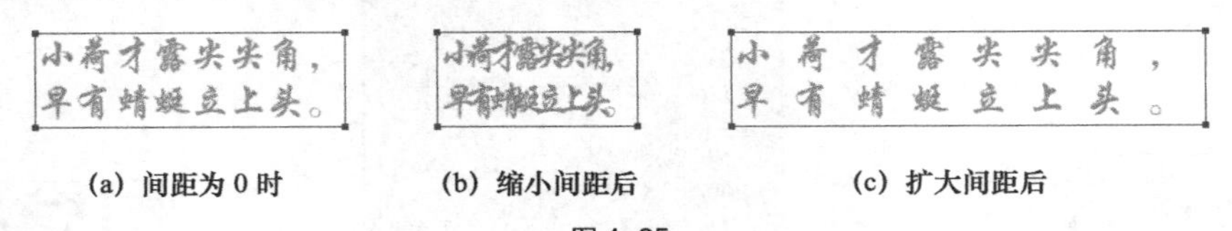


(a) 间距为 0 时　(b) 缩小间距后　(c) 扩大间距后

图 4-35

● “上标”按钮：可将水平文本放在基线之上或者将垂直文本放在基线的右边。

● “下标”按钮：可将水平文本放在基线之下或者将垂直文本放在基线的左边。

选中要设置字符位置的文字，单击“上标”按钮，文字即被放在基线以上，效果如图 4-36 所示。

图 4-36

设置不同字符位置，文字的效果如图 4-37 所示。

CM2　CM$^2$　CM$_2$

(a) 正常位置　(b) 上标位置　(c) 下标位置

图 4-37

### 2. 字体呈现方法

Flash CS6 中有 5 种不同的字体呈现选项，如图 4-38 所示。通过设置可以得到不同的样式。

●“使用设备字体”：选择此选项将生成一个较小的 SWF 文件并使用最终用户计算机上当前安装的字体来呈现文本。

●“位图文本（无消除锯齿）”：选择此选项将生成明显的文本边缘，没有消除锯齿。因为此选项生成的 SWF 文件中包含字体轮廓，所以会生成一个较大的 SWF 文件。

●“动画消除锯齿”：选择此选项将生成可顺畅进行动画播放的消除锯齿文本。因为在文本动画播放时没有应用对齐和消除锯齿，所以在某些情况下，文本动画还可以更快地播放。在使用带有许多字母的大字体或缩放字体时，可能看不到性能上的提高。因为此选项生成的 SWF 文件中包含字体轮廓，所以会生成一个较大的 SWF 文件。

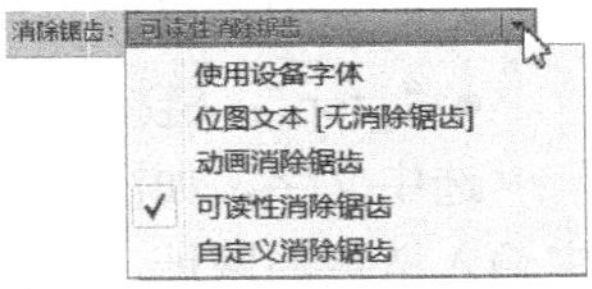

图 4-38

●“可读性消除锯齿”：选择此选项将使用高级消除锯齿引擎。此选项提供了品质最高的文本，具有最易读的文本。因为此选项生成的文件中包含字体轮廓以及特定的消除锯齿信息，所以会生成最大的 SWF 文件。

●“自定义消除锯齿”：此选项与“可读性消除锯齿”选项相同，但是可以直观地操作消除锯齿参数，以生成特定外观。此选项在为新字体或不常见的字体生成最佳的外观方面非常有用。

### 3. 设置字符与段落

文本排列方式按钮可以将文字以不同的形式进行排列。

●“左对齐”按钮：将文字以文本框的左边线进行对齐。

●“居中对齐”按钮：将文字以文本框的中线进行对齐。

●“右对齐”按钮：将文字以文本框的右边线进行对齐。

●“两端对齐”按钮：将文字以文本框的两端进行对齐。

在舞台窗口输入一段文字，选择不同的排列方式，文字排列的效果如图 4-39 所示。

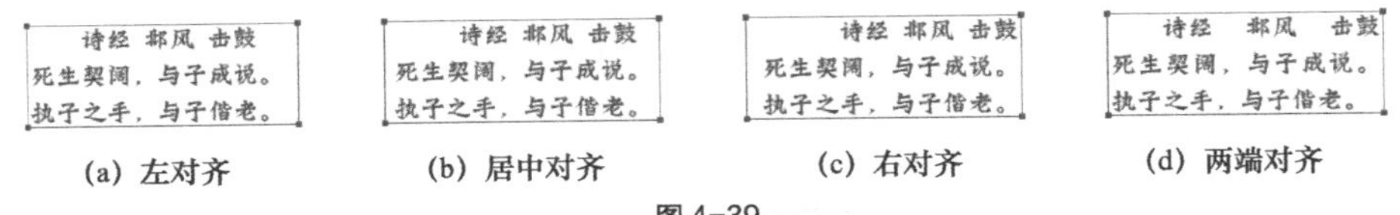


(a) 左对齐　(b) 居中对齐　(c) 右对齐　(d) 两端对齐

图 4-39

●“缩进”选项：用于调整文本段落的首行缩进。

●“行距”选项：用于调整文本段落的行距。

●“左边距”选项：用于调整文本段落的左侧间隙。

●“右边距”选项：用于调整文本段落的右侧间隙。

选中文本段落，效果如图 4-40 所示，在“段落”选项中进行设置，如图 4-41 所示，文本段落的格式发生改变，效果如图 4-42 所示。

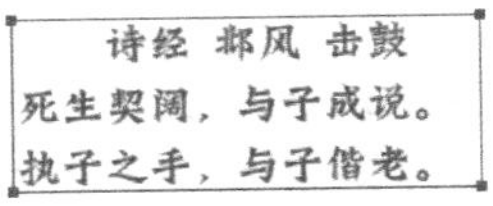

图 4-40

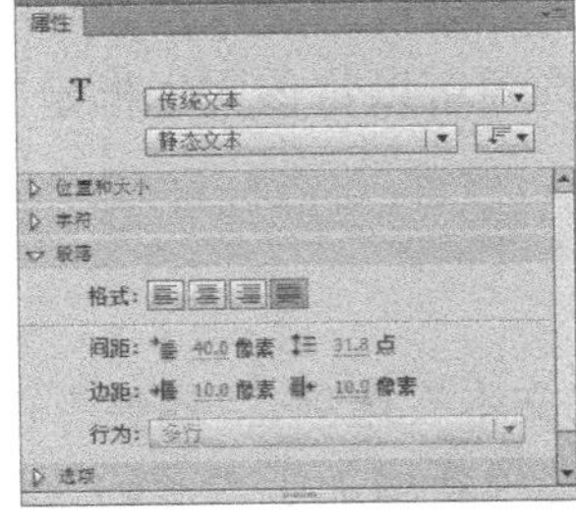

图 4-41

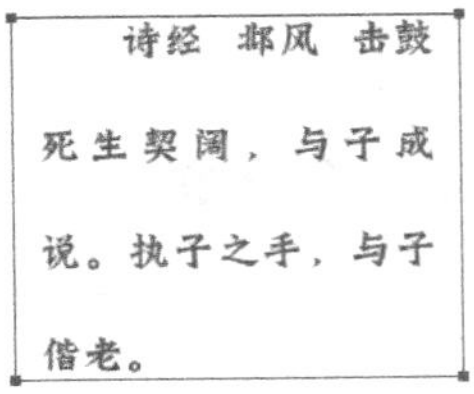

图 4-42

### 4. 设置文本超链接

- “链接”选项：可以在选项的文本框中直接输入网址，使当前文字成为超级链接文字。
- “目标”选项：可以设置超级链接的打开方式，共有 4 种方式可以选择。
- “_blank”：链接页面在新开的浏览器中打开。
- “_parent”：链接页面在父框架中打开。
- “_self”：链接页面在当前框架中打开。
- “_top”：链接页面在默认的顶部框架中打开。

选中文字，如图 4-43 所示，选择文本工具的“属性”面板，在“链接”选项的文本框中输入链接的网址，如图 4-44 所示，在“目标”选项中设置好打开方式，设置完成后文字的下方出现下划线，表示已经链接，效果如图 4-45 所示。

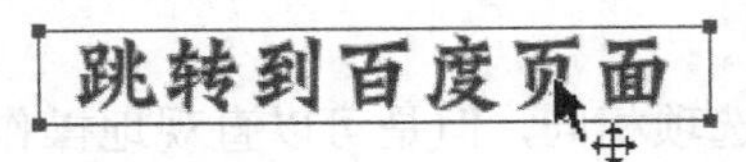


图 4-43

图 4-44

<u>跳转到百度页面</u>

图 4-45

**提示**

*只有文本在水平方向排列时，超链接功能才可用。当文本为垂直方向排列时，超链接不可用。*

## 4.1.3 静态文本

在“文本类型”中选择“静态文本”选项，“属性”面板如图 4-46 所示。“可选”按钮：选择此项，当文件输出为 SWF 格式时，可以对影片中的文字进行选取、复制操作。

## 4.1.4 动态文本

在“文本类型”中选择“动态文本”选项，“属性”面板如图 4-47 所示。动态文本可以作为对象来应用。

“字符”选项组中，“实例名称”选项：可以设置动态文本的名称。“将文本呈现为 HTML”选项：文本支持 HTML 标签特有的字体格式、超级链接等超文本格式。“在文本周围显示边框”选项：可以为文本设置白色的背景和黑色的边框。

“段落”选项组中的“行为”选项包括单行、多行和多行不换行。“单行”：文本以单行方式显示。“多行”：如果输入的文本大于设置的文本限制，输入的文本将被自动换行。“多行不换行”：输入的文本为多行时，不会自动换行。

“选项”选项组中的“变量”选项可以将该文本框定义为保存字符串数据的变量。此选项需结合动作脚本使用。

## 4.1.5 输入文本

在“文本类型”中选择“输入文本”选项，“属性”面板如图 4-48 所示。

“段落”选项组中的“行为”选项新增加了“密码”选项。若选择此选项，当文件输出为 SWF 格式时，影片中的文字将显示为星号****。

“选项”选项组中的“最大字符数”选项，可以用来设置输入文字的最多数值。默认值为 0，即为不限制。如设置数值，此数值即为输出 SWF 影片时，显示文字的最多数目。

图 4-46

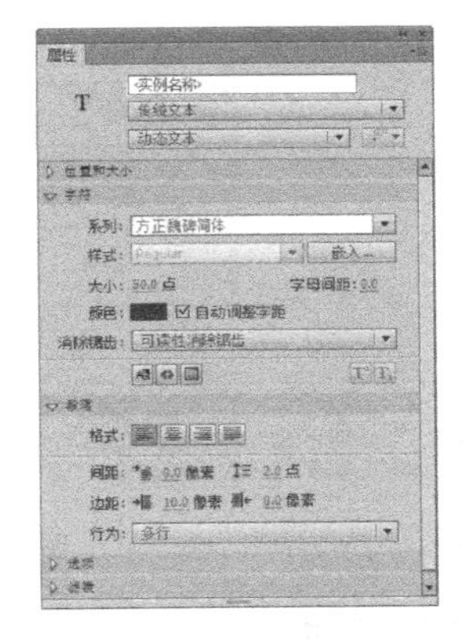

图 4-47

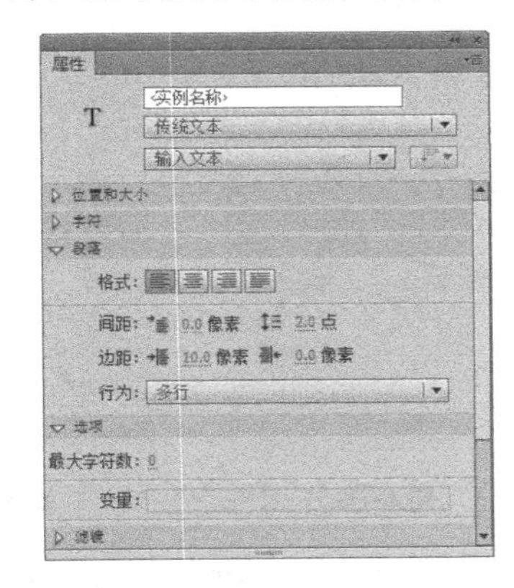


图 4-48

### 4.1.6　变形文本

在舞台窗口输入需要的文字并选中文字，如图 4-49 所示。按两次 Ctrl+B 组合键，将文字打散，如图 4-50 所示。

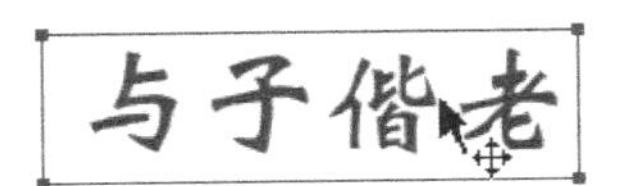


图 4-49

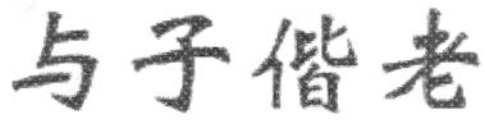

图 4-50

选择“修改 > 变形 > 封套”命令，即在文字的周围出现控制点，如图 4-51 所示。拖动控制点，即可改变文字的形状，如图 4-52 所示。变形完成后的文字效果如图 4-53 所示。

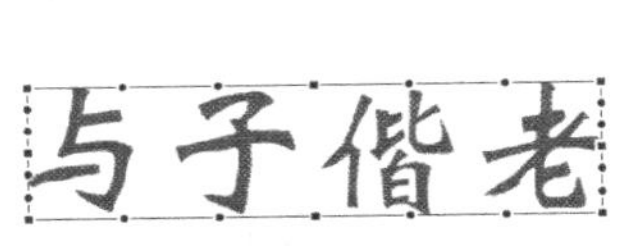


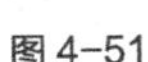

图 4-51

图 4-52

图 4-53

### 4.1.7　填充文本

在舞台窗口输入需要的文字并选中文字，如图 4-54 所示。按两次 Ctrl+B 组合键，将文字打散，如图 4-55 所示。

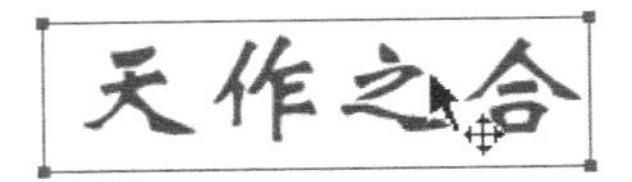


图 4-54

图 4-55

选择“窗口 > 颜色”命令，弹出“颜色”面板，在“颜色类型”选项中选择“线性渐变”，再在色带上设置渐变颜色，如图 4-56 所示。设置后的文字效果如图 4-57 所示。

选择“墨水瓶”工具，在墨水瓶工具的“属性”面板中，将“笔触颜色”设为红色，“笔触”选项设为 2，其他选项的设置如图 4-58 所示。然后，在文字的外边线上单击，为文字添加外边框，效果如图 4-59 所示。

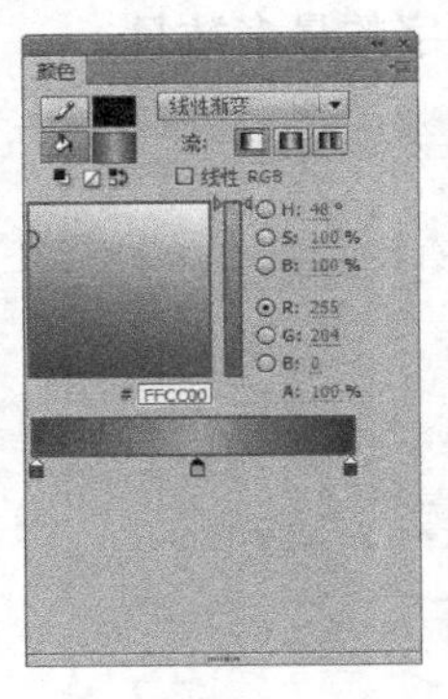


图 4-56

天作之合

图 4-57

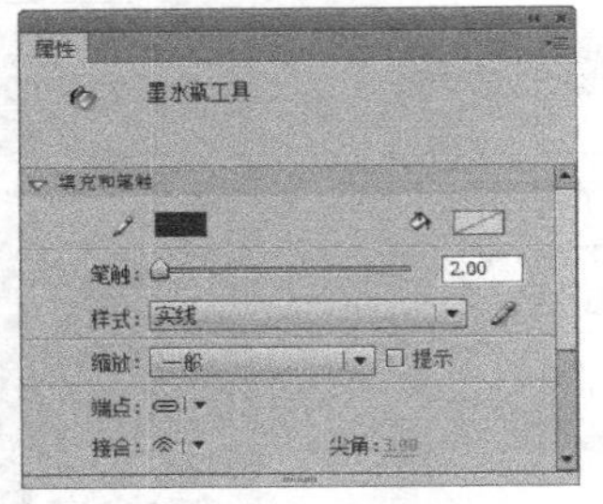


图 4-58

天作之合

图 4-59

### 4.1.8 课堂案例——绘制啤酒标志

【案例学习目标】使用变形文本和填充文本命令对文字进行变形。

【案例知识要点】使用文本工具输入需要的文字，使用封套命令对文字进行变形，使用墨水瓶工具为文字添加描边效果，完成后的效果如图 4-60 所示。

图 4-60

【文件所在位置】光盘/Ch04/效果/绘制啤酒标志.fla。

（1）选择“文件 > 打开”命令，在弹出的“打开”对话框中选择“Ch04 > 素材 > 绘制啤酒标志 > 01”文件，然后单击“打开”按钮，效果如图 4-61 所示。

（2）单击“时间轴”面板下方的“新建图层”按钮，创建新图层并将其命名为“图片”，如图 4-62 所示。选择“文件 > 导入 > 导入到舞台”命令，在弹出的“导入”对话框中选择“Ch04 > 素材 > 绘制啤酒标志 > 02”文件，单击“打开”按钮，文件即被导入到舞台窗口中，效果如图 4-63 所示。

图 4-61

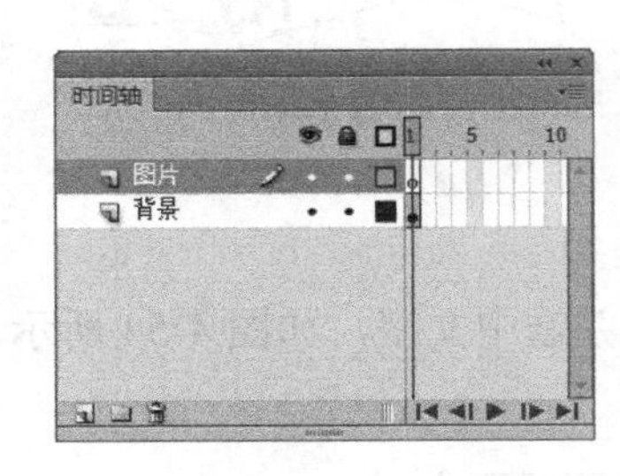


图 4-62

图 4-63

（3）单击“时间轴”面板下方的“新建图层”按钮，创建新图层并将其命名为“文字”。选择“文本工具”，在文本工具的“属性”面板中进行设置后，在舞台窗口中适当的位置输入大小为 36，字体为“汉真广标”的白色文字，文字效果如图 4-64 所示。选择“选择工具”，选中文字，按两次 Ctrl+B 组合键，将文字打散，如图 4-65 所示。

（4）选择“修改 > 变形 > 封套”命令，文字图形上出现控制点，如图 4-66 所示。将鼠标指针放在下方中间的控制点上，指针变为，用鼠标拖曳控制点进行调整变形，如图 4-67 所示。然后用相同的方法调整文字图形上的其他控制点，使文字图形产生相应的变形，效果如图 4-68 所示。

图 4-64

图 4-65

图 4-66

图 4-67

图 4-68

（5）选择“墨水瓶工具”，在墨水瓶工具的“属性”面板中将“笔触颜色”设为蓝色（#005499），“笔触”选项设为 1.5，如图 4-69 所示。鼠标指针变为，在“喜”字外侧单击鼠标，为文字图形添加边线，效果如图 4-70 所示。使用相同的方法为其他文字添加边线，啤酒标志绘制完成，按 Ctrl+Enter 组合键即可查看效果，如图 4-71 所示。

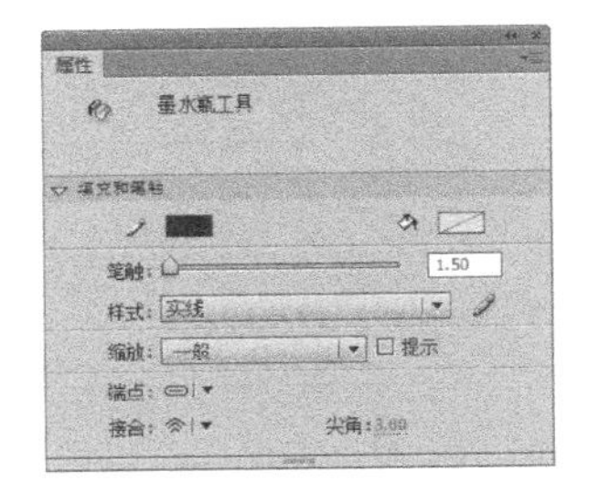


图 4-69

图 4-70

图 4-71

## 4.2 课堂练习——制作生日贺卡

【练习知识要点】使用文本工具输入文字，使用文本工具的属性面板设置文字的字体、大小、颜色、行距和字符设置，完成后的效果如图 4-72 所示。

【文件所在位置】光盘/Ch04/效果/制作生日贺卡.fla。

图 4-72

# 4.3 课后习题——制作可乐瓶盖

【习题知识要点】使用文本工具输入文字，使用封套命令对文字进行变形，使用墨水瓶工具为文字添加描边效果，完成后的效果如图 4-73 所示。

【文件所在位置】光盘/Ch04/效果/制作可乐瓶盖.fla。

图 4-73

Flash CS6

# 5 Chapter

# 第 5 章 外部素材的应用

Flash CS6 中，可以导入外部的图像和视频素材来增强画面效果。本章将介绍导入外部素材以及设置外部素材属性的方法。通过学习本章，可以帮助读者了解并掌握如何应用 Flash CS6 的强大功能来处理和编辑外部素材，使其与内部素材充分结合，从而制作出更加生动的动画作品。

课堂学习目标：

- 了解图像和视频素材的格式；
- 掌握图像素材的导入和编辑方法；
- 掌握视频素材的导入和编辑方法。

# 5.1 图像素材与视频素材的应用

Flash 中可以导入各种文件格式的矢量图形和位图，还可以导入外部的视频素材并将其应用到动画作品中，可以根据需要导入不同格式的视频素材并设置视频素材的属性。

## 5.1.1 图像素材的格式

Flash CS6 中可以导入的矢量格式包括 FreeHand 文件、Adobe Illustrator 文件、EPS 文件和 PDF 文件，位图格式包括 JPG、GIF、PNG、BMP 等格式。

- FreeHand 文件：在 Flash 中导入 FreeHand 文件时，可以保留层、文本块、库元件和页面，还可以选择要导入的页面范围。
- Illustrator 文件：支持对曲线、线条样式和填充信息的非常精确的转换。
- EPS 文件或 PDF 文件：可以导入任何版本的 EPS 文件以及 1.4 或更低版本的 PDF 文件。
- JPG 格式：一种压缩格式，可以应用不同的压缩比例对文件进行压缩。压缩后，文件质量损失小，文件所占存储空间大大降低。
- GIF 格式：位图交换格式，是一种 256 色的位图格式，压缩率略低于 JPG 格式。
- PNG 格式：能把位图文件压缩到极限以利于网络传输，能保留所有与位图品质有关的信息。PNG 格式支持透明位图。
- BMP 格式：在 Windows 环境下使用最为广泛，而且使用时最不容易出问题。但由于其文件所占存储空间较大，一般在网上传输时，不考虑该格式。

## 5.1.2 导入图像素材

Flash CS6 可以识别多种不同的位图和矢量图的文件格式，可以通过导入或粘贴的方法将素材引入到 Flash CS6 中。

### 1. 导入到舞台

（1）导入位图到舞台：当导入位图到舞台上时，舞台上会显示出该位图，同时位图被保存在“库”面板中。

选择“文件 > 导入 > 导入到舞台”命令，在弹出的“导入”对话框中选择“基础素材 > Ch05 > 01”文件，如图 5-1 所示。单击“打开”按钮，弹出提示对话框，如图 5-2 所示。

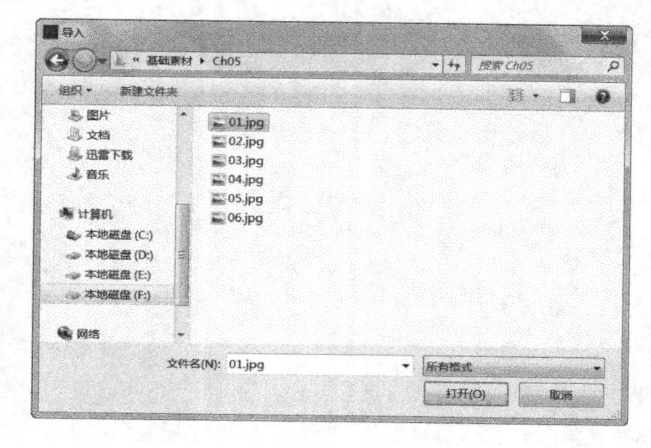

图 5-1

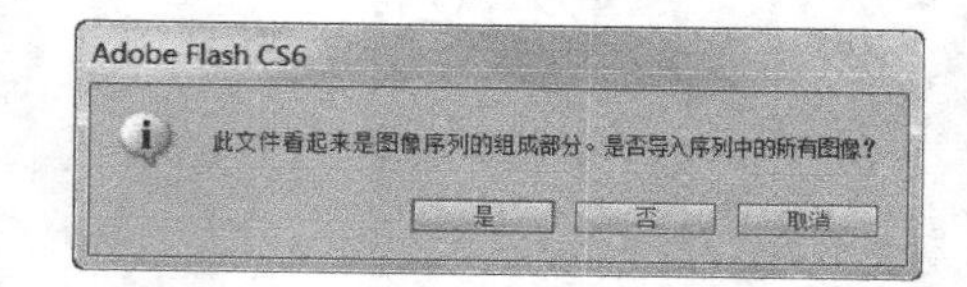

图 5-2

单击“否”按钮时，选择的位图“01”即被导入到舞台上。这时，舞台、“库”面板和“时间轴”的显示分别如图5-3、图5-4和图5-5所示。

图5-3

图5-4

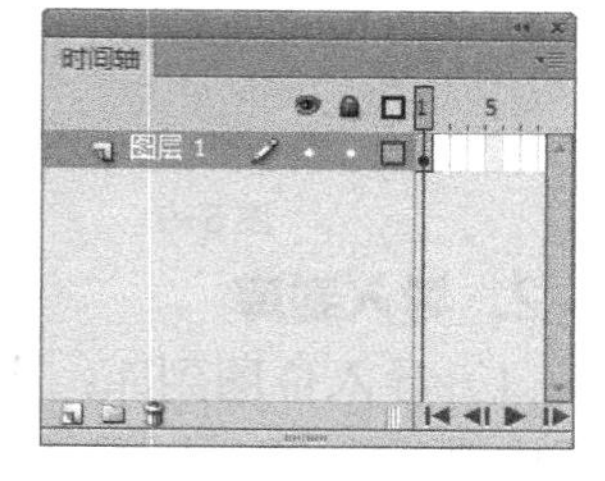


图5-5

单击“是”按钮时，位图“01”～“06”会全部被导入到舞台上。这时，舞台、“库”面板和“时间轴”的显示分别如图5-6、图5-7和图5-8所示。

图5-6

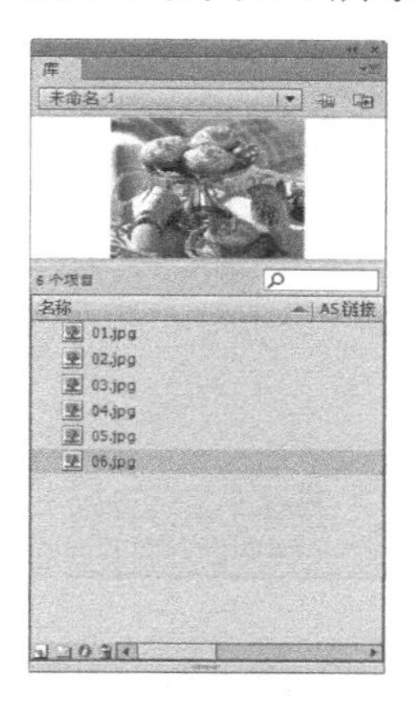


图5-7

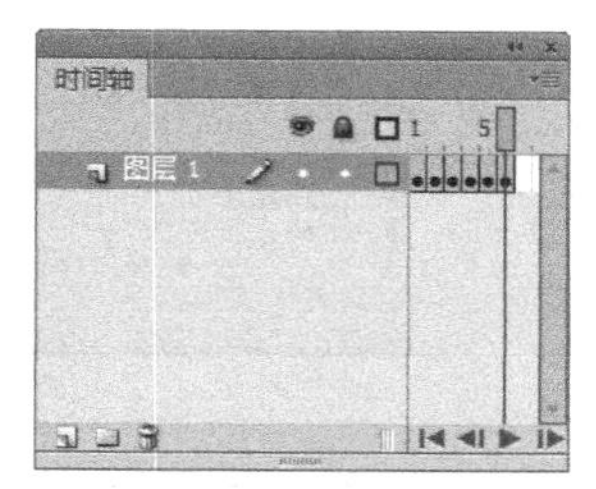


图5-8

**提示**

*可以用各种方式将多种位图导入到Flash CS6中，也可以从Flash CS6中启动Fireworks或其他外部图像编辑器，从而在这些编辑应用程序中修改导入的位图。可以对导入位图应用压缩和消除锯齿功能，以控制位图在Flash CS6中的大小和外观，还可以将导入位图作为填充应用到对象中。*

（2）导入矢量图到舞台：当导入矢量图到舞台上时，舞台上会显示该矢量图，但矢量图并不会被保存到“库”面板中。

选择“文件 > 导入 > 导入到舞台”命令，在弹出的“导入”对话框中选择“基础素材 > Ch05 > 07”文件，如图5-9所示。单击“打开”按钮，弹出“将‘07.ai’导入到舞台”对话框，如图5-10所示。单击“确定”按钮，矢量图即被导入到舞台上，如图5-11所示。此时，查看“库”面板，会发现并没有保存矢量图“07”。

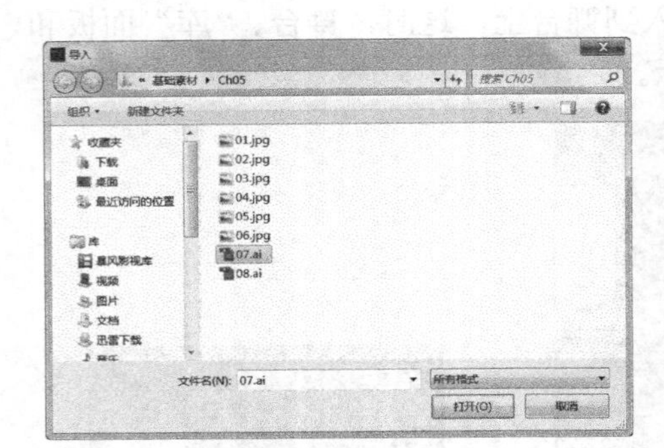

图 5-9

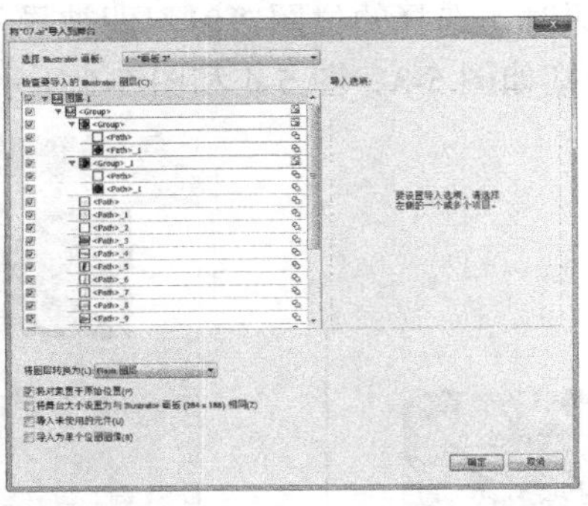

图 5-10

图 5-11

## 2. 导入到库

（1）导入位图到库：当导入位图到“库”面板时，舞台上不显示该位图，而只在“库”面板中进行显示。

选择“文件 > 导入 > 导入到库”命令，在弹出的“导入到库”对话框中选择“光盘 > 基础素材 > Ch05 > 02”文件，如图 5-12 所示。单击“打开”按钮，位图即被导入到“库”面板中，如图 5-13 所示。

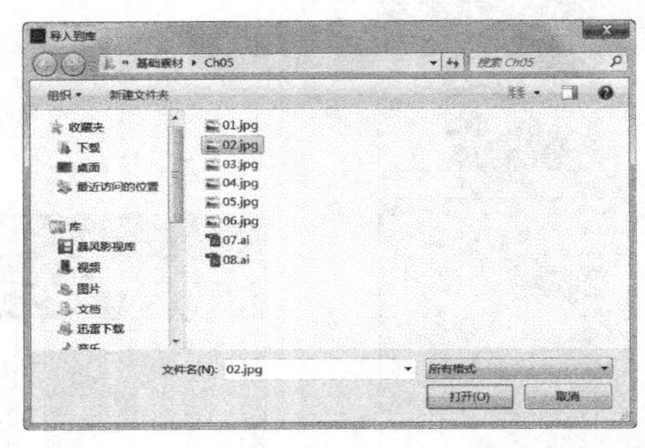

图 5-12

图 5-13

（2）导入矢量图到库：当导入矢量图到“库”面板时，舞台上不显示该矢量图，而只在“库”面板中进行显示。

选择“文件 > 导入 > 导入到库”命令，在弹出的“导入到库”对话框中选择“基础素材 > Ch05 > 08”文件，如图 5-14 所示。单击“打开”按钮，弹出“将‘08.ai’导入到库”对话框，如图 5-15 所示。单击“确定”按钮，矢量图即被导入到“库”面板中，如图 5-16 所示。

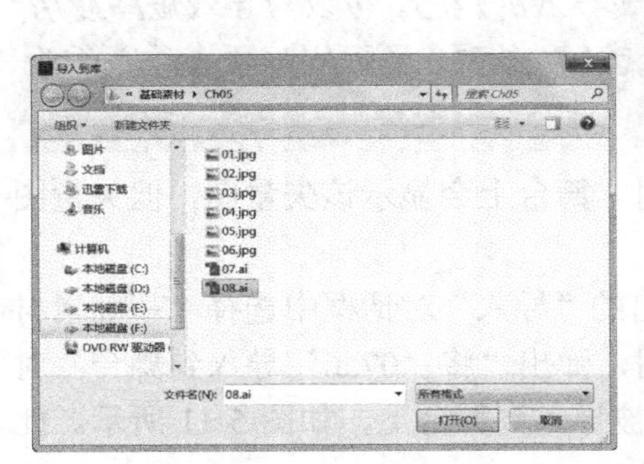

图 5-14

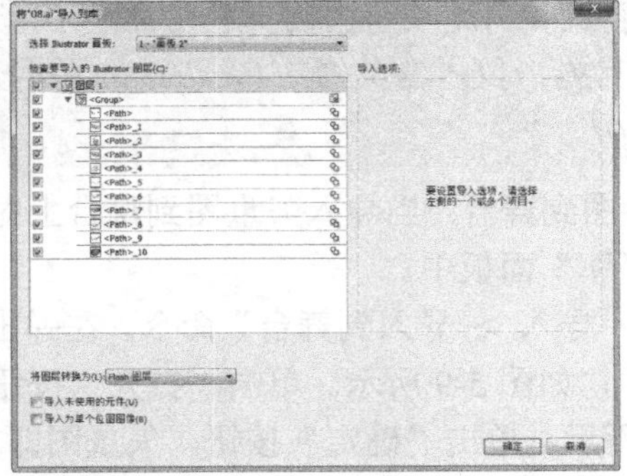

图 5-15

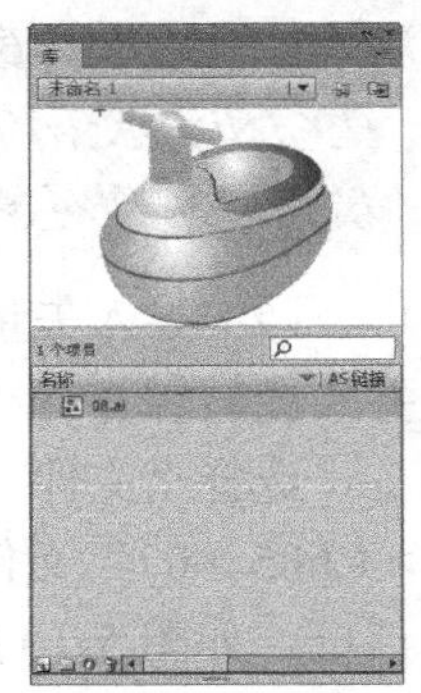

图 5-16

### 3. 外部粘贴

可以将其他程序或文档中的位图粘贴到 Flash CS6 的舞台中。方法为在其他程序或文档中复制图像，然后选中 Flash CS6 文档，按 Ctrl+V 组合键，将复制的图像进行粘贴，图像即出现在 Flash CS6 文档的舞台中。

## 5.1.3 设置导入位图属性

对于导入的位图，用户可以根据需要消除锯齿从而平滑图像的边缘，或者选择压缩选项以减小位图文件所占存储空间的大小，以及格式化文件以便在 Web 上显示。这些变化都需要在“位图属性”对话框中进行设定。

在“库”面板中双击位图图标（如图 5-17 所示），弹出“位图属性”对话框，如图 5-18 所示。

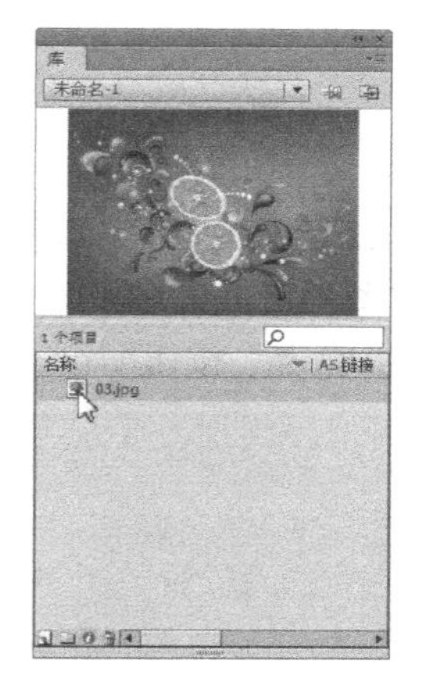


图 5-17

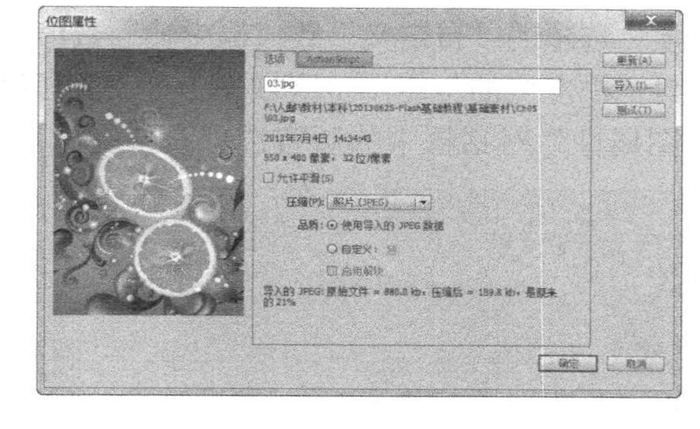


图 5-18

- 位图浏览区域：对话框的左侧为位图浏览区域，将鼠标指针放置在此区域会变为手形，单击并按住鼠标拖动可移动区域中的位图。
- 位图名称编辑区域：对话框的上方为名称编辑区域，可以在此更换位图的名称。
- 位图基本情况区域：名称编辑区域下方为基本情况区域，该区域显示了位图的创建日期、文件大小、像素位数以及位图在计算机中的具体位置。
- “允许平滑”复选框：利用消除锯齿功能平滑位图边缘。
- “压缩”选项：设定通过何种方式压缩图像。它包含两种方式，“照片（JPEG）”以 JPEG 格式压缩图像，可以调整图像的压缩比，“无损 （PNG/GIF）”将使用无损压缩格式压缩图像，这样不会丢失图像中的任何数据。
- “使用导入的 JPEG 数据”选项：点选此选项，位图应用默认的压缩品质。如果选取“自定义”选项（如图 5-19 所示），可以在“自定义”选项文本框中输入介于 1~100 的一个值，以指定新的压缩品质。“自定义”选项中的数值设置越高，保留的图像完整性越大，但是产生的文件所占存储空间也越大。

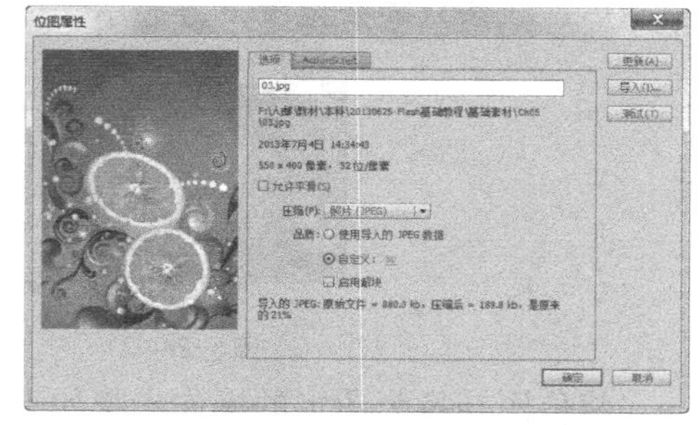


图 5-19

- “更新”按钮：如果此图像在其他文件中被

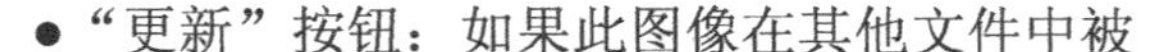

更改了，单击此按钮可进行刷新。

●“导入”按钮：可以导入新的位图，替换原有的位图。单击此按钮，将弹出“导入位图”对话框，在对话框中选中要进行替换的位图，如图 5-20 所示，然后单击“打开”按钮，原有位图即被替换，如图 5-21 所示。

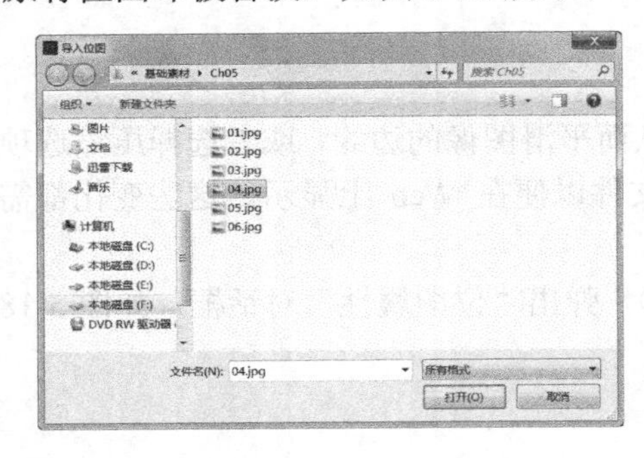
图 5-20

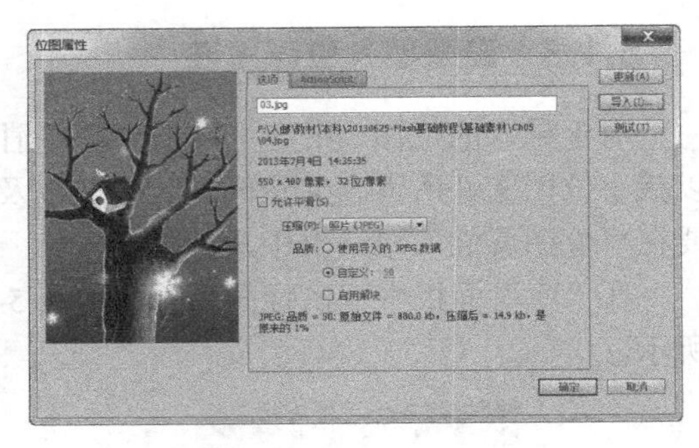
图 5-21

●“测试”按钮：单击此按钮可以预览文件压缩后的结果。

在“品质”选项的“自定义”数值框中输入数值（如图 5-22 所示），然后单击“测试”按钮，即可在对话框左侧的位图浏览区域中，观察到压缩后的位图质量效果，如图 5-23 所示。

当“位图属性”对话框中的所有选项设置完成后，单击“确定”按钮即可。

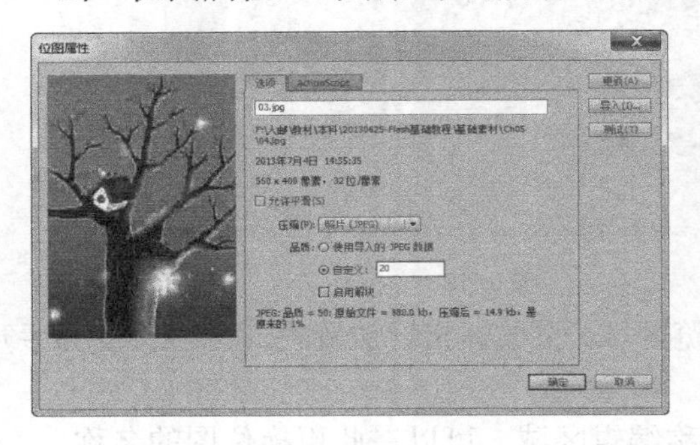
图 5-22

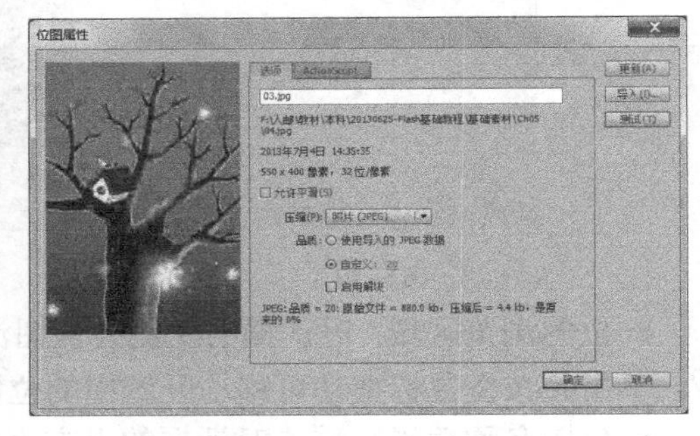
图 5-23

### 5.1.4 将位图转换为图形

使用 Flash CS6 可以将位图分离为可编辑的图形，位图仍然保留它原来的细节。分离位图后，可以使用绘画工具和涂色工具来选择和修改位图的区域。

在舞台中导入位图，选择“刷子工具”，在位图上绘制线条，如图 5-24 所示。松开鼠标后，线条只能在位图下方显示，如图 5-25 所示。

图 5-24

图 5-25

将位图转换为图形的操作步骤如下。

（1）在舞台中导入位图，选中位图，选择“修改 > 分离”命令或者按 Ctrl+B 组合键将图形打散，如图 5-26 所示。对打散后的位图进行编辑，选择“刷子工具”，在位图上进行绘制，效果如图 5-27 所示。

图 5-26　　图 5-27

（2）选择“选择工具”，改变图形形状或删减图形，如图 5-28、图 5-29 所示。选择“橡皮擦工具”，擦除图形，效果如图 5-30 所示。选择“墨水瓶工具”，为图形添加外边框，效果如图 5-31 所示。

图 5-28　　图 5-29　　图 5-30　　图 5-31

选择“套索工具”，选中工具箱下方的“魔术棒”按钮，在图形的黄色花朵上单击鼠标将其选中，如图 5-32 所示，再按 Delete 键删除选中的图形，效果如图 5-33 所示。

图 5-32　　图 5-33

**提示**

*将位图转换为图形后，图形不再链接到“库”面板中的位图组件。也就是说，当修改打散后的图形时，不会对“库”面板中相应的位图组件产生影响。*

### 5.1.5 将位图转换为矢量图

选中位图，如图 5-34 所示，选择“修改 > 位图 > 转换位图为矢量图”命令，弹出“转换位图为矢量图”对话框，如图 5-35 所示。单击“确定”按钮，位图即被转换为矢量图，效果如图 5-36 所示。

图 5-34　　图 5-35　　图 5-36

●“颜色阈值”选项：设置将位图转化成矢量图形时的色彩细节。数值的输入范围为0～500。该值越大，图像越细腻。

●“最小区域”选项：设置将位图转化成矢量图形时色块的大小。数值的输入范围为0～1000。该值越大，色块越大。

●“角阈值”选项：定义角转化的精细程度。

●“曲线拟合”选项：设置在转换过程中对色块处理的精细程度。图形转化时边缘越光滑，对原图像细节的失真程度越高。

在“转换位图为矢量图”对话框中，设置不同的数值，所产生的效果也不相同，如图5-37所示。

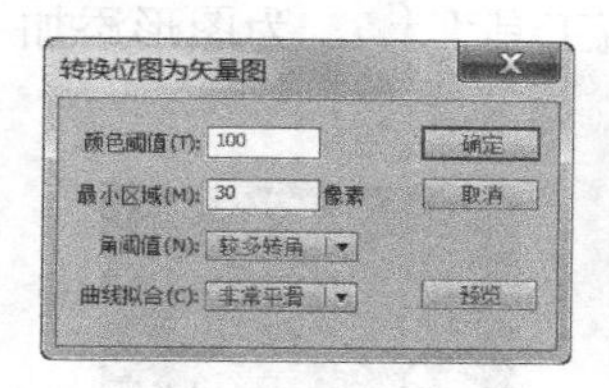

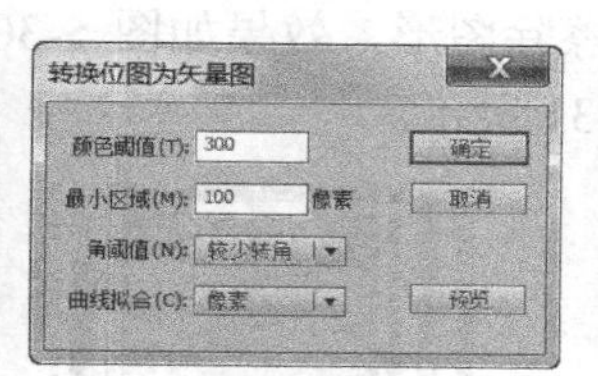

图5-37

将位图转换为矢量图形后，可以应用“颜料桶工具”为其重新填色。

选择“颜料桶工具”，在工具箱中将“填充颜色”设置为绿色（#FF6600），然后在图形的橙色区域单击，将黄色区域填充为绿色，效果如图5-38所示。

将位图转换为矢量图形后，还可以用“滴管工具”对图形进行采样，然后将其用作填充。

选择“滴管工具”，鼠标指针变为，在黄色块上单击，吸取黄色的色彩值，如图5-39所示。吸取后，鼠标指针变为，在橙色区域上单击，用黄色进行填充，将橙色区域全部转换为黄色，效果如图5-40所示。

图5-38

图5-39

图5-40

### 5.1.6 视频素材的格式

Flash CS6对导入的视频格式作了严格的限制，只能导入FLV和F4V格式的视频，而FLV视频格式是当前网页视频观看的主流格式。

### 5.1.7 导入视频素材

#### 1. F4V

F4V是Adobe公司为了迎接高清时代而推出的继FLV格式后的支持H.264的F4V流媒体格式。它和FLV主要的区别在于，FLV格式采用的是H263编码，而F4V则支持H.264编码的高清晰视频，码率最高可达50Mbit/s。

#### 2. FLV

Macromedia Flash Video（FLV）文件可以导入或导出带编码音频的静态视频流，适用于通信应用程序，例如视频会议或包含从 Adobe 的 Macromedia Flash Media Server 中导出的屏幕共享编码数据的文件。

要导入 FLV 格式的文件，可以选择“文件 > 导入 > 导入视频”命令，在弹出的“导入视频”对话框中，单击“浏览”按钮。弹出“打开”对话框，在对话框中选择“基础素材 > Ch05 > 09”文件，如图 5-41 所示。单击“打开”按钮，返回“导入视频”对话框，在对话框中点选“在 SWF 中嵌入 FLV 并在时间轴中播放”单选项，如图 5-42 所示，单击“下一步”按钮。

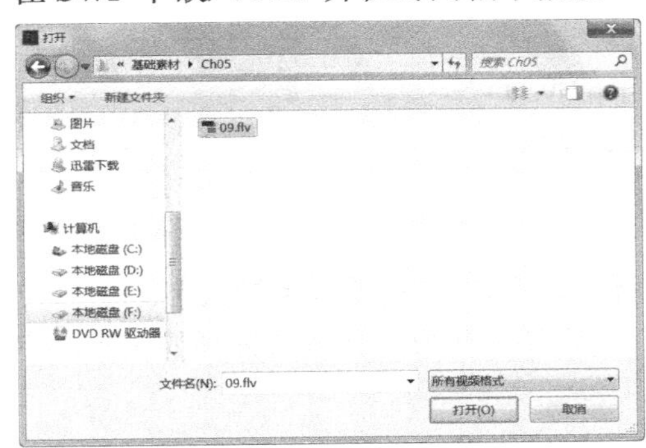


图 5-41

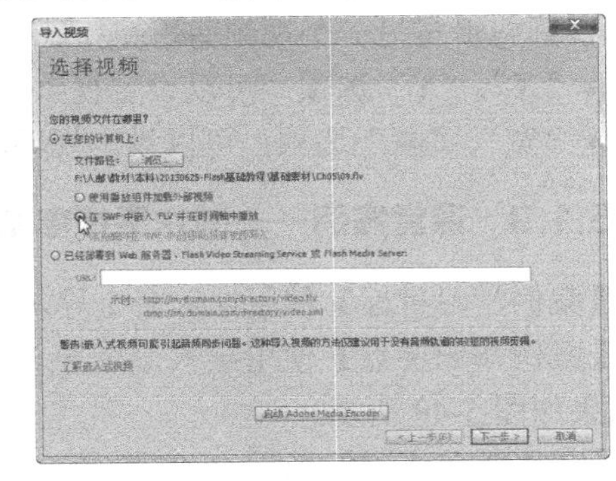


图 5-42

进入“嵌入”对话框，如图 5-43 所示。单击“下一步”按钮，弹出“完成视频导入”对话框，如图 5-44 所示，单击“完成”按钮完成视频的编辑。

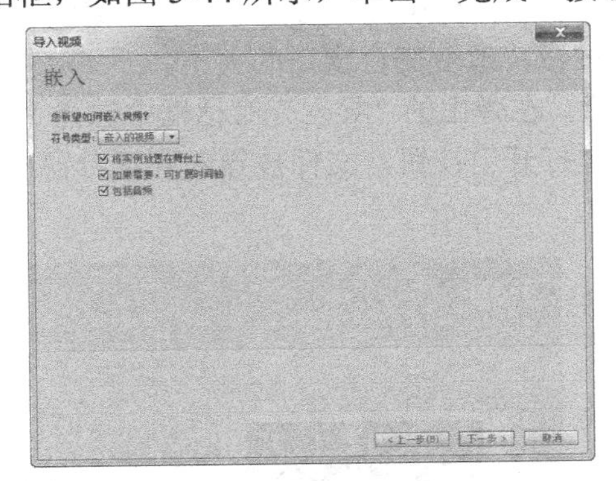


图 5-43

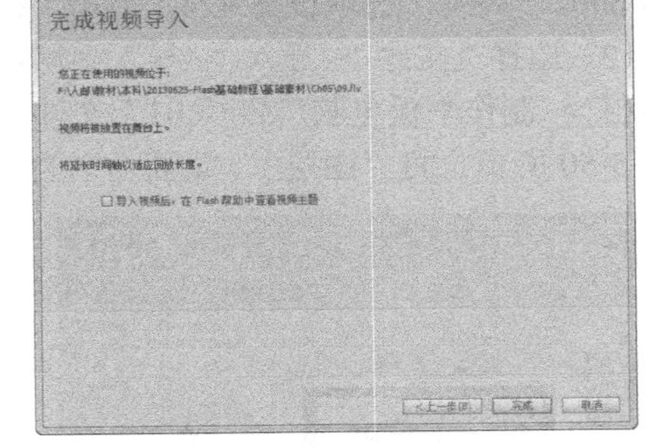


图 5-44

此时，舞台窗口、时间轴和“库”面板中显示的效果分别如图 5-45、图 5-46 和图 5-47 所示。

图 5-45

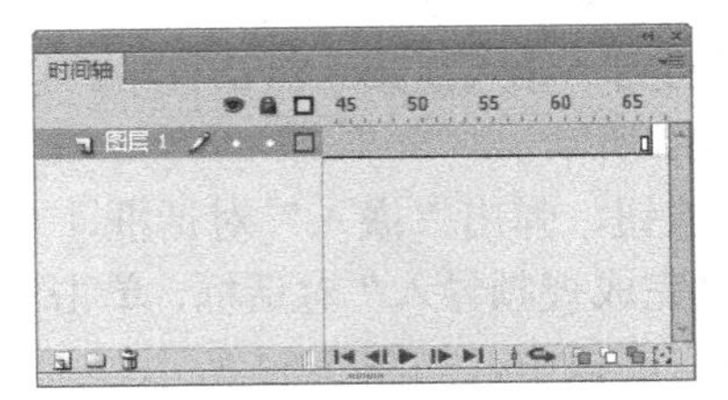


图 5-46

图 5-47

### 5.1.8 视频的属性

在属性面板中可以更改导入视频的属性。选中视频，选择“窗口 > 属性”命令，弹出视频“属性”面板，如图 5-48 所示。

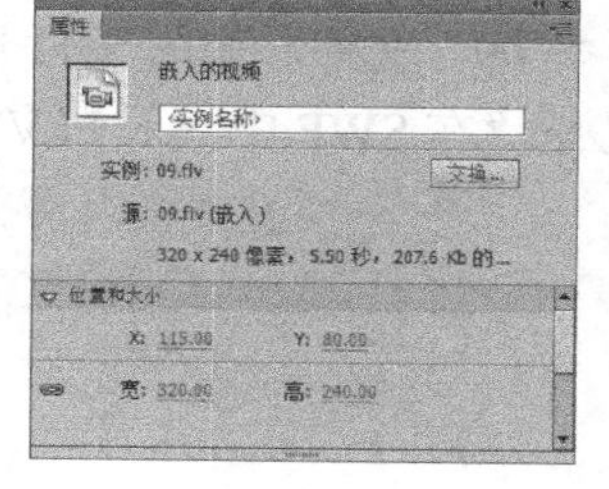
图 5-48

- “实例名称”选项：可以设定嵌入视频的名称。
- “交换”按钮：单击此按钮，弹出“交换视频”对话框，可以将视频剪辑与另一个视频剪辑交换。
- “X”、“Y”选项：可以设定视频在场景中的位置。
- “宽”、“高”选项：可以设定视频的宽度和高度。

### 5.1.9 课堂案例——制作平板电脑广告

【案例学习目标】使用导入命令导入视频，使用变形工具调整视频的大小。

【案例知识要点】使用导入命令导入视频，使用任意变形工具调整视频的大小，完成后的效果如图 5-49 所示。

【文件所在位置】光盘/Ch05/效果/制作平板电脑广告.fla。

（1）选择“文件 > 新建”命令，在弹出的“新建文档”对话框中选择“ActionScript 3.0”选项，单击“确定”按钮，进入新建文档舞台窗口。按 Ctrl+F3 组合键，弹出文档“属性”面板，单击面板中的“编辑文档属性”按钮，弹出“文档设置”对话框，将“宽度”选项设为 600，“高度”选项设为 424，单击“确定”按钮，改变舞台窗口的大小。

（2）选择“文件 > 导入 > 导入到舞台”命令，在弹出的“导入”对话框中选择“Ch05 > 素材 > 制作平板电脑广告 > 01”文件，单击“打开”按钮，文件被导入到舞台窗口中，如图 5-50 所示。将“图层 1”重新命名为“底图”。

图 5-49

图 5-50

（3）单击“时间轴”面板下方的“新建图层”按钮，创建新图层并将其命名为“视频”。选择“文件 > 导入 > 导入视频”命令，在弹出的“导入视频”对话框中单击“浏览”按钮，在弹出的“打开”对话框中选择“Ch05 > 素材 > 制作平板电脑广告 > 02”文件，如图 5-51 所示。单击“打开”按钮回到“导入视频”对话框中，点选“在 SWF 中嵌入 FLV 并在时间轴中播放”选项，如图 5-52 所示。

（4）单击“下一步”按钮，弹出“嵌入”对话框，对话框中的设置如图 5-53 所示。单击“下一步”按钮，弹出“完成视频导入”对话框，单击“完成”按钮完成视频的导入，“02”视频文件即被导入到“库”面板中，如图 5-54 所示。

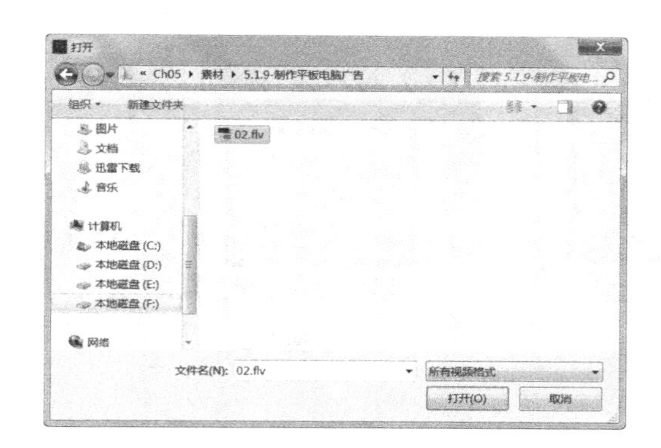


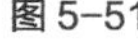
图 5-51

图 5-52

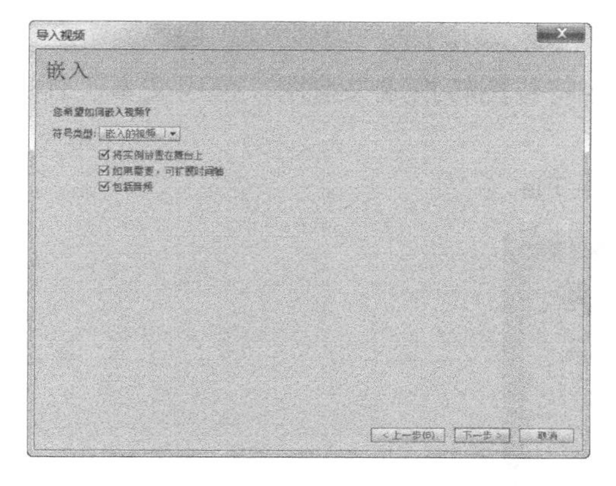


图 5-53

图 5-54

（5）选中“底图”和“视频”图层的第 41 帧，按 F5 键，在该帧上插入普通帧，如图 5-55 所示。选中舞台窗口中的视频实例，选择“任意变形工具”，在视频的周围出现控制点，将鼠标指针放在视频右上方的控制点上，指针变为，单击并按住鼠标不放向中间拖曳控制点，松开鼠标，视频缩小。将视频放置到适当的位置后，在舞台窗口的任意位置单击鼠标，取消对视频的选取，效果如图 5-56 所示。

图 5-55

图 5-56

（6）创建新图层并将其命名为“视频边框”。选择“基本矩形工具”，在基本矩形工具的“属性”面板中将“笔触颜色”设为无，“填充颜色”设为黑色，在舞台窗口中绘制矩形，如图 5-57 所示。保持图形选取状态，按住 Alt+Shift 组合键的同时，单击并按住鼠标水平向右拖曳图形到适当的位置，效果如图 5-58 所示。至此，平板电脑广告制作完成，按 Ctrl+Enter 组合键即可查看效果，效果如图 5-59 所示。

图 5-58

图 5-59

图 5-60

## 5.2 课堂练习——制作装饰画

【练习知识要点】使用转换位图为矢量图命令将位图转换成矢量图，使用文本工具添加文字效果，完成后的效果如图 5-61 所示。

【文件所在位置】光盘/Ch05/效果/制作装饰画. Fla。

图 5-61

## 5.3 课后习题——制作餐饮广告

【习题知识要点】使用矩形工具制作边框图形，使用导入命令和任意变形工具将视频导入并对其进行编辑，完成后的效果如图 5-62 所示。

【文件所在位置】光盘/Ch05/效果/制作餐饮广告. fla。

图 5-62

# 第 6 章
# 元件和库

在 Flash CS6 中，元件起着举足轻重的作用。通过重复应用元件，可以提高工作效率，减少文件量。本章将讲解元件的创建、编辑、应用，以及库面板的使用方法。通过学习本章，可以帮助读者了解并掌握如何应用元件的相互嵌套及重复应用来制作出变化无穷的动画效果。

课堂学习目标：

- 了解元件的类型；
- 熟练掌握元件的创建方法；
- 掌握元件的应用方法；
- 熟悉运用库面板编辑元件。

# 6.1 元件与库面板

元件就是可以被不断重复使用的特殊对象符号。当不同的舞台剧幕上有相同的对象进行表演时，用户可先建立该对象的元件，需要时只需在舞台上创建该元件的实例即可。在 Flash CS6 文档的库面板中，可以存储创建的元件以及导入的文件。只要建立 Flash CS6 文档，就可以使用相应的库。

## 6.1.1 元件的类型

### 1. 图形元件

图形元件一般用于创建静态图像或可重复使用的、与主时间轴关联的动画，它有自己的编辑区和时间轴。如果在场景中创建元件的实例，那么实例将受到主场景中时间轴的约束。换句话说，图形元件中的时间轴与其实例在主场景的时间轴同步。另外，在图形元件中可以使用矢量图、图像、声音和动画的元素，但不能为图形元件提供实例名称，也不能在动作脚本中引用图形元件，并且声音在图形元件中会失效。

### 2. 按钮元件

按钮元件是创建能激发某种交互行为的按钮。创建按钮元件的关键是设置 4 种不同状态的帧，即“弹起”（鼠标按键抬起）、“指针经过”（鼠标指针移入）、“按下”（鼠标按键按下）、“点击”（鼠标响应区域，在这个区域创建的图形不会出现在画面中）。

### 3. 影片剪辑元件

影片剪辑元件也像图形元件一样有自己的编辑区和时间轴，但又不完全相同。影片剪辑元件的时间轴是独立的，它不受其实例在主场景的时间轴（主时间轴）的控制。比如，在场景中创建影片剪辑元件的实例，此时即便场景中只有一帧，在电影片段中也可播放动画。另外，在影片剪辑元件中可以使用矢量图、图像、声音、影片剪辑元件、图形组件和按钮组件等，并且能在动作脚本中引用影片剪辑元件。

## 6.1.2 创建图形元件

选择“插入 > 新建元件”命令或者按 Ctrl+F8 组合键，弹出“创建新元件”对话框，在“名称”选项的文本框中输入“大象”，在“类型”选项的下拉列表中选择“图形”选项，如图 6-1 所示。

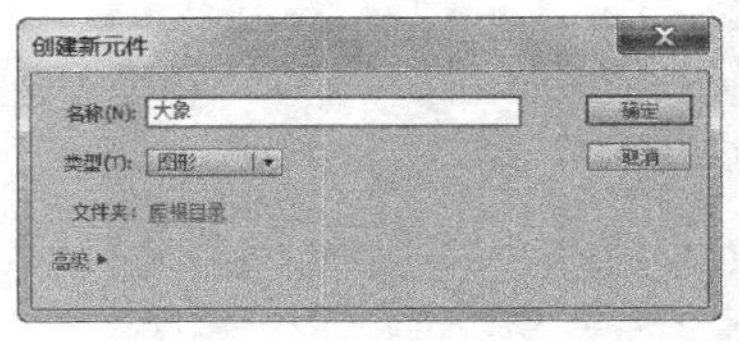

图 6-1

单击“确定”按钮，创建一个新的图形元件“大象”。此时，图形元件的名称出现在舞台的左上方，舞台切换到了图形元件“大象”的窗口，窗口中间出现十字“+”，代表图形元件的中心定位点，如图 6-2 所示。在“库”面板中也显示出图形元件的名称，如图 6-3 所示。

选择“文件 > 导入 > 导入到舞台”命令，弹出“导入”对话框，在弹出的对话框中选择光盘中的“基础素材 > Ch06 > 01”文件。单击“打开”按钮，将素材导入到舞台，如图 6-4 所示，完成图形元件的创建。单击舞台窗口左上方的“场景 1”图标场景 1，就可以返回到场景 1 的编辑舞台。

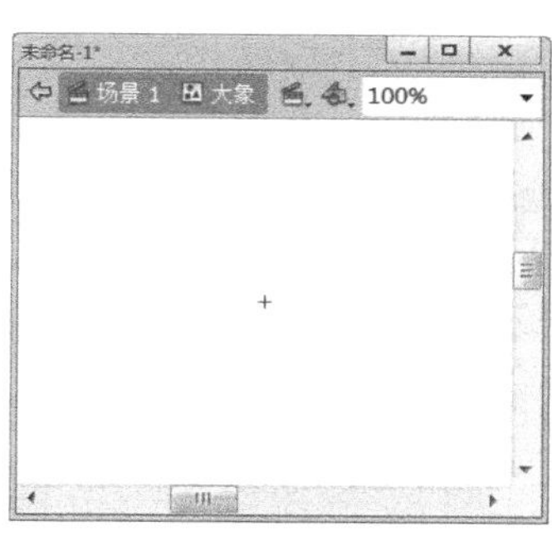


图 6-2

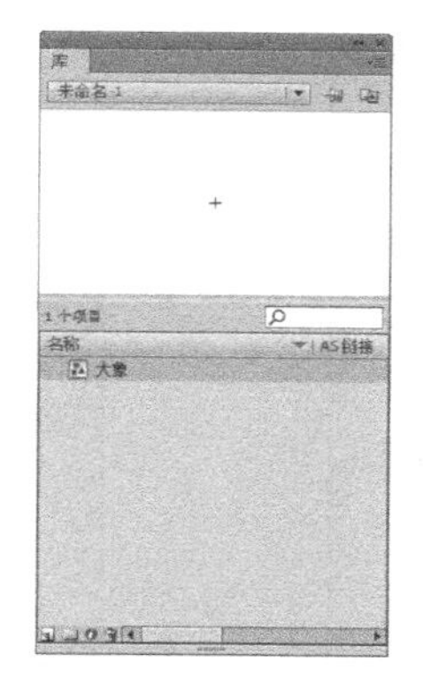


图 6-3

图 6-4

还可以应用“库”面板创建图形元件。单击“库”面板右上方的按钮，在弹出式菜单中选择“新建元件”命令，弹出“创建新元件”对话框，类型选择“图形”，然后单击“确定”按钮，即创建图形元件。使用同样的方法，可在“库”面板中创建按钮元件或影片剪辑元件。

### 6.1.3　创建按钮元件

虽然 Flash CS6 库中提供了一些按钮，但如果需要复杂的按钮时，还是要自己创建。

选择“插入 > 新建元件”命令，弹出“创建新元件”对话框，在“名称”文本框中输入“表情”，在“类型”下拉列表中选择“按钮”，如图 6-5 所示。

单击“确定”按钮，创建一个新的按钮元件“表情”。按钮元件的名称出现在舞台的左上方，舞台切换到了按钮元件“矩形”的窗口，窗口中间出现十字“ + ”，代表按钮元件的中心定位点。“时间轴”窗口中显示出 4 个状态帧“弹起”、“指针经过”、“按下”、“点击”，如图 6-6 所示。

- “弹起”帧：设置鼠标指针不在按钮上时按钮的外观。
- “指针经过”帧：设置鼠标指针放在按钮上时按钮的外观。
- “按下”帧：设置按钮被单击时的外观。
- “点击”帧：设置响应鼠标单击的区域。此区域在影片里不可见。

“库”面板中的显示如图 6-7 所示。

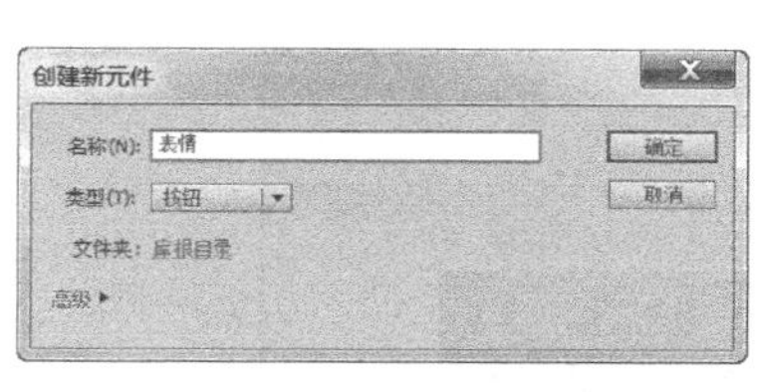


图 6-5

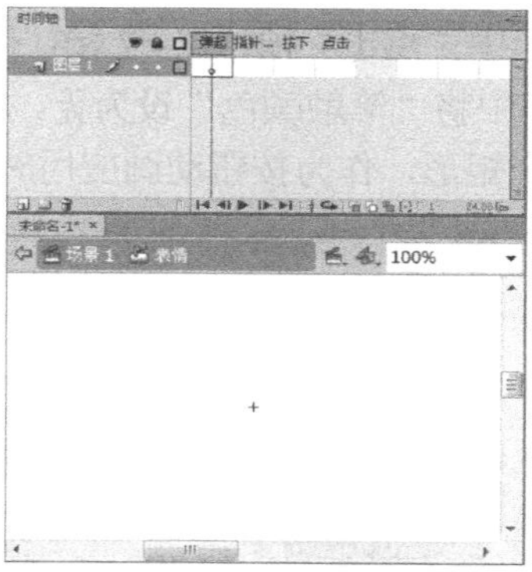

图 6-6

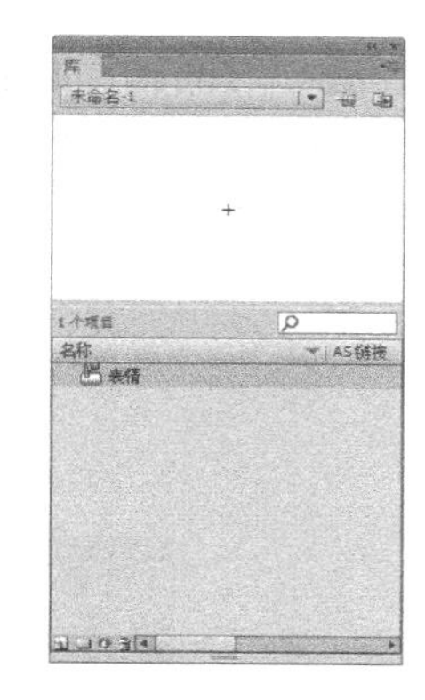


图 6-7

选择“文件 > 导入 > 导入到舞台”命令，在弹出的“导入”对话框中选择光盘中的“基础素材 > Ch06 > 02”文件，然后单击“打开”按钮，将素材导入到舞台，效果如图 6-8 所示。在“时间轴”面板中选中“指针经过”帧，按 F7 键，插入空白关键帧，如图 6-9 所示。

图 6-8

图 6-9

选择“文件 > 导入 > 导入到舞台”命令，在弹出的“导入”对话框中选择光盘中的“基础素材 > Ch06 > 03”文件，然后单击“打开”按钮，将素材导入到舞台，效果如图 6-10 所示。在“时间轴”面板中选中“按下”帧，按 F7 键，插入空白关键帧，如图 6-11 所示。

选择“文件 > 导入 > 导入到舞台”命令，在弹出的“导入”对话框中选择光盘中的“基础素材 > Ch06 > 04”文件，然后单击“打开”按钮，将素材导入到舞台，效果如图 6-12 所示。

图 6-10

图 6-11

图 6-12

在“时间轴”面板中选中“点击”帧，按 F7 键，插入空白关键帧，如图 6-13 所示。选择“矩形工具”，在工具箱中将“笔触颜色”设为无，“填充颜色”设为黑色，按住 Shift 键的同时在中心点上绘制出 1 个矩形，作为按钮动画应用时鼠标响应的区域，如图 6-14 所示。

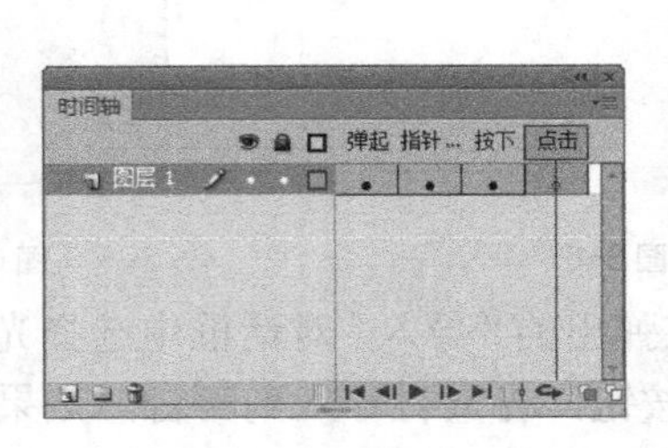


图 6-13

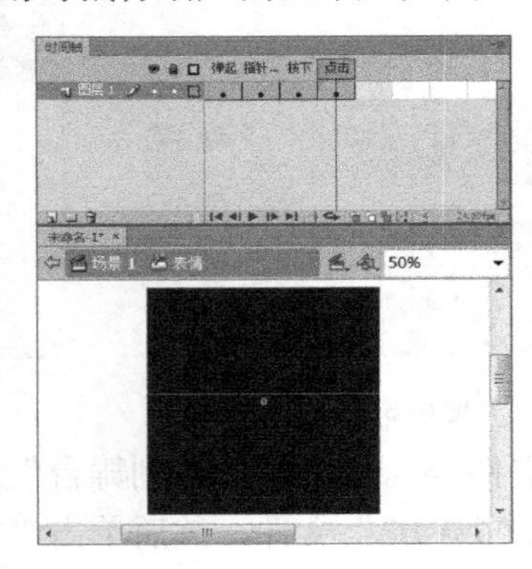


图 6-14

至此，按钮元件制作完成，在各关键帧上，舞台中显示的图形如图 6-15 所示。单击舞台窗口左上方的“场景 1”图标场景 1，就可以返回到场景 1 的编辑舞台。

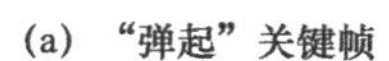

(a)“弹起”关键帧

(b)“指针经过”关键帧

(c)“按下”关键帧

(d)“单击”关键帧

图 6-15

### 6.1.4　创建影片剪辑元件

选择“插入 > 新建元件”命令，弹出“创建新元件”对话框，在“名称”文本框中输入“字母变形”，在“类型”下拉列表中选择“影片剪辑”选项，如图 6-16 所示。

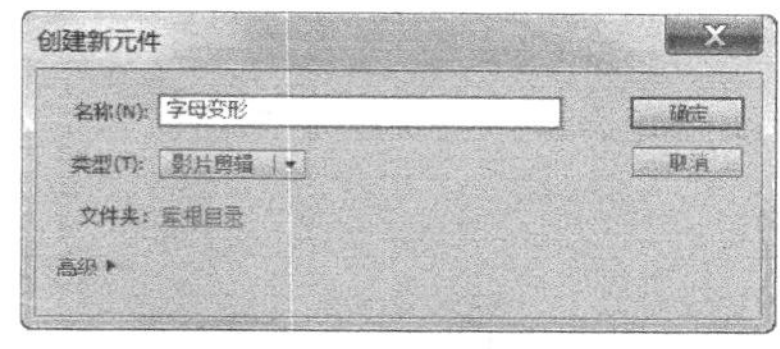


图 6-16

单击“确定”按钮，创建一个新的影片剪辑元件“字母变形”。影片剪辑元件的名称出现在舞台的左上方，舞台切换到了影片剪辑元件“字母变形”的窗口，窗口中间出现十字“ + ”，代表影片剪辑元件的中心定位点，如图 6-17 所示。此时，“库”面板中会显示出影片剪辑元件，如图 6-18 所示。

选择“文本工具”，在文本工具的“属性”面板中进行设置，在舞台窗口中适当的位置输入大小为 200，字体为“方正水黑简体”的绿色（#009900）字母，文字效果如图 6-19 所示。选择“选择工具”，选中字母，再按 Ctrl+B 组合键将其打散，效果如图 6-20 所示。在“时间轴”面板中选中第 20 帧，按 F7 键，在该帧上插入空白关键帧，如图 6-21 所示。

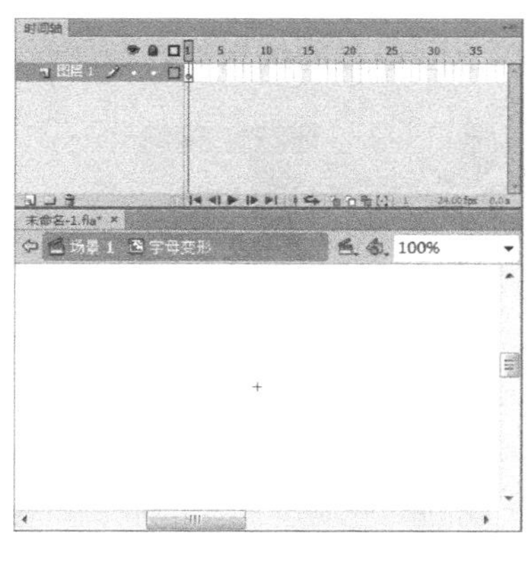

图 6-17

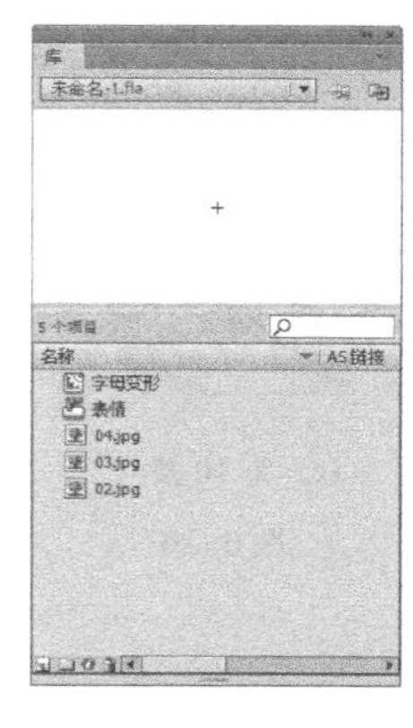

图 6-18

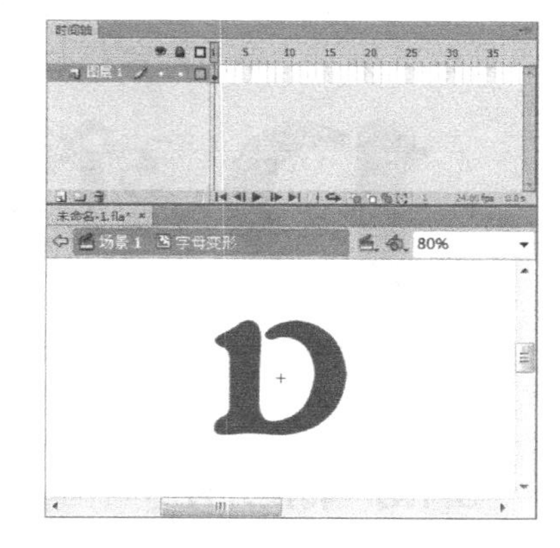

图 6-19

选择“文本工具”，在文本工具的“属性”面板中进行设置，在舞台窗口中适当的位置输入大小为 200，字体为“方正水黑简体”的橙黄色（#FF9900）字母，文字效果如图 6-22 所示。选择“选择工具”，选中字母，再按 Ctrl+B 组合键将其打散，效果如图 6-23 所示。

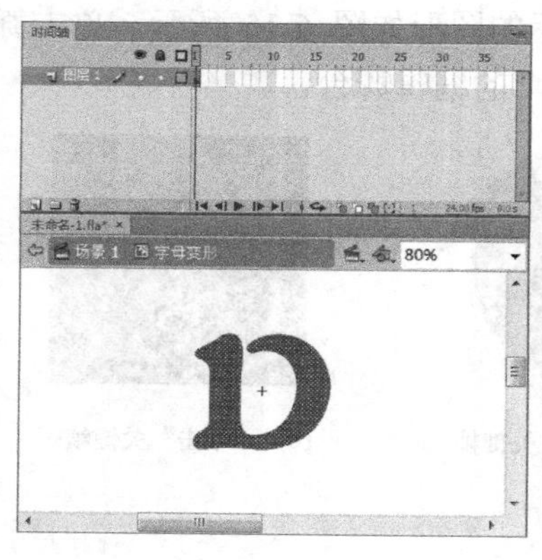


图 6-20

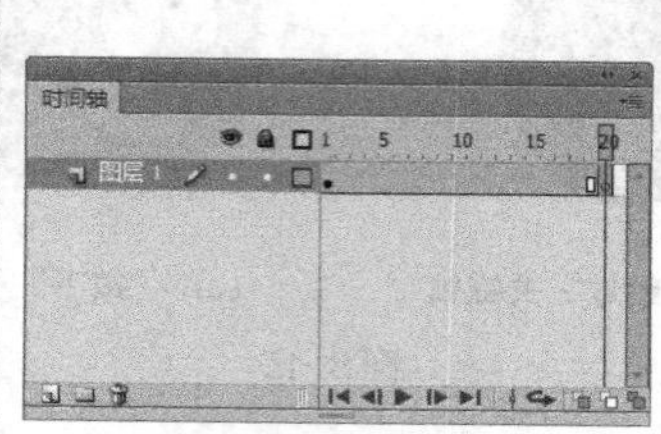


图 6-21

图 6-22

用鼠标右键单击第 1 帧，在弹出的菜单中选择“创建补间形状”命令，如图 6-24 所示，生成形状补间动画，如图 6-25 所示。

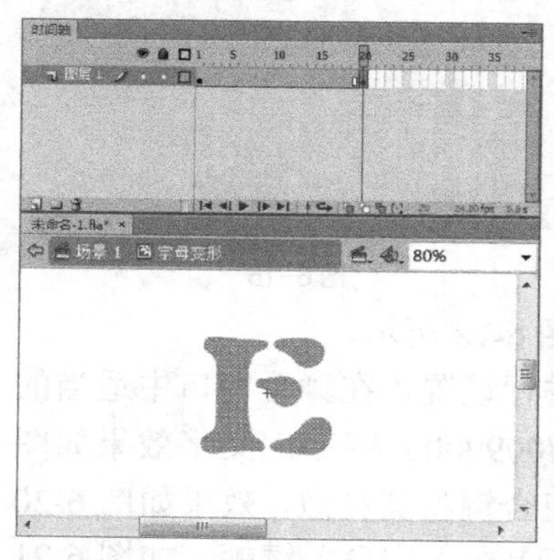


图 6-23

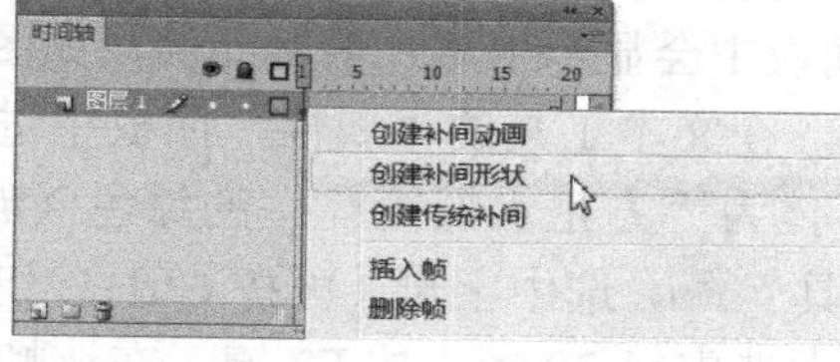


图 6-24

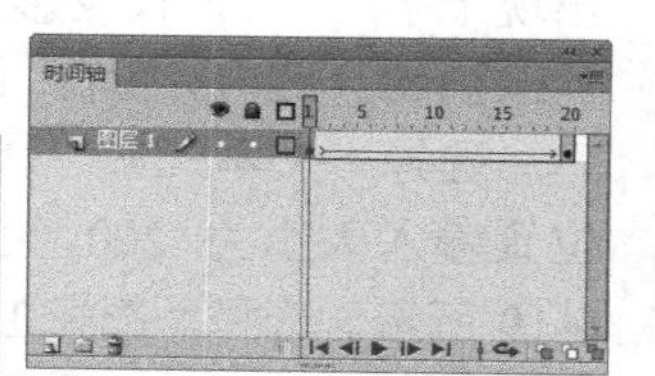


图 6-25

至此，影片剪辑元件制作完成，在不同的关键帧上，舞台中会显示出不同的变形图形，如图 6-26 所示。单击舞台左上方的场景名称“场景 1”就可以返回场景的编辑舞台。

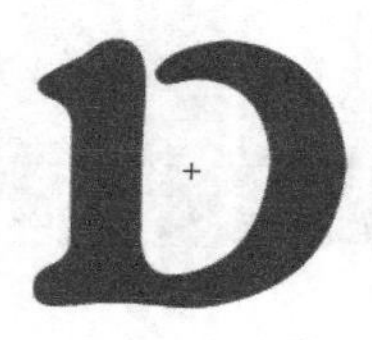

(a) 第 1 帧

(b) 第 5 帧

(c) 第 10 帧

(d) 第 15 帧

(e) 第 20 帧

图 6-26

### 6.1.5 转换元件

#### 1. 将图形转换为图形元件

如果在舞台上已经创建好矢量图形并且以后还要再次应用，可将其转换为图形元件。

打开光盘中的基础素材“05”文件，选中矢量图形，如图 6-27 所示。

图 6-27

选择“修改 > 转换为元件”命令或者按 F8 键，弹出“转换为元件”对话框，在“名称”文本框中输入要转换元件的名称，在“类型”下拉列表中选择“图形”元件，如图 6-28 所示。单击“确定”按钮，矢量图形即被转换为图形元件，舞台和“库”面板中的显示如图 6-29、图 6-30 所示。

图 6-28

图 6-29

图 6-30

### 2. 设置图形元件的中心点

选中矢量图形，选择“修改 > 转换为元件”命令，弹出“转换为元件”对话框，对话框的“对齐”选项后有 9 个中心定位点，可以用来设置转换元件的中心点。选中右下方的定位点，如图 6-31 所示，单击“确定”按钮，矢量图形即转换为图形元件，元件的中心点在其右下方，如图 6-32 所示。

图 6-31

图 6-32

在“对齐”选项中设置不同的中心点，转换的图形元件效果如图 6-33 所示。

(a) 中心点在左上方

(b) 中心点在左下方

(c) 中心点在右侧

图 6-33

### 3. 转换元件类型

在制作的过程中，可以根据需要将一种类型的元件转换为另一种类型的元件。

选中“库”面板中的图形元件，如图 6-34 所示。单击面板下方的“属性”按钮，弹出“元件属性”对话框，在“类型”下拉列表中选择“影片剪辑”选项，如图 6-35 所示。

单击“确定”按钮，图形元件即转换为影片剪辑元件，如图 6-36 所示。

图 6-34

图 6-35

图 6-36

### 6.1.6 库面板的组成

打开 06 素材文件，选择“窗口 > 库”命令或者按 Ctrl+L 组合键，弹出“库”面板，如图 6-37 所示。

在“库”面板的上方会显示出与“库”面板相对应的文档名称。在文档名称的下方会显示预览区域，可以在此观察选定元件的效果。如果选定的元件为多帧组成的动画，在预览区域的右上方会显示出两个按钮，如图 6-38 所示。单击“播放”按钮，可以在预览区域里播放动画。单击“停止”按钮，即停止播放动画。预览区域的下方会显示出当前“库”面板中的元件数量。

当“库”面板呈最大宽度显示时，将出现一些按钮。

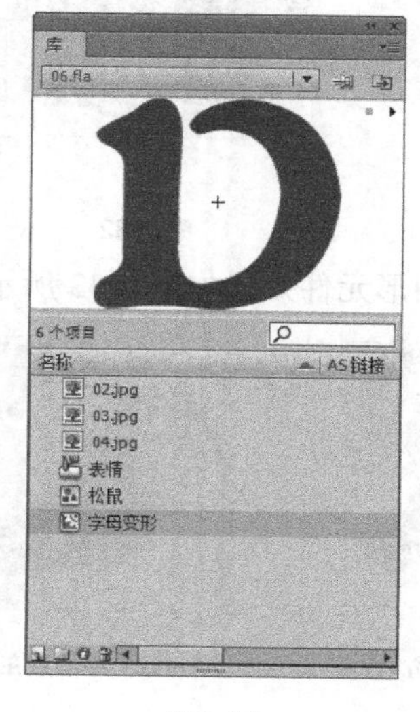


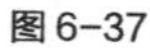
图 6-37

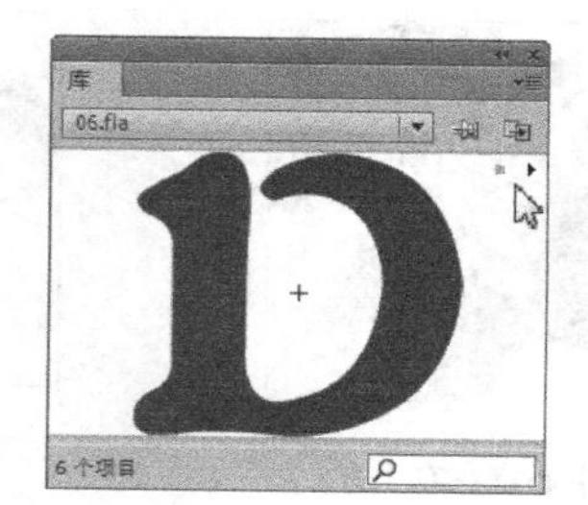


图 6-38

- “名称”按钮：单击此按钮，“库”面板中的元件将按名称排序，如图 6-39 所示。
- “类型”按钮：单击此按钮，“库”面板中的元件将按类型排序，如图 6-40 所示。
- “使用次数”按钮：单击此按钮，“库”面板中的元件将按被引用的次数排序。
- “链接”按钮：与“库”面板弹出式菜单中“链接”命令的设置相关联。

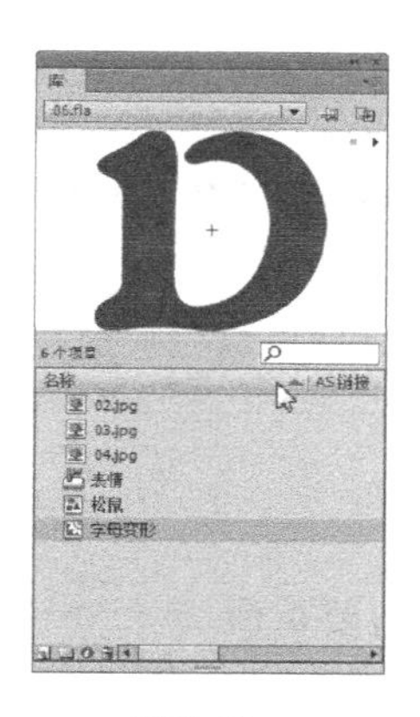


图 6-39

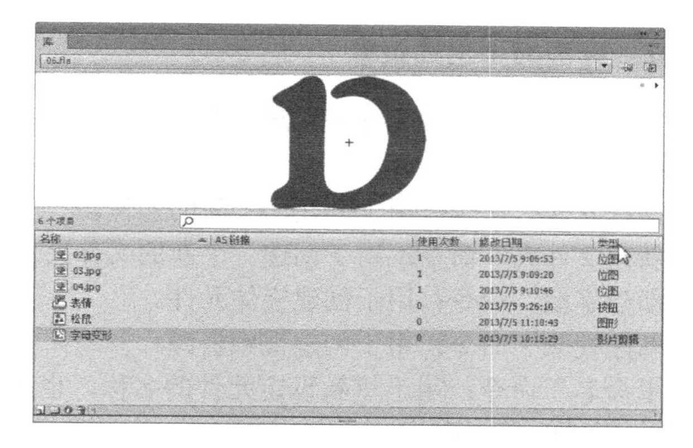


图 6-40

● "修改日期" 按钮：单击此按钮，"库" 面板中的元件将通过被修改的日期进行排序，如图 6-41 所示。

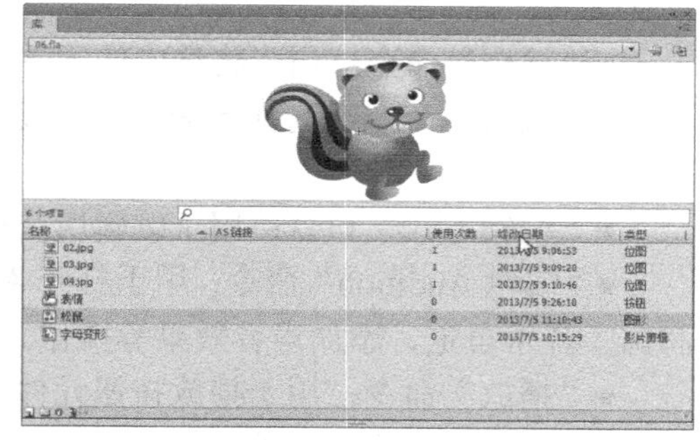

图 6-41

"库" 面板的下方有 4 个按钮。

● "新建元件" 按钮：用于创建元件。单击此按钮，将弹出 "创建新元件" 对话框，可以在其中通过设置创建新的元件，如图 6-42 所示。

● "新建文件夹" 按钮：用于创建文件夹。可以分门别类地建立文件夹，将相关的元件调入其中，以方便管理。单击此按钮，在 "库" 面板中将生成新的文件夹，可以设定文件夹的名称，如图 6-43 所示。

● "属性" 按钮：用于转换元件的类型。单击此按钮，将弹出 "元件属性" 对话框，可以在其中将元件类型相互转换，如图 6-44 所示。

● "删除" 按钮：删除 "库" 面板中被选中的元件或文件夹。单击此按钮，所选的元件或文件夹即被删除。

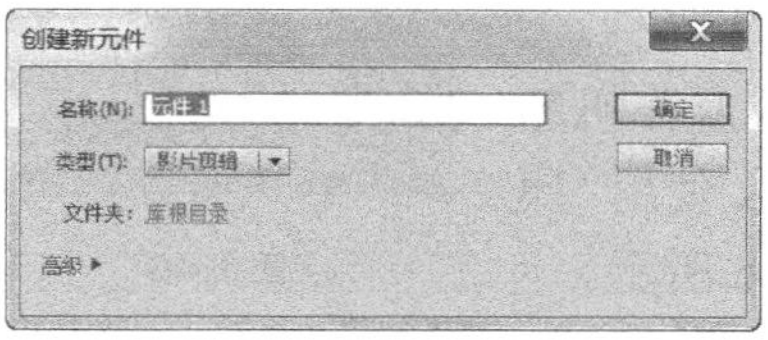

图 6-42

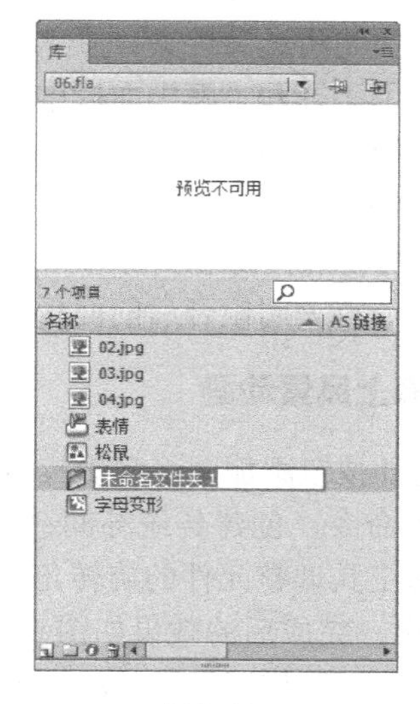


图 6-43

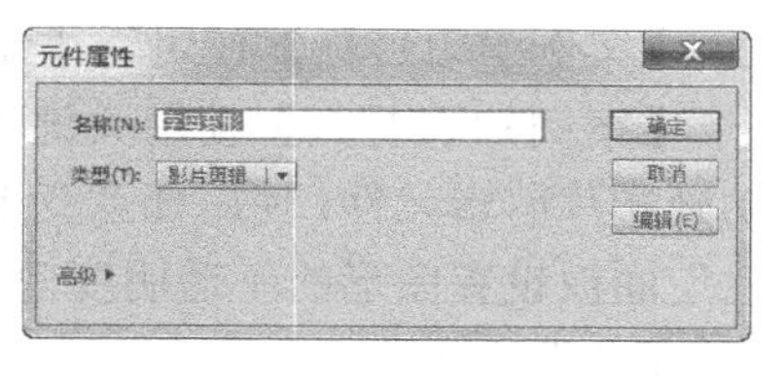


图 6-44

### 6.1.7 库面板弹出式菜单

单击“库”面板右上方的按钮，会出现弹出式菜单，其中提供了多个实用命令，如图 6-45 所示。

- “新建元件”命令：用于创建一个新的元件。
- “新建文件夹”命令：用于创建一个新的文件夹。
- “新建字型”命令：用于创建字体元件。
- “新建视频”命令：用于创建视频资源。
- “重命名”命令：用于重新设定元件的名称。也可直接双击要重命名的元件，再更改其名称。
- “删除”命令：用于删除当前选中的元件。
- “直接复制”命令：用于复制当前选中的元件。此命令不能用于复制文件夹。
- “移至”命令：用于将选中的元件移动到新建的文件夹中。
- “编辑”命令：选择此命令，主场景舞台被切换到当前选中元件的舞台。
- “编辑方式”命令：用于编辑所选位图元件。
- “编辑 Audition”命令：用于打开 Adobe Audition 软件，对音频进行润饰、音乐自定、添加声音效果等操作。
- “播放”命令：用于播放按钮元件或影片剪辑元件中的动画。
- “更新”命令：用于更新资源文件。
- “属性”命令：用于查看元件的属性或更改元件的名称和类型。
- “组件定义”命令：用于介绍组件的类型、数值和描述语句等属性。
- “运行时共享库 URL”命令：用于设置公用库的链接。
- “选择未用项目”命令：用于选出在“库”面板中未经使用的元件。
- “展开文件夹”命令：用于打开所选文件夹。
- “折叠文件夹”命令：用于关闭所选文件夹。
- “展开所有文件夹”命令：用于打开“库”面板中的所有文件夹。
- “折叠所有文件夹”命令：用于关闭“库”面板中的所有文件夹。
- “帮助”命令：用于调出软件的帮助文件。
- “关闭”命令：选择此命令可以将库面板关闭。
- “关闭组”命令：选择此命令将关闭组合后的面板组。

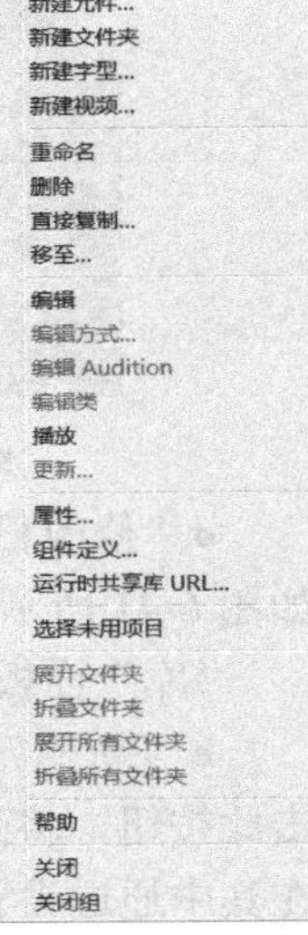


图 6-45

### 6.1.8 课堂案例——制作海上风景动画

【案例学习目标】使用新建元件按钮添加图形和影片剪辑元件。

【案例知识要点】使用关键帧命令、创建传统补间命令制作帆船动画影片剪辑元件，使用任意变形工具调整元件的旋转角度，使用“属性”面板设置图形的不透明度效果，完成后的效果如图 6-46 所示。

图 6-46

【文件所在位置】光盘/Ch06/效果/制作海上风景动画.fla。

### 1. 制作图形元件

（1）选择“文件 > 新建”命令，在弹出的“新建文档”对话框中选择“ActionScript 3.0”，再单击“确定”按钮，进入新建文档舞台窗口。按 Ctrl+F3 组合键，弹出文档“属性”面板，单击面板中的“编辑文档属性”按钮，弹出“文档设置”对话框，将“宽度”选项设为 600，“高度”选项设为 600，单击“确定”按钮，即改变舞台窗口的大小。

（2）选择“文件 > 导入 > 导入到库”命令，在弹出的“导入到库”对话框中选择“Ch06 > 素材 > 制作海上风景动画 > 01~06”文件，单击“打开”按钮，文件即被导入到“库”面板中，如图 6-47 所示。

（3）在“库”面板下方单击“新建元件”按钮，弹出“创建新元件”对话框。在“名称”文本框中输入“帆船”，在“类型”下拉列表中选择“图形”选项，如图 6-48 所示，单击“确定”按钮，新建图形元件“帆船”，如图 6-49 所示。舞台窗口也随之转换为图形元件的舞台窗口。

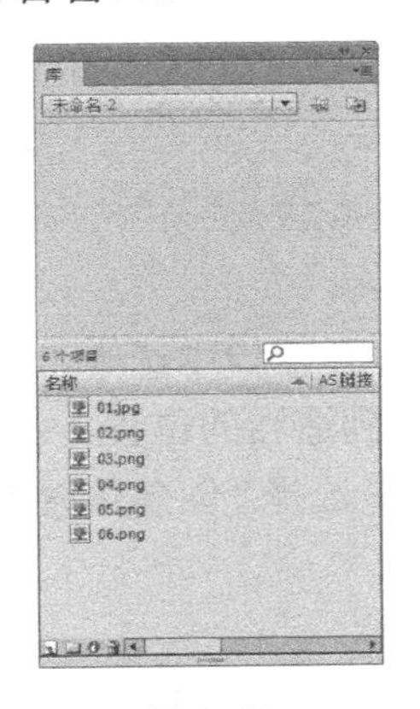


图 6-47

图 6-48

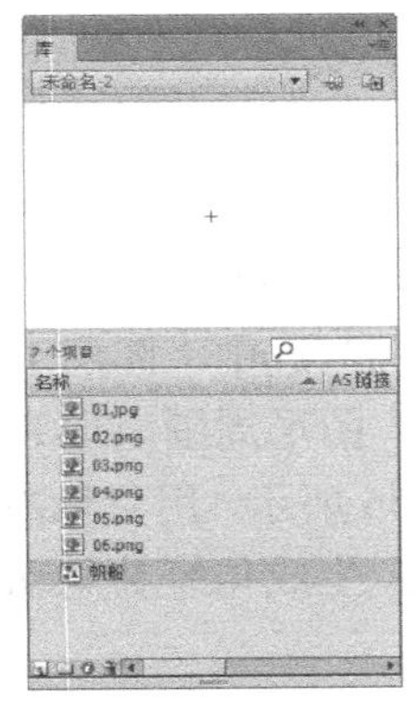


图 6-49

（4）将“库”面板中的位图“05.png”拖曳到舞台窗口中，效果如图 6-50 所示。用相同方法制作图形元件“太阳”、“热气球”，并将“库”面板中对应的位图“02.png”、“03.png”，拖曳到元件舞台窗口中，“库”面板中的显示如图 6-51 所示。

图 6-50

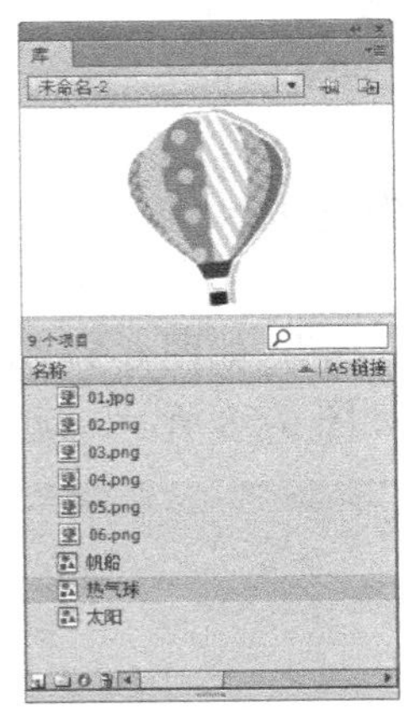


图 6-51

### 2. 制作影片剪辑元件

（1）在“库”面板下方单击“新建元件”按钮，弹出“创建新元件”对话框。在“名称”文本框中输入“帆船动”，在“类型”下拉列表中选择“影片剪辑”选项，单击“确定”按钮，新建影片剪辑元件“帆船动”，如图 6-52 所示。舞台窗口也随之转换为影片剪辑元件的舞台窗口。

（2）将“库”面板中的图形元件“帆船”拖曳到舞台窗口中的适当位置，如图 6-53 所示。分别选中“图层 1”的第 10 帧和第 20 帧，按 F6 键，插入关键帧，如图 6-54 所示。

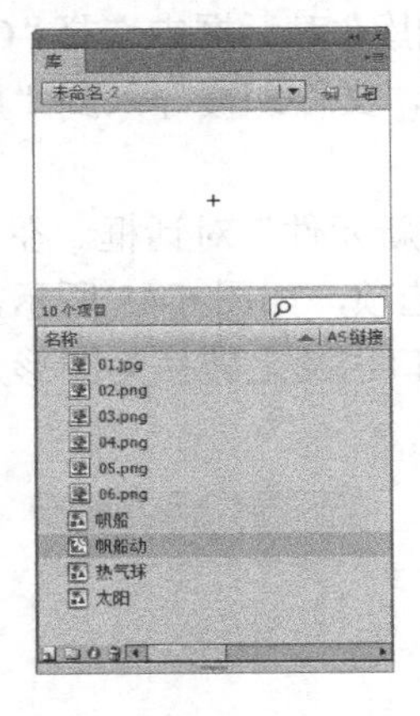

图 6-52

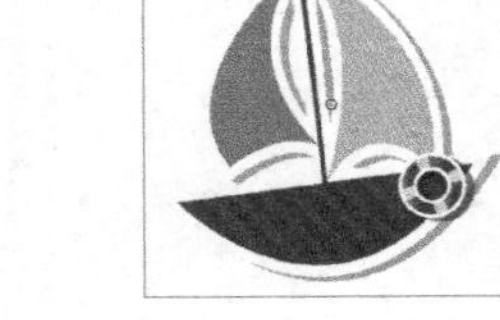

图 6-53

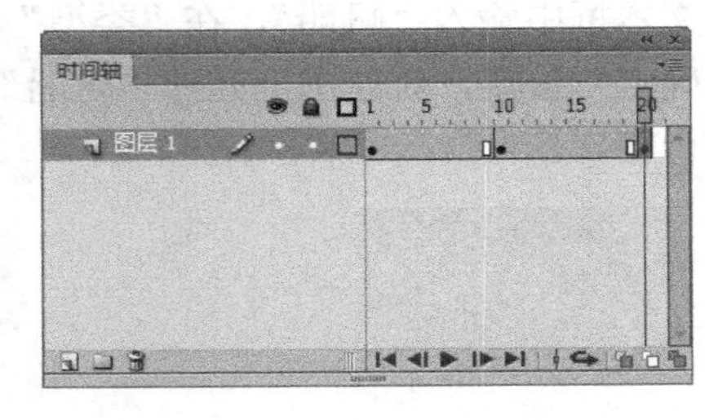

图 6-54

（3）选中“图层 1”的第 10 帧，选择“任意变形工具”，在舞台窗口中选中“帆船”实例，图形周围出现 8 个控制点，拖曳右上角的控制点，将图形旋转到适当的位置，效果如图 6-55 所示。用鼠标右键分别单击第 1 帧和第 10 帧，在弹出的菜单中选择“创建传统补间”命令，生成传统补间动画，如图 6-56 所示。

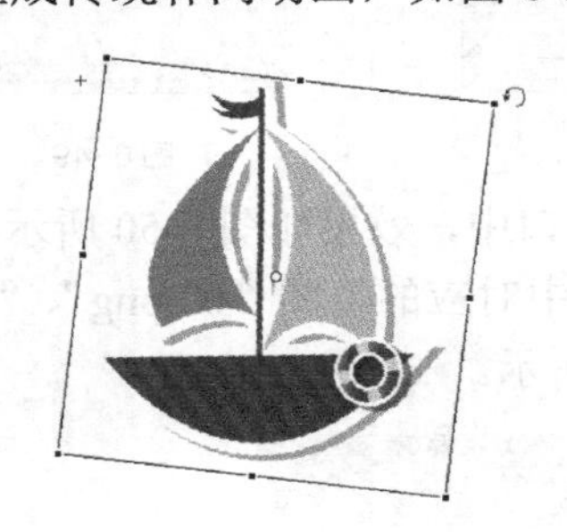

图 6-55

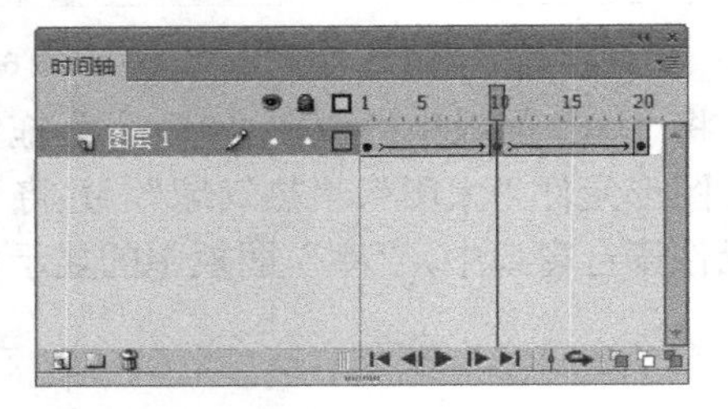

图 6-56

### 3．在场景中编辑元件

（1）单击舞台窗口左上方的“场景 1”图标，进入“场景 1”的舞台窗口。将“图层 1”重新命名为“底图”，如图 6-57 所示。将“库”面板中的位图“01.png”拖曳到舞台窗口的中心位置，效果如图 6-58 所示。选中“底图”图层的第 95 帧，按 F5 键，插入普通帧。

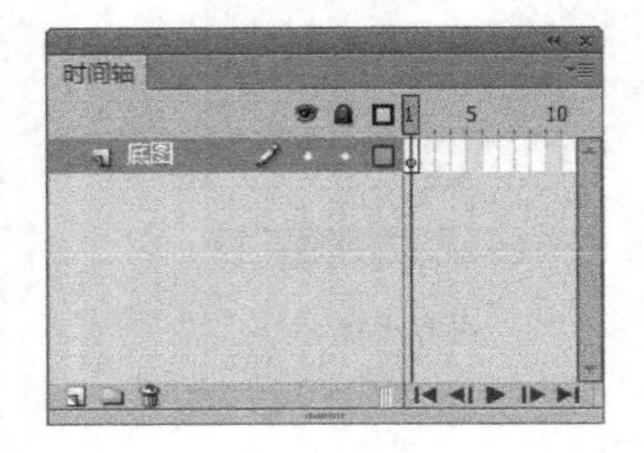

图 6-57

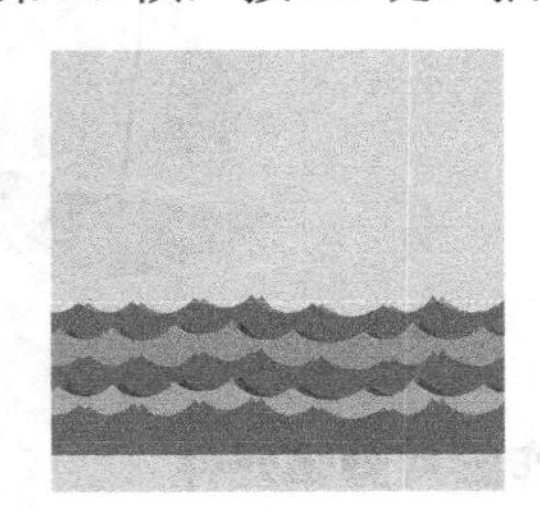

图 6-58

（2）单击“时间轴”面板下方的“新建图层”按钮，创建新图层并将其命名为“太阳”。选中“太阳”图层的第 1 帧。将“库”面板中的图形元件“太阳”拖曳到舞台窗口的适当位置，如图 6-59 所示。选中“太阳”图层的第 50 帧，按 F6 键，插入关键帧，如图 6-60 所示。

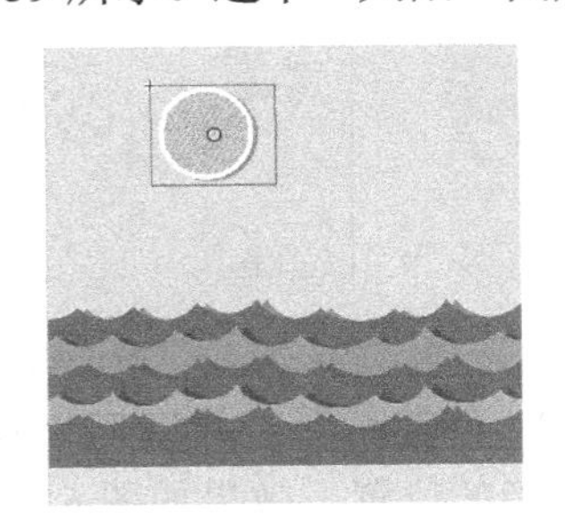

图 6-59

图 6-60

（3）选中“太阳”图层的第 1 帧。选择“选择工具”，在舞台窗口中选中“太阳”实例，并将其拖曳到适当的位置，如图 6-61 所示。在图形的“属性”面板中选择“色彩效果”选项组，在“样式”下拉列表中选择“Alpha”，将其值设为 30%，如图 6-62 所示。按 Enter 键，舞台窗口中效果如图 6-63 所示。

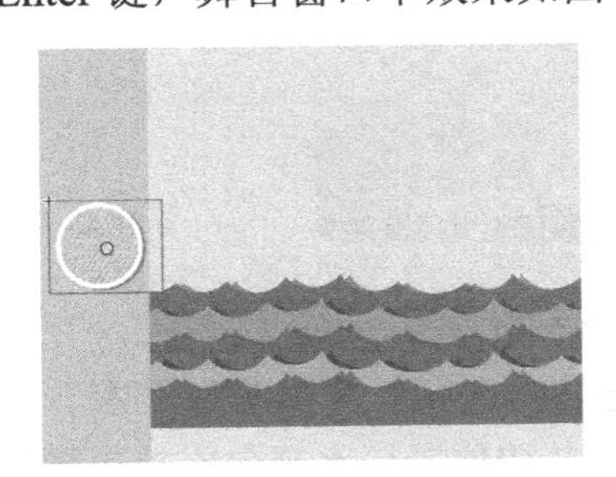

图 6-61

图 6-62

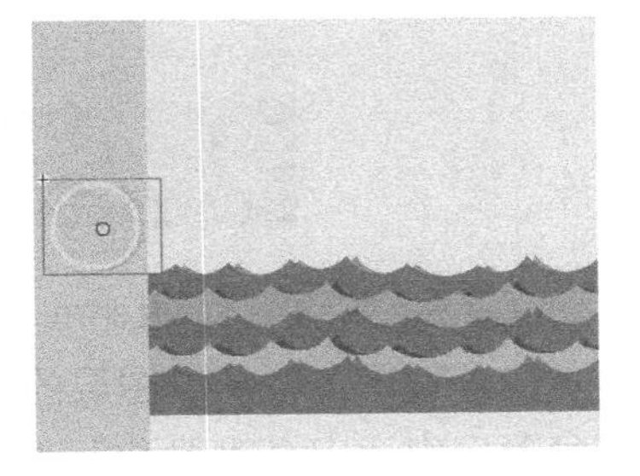

图 6-63

（4）用鼠标右键单击“太阳”图层的第 1 帧，在弹出的菜单中选择“创建传统补间”命令，生成传统补间动画，如图 6-64 所示。创建新图层并将其命名为“气球”，选中“气球”图层的第 50 帧，按 F7 键，插入空白关键帧，如图 6-65 所示。将“库”面板中的图形元件“热气球”拖曳到舞台窗口中的适当位置，效果如图 6-66 所示。

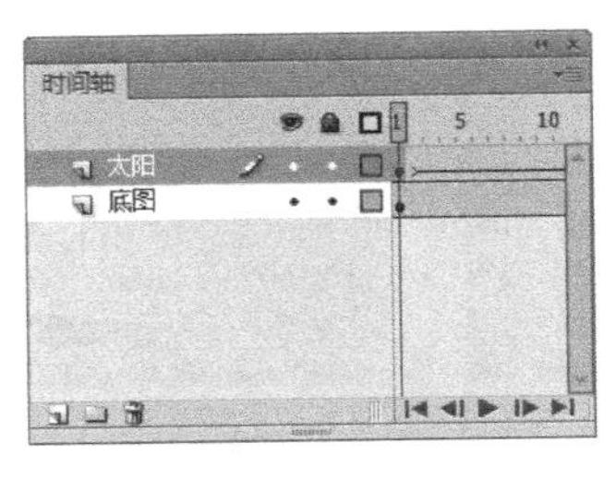


图 6-64

图 6-65

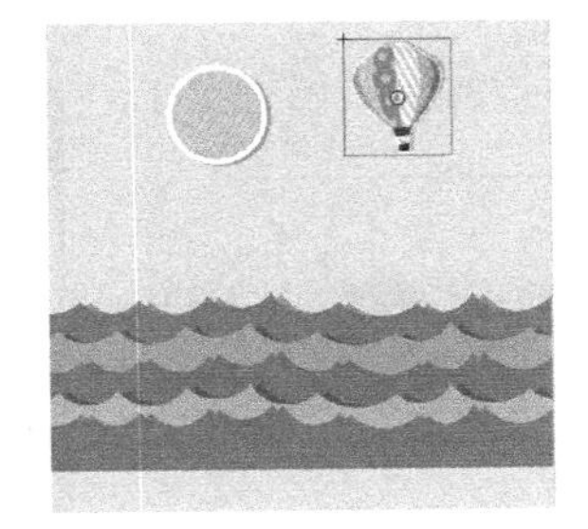

图 6-66

（5）选中“气球”图层的第 95 帧，按 F6 键，插入关键帧，如图 6-67 所示。选中“气球”图层的第 50 帧。选择“选择工具”，在舞台窗口中选中“气球”实例，并将其拖曳到适当的位置，如图 6-68 所示。用鼠标右键单击“气球”图层的第 50 帧，在弹出的菜单中选择“创建传统补间”命令，生成传统补间动画，如图 6-69 所示。

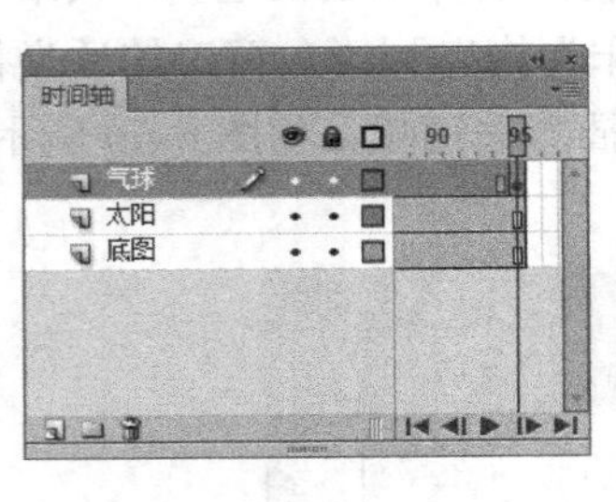

图 6-67

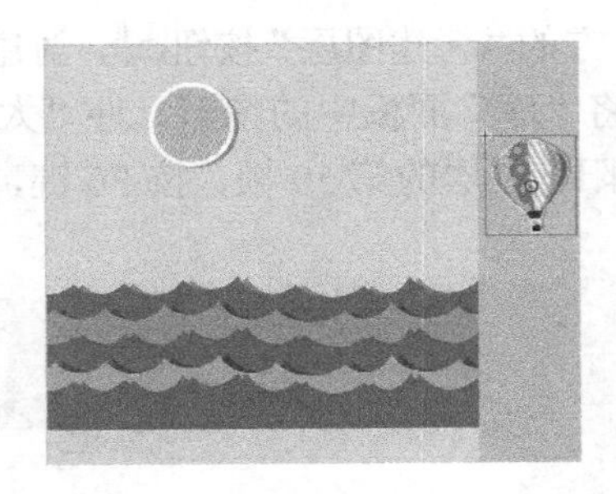
图 6-68

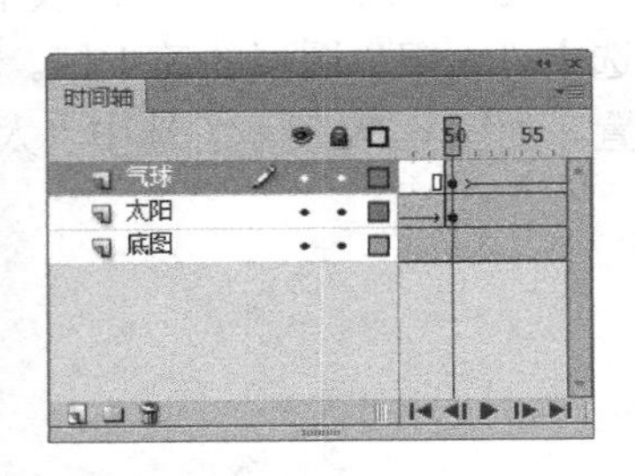

图 6-69

（6）单击“时间轴”面板下方的“新建图层”按钮，创建新图层并将其命名为“白云”。将“库”面板中的位图“04.png”拖曳到舞台窗口中适当的位置，效果如图 6-70 所示。

（7）单击“时间轴”面板下方的“新建图层”按钮，创建新图层并将其命名为“帆船”。选中“帆船”图层的第 1 帧。将“库”面板中的影片剪辑元件“帆船动”拖曳到舞台窗口中的适当位置，效果如图 6-71 所示。

图 6-70

图 6-71

（8）选中“帆船”图层的第 95 帧，按 F6 键，插入关键帧。选择“选择工具”，在舞台窗口中选中“帆船动”实例，按住 Shift 键的同时，单击并按住鼠标水平向右拖曳图形到适当的位置，如图 6-72 所示。用鼠标右键单击“帆船”图层的第 1 帧，在弹出的菜单中选择“创建传统补间”命令，生成传统补间动画，如图 6-73 所示。

（9）单击“时间轴”面板下方的“新建图层”按钮，创建新图层并将其命名为“波浪”。将“库”面板中的位图“06.png”拖曳到舞台窗口中适当的位置，效果如图 6-74 所示。至此，海上风景动画效果制作完成，按 Ctrl+Enter 组合键即可查看效果，效果如图 6-75 所示。

图 6-72

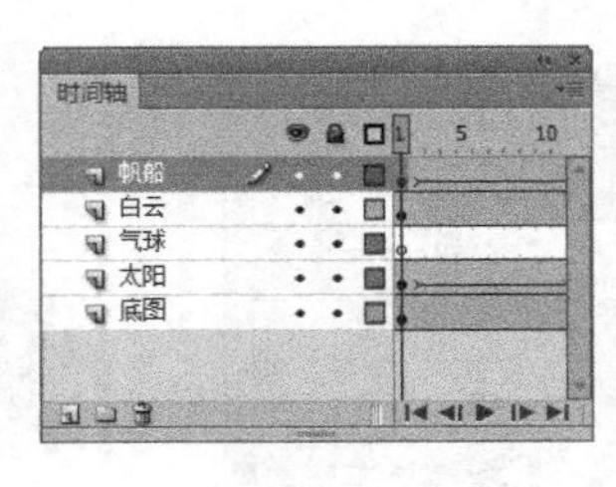

图 6-73

图 6-74

图 6-75

## 6.2 实例的创建与应用

实例是元件在舞台上的一次具体使用。当修改元件时，该元件的实例也随之被更改。重复使用实例不会增加动画文件的大小，这是使动画文件保持较小体积的一个很好的方法。每一个实例都有区别于其他实例的属性，这可以通过修改该实例的“属性”面板中的相关属性来实现。

## 6.2.1　建立实例

### 1. 建立图形元件的实例

选择“窗口 > 库”命令，弹出“库”面板，在面板中选中图形元件“松鼠”（如图 6-76 所示），将其拖曳到场景中。场景中的松鼠图形就是图形元件“松鼠”的实例，如图 6-77 所示。选中该实例，图形“属性”面板中的显示如图 6-78 所示。

图 6-76

图 6-77

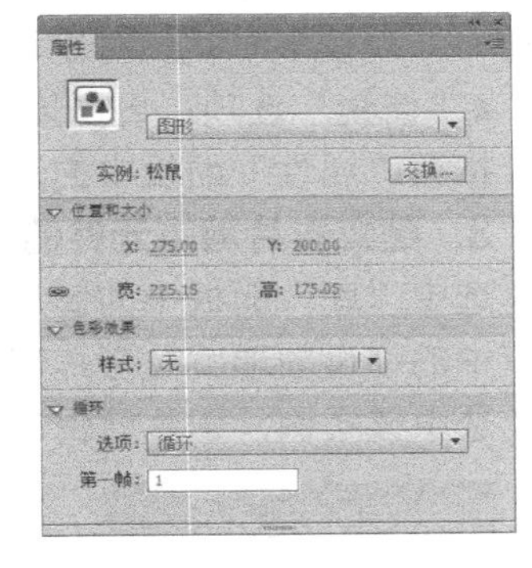


图 6-78

- “交换”按钮 交换... ：用于交换元件。
- “X”、“Y”选项：用于设置实例在舞台中的位置。
- “宽”、“高”选项：用于设置实例的宽度和高度。
- “样式”选项：用于设置实例的明亮度、色调和透明度。
- “循环”选项：会按照当前实例占用的帧数来循环包含在该实例内的所有动画序列。
- “播放一次”选项：从指定的帧开始播放动画序列，直到动画结束，然后停止。
- “单帧”选项：显示动画序列的一帧。
- “第一帧”选项：用于指定动画从哪一帧开始播放。

### 2. 建立按钮元件的实例

选中“库”面板中的按钮元件“表情”，如图 6-79 所示，将其拖曳到场景中，场景中的图形就是按钮元件“表情”的实例，如图 6-80 所示。

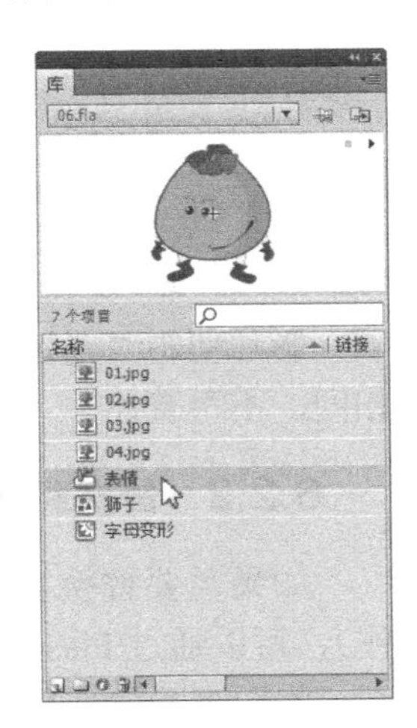


图 6-79

选中该实例，按钮的“属性”面板中的显示如图 6-81 所示。

- “实例名称”选项：可以在选项的文本框中为实例设置一个新的名称。
- （“音轨”选项组中的“选项”）“音轨作为按钮”：选择此选项，在动画运行中，当按钮元件被按下时画面上的其他对象不再响应鼠标操作。

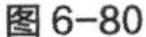
图 6-80

图 6-81

- （“音轨”选项组中的“选项”）“音轨作为菜单项”：选择此选项，在动画运行中，当按钮元件被按下时其他对象还会响应鼠标操作。
- “滤镜”选项：可以为元件添加滤镜效果，并可以编辑所添加的滤镜效果。

按钮“属性”面板中的其他选项与图形“属性”面板中的选项作用相同，不再赘述。

### 3. 建立影片剪辑元件的实例

选中“库”面板中的影片剪辑元件“字母变形”，如图 6-82 所示，将其拖曳到场景中，场景中的字母图形就是影片剪辑元件“字母变形”的实例，如图 6-83 所示。

选中该实例，影片剪辑“属性”面板中的显示如图 6-84 所示。

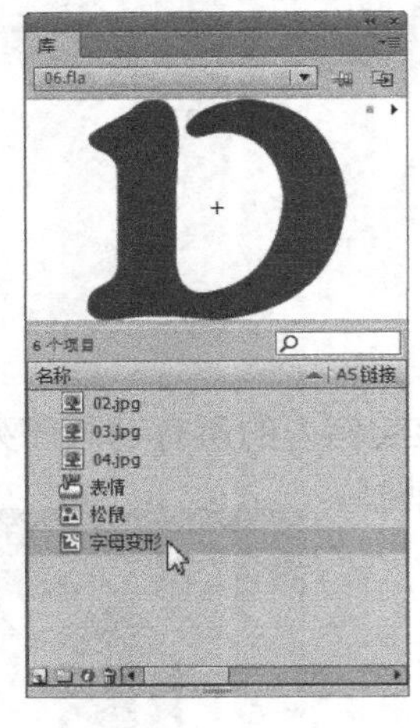


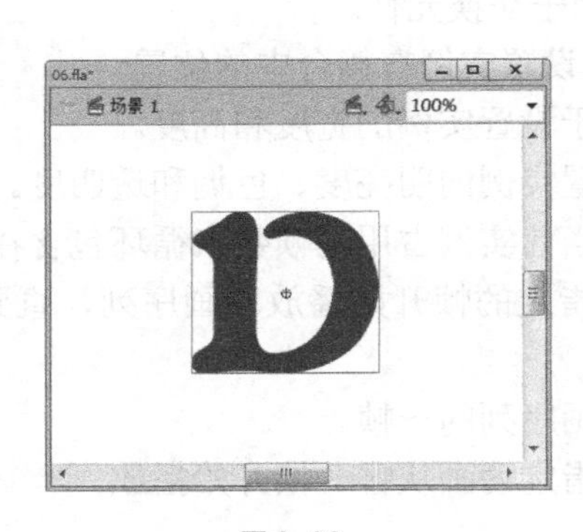


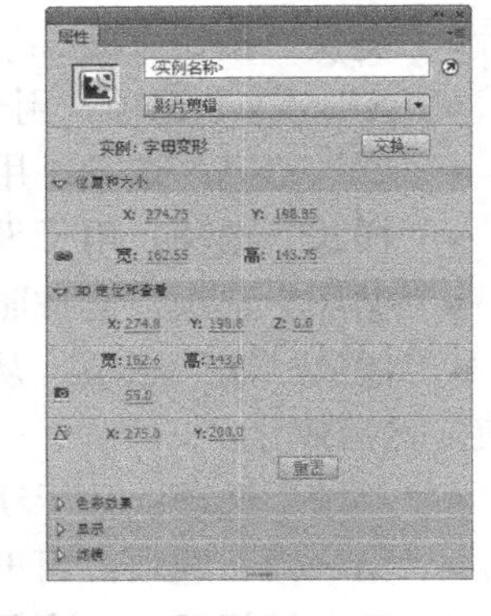


图 6-82

图 6-83

图 6-84

影片剪辑“属性”面板中的选项与图形“属性”面板、按钮“属性”面板中的选项作用相同，不再赘述。

## 6.2.2 替换实例引用的元件

如果需要替换实例所引用的元件，但保留所有的原始实例属性（如色彩效果或按钮动作），可以通过 Flash 的“交换元件”命令来实现。

将图形元件拖曳到舞台中成为图形实例。选择图形的“属性”面板，在“色彩效果”选项组中的“样式”下拉列表中选择“Alpha”选项，将其值设为 50%，如图 6-85 所示，实例效果如图 6-86 所示。

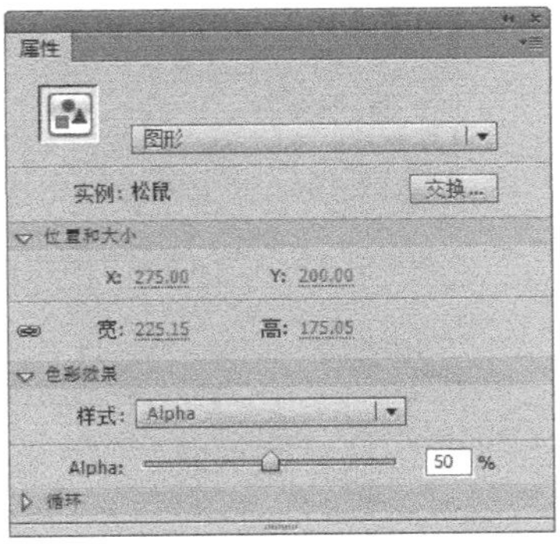

图 6-85

图 6-86

单击图形“属性”面板中的交换...按钮，弹出“交换元件”对话框，在对话框中选中按钮元件“表情”，如图 6-87 所示。单击“确定”按钮，图形元件即转换为按钮元件，实例的不透明度也跟着改变，如图 6-88 所示。

图形“属性”面板中的显示如图 6-89 所示，元件替换完成。

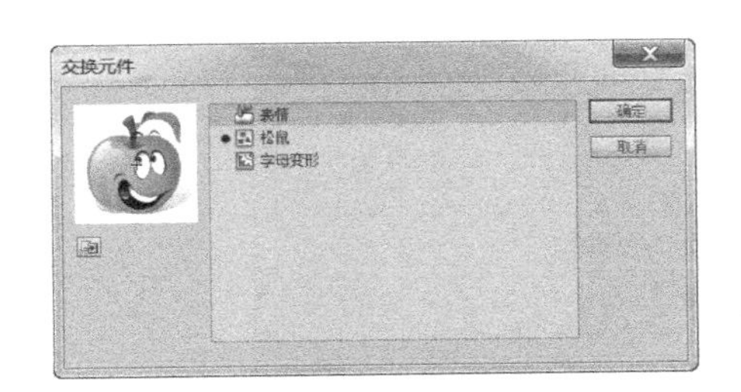


图 6-87

图 6-88

图 6-89

还可以在“交换元件”对话框中单击“复制元件”按钮，如图 6-90 所示，弹出“直接复制元件”对话框，在“元件名称”文本框中可以设置复制元件的名称，如图 6-91 所示。

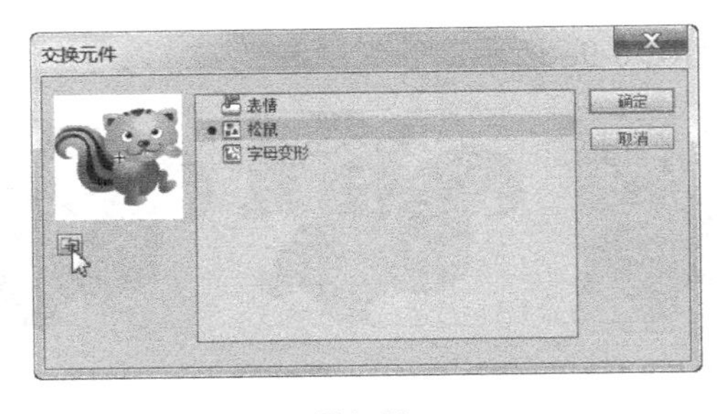


图 6-90

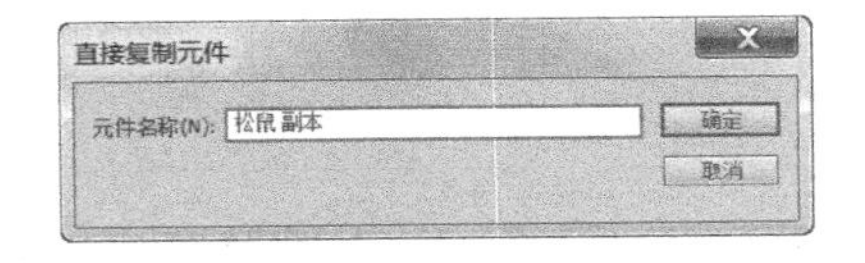


图 6-91

单击“确定”按钮，复制出新的元件“松鼠 副本”，如图 6-92 所示。

单击“确定”按钮，元件被新复制的元件替换，图形“属性”面板中的显示如图 6-93 所示。

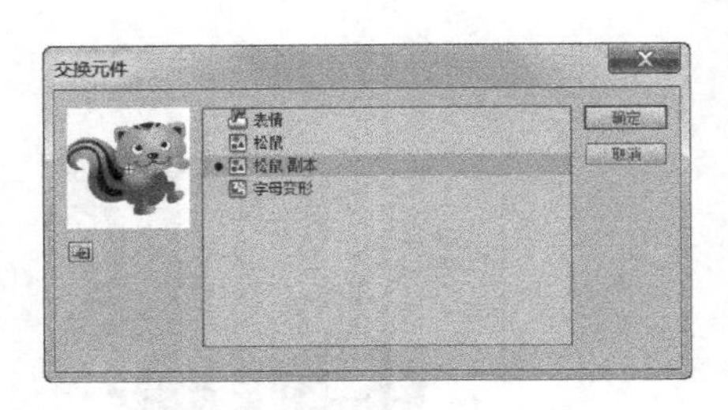


图 6-92

图 6-93

### 6.2.3　改变实例的颜色和透明效果

在舞台中选中实例，选择“属性”面板，“色彩效果”选项组中的“样式”下拉列表如图 6-94 所示。

● “无”选项：表示对当前实例不进行任何更改。如果对实例以前做的变化效果不满意，可以选择此选项，取消实例的变化效果，再重新设置新的效果。

● “亮度”选项：用于调整实例的明暗对比度。

可以在“亮度数量”数值框中直接输入数值，也可以通过拖动右侧的滑块来设置数值，如图 6-95 所示。其默认的数值为 0，取值范围为–100～100。当取值大于 0 时，实例变亮；当取值小于 0 时，实例变暗。

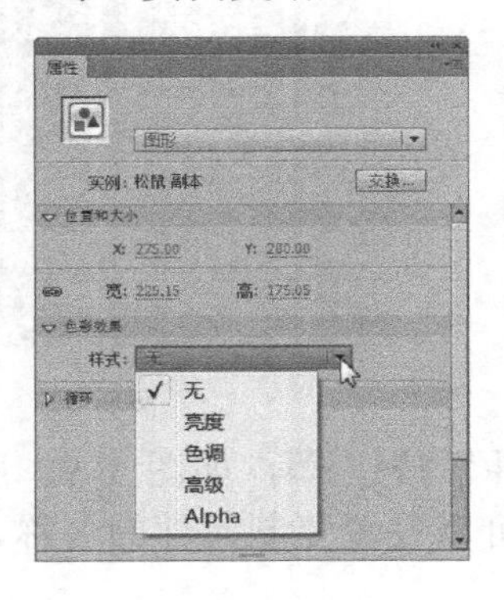


图 6-94

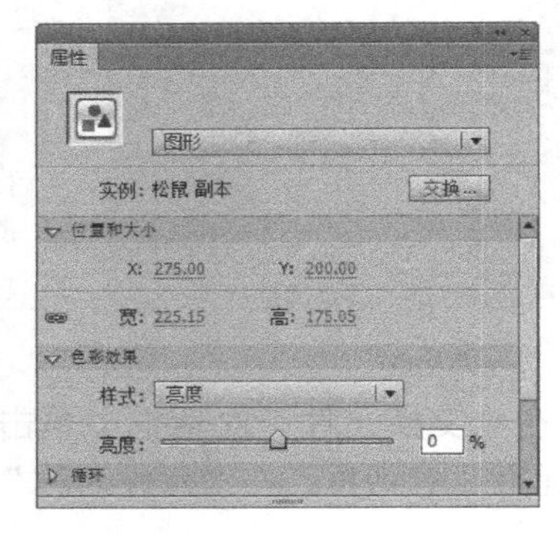


图 6-95

输入不同数值，实例的不同的亮度效果如图 6-96 所示。

(a) 数值为 80 时

(b) 数值为 45 时

(c) 数值为 0 时

(d) 数值为–45 时

(e) 数值为–80 时

图 6-96

● “色调”选项：用于为实例增加颜色，如图 6-97 所示。可以单击“样式”选项右侧的色块，在弹出的色板中选择要应用的颜色，如图 6-98 所示。应用颜色后的实例效果如图 6-99 所示。

可在色调选项右侧的“着色量”数值框中设置数值，如图 6-100 所示，取值范围为 0～100。当数值为 0 时，实例颜色将不受影响；当数值为 100 时，实例的颜色将完全被所选颜色取代。也可以通过在“红”、“绿”、“蓝”选项的数值框中输入数值来设置颜色。

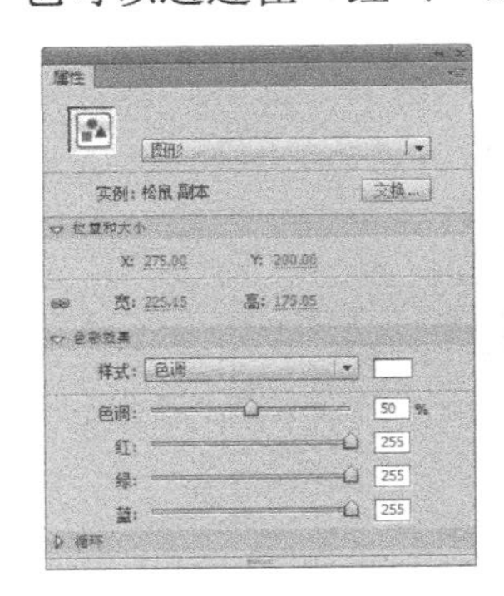
图 6-97

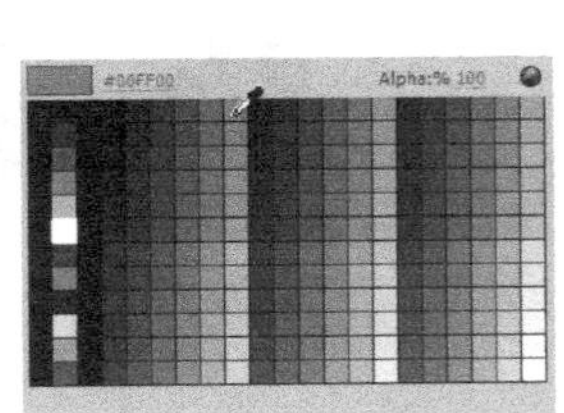
图 6-98

图 6-99

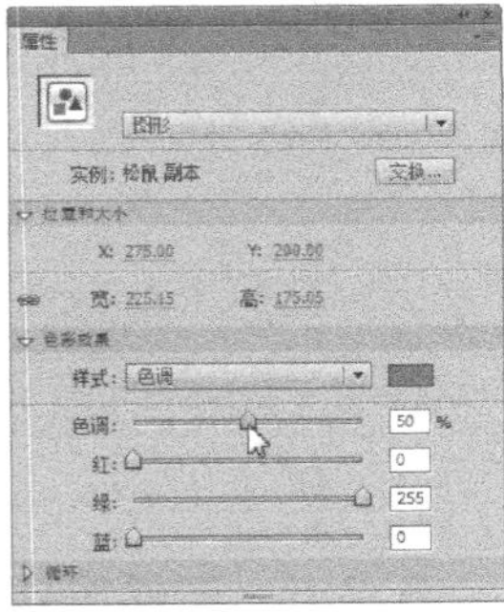
图 6-100

● “高级”选项：用于设置实例的颜色和透明效果，可以分别调节“红”、“绿”、“蓝”和“Alpha”的值。

在舞台中选中实例，如图 6-101 所示，在“样式”下拉列表中选择“高级”选项，如图 6-102 所示，各个选项的设置如图 6-103 所示，设置后的效果如图 6-104 所示。

图 6-101

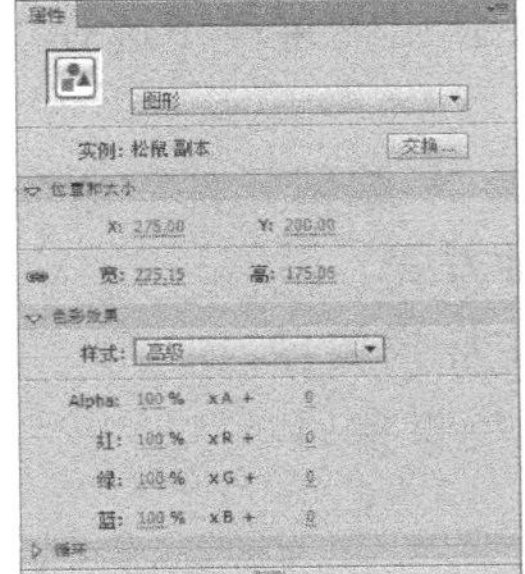
图 6-102

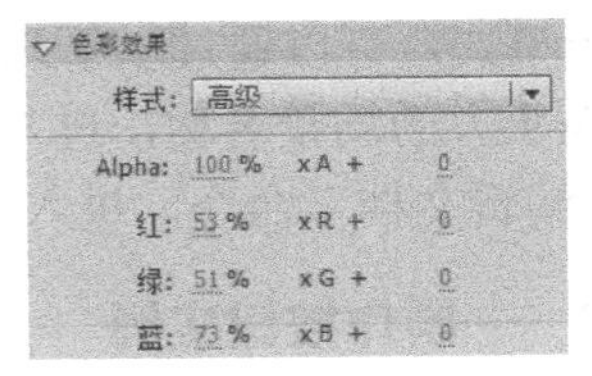

图 6-103

图 6-104

● “Alpha”选项：用于设置实例的透明效果，如图 6-105 所示。取值范围为 0~100。数值为 0 时实例不透明，数值为 100 时实例消失。

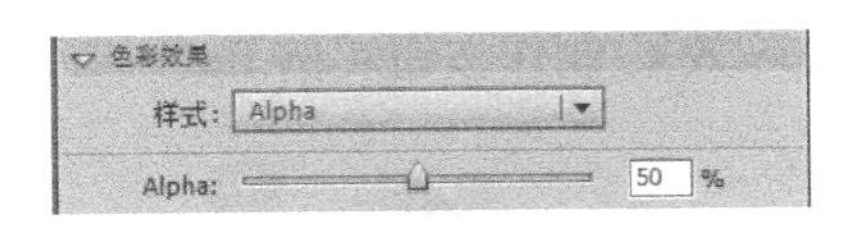

图 6-105

输入不同数值，实例的不透明度效果如图 6-106 所示。

(a) 数值为 30 时

(b) 数值为 60 时

(c) 数值为 80 时

(d) 数值为 100 时

图 6-106

### 6.2.4 分离实例

选中实例，如图 6-107 所示。选择“修改 > 分离”命令或者按 Ctrl+B 组合键，将实例分离为图形，如图 6-108 所示。

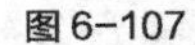
图 6-107

图 6-108

### 6.2.5 元件编辑模式

元件创建完毕后常常需要修改，此时需要进入元件编辑状态，修改完元件后又需要退出元件编辑状态进入主场景编辑动画。

（1）进入组件编辑模式，有以下几种方式。

- 在主场景中双击元件实例进入元件编辑模式。
- 在“库”面板中双击要修改的元件进入元件编辑模式。
- 在主场景中用鼠标右键单击元件实例，在弹出的菜单中选择“编辑”命令进入元件编辑模式。
- 在主场景中选择元件实例后，选择“编辑 > 编辑元件”命令进入元件编辑模式。

（2）退出元件编辑模式，可以通过以下几种方式。

- 单击舞台窗口左上方的场景名称，进入主场景窗口。
- 选择“编辑 > 编辑文档”命令，进入主场景窗口。

### 6.2.6 课堂案例——制作按钮实例

【案例学习目标】使用元件属性面板改变元件的属性。

【案例知识要点】使用任意变形工具调整元件的大小，使用元件属性面板调整元件的不透明度，完成后的效果如图 6-109 所示。

【文件所在位置】光盘/Ch06/效果/制作按钮实例.fla。

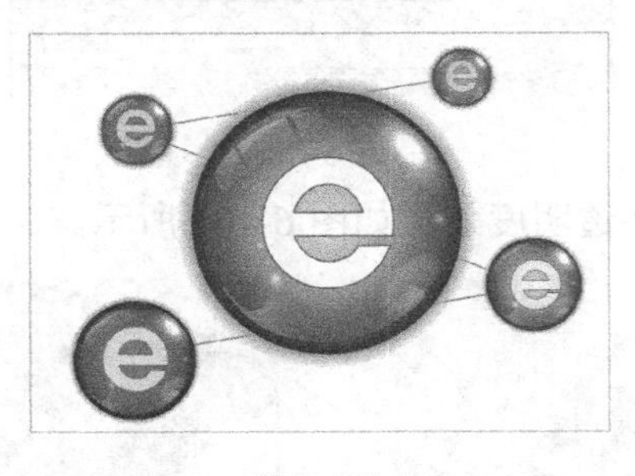

图 6-109

（1）打开 “Ch06 > 素材 > 制作按钮实例 > 制作按钮实例.fla”文件，如图 6-110 所示。单击“时间轴”面板下方的“新建图层”按钮，创建新图层并将其命名为“按钮”。按 Ctrl+L 组合键，调出“库”面板。将“库”面板中的按钮元件“按钮 1”拖曳到舞台窗口中适当的位置，效果如图 6-111 所示。

（2）选择“选择工具”，按住 Alt 键的同时，拖曳图形到适当的位置，复制图形。选择“任意变形工具”，按住 Shift 键的同时，单击并按住鼠标向内拖曳控制点以等比例缩小图形，并调整其位置，效果如图 6-112 所示。使用相同的方法将“库”面板中的“按钮 2”、“按钮 3”和“按钮 4”都拖曳到舞台窗口中适当的位置，效果如图 6-113 所示。

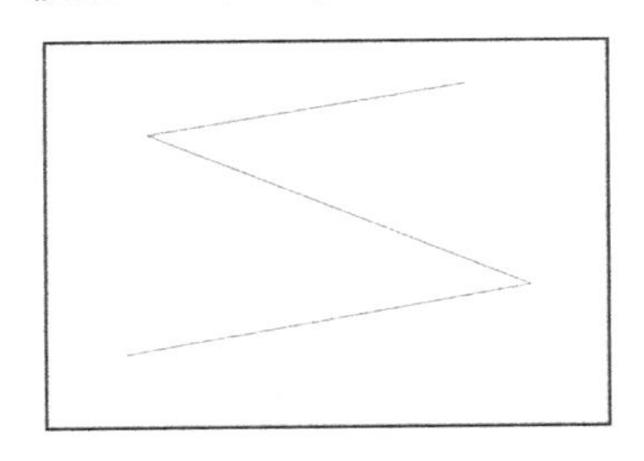

图 6-110

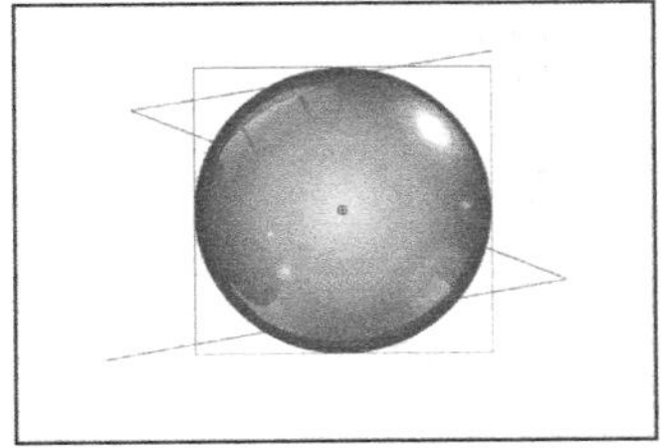

图 6-111

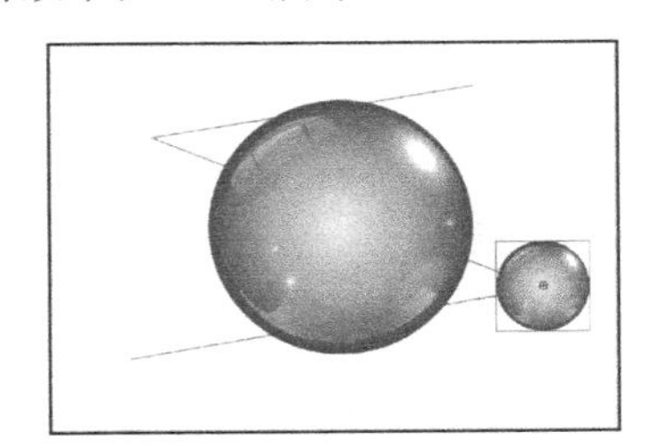

图 6-112

（3）单击“时间轴”面板下方的“新建图层”按钮，创建新图层并将其命名为“图形”。将“库”面板中的图形元件“e”拖曳到舞台窗口中的适当位置，如图 6-114 所示。选择“选择工具”，选中“e”实例，按住 Alt 键的同时，单击并按住鼠标向右拖曳其到适当的位置，复制图形。选择“任意变形工具”，等比例缩小图形，效果如图 6-115 所示。

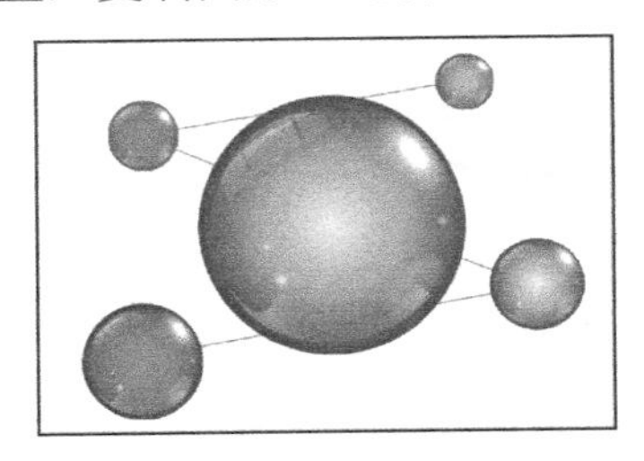

图 6-113

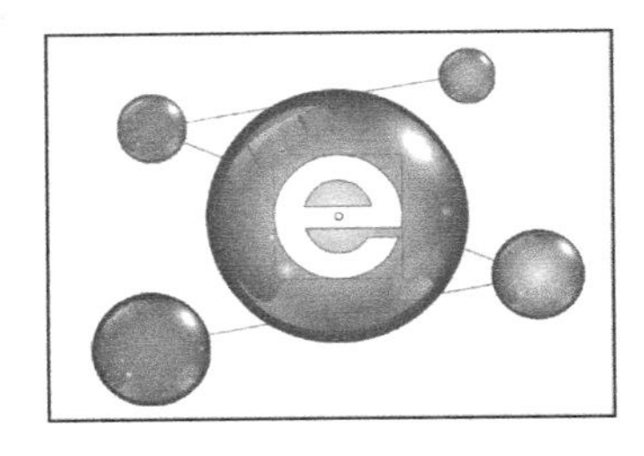

图 6-114

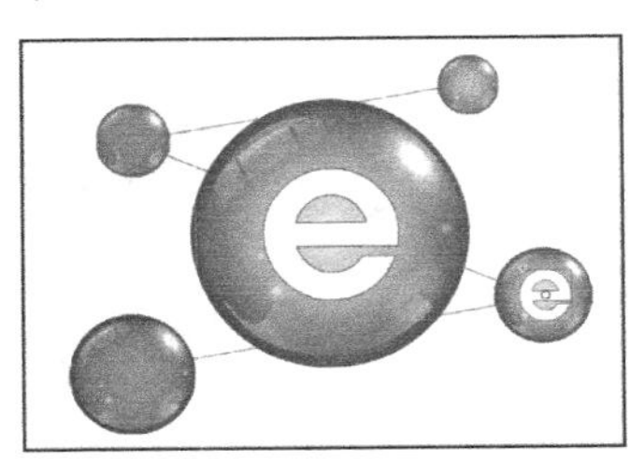

图 6-115

（4）在图形的“属性”面板中，选择“色彩效果”选项组，在“样式”下拉列表中选择“Alpha”，将其值设为 80，如图 6-116 所示。按 Enter 键，舞台窗口中的效果如图 6-117 所示。使用相同的方法制作其他图形，效果如图 6-118 所示。

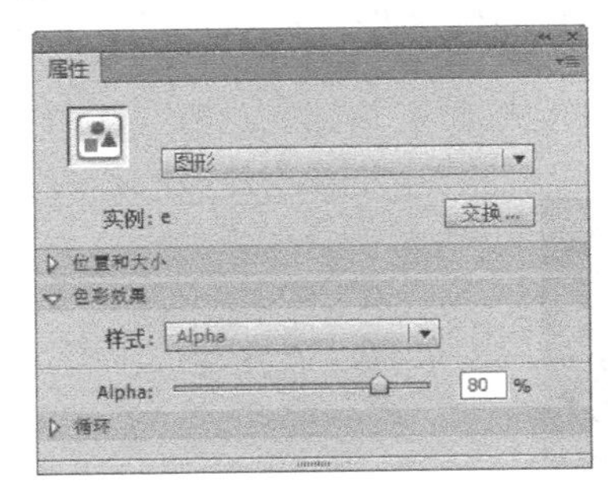


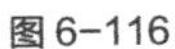

图 6-116

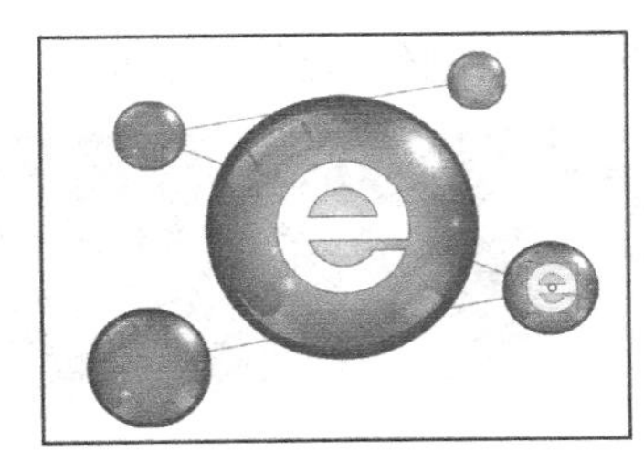

图 6-117

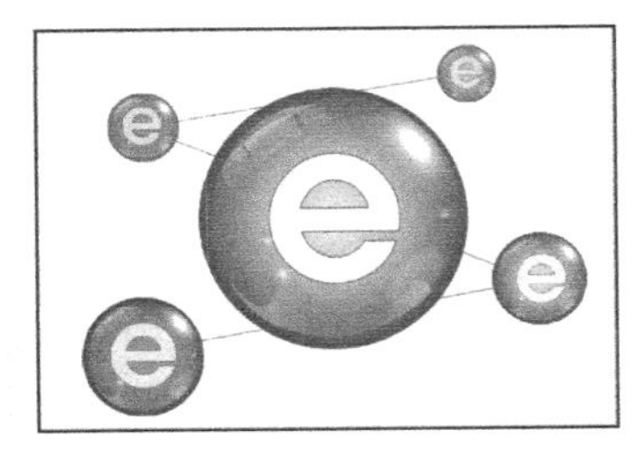

图 6-118

（5）单击“时间轴”面板下方的“新建图层”按钮，创建新图层并将其命名为“发光”。选择“椭圆工具”，在工具箱中将“笔触颜色”设为无，“填充颜色”设为灰色（#CCCCCC），按住 Shift 键的同时，在舞台窗口中绘制 1 个与按钮大小相等的圆形，效果如图 6-119 所示。

（6）选择“选择工具”，选中圆形，选择“修改 > 形状 > 柔化填充边缘”命令，弹出“柔化填充边缘”对话框。如图 6-120 所示设置选项，再单击“确定”按钮，效果如图 6-121 所示。

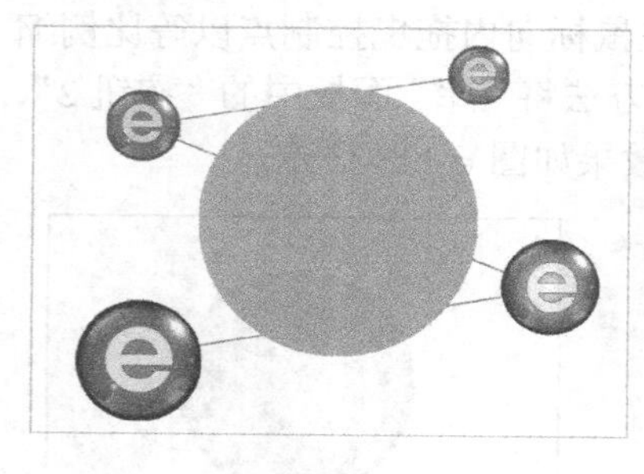
图 6-119

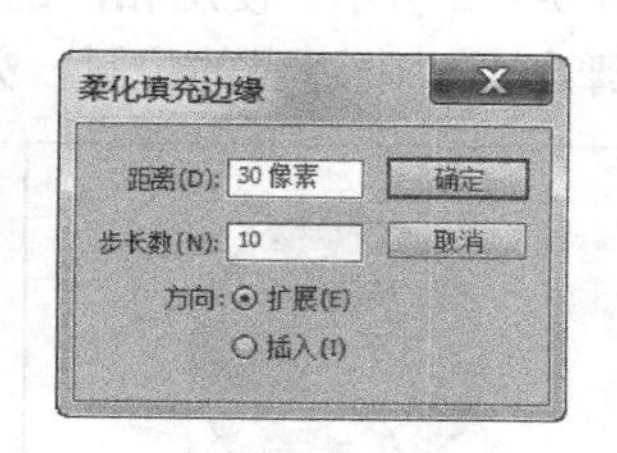

图 6-120

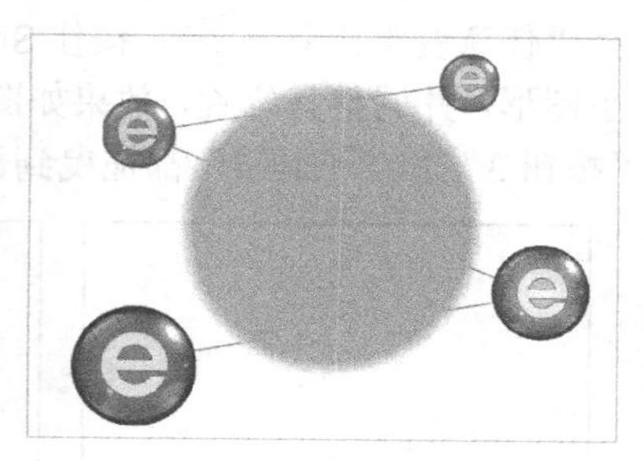
图 6-121

（7）将“发光”图层拖曳到“按钮”图层的下方，效果如图 6-122 所示。使用相同的方法制作其他图形，效果如图 6-123 所示。至此，按钮实例效果制作完成，按 Ctrl+Enter 组合键即可查看效果。

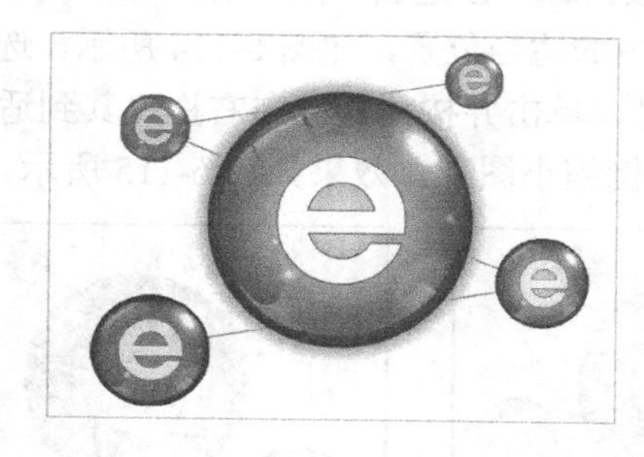
图 6-122

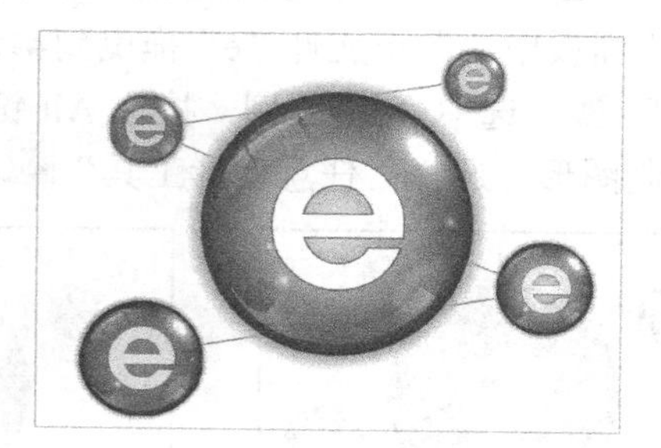
图 6-123

## 6.3 课堂练习——制作卡通插画

【练习知识要点】使用多角星形工具、椭圆工具和钢笔工具绘制星星笑脸，使用任意变形工具调整图形的大小，使用钢笔工具、柔化填充边缘命令制作月亮图形，完成后的效果如图 6-124 所示。

【文件所在位置】光盘/Ch06/效果/制作卡通插画.fla。

图 6-124

## 6.4 课后习题——制作动态按钮

【习题知识要点】使用矩形工具、柔化填充边缘和颜色面板制作按钮，使用文本工具输入文字，完成后的效果如图 6-125 所示。

【文件所在位置】光盘/Ch06/效果/制作动态按钮.fla。

图 6-125

Flash CS6

7 Chapter

# 第 7 章
# 基本动画的制作

在 Flash CS6 制作动画的过程中，时间轴和帧起到了关键性的作用。本章将介绍动画中帧和时间轴的使用方法及应用技巧。通过学习本章，可以帮助读者了解并掌握如何灵活地应用帧和时间轴，并根据设计需要制作出丰富多彩的动画效果。

课堂学习目标：

- 了解动画和帧的基本概念；
- 掌握逐帧动画的制作方法；
- 掌握形状补间动画的制作方法；
- 掌握传统补间动画的制作方法；
- 熟悉测试动画的方法。

# 7.1 帧与时间轴

要将一幅静止的画面按照某种顺序快速、连续地播放，需要用时间轴和帧来为它们完成时间和顺序的安排。

## 7.1.1　动画中帧的概念

医学证明，人类具有视觉暂留的特点，即人眼看到物体或画面后，在 1/24 秒内不会消失。利用这一原理，在一幅画没有消失之前播放下一幅画，就会给人造成流畅的视觉变化效果。所以，动画就是通过连续播放一系列静止的画面，给视觉造成连续变化的效果。

在 Flash CS6 中，这一系列单幅的画面就叫帧，它是 Flash CS6 动画中最小时间单位里出现的画面。每秒钟显示的帧数叫帧率，如果帧率太慢就会给人造成视觉上不流畅的感觉。所以，按照人的视觉原理，一般将动画的帧率设为 24 帧/秒。

在 Flash CS6 中，动画制作的过程就是决定动画的每一帧显示什么内容的过程。用户可以像传统动画一样自己绘制动画的每一帧，即逐帧动画。但制作逐帧动画所需的工作量非常大，为此，Flash CS6 还提供了一种简单的动画制作方法，即采用关键帧处理技术的插值动画。插值动画又分为运动动画和变形动画两种。

制作插值动画的关键是绘制动画的起始帧和结束帧，中间帧的效果由 Flash CS6 自动计算得出。为此，Flash CS6 中提供了关键帧、过渡帧、空白关键帧的概念。关键帧描绘动画的起始帧和结束帧。当动画内容发生变化时必须插入关键帧，即使是逐帧动画也要为每个画面创建关键帧。关键帧有延续性，开始关键帧中的对象会延续到结束关键帧。过渡帧是在动画起始、结束关键帧中间由系统自动生成的帧。空白关键帧是不包含任何对象的关键帧。因为 Flash CS6 只支持在关键帧中绘画或插入对象，所以，当动画内容发生变化而又不希望延续前面关键帧的内容时需要插入空白关键帧。

## 7.1.2　帧的显示形式

在 Flash CS6 制作动画的过程中，帧包括下述多种显示形式。

### 1. 空白关键帧

在时间轴中，白色背景带有黑圈的帧为空白关键帧。它表示在当前舞台中没有任何内容，如图 7-1 所示。

图 7-1

### 2. 关键帧

在时间轴中，灰色背景带有黑点的帧为关键帧。它表示在当前场景中存在一个关键帧，在关键帧相对应的舞台中存在一些内容，如图 7-2 所示。

在时间轴中，存在多个帧。带有黑色圆点的第 1 帧为关键帧，最后一帧上面带有黑的矩形框，为普通帧。除了第 1 帧以外，其他帧均为普通帧，如图 7-3 所示。

### 3. 传统补间帧

在时间轴中，带有黑色圆点的第 1 帧和最后一帧为关键帧，中间蓝色背景带有黑色箭头的帧为补间帧，如图 7-4 所示。

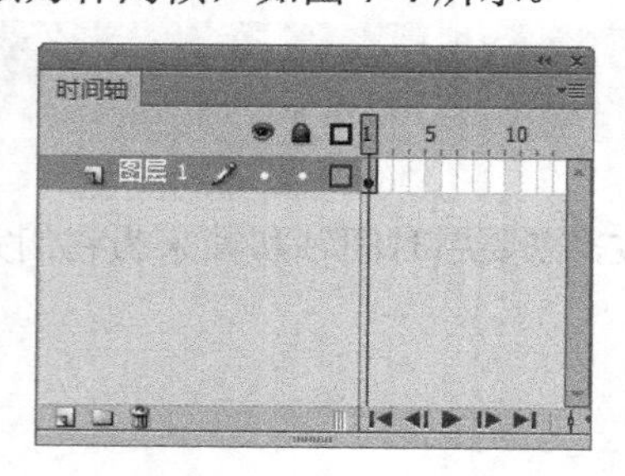

图 7-2

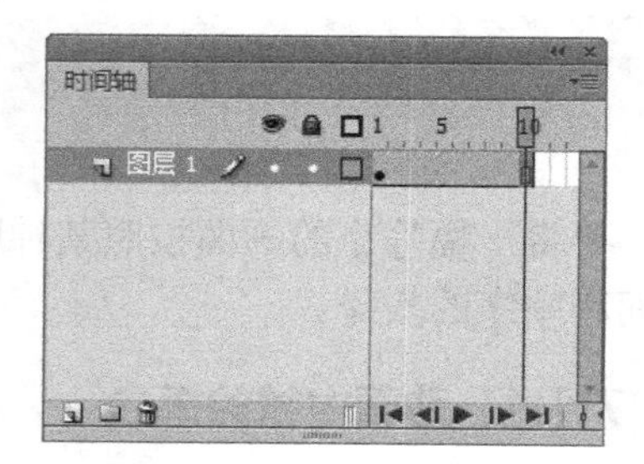

图 7-3

### 4. 形状补间帧

在时间轴中，带有黑色圆点的第 1 帧和最后一帧为关键帧，中间绿色背景带有黑色箭头的帧为补间帧，如图 7-5 所示。

图 7-4

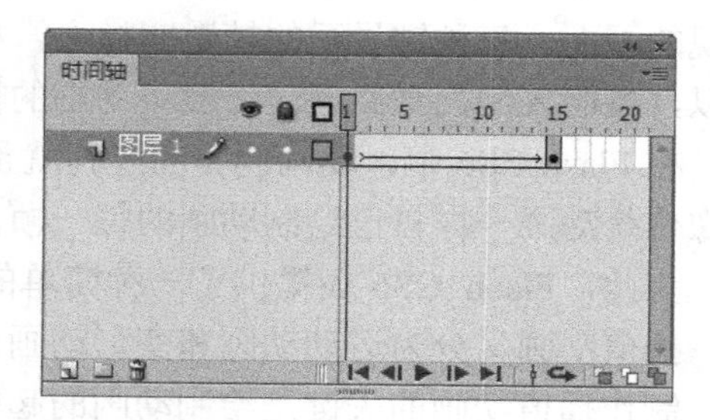

图 7-5

在时间轴中，如果帧上出现虚线，即表示是未完成或中断了的补间动画，虚线表示不能够生成补间帧，如图 7-6 所示。

### 5. 包含动作语句的帧

在时间轴中，第 1 帧上出现一个字母“a”，表示这一帧中包含了使用“动作”面板设置的动作语句，如图 7-7 所示。

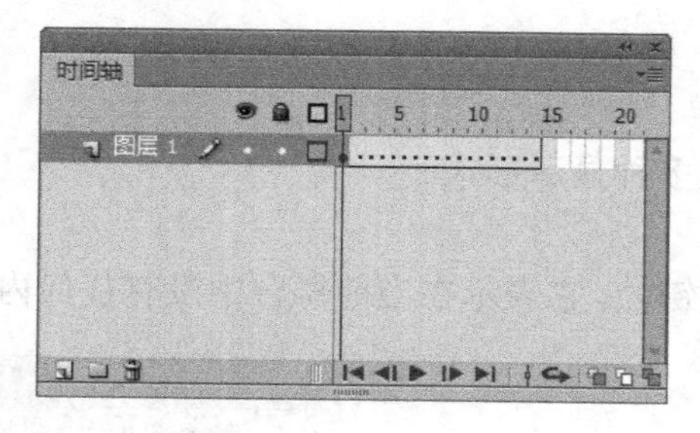

图 7-6

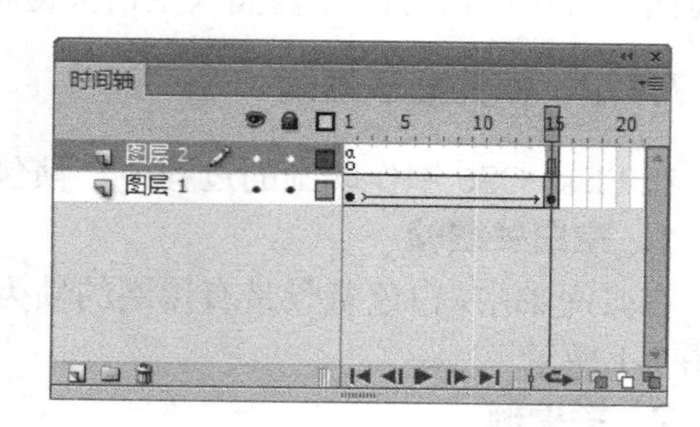

图 7-7

### 6. 帧标签

在时间轴中，如果第 1 帧上出现一只红旗，表示这一帧的标签类型是名称。红旗右侧的“wo”是帧标签的名称，如图 7-8 所示。

在时间轴中，如果第 1 帧上出现两条绿色斜杠，表示这一帧的标签类型是注释，如图 7-9 所示。帧注释是对帧的解释，可以帮助理解该帧在影片中的作用。

在时间轴中，如果第 1 帧上出现一个金色的锚，表示这一帧的标签类型是锚记，如图 7-10 所示。帧锚记表示该帧是一个定位，方便浏览者在浏览器中快进、快退。

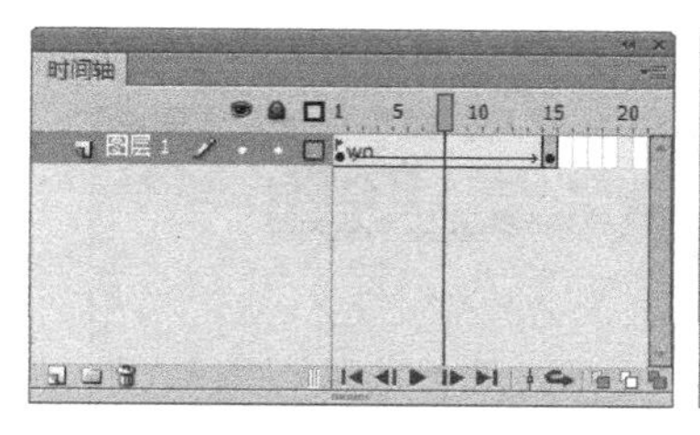

图 7-8

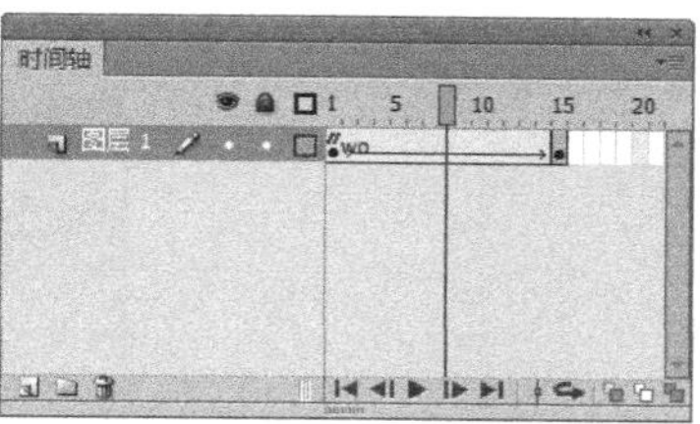

图 7-9

图 7-10

### 7.1.3　时间轴面板

时间轴面板由图层面板和时间轴组成，如图 7-11 所示。

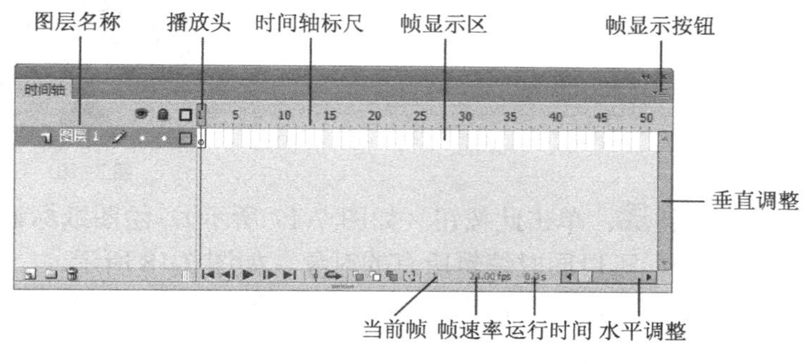


图 7-11

- 眼睛图标：单击此图标，可以隐藏或显示图层中的内容。
- 锁状图标：单击此图标，可以锁定或解锁图层。
- 线框图标：单击此图标，可以将图层中的内容以线框的方式显示。
- “新建图层”按钮：用于创建图层。
- “新建文件夹”按钮：用于创建图层文件夹。
- “删除”按钮：用于删除无用的图层。

### 7.1.4　绘图纸（洋葱皮）功能

一般情况下，Flash CS6 的舞台中只能显示当前帧中的对象。如果希望在舞台上出现多帧对象以帮助当前帧对象的定位和编辑，可以通过 Flash CS6 提供的绘图纸（洋葱皮）功能将其实现。

打开光盘中的“基础素材 > Ch07 > 01”文件。时间轴面板下方的按钮功能如下。

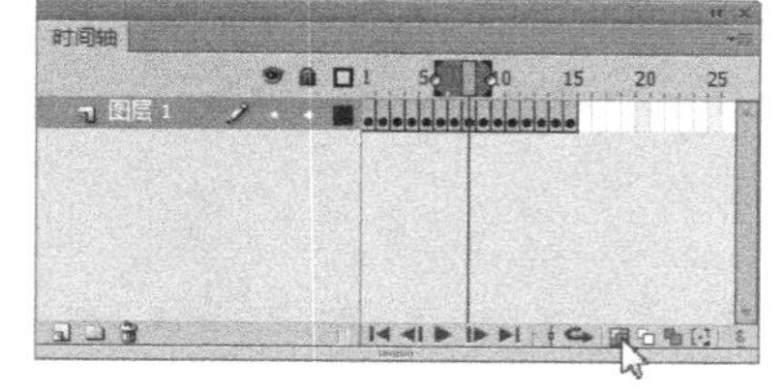

图 7-12

- “帧居中”按钮：单击此按钮，播放头所在帧会显示在时间轴的中间位置。
- “绘图纸外观”按钮：单击此按钮，时间轴标尺上会出现绘图纸的标记显示，如图 7-12 所示；在标记范围内的帧上的对象将同时显示在舞台中，如图 7-13 所示。可以用鼠标拖动标记点来增加显示的帧数，如图 7-14 所示。
- “绘图纸外观轮廓”按钮：单击此按钮，时间轴标尺上会出现绘图纸的标记显示，如图 7-15 所示；在标记范围内的帧上的对象将以轮廓线的形式同时显示在舞台中，如图 7-16

所示。

图 7-13

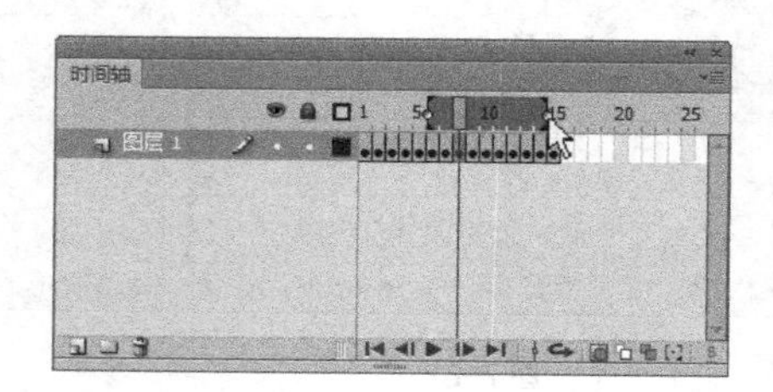

图 7-14

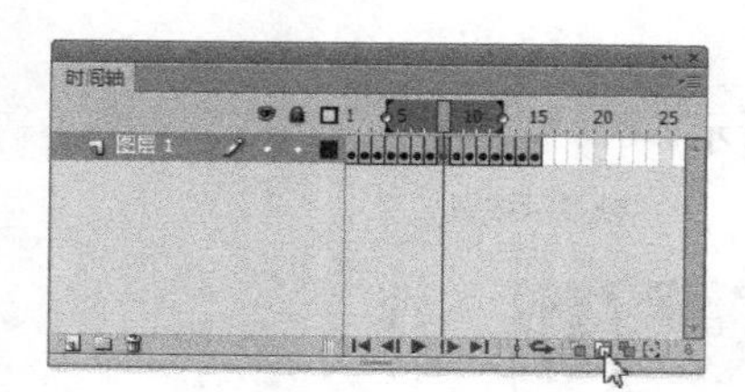

图 7-15

图 7-16

● “编辑多个帧”按钮：单击此按钮（如图 7-17 所示），绘图纸标记范围内的帧上的对象将同时显示在舞台中，可以同时编辑所有的对象，如图 7-18 所示。

● “修改绘图纸标记”按钮：单击此按钮，弹出下拉菜单，如图 7-19 所示。

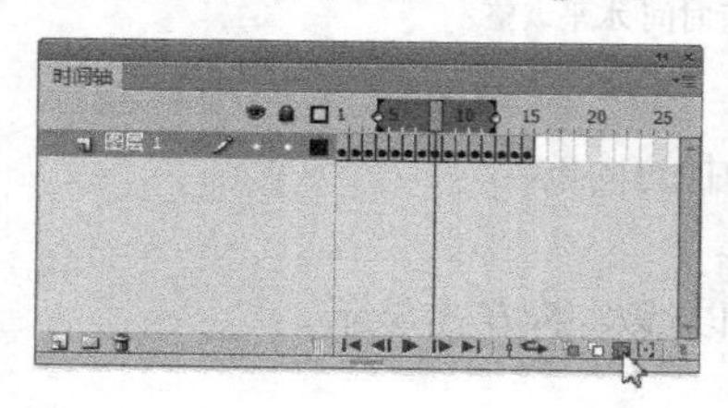

图 7-17

图 7-18

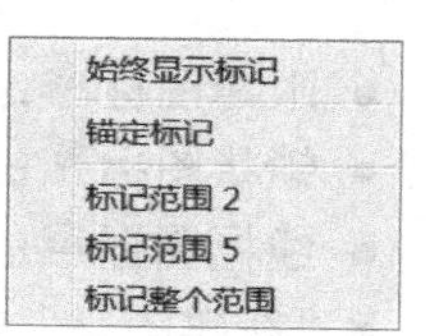

图 7-19

♦“始终显示标记”命令：在时间轴标尺上总是显示出绘图纸标记。

♦“锚定标记”命令：将锁定绘图纸标记的显示范围，移动播放头将不会改变显示范围，如图 7-20 所示。

♦“标记范围 2”命令：绘图纸标记显示范围为从当前帧的前 2 帧开始，到当前帧的后 2 帧结束，如图 7-21 所示，图形显示效果如图 7-22 所示。

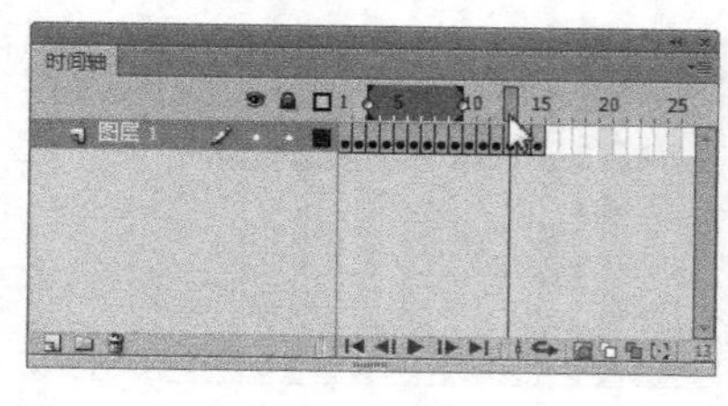

图 7-20

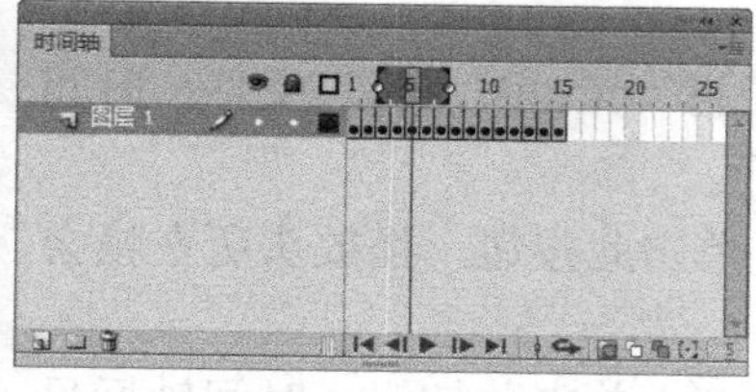

图 7-21

图 7-22

♦“标记范围 5”命令：绘图纸标记显示范围为从当前帧的前 5 帧开始，到当前帧的后 5 帧结束，如图 7-23 所示，图形显示效果如图 7-24 所示。

♦“标记整个范围”命令：绘图纸标记显示范围为时间轴中的所有帧，如图 7-25 所示，图形显示效果如图 7-26 所示。

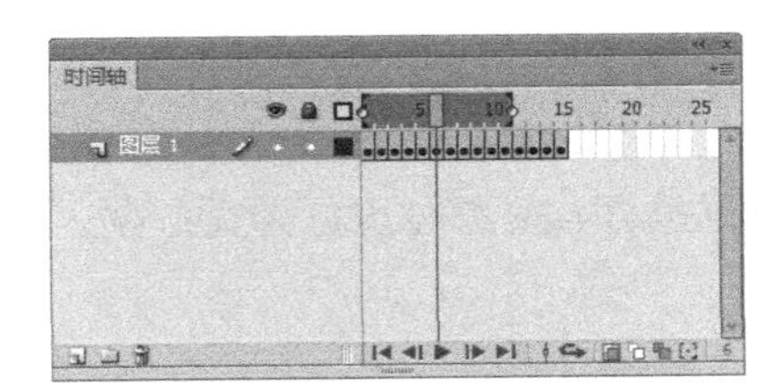


图 7-23

图 7-24

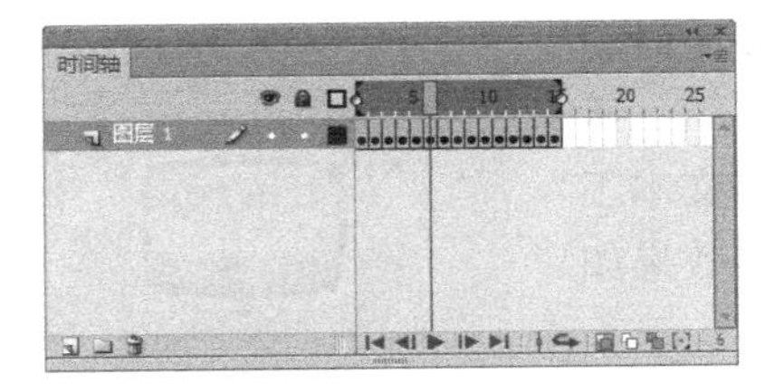


图 7-25

图 7-26

### 7.1.5　在时间轴面板中设置帧

在时间轴面板中，可以对帧进行一系列的操作。

**1. 插入帧**

- 选择“插入 > 时间轴 > 帧”命令，或者按 F5 键，可以在时间轴上插入一个普通帧。
- 选择“插入 > 时间轴 > 关键帧”命令，或者按 F6 键，可以在时间轴上插入一个关键帧。
- 选择“插入 > 时间轴 > 空白关键帧”命令，可以在时间轴上插入一个空白关键帧。

**2. 选择帧**

- 选择“编辑 > 时间轴 > 选择所有帧”命令，选中时间轴中的所有帧。
- 单击要选的帧，帧变为蓝色。
- 用鼠标选中要选择的帧，再向前或向后进行拖曳，其间鼠标经过的帧全部被选中。
- 按住 Ctrl 键的同时，用鼠标单击要选择的帧，可以选择多个不连续的帧。
- 按住 Shift 键的同时，用鼠标单击要选择的两个帧，这两个帧及其中间的所有帧都被选中。

**3. 移动帧**

- 选中一个或多个帧，按住鼠标，移动所选帧到目标位置。在移动过程中，如果按住 Alt 键，会在目标位置上复制出所选的帧。
- 选中一个或多个帧，选择“编辑 > 时间轴 > 剪切帧”命令，或者按 Ctrl+Alt+X 组合键，即剪切所选的帧；选中目标位置，选择“编辑 > 时间轴 > 粘贴帧”命令，或者按 Ctrl+Alt+V 组合键，即在目标位置上粘贴所选的帧。

**4. 删除帧**

- 用鼠标右键单击要删除的帧，在弹出的菜单中选择“清除帧”命令。
- 选中要删除的普通帧，按 Shift+F5 组合键，即删除帧。选中要删除的关键帧，按 Shift+F6 组合键，即删除关键帧。

**提示**

*在Flash CS6 系统默认状态下，时间轴面板中每一个图层的第1帧都被设置为关键帧。后面插入的帧将拥有第1帧中的所有内容。*

### 7.1.6 课堂案例——制作打字效果

【案例学习目标】使用不同的绘图工具绘制图形，使用时间轴制作动画。

【案例知识要点】使用刷子工具绘制光标图形，使用文本工具添加文字，使用翻转帧命令将帧进行翻转，完成后的效果如图 7-27 所示。

图 7-27

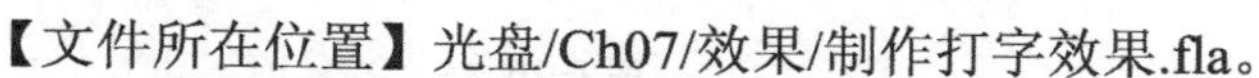

【文件所在位置】光盘/Ch07/效果/制作打字效果.fla。

#### 1. 导入图片并制作元件

（1）选择“文件 > 新建”命令，在弹出的“新建文档”对话框中选择“ActionScript 3.0”选项，单击“确定”按钮，进入新建文档舞台窗口。按 Ctrl+F3 组合键，弹出文档的“属性”面板，单击面板中的“编辑文档属性”按钮，弹出“文档设置”对话框，将“宽度”选项设为 600，“高度”选项设为 424，将“背景颜色”选项设为白色，单击“确定”按钮，改变舞台窗口的大小。

（2）选择“文件 > 导入 > 导入到库”命令，在弹出的“导入”对话框当中选择“Ch07 > 素材 > 制作打字效果 > 01”文件，单击“打开”按钮，文件被导入到“库”面板中，如图 7-28 所示。在“库”面板下方单击“新建元件”按钮，弹出“创建新元件”对话框。在“名称”选项的文本框中输入“光标”，在“类型”下拉列表中选择“图形”选项，单击“确定”按钮，即新建图形元件“光标”，如图 7-29 所示。舞台窗口也随之转换为图形元件的舞台窗口。

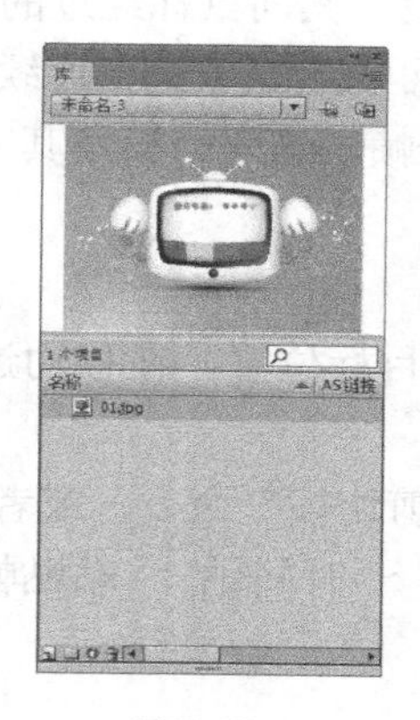

图 7-28

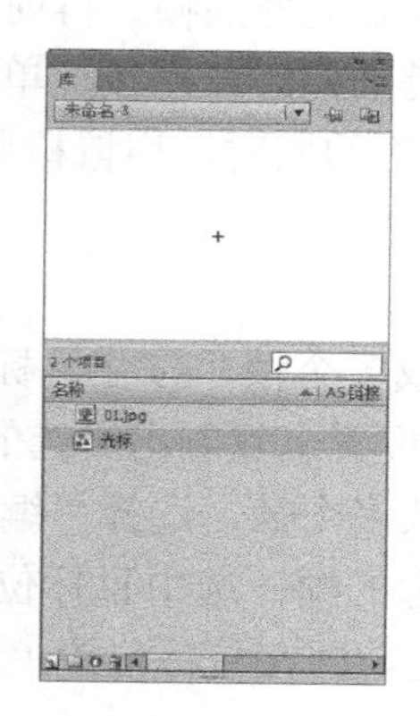

图 7-29

（3）选择刷子工具，在刷子工具的“属性”面板中将“平滑度”选项设为 0，在舞台窗口中绘制一条青色直线，效果如图 7-30 所示。

（4）在“库”面板下方单击“新建元件”按钮，弹出“创建新元件”对话框。在“名称”选项的文本框中输入“文字动”，在“类型”下拉列表中选择“影片剪辑”选项，单击

“确定”按钮，即新建影片剪辑元件“文字动”，如图 7-31 所示。舞台窗口也随之转换为影片剪辑元件的舞台窗口。

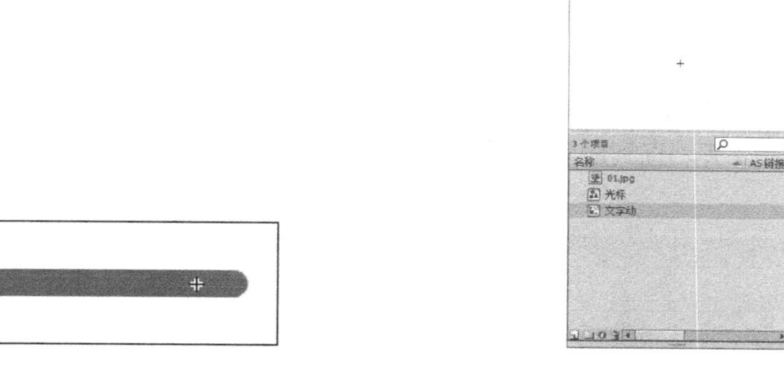

图 7-30

库
3个项目
名称
AS链接
01.jpg
光标
文字动

图 7-31

## 2. 添加文字并制作打字效果

（1）将“图层 1”重新命名为“文字”。选择“文本工具”，在文本工具的“属性”面板中进行设置，在舞台窗口中适当的位置输入大小为 13，字体为“方正艺黑简体”的青色（#0099FF）文字，文字效果如图 7-32 所示。

（2）单击“时间轴”面板下方的“新建图层”按钮，创建新图层并将其命名为“光标”。分别选中“文字”图层和“光标”图层的第 5 帧，按 F6 键，插入关键帧，如图 7-33 所示。将“库”面板中的图形元件“光标”拖曳到“光标”图层的舞台窗口中，选择“任意变形工具”，调整光标图形的大小，效果如图 7-34 所示。

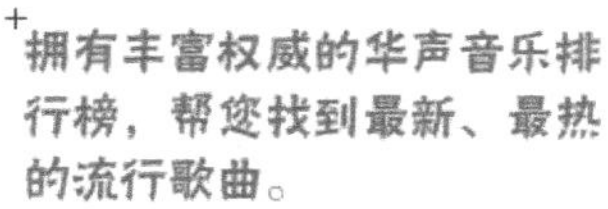

拥有丰富权威的华声音乐排
行榜，帮您找到最新、最热
的流行歌曲。

图 7-32

时间轴
1
5
10
光标
文字

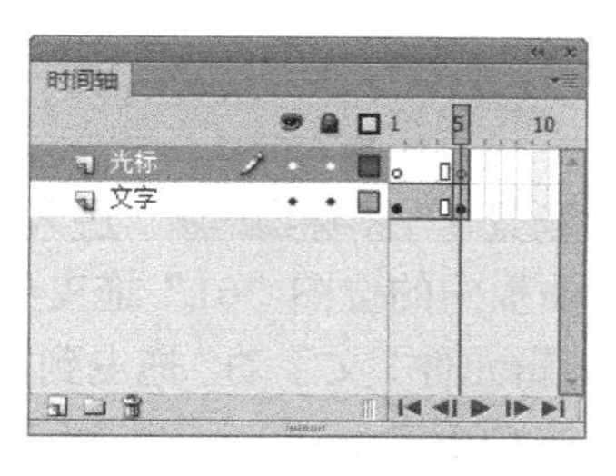

图 7-33

拥有丰富权威的华声音乐排
行榜,帮您找到最新、最热的
流行歌曲

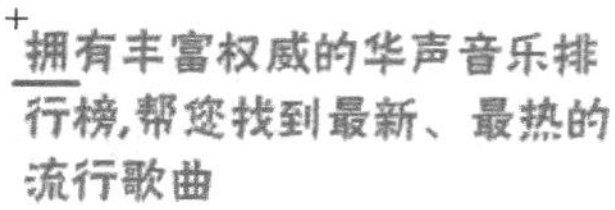

图 7-34

（3）选择“选择工具”，将光标拖曳到文字中句号的下方，如图 7-35 所示。选中“文字”图层的第 5 帧，选择“文本工具”，将光标上方的句号删除，效果如图 7-36 所示。分别选中“文字”图层和“光标”图层的第 10 帧，插入关键帧，如图 7-37 所示。

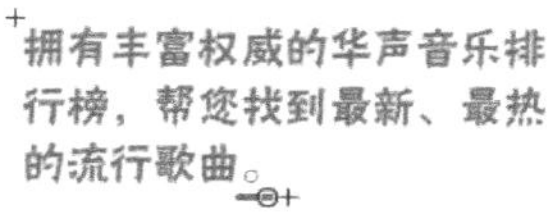

拥有丰富权威的华声音乐排
行榜，帮您找到最新、最热
的流行歌曲。

图 7-35

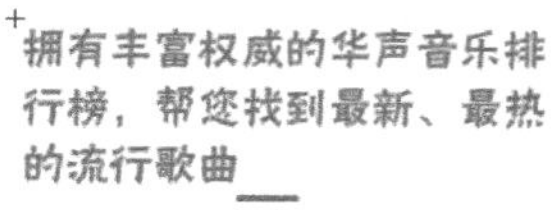

拥有丰富权威的华声音乐排
行榜，帮您找到最新、最热
的流行歌曲

图 7-36

时间轴
1
5
10
光标
文字

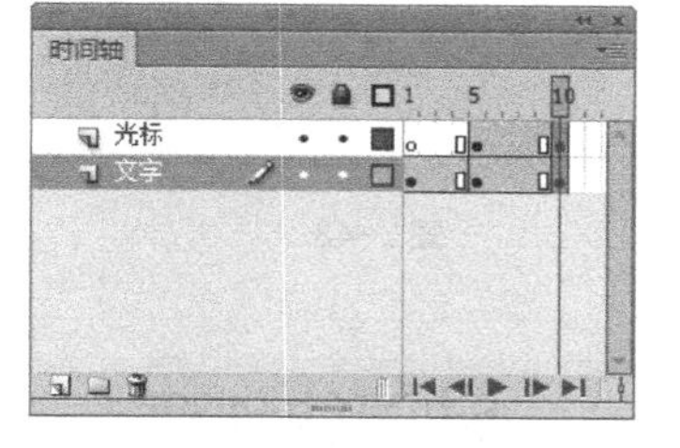

图 7-37

（4）选中“光标”图层的第 10 帧，将光标平移到文字中“曲”字的下方，如图 7-38 所

示。选中“文字”图层的第 10 帧，将光标上方的“曲”字删除，效果如图 7-39 所示。

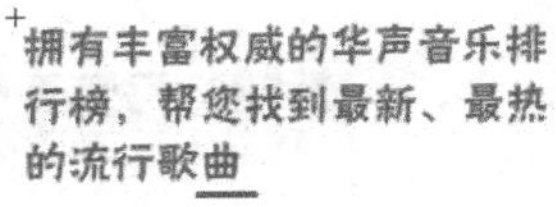

拥有丰富权威的华声音乐排
行榜，帮您找到最新、最热
的流行歌曲

图 7-38

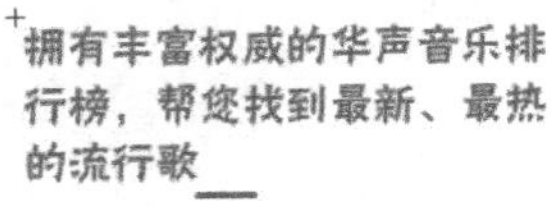

拥有丰富权威的华声音乐排
行榜，帮您找到最新、最热
的流行歌

图 7-39

（5）用相同的方法，每间隔 5 帧插入一个关键帧，在插入的帧上将光标移动到前一个字的下方，并删除该字，直到删除完所有的字，如图 7-40 所示。舞台窗口中的效果如图 7-41 所示。

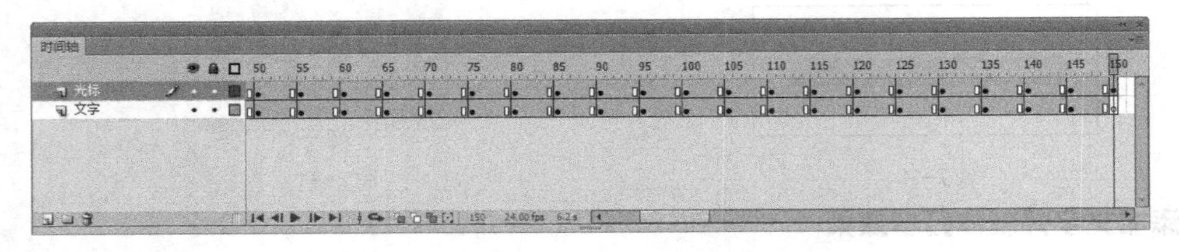

图 7-40

图 7-41

（6）按住 Shift 键的同时单击“文字”图层和“光标”图层的图层名称，选中两个图层中的所有帧，选择“修改 > 时间轴 > 翻转帧”命令，对所有帧进行翻转，如图 7-42 所示。

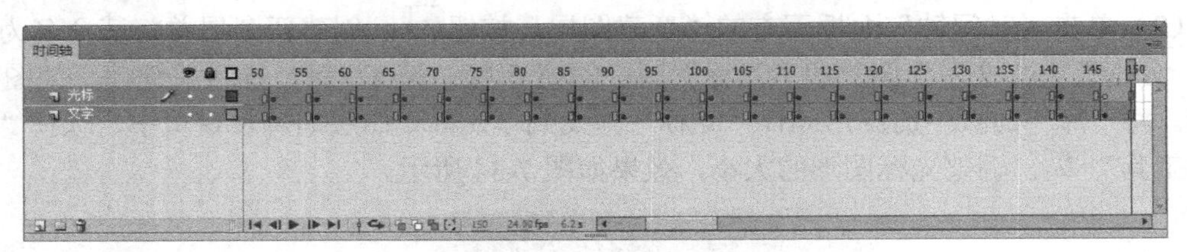

图 7-42

（7）单击舞台窗口左上方的“场景 1”图标 场景 1 ，进入“场景 1”的舞台窗口，将“图层 1”重新命名为“底图”。将“库”面板中的位图“01”拖曳到舞台窗口的中心位置，效果如图 7-43 所示。将“库”面板中的影片剪辑元件“文字动”拖曳到舞台窗口中适当的位置，如图 7-44 所示。至此，打字效果制作完成，按 Ctrl+Enter 组合键即可查看效果，如图 7-45 所示。

图 7-43

图 7-44

图 7-45

## 7.2 动画的创建

应用帧可以制作帧动画或逐帧动画，即利用在不同帧上设置不同的对象来实现动画效果。

形状补间动画是使图形形状发生变化的动画，形状补间动画所处理的对象必须是舞台上的图形。

动作补间动画所处理的对象必须是舞台上的组件实例、多个图形的组合、文字或导入的素材对象。利用这种动画，可以实现上述对象大小、位置、旋转、颜色及透明度等变化的效果。色彩变化动画是指对象没有动作和形状上的变化，只是在颜色上产生了变化。

### 7.2.1 帧动画

选择“文件 > 打开”命令，将“基础素材 > Ch07 > 02.fla”文件打开，如图 7-46 所示。选中“气球”图层的第 5 帧，按 F6 键，插入关键帧。选择选择工具，在舞台窗口中将“气球”图形向左上方拖曳到适当的位置，效果如图 7-47 所示。

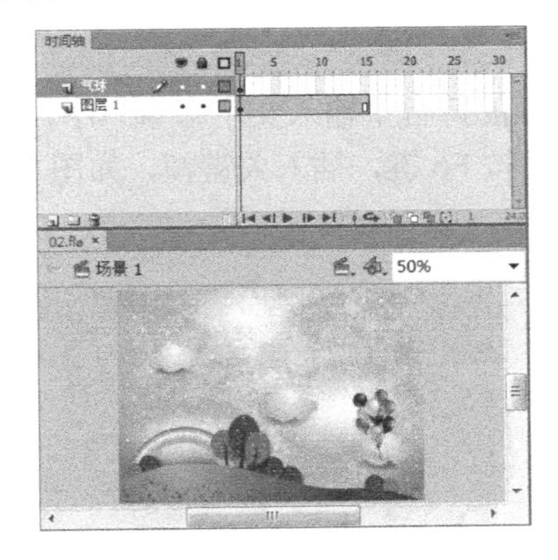


图 7-46

图 7-47

选中“气球”图层的第 10 帧，按 F6 键，插入关键帧，如图 7-48 所示。将“气球”图形向右拖曳到适当的位置，效果如图 7-49 所示。

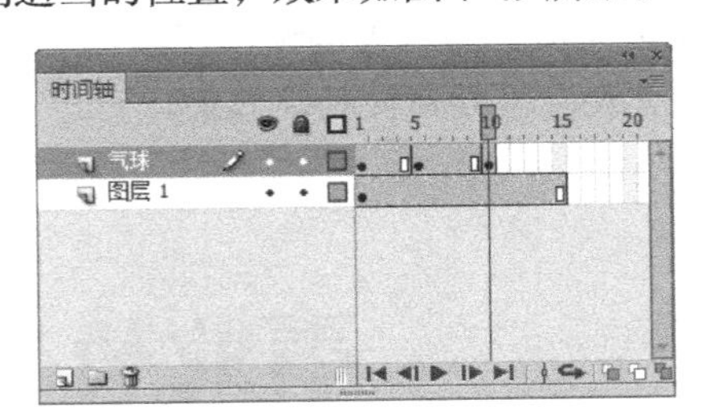


图 7-48

图 7-49

选中“气球”图层的第 15 帧，按 F6 键，插入关键帧，如图 7-50 所示。将“球”图形向右拖曳到适当的位置，效果如图 7-51 所示。

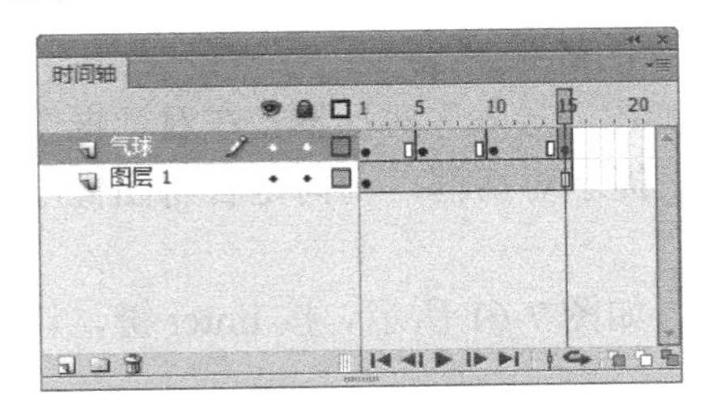


图 7-50

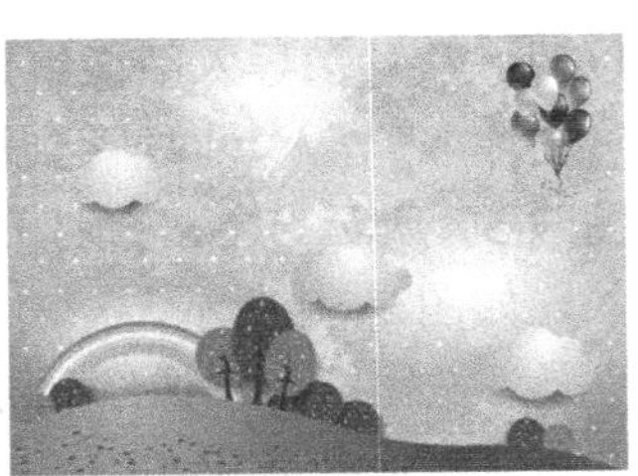

图 7-51

按 Enter 键，让播放头进行播放，即可观看制作效果。在不同的关键帧上动画显示的效果如图 7-52 所示。

(a) 第 1 帧

(b) 第 5 帧

(c) 第 10 帧

(d) 第 15 帧

图 7-52

### 7.2.2 逐帧动画

新建空白文档，选择“文本工具” T，在第 1 帧的舞台中输入文字“事”字，如图 7-53 所示。在时间轴面板中选中第 2 帧，如图 7-54 所示。按 F6 键，插入关键帧，如图 7-55 所示。

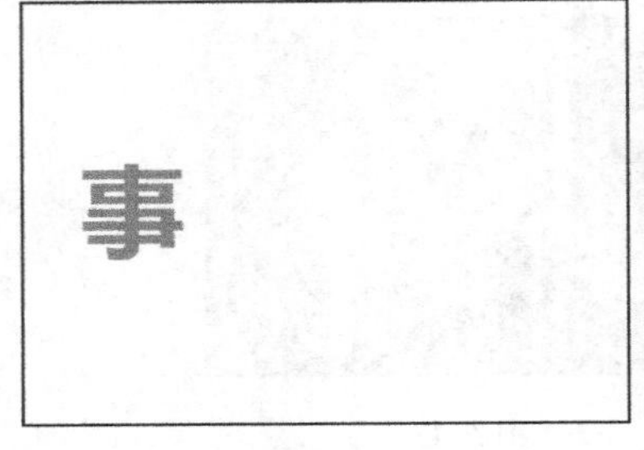

图 7-53

图 7-54

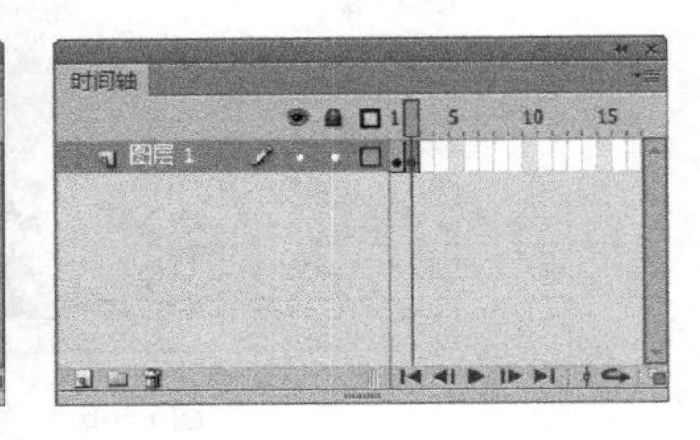

图 7-55

在第 2 帧的舞台中输入“业”字，如图 7-56 所示。用相同的方法在第 3 帧上插入关键帧，在舞台中输入“有”字，如图 7-57 所示。在第 4 帧上插入关键帧，在舞台中输入“成”字，如图 7-58 所示。按 Enter 键，让播放头进行播放，即可观看制作效果。

事业

图 7-56

事业有

图 7-57

事业有成

图 7-58

还可以通过从外部导入图像组来实现逐帧动画的效果。

选择“文件 > 导入 > 导入到舞台”命令，弹出“导入”对话框，在对话框中选中素材文件，如图 7-59 所示。单击“打开”按钮，弹出提示对话框，询问是否将图像序列中的所有图像导入，如图 7-60 所示。

单击“是”按钮，将图像序列导入到舞台中，如图 7-61 所示。按 Enter 键，让播放头进行播放，即可观看制作效果。

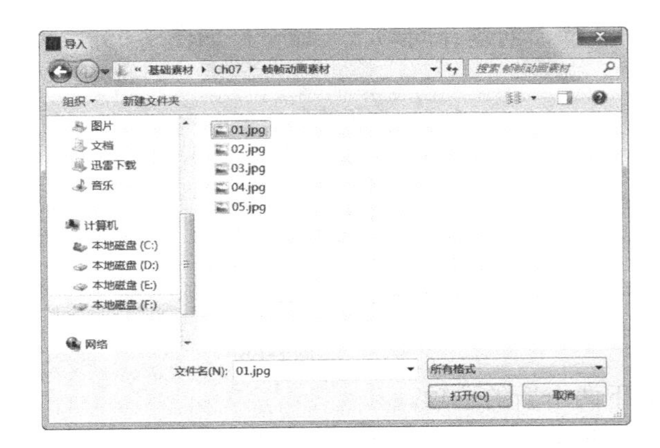


图 7-59

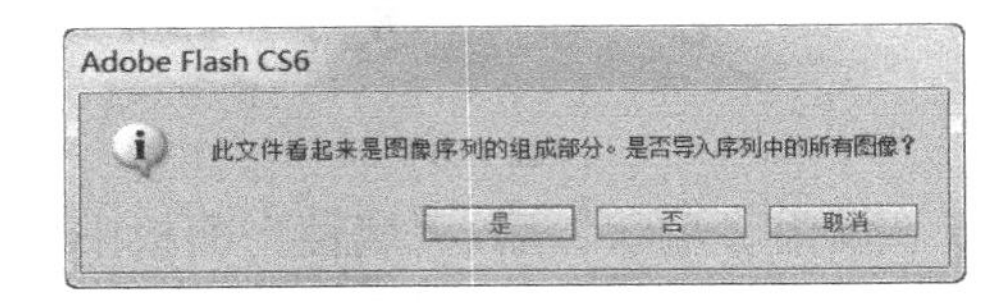


图 7-60

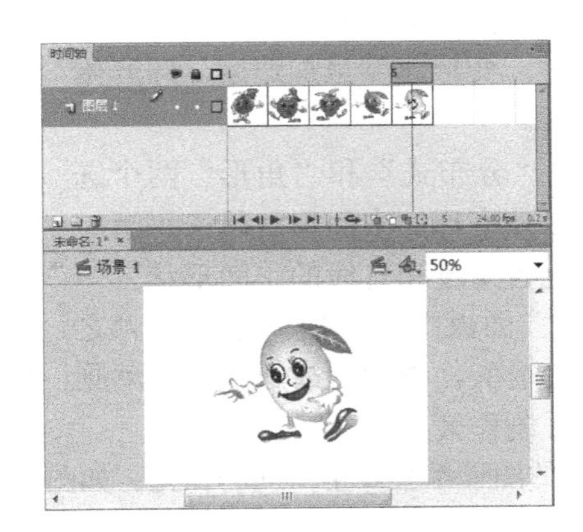


图 7-61

### 7.2.3　简单形状补间动画

如果舞台上的对象是组件实例、多个图形的组合、文字或导入的素材对象，必须先分离或者取消组合，将其打散成图形，才能制作形状补间动画。利用这种动画，也可以实现上述对象的大小、位置、旋转、颜色及透明度等的变化。

选择“文件 > 导入 > 导入到舞台”命令，将“03.ai”文件导入到舞台的第 1 帧中。多次按 Ctrl+B 组合键，将其打散，如图 7-62 所示。

选中“图层 1”的第 10 帧，按 F7 键，插入空白关键帧，如图 7-63 所示。

图 7-62

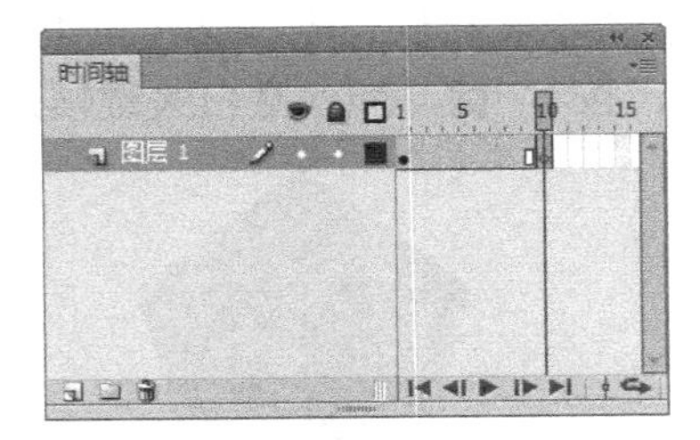


图 7-63

选择“文件 > 导入 > 导入到库”命令，将“04.ai”文件导入到库中。将“库”面板中的图形元件“04”拖曳到第 10 帧的舞台窗口中，多次按 Ctrl+B 组合键，将其打散，如图 7-64 所示。

用鼠标右键单击第 1 帧，在弹出的菜单中选择“创建补间形状”命令，如图 7-65 所示。

图 7-64

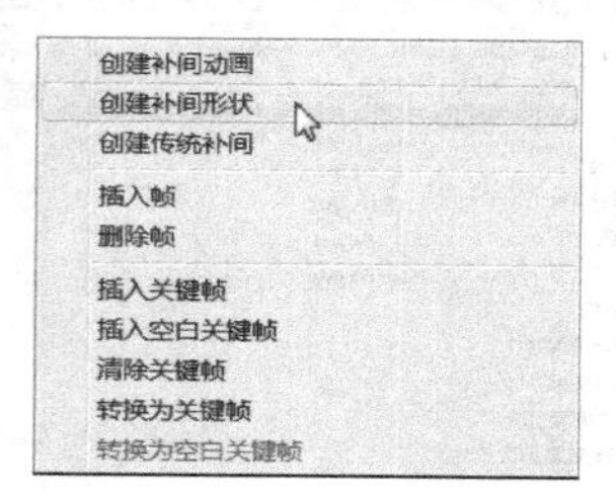


图 7-65

设为“形状”后，“属性”面板中出现如下两个新的选项。

● “缓动”选项：用于设定变形动画从开始到结束时的变形速度，其取值范围为 0~100。当选择正数时，变形速度呈减速度，即开始时速度快，然后逐渐减慢速度；当选择负数时，变形速度呈加速度，即开始时速度慢，然后逐渐加快速度。

● “混合”选项：提供了“分布式”和“角形”两个选项。选择“分布式”选项可以使变形的中间形状趋于平滑。选择“角形”选项则会创建包含角度和直线的中间形状。

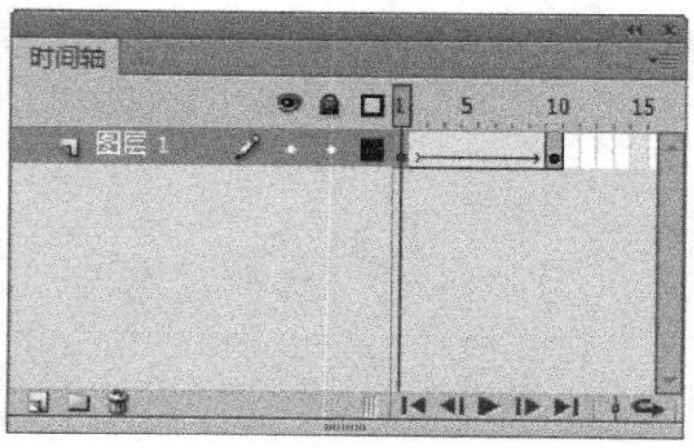

图 7-66

设置完成后，在“时间轴”面板中，第 1 帧到第 10 帧之间将出现绿色的背景和黑色的箭头，表示生成形状补间动画，如图 7-66 所示。按 Enter 键，让播放头进行播放，即可观看制作效果。

在变形过程中，每一帧上的图形都会发生不同的变化，如图 7-67 所示。

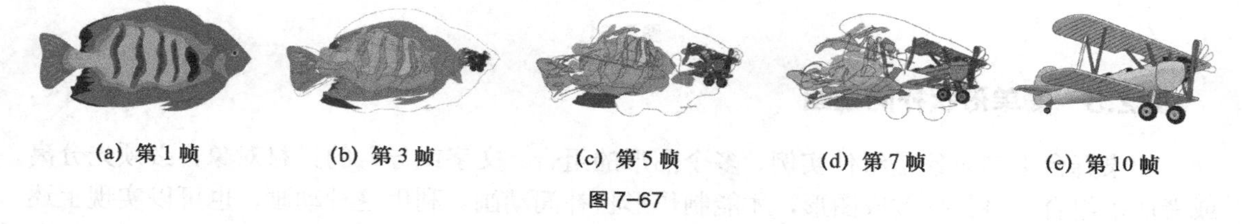

(a) 第 1 帧　(b) 第 3 帧　(c) 第 5 帧　(d) 第 7 帧　(e) 第 10 帧

图 7-67

### 7.2.4 应用变形提示

使用变形提示，可以将原图形上的某一点变换到目标图形的某一点上。应用变形提示可以制作出各种复杂的变形效果。

使用“多角星形工具”在第 1 帧的舞台中绘制出 1 个多边形，如图 7-68 所示。选中第 10 帧，按 F7 键，插入空白关键帧，如图 7-69 所示。

图 7-68

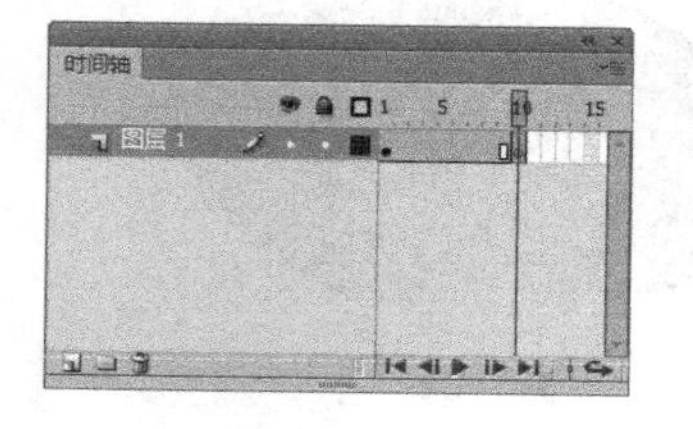


图 7-69

在第 10 帧的舞台中绘制一个树叶图形，如图 7-70 所示。用鼠标右键单击第 1 帧，在弹出的菜单中选择“创建补间形状”命令，如图 7-71 所示。在“时间轴”面板中，第 1 帧~第

10 帧之间出现绿色的背景和黑色的箭头，表示生成形状补间动画，如图 7-72 所示。

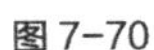
图 7-70

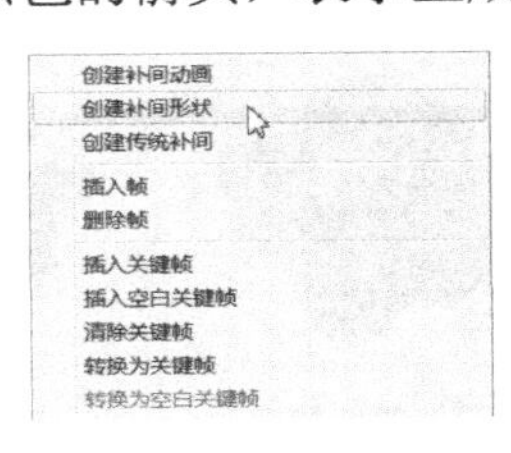

图 7-71

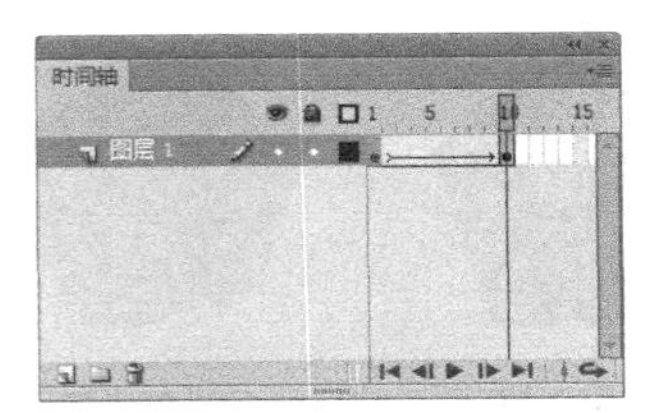

图 7-72

将“时间轴”面板中的播放头放在第 1 帧上，选择“修改 > 形状 > 添加形状提示”命令，或者按 Ctrl+Shift+H 组合键，在多边形的中间出现红色的提示点“a”，如图 7-73 所示。将提示点移动到多边形上方的角点上，如图 7-74 所示。将“时间轴”面板中的播放头放在第 10 帧上，第 10 帧的树叶图形上也出现红色的提示点“a”，如图 7-75 所示。

图 7-73

图 7-74

图 7-75

将树叶图形上的提示点移动到右上方的边线上，提示点从红色变为绿色，如图 7-76 所示。这时，再将播放头放置在第 1 帧上，可以观察到刚才红色的提示点变为黄色，如图 7-77 所示，这表示第 1 帧中的提示点和第 10 帧的提示点已经相互对应。

用相同的方法在第 1 帧的多边形中再添加 2 个提示点，分别为“b”、“c”，并将其放置在多边形的角点上，如图 7-78 所示。在第 10 帧中，将提示点按顺时针的方向分别设置在树叶图形的边线上，如图 7-79 所示。完成提示点的设置后，按 Enter 键，让播放头进行播放，即可观看效果。

图 7-76

图 7-77

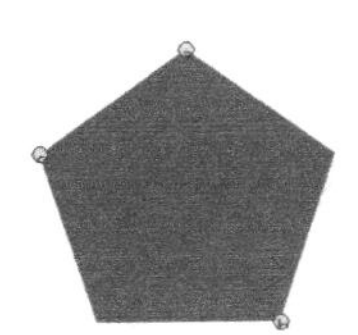
图 7-78

图 7-79

**提示**

*形状提示点一定要按顺时针的方向添加，顺序不能错，否则无法实现效果。*

在未使用变形提示前，Flash CS6 系统自动生成的图形变化过程如图 7-80 所示。

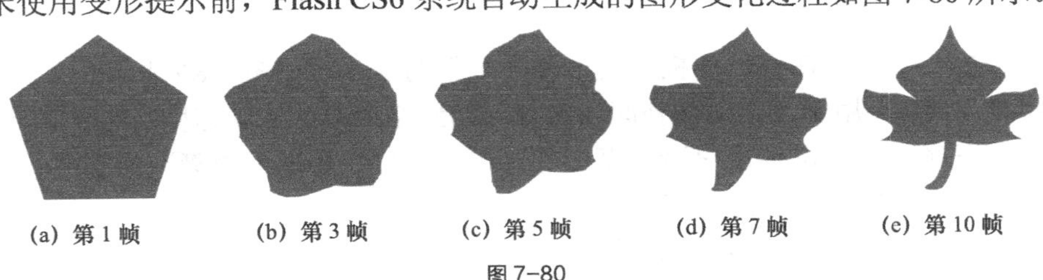
(a) 第 1 帧　(b) 第 3 帧　(c) 第 5 帧　(d) 第 7 帧　(e) 第 10 帧

图 7-80

在使用变形提示后，在提示点的作用下生成的图形变化过程如图 7-81 所示。

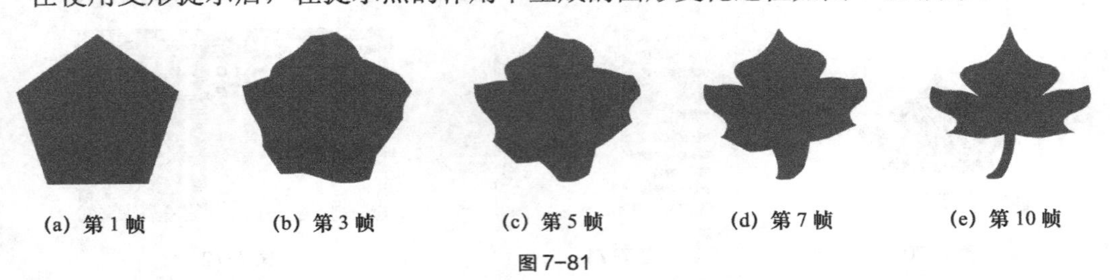

(a) 第 1 帧　(b) 第 3 帧　(c) 第 5 帧　(d) 第 7 帧　(e) 第 10 帧

图 7-81

## 7.2.5 创建传统补间

新建空白文档，选择“文件 > 导入 > 导入到库”命令，将“06”文件导入到“库”面板中，如图 7-82 所示。然后，将 06 元件拖曳到舞台的右方，如图 7-83 所示。

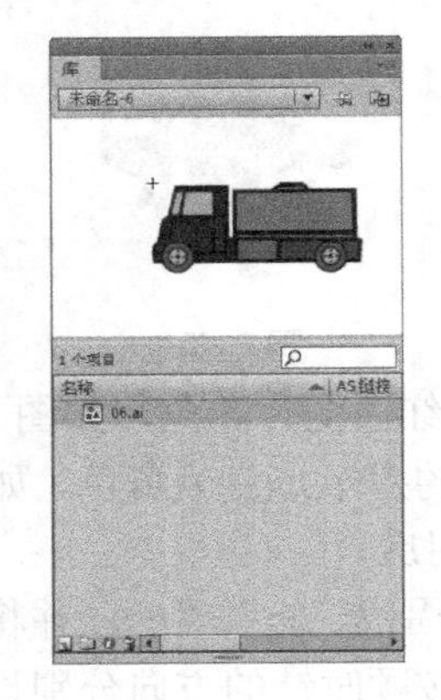


图 7-82

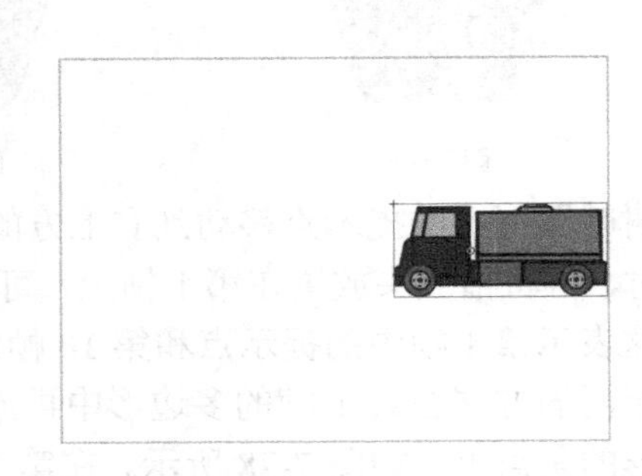

图 7-83

选中第 10 帧，按 F6 键，插入关键帧，如图 7-84 所示。将图形拖曳到舞台的左方，如图 7-85 所示。

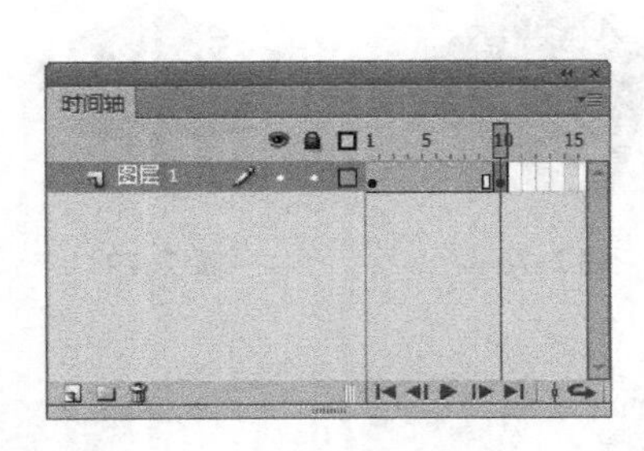


图 7-84

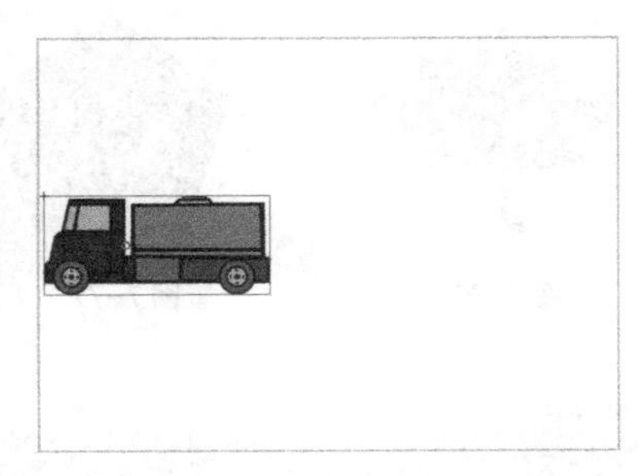

图 7-85

用鼠标右键单击第 1 帧，在弹出的菜单中选择“创建传统补间”命令，创建传统补间动画。

设为“动画”后，“属性”面板中会出现多个新的选项，如图 7-86 所示。

● “缓动”选项：用于设定动作补间动画从开始到结束时的运动速度。其取值范围为 0～100。当选择正数时，运动速度呈减速度，即开始时速度快，然后逐渐减慢速度；当选择负数时，运动速度呈加速度，即开始时速度慢，然后逐渐加快速度。

● “旋转”选项：用于设置对象在运动过程中的旋转样式和次数。

●“贴紧”选项：勾选此选项，如果使用运动引导动画，则根据对象的中心点将其吸附到运动路径上。

●“调整到路径”选项：勾选此选项，在运动引导动画过程中，对象可以根据引导路径的曲线改变变化的方向。

●“同步”选项：勾选此选项，如果对象是一个包含动画效果的图形组件实例，其动画和主时间轴同步。

●“缩放”选项：勾选此选项，对象在动画过程中可以改变比例。

在“时间轴”面板中，第 1 帧～第 10 帧出现紫色的背景和黑色的箭头，表示生成传统补间动画，如图 7-87 所示。完成动作补间动画的制作后，按 Enter 键，让播放头进行播放，即可观看制作效果。

图 7-86

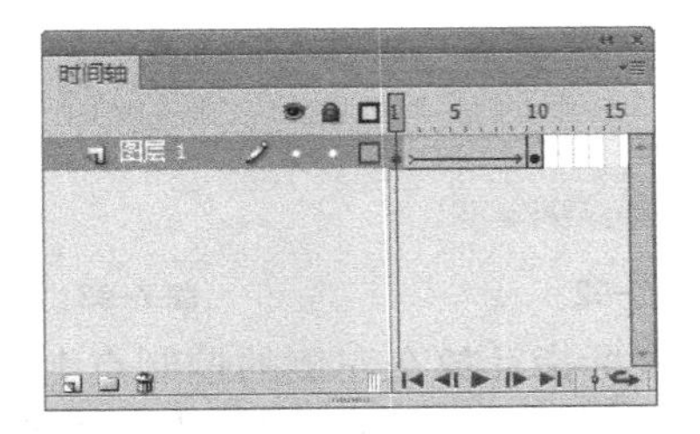

图 7-87

如果想观察制作的动作补间动画中每 1 帧产生的不同效果，可以单击“时间轴”面板下方的“绘图纸外观”按钮，并将标记点的起始点设为第 1 帧，终止点设为第 10 帧，如图 7-88 所示。舞台中会显示出在不同的帧中，图形位置的变化效果，如图 7-89 所示。

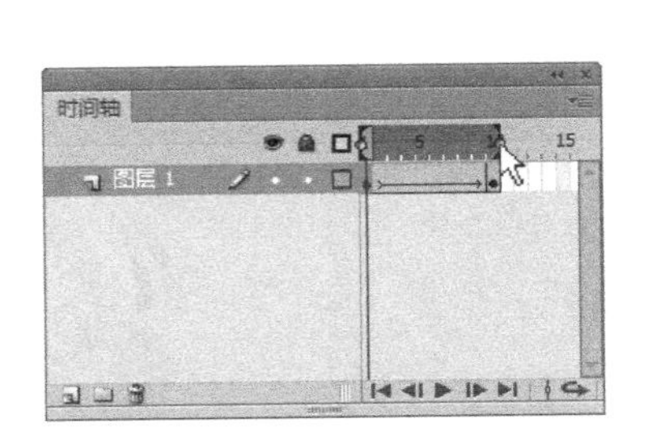

图 7-88

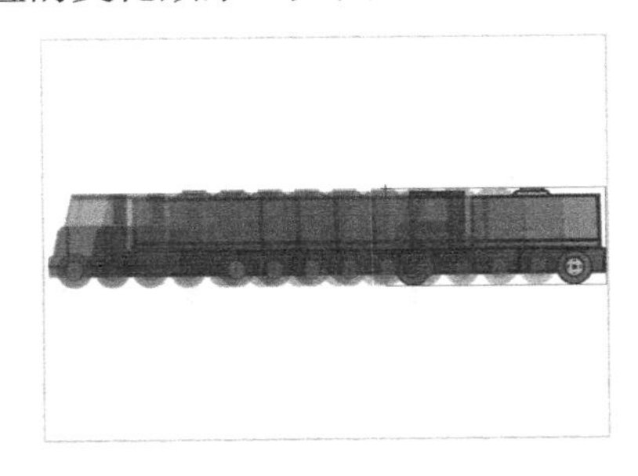
图 7-89

如果在帧的“属性”面板中，将“旋转”选项设为“逆时针”，如图 7-90 所示，那么在不同的帧中，图形位置的变化效果如图 7-91 所示。

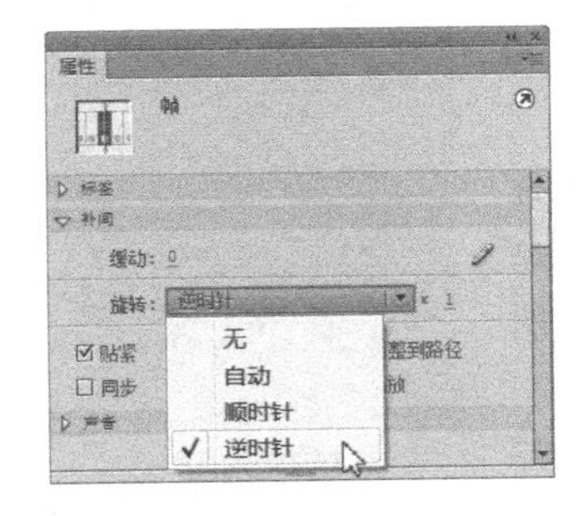

图 7-90

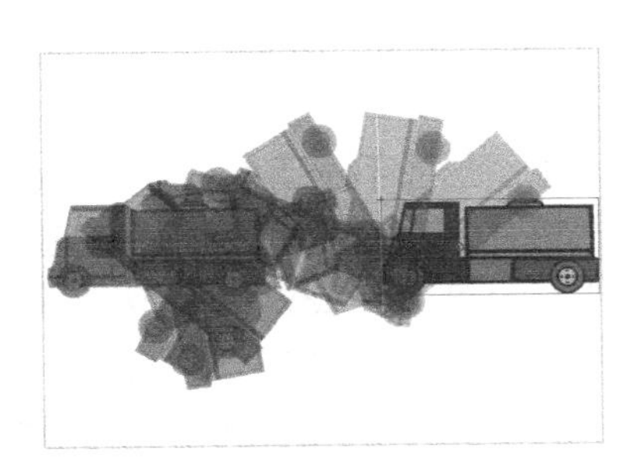
图 7-91

还可以在对象的运动过程中改变其大小、透明度等，下面将进行介绍。

新建空白文档，选择“文件 > 导入 > 导入到库”命令，将“07”文件导入到“库”面板中，如图 7-92 所示。将图形拖曳到舞台的中心，如图 7-93 所示。

选中第 10 帧，按 F6 键，插入关键帧，如图 7-94 所示。选择“任意变形工具”，在舞台中单击图形，出现变形控制点，如图 7-95 所示。

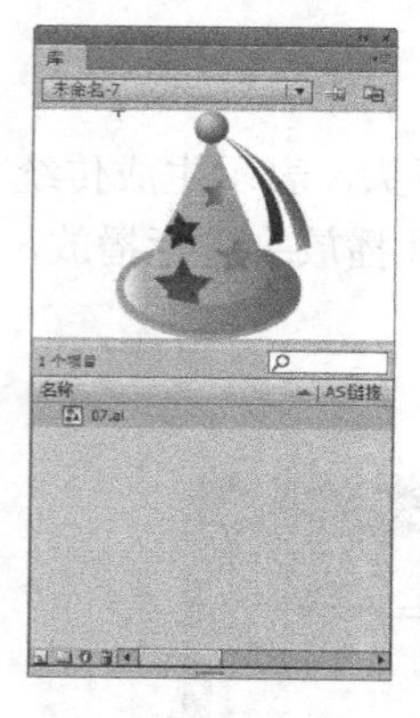


图 7-92

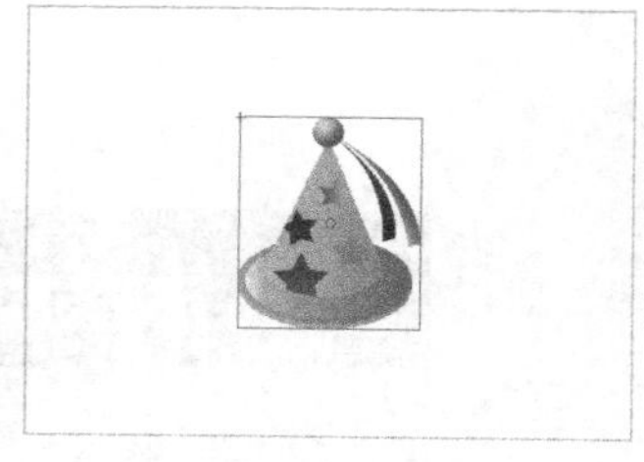

图 7-93

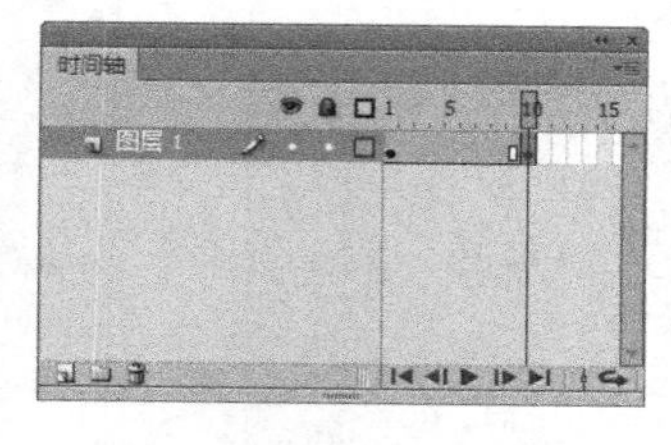


图 7-94

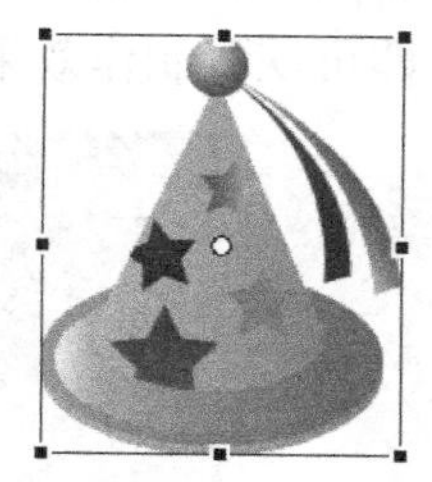

图 7-95

将鼠标指针放在左侧的控制点上，指针变为双箭头↔，单击并按住鼠标不放选中控制点向右拖曳，即将图形水平翻转，如图 7-96 所示。松开鼠标后的效果如图 7-97 所示。

按 Ctrl+T 组合键，弹出“变形”面板，将“宽度”选项设置为 70，其他选项为默认值，如图 7-98 所示。按 Enter 键，确定操作，效果如图 7-99 所示。

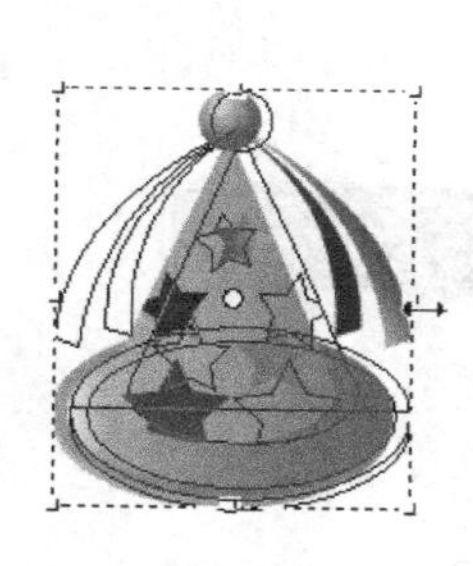
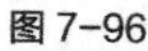

图 7-96

图 7-97

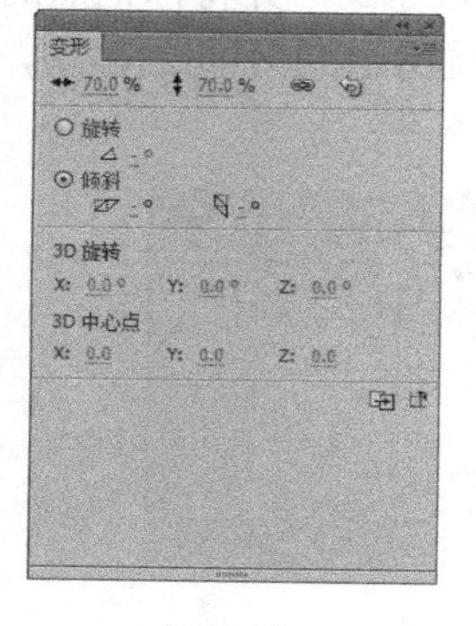


图 7-98

图 7-99

选择“选择工具”，选中图形，选择“窗口 > 属性”命令，弹出图形的“属性”面板。在“色彩效果”选项组中的“样式”下拉列表中选择“Alpha”，将下方的“Alpha 数量”选项设为 20，如图 7-100 所示。

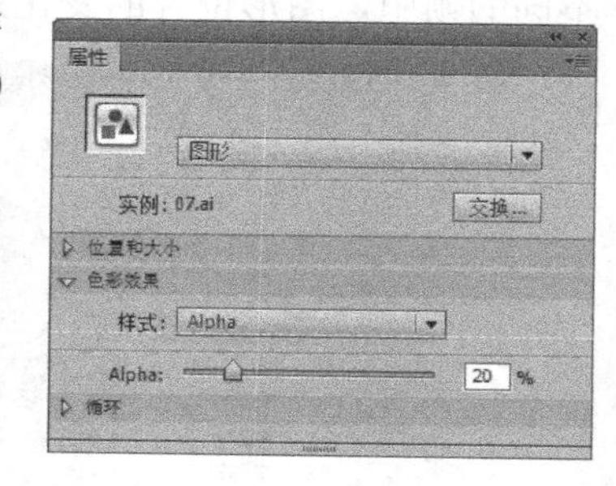


图 7-100

舞台中图形的不透明度被改变，如图 7-101 所示。用鼠标右键单击第 1 帧，在弹出的菜单中选择“创建传统补间”命令，第 1 帧～第 10 帧之间生成动作补间动画，如图 7-102 所示。按 Enter 键，让播放头进行播放，即可观看制作效果。

在不同的关键帧中，图形的动作变化效果如图 7-103 所示。

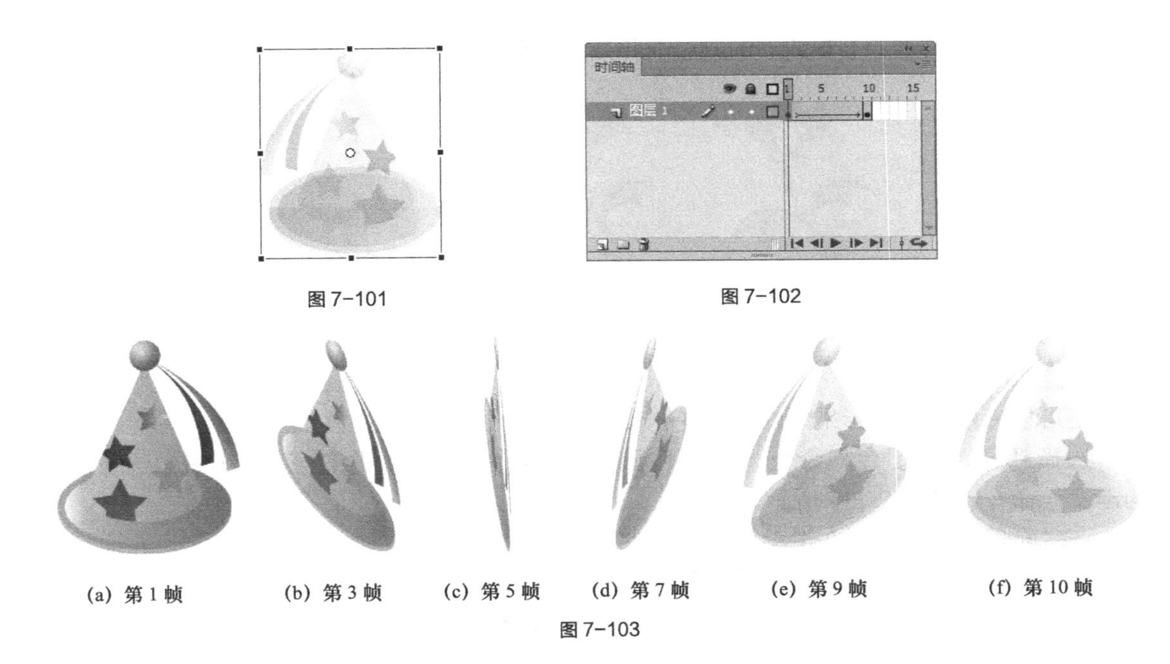


图 7-101

图 7-102

(a) 第 1 帧　(b) 第 3 帧　(c) 第 5 帧　(d) 第 7 帧　(e) 第 9 帧　(f) 第 10 帧

图 7-103

### 7.2.6　色彩变化动画

新建空白文档，选择“文件 > 导入 > 导入到舞台”命令，将“08”文件导入到舞台中，如图 7-104 所示。选中花图形，反复按 Ctrl+B 组合键，直到图形完全被打散，如图 7-105 所示。

选中第 10 帧，按 F6 键，插入关键帧，如图 7-106 所示。第 10 帧中也显示出第 1 帧中的图形。

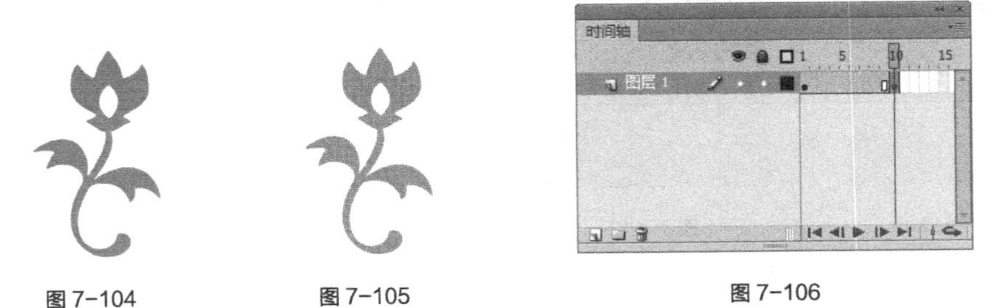


图 7-104　　图 7-105　　图 7-106

将花图形全部选中，单击工具箱下方的“填充颜色”按钮，在弹出的色彩框中选择橙色（#FF9900），这时，纹理图形的颜色发生变化，被修改为橙色，如图 7-107 所示。用鼠标右键单击第 1 帧，在弹出的菜单中选择“创建补间形状”命令，如图 7-108 所示。在“时间轴”面板中，第 1 帧～第 10 帧之间生成色彩变化动画，如图 7-109 所示。

图 7-107

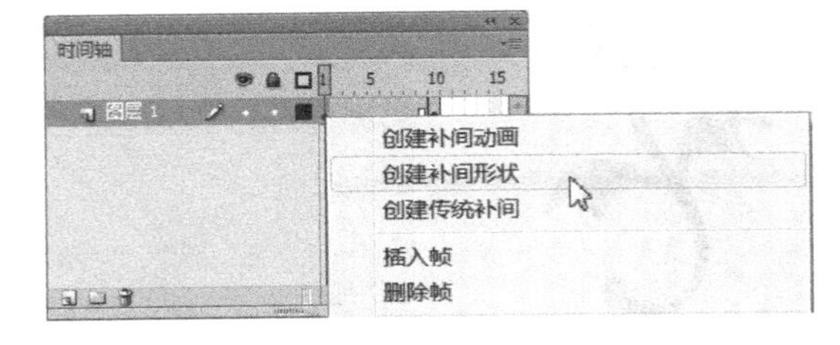


图 7-108

图 7-109

在不同的关键帧中，花图形的颜色变化效果如图 7-110 所示。

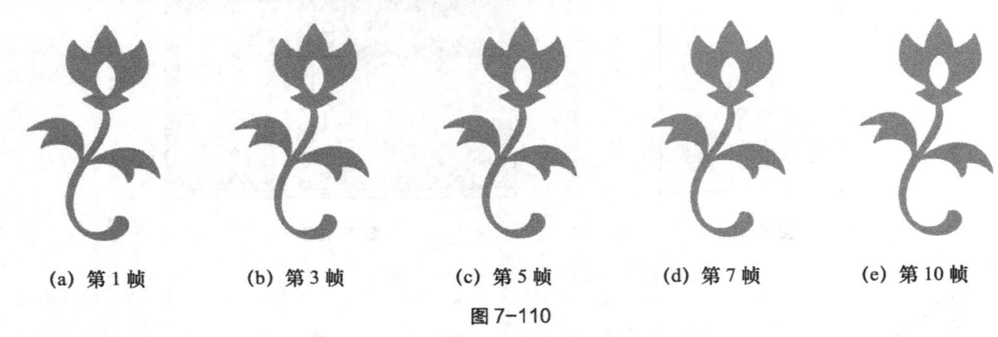

(a) 第 1 帧　(b) 第 3 帧　(c) 第 5 帧　(d) 第 7 帧　(e) 第 10 帧

图 7-110

还可以应用渐变色彩来制作色彩变化动画，下面将进行介绍。

选择“窗口 > 颜色”命令，弹出“颜色”面板，在“颜色类型”下拉列表中选择“径向渐变”命令，如图 7-111 所示。

在“颜色”面板中，在滑动色带上选中左侧的颜色控制点，如图 7-112 所示。在面板的颜色框中设置控制点的颜色，在面板右下方的颜色明暗度调节框中，通过拖动小三角滑块来设置颜色的明暗度，将第 1 个控制点设为紫色（#8348D4），如图 7-113 所示。再选中右侧的颜色控制点，在颜色选择框和明暗度调节框中设置颜色，将第 2 个控制点设为红色（#FF0000），如图 7-114 所示。

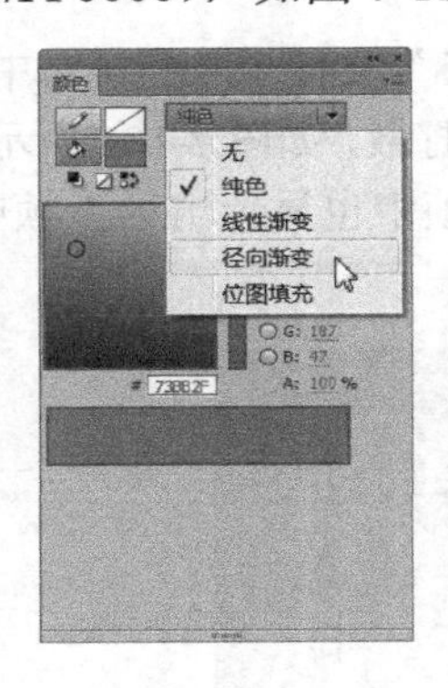

图 7-111

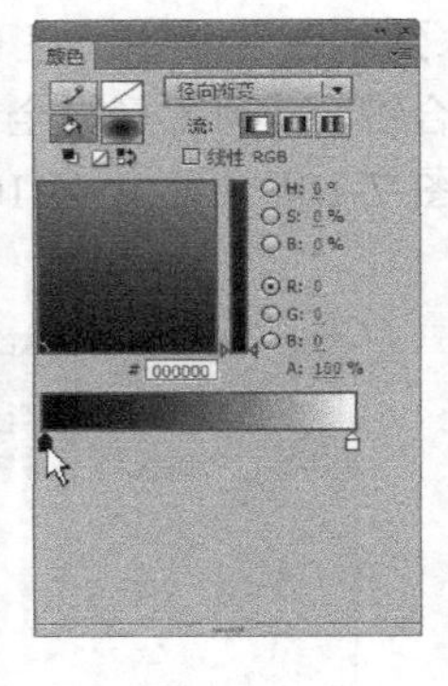

图 7-112

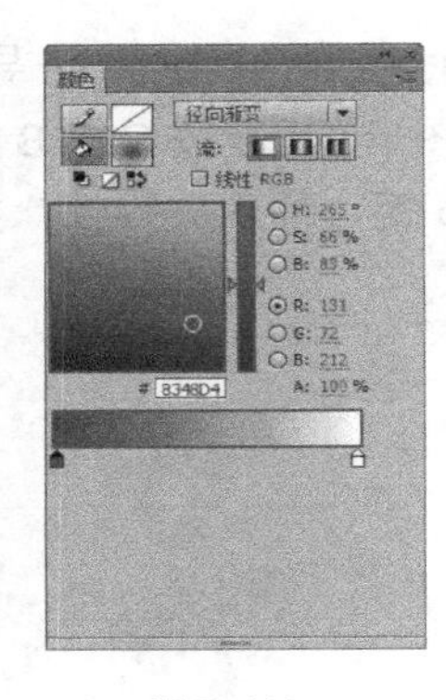

图 7-113

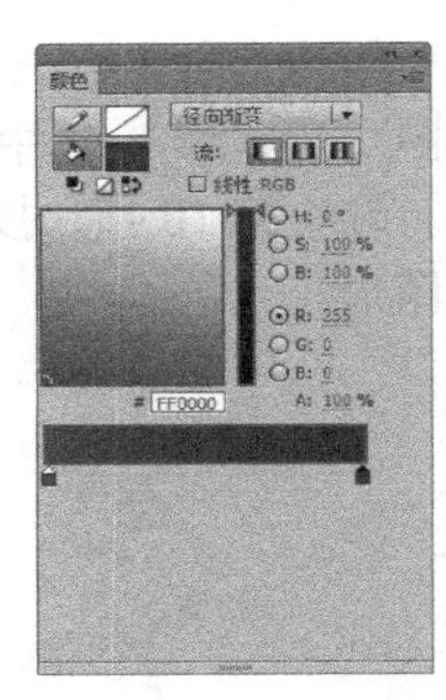

图 7-114

将第 2 个控制点向左拖动，如图 7-115 所示。选择“颜料桶工具”，在花图形顶部单击鼠标，以纹理图形的顶部为中心生成放射状渐变色，如图 7-116 所示。选中第 10 帧，按 F6 键，插入关键帧，如图 7-117 所示。第 10 帧中也显示出第 1 帧中的图形。

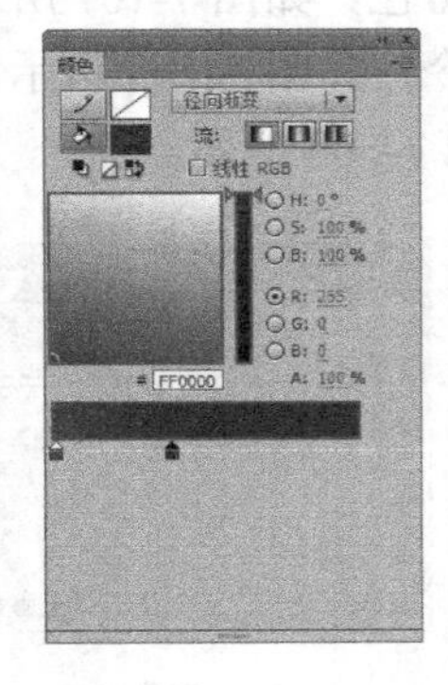

图 7-115

图 7-116

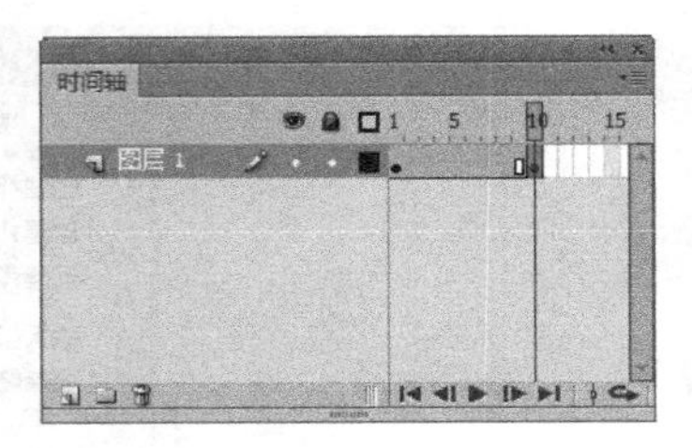

图 7-117

选择“颜料桶工具”，在花图形底部单击鼠标，以纹理图形底部为中心生成放射状渐变色，如图 7-118 所示。在“时间轴”面板中选中第 1 帧，单击鼠标右键，在弹出的菜单中选择“创建补间形状”命令，如图 7-119 所示。在“时间轴”面板中，第 1 帧～第 10 帧之间生成色彩变化动画，如图 7-120 所示。

图 7-118

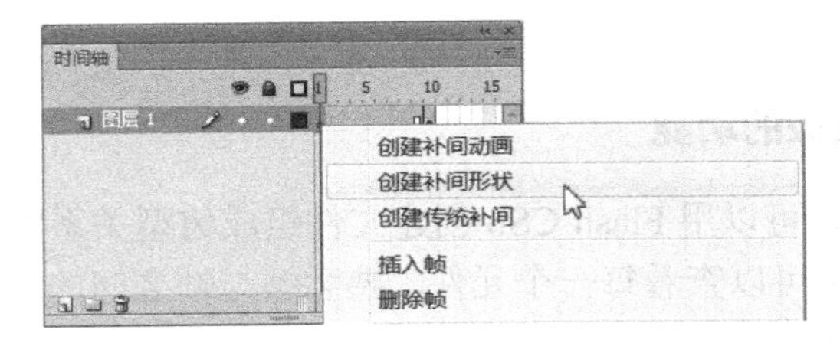


图 7-119

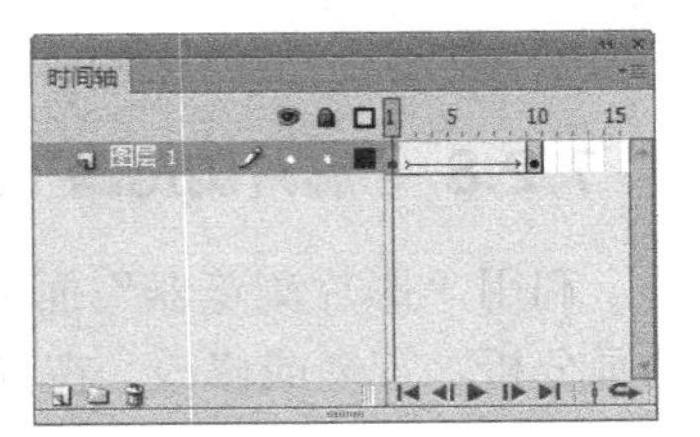


图 7-120

在不同的关键帧中，花图形的颜色变化效果如图 7-121 所示。

(a) 第 1 帧

(b) 第 3 帧

(c) 第 5 帧

(d) 第 7 帧

(e) 第 10 帧

图 7-121

### 7.2.7 测试动画

在制作完成动画后，要对其进行测试。可以通过多种方法来测试动画。

#### 1. 应用“控制器”面板

选择“窗口 > 工具栏 > 控制器”命令，弹出“控制器”面板，如图 7-122 所示。

- “停止”按钮：用于停止播放动画。
- “转到第一帧”按钮：用于将动画返回到第 1 帧并停止播放。
- “后退一帧”按钮：用于将动画逐帧向后播放。
- “播放”按钮：用于播放动画。

- “前进一帧”按钮：用于将动画逐帧向前播放。
- “转到最后一帧”按钮：用于将动画跳转到最后 1 帧并停止播放。

图 7-122

#### 2. 应用播放命令

选择“控制 > 播放”命令，或者按 Enter 键，可以对当前舞台中的动画进行浏览。在“时间轴”面板中，可以看见播放头在运动，随着播放头的运动，舞台中会显示出播放头所经过的帧上的内容。

#### 3. 应用测试影片命令

选择“控制 > 测试影片”命令，或者按 Ctrl+Enter 组合键，可以进入动画测试窗口，对动画作品的多个场景进行连续地测试。

#### 4. 应用测试场景命令

选择“控制 > 测试场景”命令，或者按 Ctrl+Alt+Enter 组合键，可以进入动画测试窗口，测试当前舞台窗口中显示的场景或元件中的动画。

提示

*如果需要循环播放动画，可以选择“控制 > 循环播放”命令，再应用“播放”按钮或其他测试命令即可。*

### 7.2.8 “影片浏览器”面板的功能

利用“影片浏览器”面板，可以用 Flash CS6 创建文件组成树型关系图，方便用户进行动画分析、管理或修改。在其中可以查看每一个元件，熟悉帧与帧之间的关系，查看动作脚本等，也可快速查找需要的对象。

选择“窗口 > 影片浏览器”命令，即弹出“影片浏览器”面板，如图 7-123 所示。

图 7-123

- “显示文本”按钮：用于显示动画中的文字内容。
- “显示按钮、影片剪辑和图形”按钮：用于显示动画中的按钮、影片剪辑和图形。
- “显示 Action Script”按钮：用于显示动画中的脚本。
- “显示视频、声音和位图”按钮：用于显示动画中的视频、声音和位图。
- “显示帧和图层”按钮：用于显示动画中的关键帧和图层。
- “自定义要显示的项目”按钮：单击此按钮，弹出“影片管理器设置”对话框，在对话框中可以自定义在“影片浏览器”面板中显示的内容。
- “查找”选项：在此选项的文本框中输入要查找的内容，可以快速地找到需要的对象。

### 7.2.9 课堂案例——制作城市动画

【案例学习目标】使用创建传统补间命令制作动画。

【案例知识要点】使用任意变形工具调整车轮大小，使用“属性”面板设置图形的不透明度和缓动效果，使用创建传统补间命令制作汽车动画效果，完成后的效果如图 7-124 所示。

图 7-124

【文件所在位置】光盘/Ch07/效果/制作城市动画.fla。

#### 1．导入图形制作汽车动画

（1）选择“文件 > 新建”命令，在弹出的“新建文档”对话框中选择“ActionScript 3.0”选项，单击“确定”按钮，进入新建文档舞台窗口。按 Ctrl+F3 组合键，弹出文档的“属性”面板，单击面板中的“编辑文档属性”按钮，弹出“文档设置”对话框，将“宽度”选项设为 600，“高度”选项设为 424，将“背景颜色”选项设为青色（#33CCFF），单击“确定”按钮，改变舞台窗口的大小和颜色。

（2）选择“文件 > 导入 > 导入到库”命令，在弹出的“导入到库”对话框中选择“Ch07 > 素材 > 制作城市动画 > 01”、“02”、“03”、“04”、“05”文件，单击“打开”按钮，图像即被导入到“库”面板中，如图 7-125 所示。

（3）在“库”面板下方单击“新建元件”按钮，弹出“创建新元件”对话框，在“名称”选项的文本框中输入“车轮”，在“类型”下拉列表中选择“图形”选项，如图 7-126 所示。单击“确定”按钮，新建图形元件“车轮”，如图 7-127 所示。舞台窗口也随之转换为图形元件的舞台窗口。

图 7-125

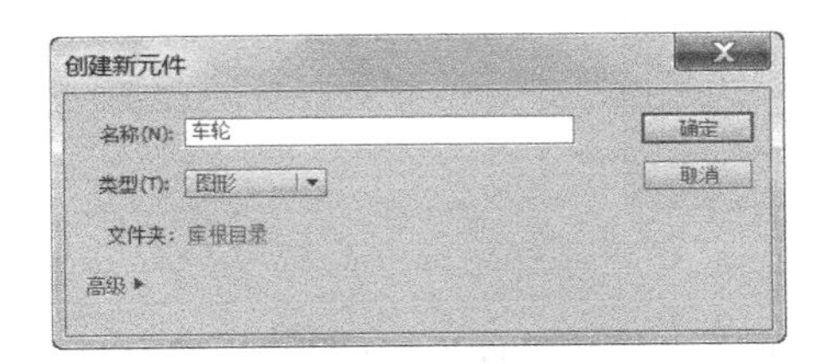


图 7-126

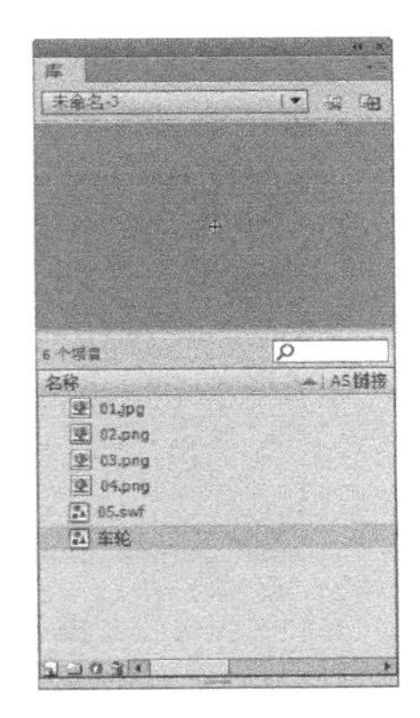


图 7-127

（4）将“库”面板中的位图“04.png”拖曳到舞台窗口中适当的位置，效果如图 7-128 所示。在“库”面板下方单击“新建元件”按钮，弹出“创建新元件”对话框，在“名称”文本框中输入“车轮动 2”，在“类型”下拉列表中选择“影片剪辑”，如图 7-129 所示。单击“确定”按钮，新建影片剪辑元件“车轮动 2”，如图 7-130 所示。舞台窗口也随之转换为影片剪辑元件的舞台窗口。

图 7-128

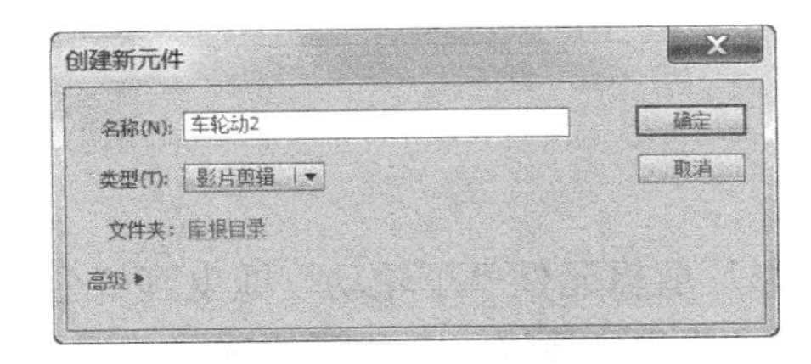


图 7-129

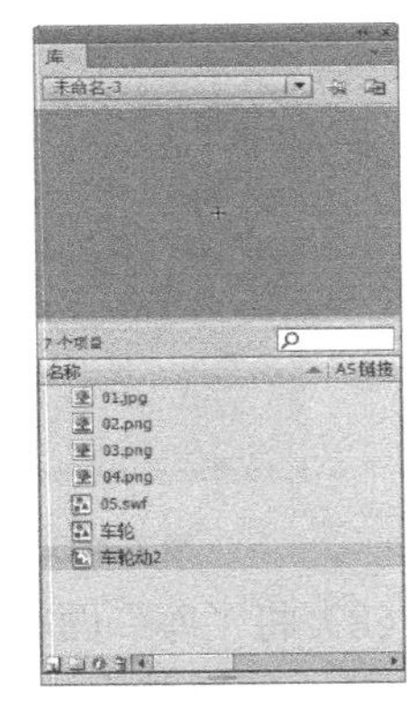


图 7-130

（5）将“库”面板中的图形元件“车轮”拖曳到舞台窗口中的适当位置，如图 7-131 所示。选中“图层 1”的第 10 帧，按 F6 键，插入关键帧，如图 7-132 所示。

图 7-131

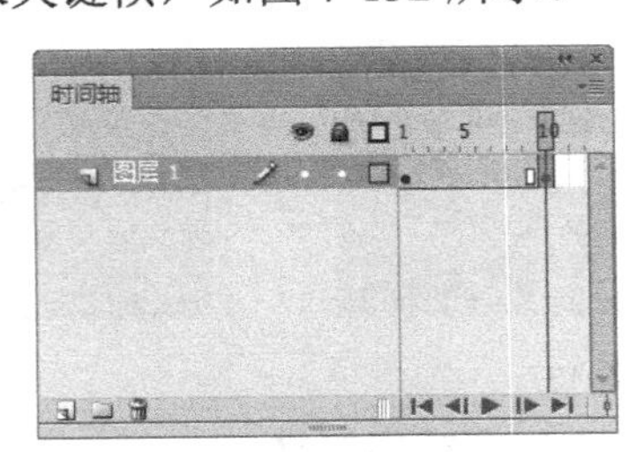


图 7-132

（6）用鼠标右键单击“图层 1”的第 1 帧，在弹出的菜单中选择“创建传统补间”命令，生成传统补间动画，如图 7-133 所示。在帧的“属性”面板中选择“补间”选项组，在“旋转”下拉列表中选择“顺时针”，如图 7-134 所示。使用相同的方法制作另外一个车轮（将“属性”面板中的“旋转”改为“逆时针”即可）。

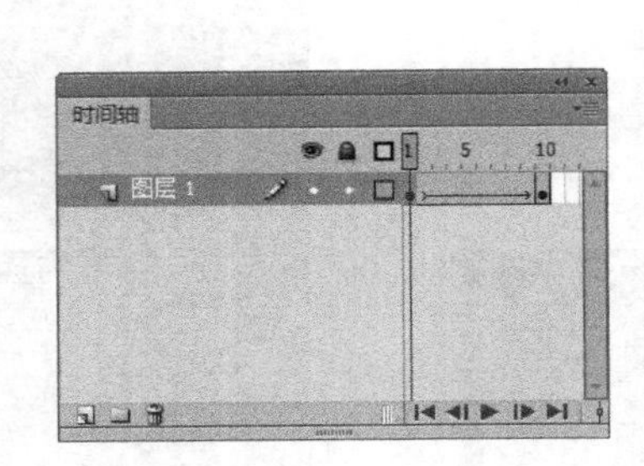

图 7-133

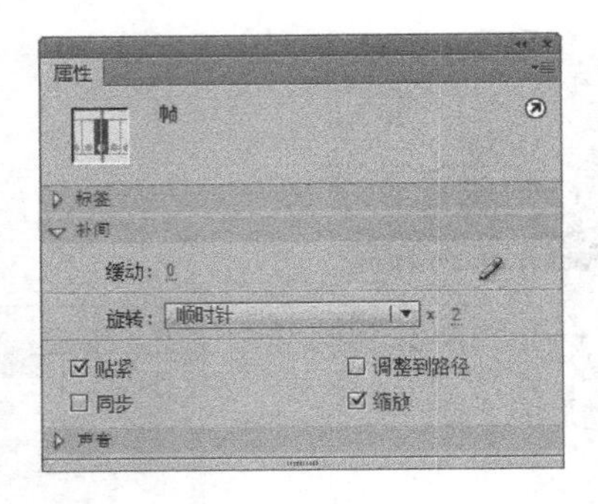

图 7-134

（7）在“库”面板下方单击“新建元件”按钮，弹出“创建新元件”对话框，在“名称”文本框中输入“小车动”，在“类型”下拉列表中选择“影片剪辑”，单击“确定”按钮，新建影片剪辑元件“小车动”，如图 7-135 所示。舞台窗口也随之转换为影片剪辑元件的舞台窗口。将“库”面板中的位图“03.png”拖曳到舞台窗口中适当的位置，效果如图 7-136 所示。

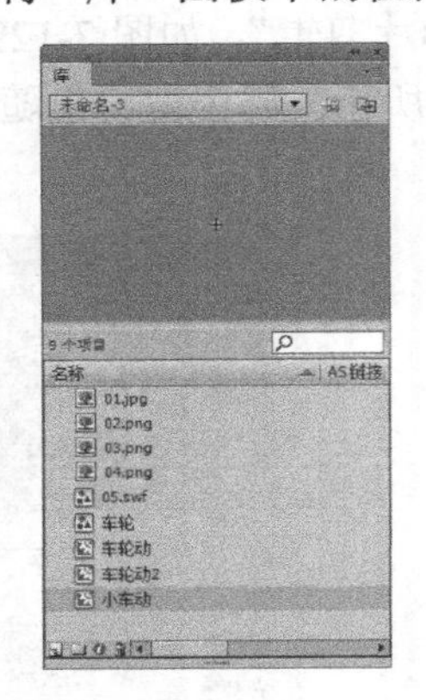

图 7-135

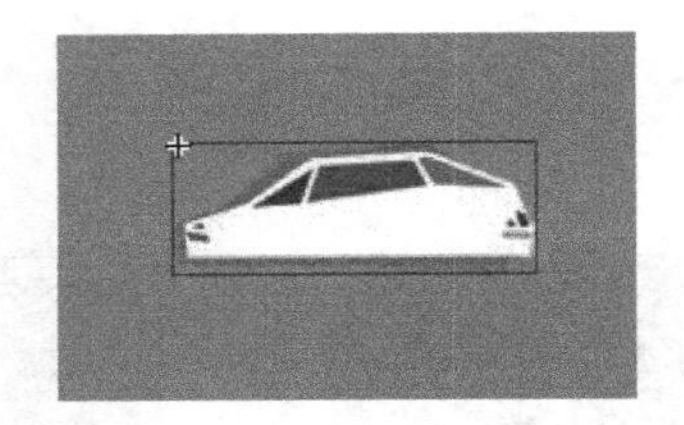

图 7-136

（8）将“库”面板中的影片剪辑元件“车轮动”拖曳到舞台窗口中，选择“任意变形工具”，调整其大小和位置，效果如图 7-137 所示。选择“选择工具”，选中“车轮动”实例，按住 Alt+Shift 组合键的同时，单击并按住鼠标水平向右拖曳其到适当的位置，复制图形，效果如图 7-138 所示。使用相同的方法制作“小车动 2”元件，效果如图 7-139 所示。

图 7-137

图 7-138

图 7-139

## 2. 在舞台窗口中编辑元件

（1）单击舞台窗口左上方的“场景 1”图标，进入“场景 1”的舞台窗口。将“图层 1”重新命名为“底图”，如图 7-140 所示。将“库”面板中的位图“01.png”拖曳到舞台窗口的中心位置，效果如图 7-141 所示。选中“底图”图层的第 142 帧，按 F5 键，插入帧。

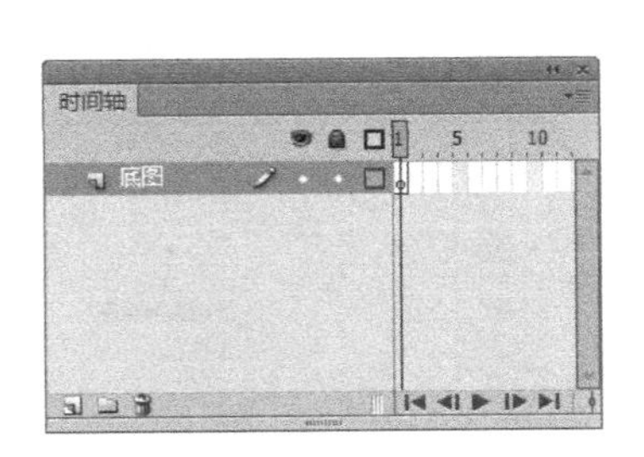


图 7-140

图 7-141

（2）单击“时间轴”面板下方的“新建图层”按钮，创建新图层并将其命名为“小车动”。选中“小车动”图层的第 1 帧，将“库”面板中的影片剪辑元件“小车动”拖曳到舞台窗口的适当位置，如图 7-142 所示。选中“小车动”图层的第 38 帧，按 F6 键插入关键帧，选择“选择工具”，选中“小车动”实例，按住 Shift 键的同时，单击并按住鼠标水平向左拖曳其到适当的位置，如图 7-143 所示。

图 7-142

图 7-143

（3）选中“小车动”图层的第 50 帧，按 F6 键插入关键帧，如图 7-144 所示。选择“选择工具”，选中“小车动”实例，按住 Shift 键的同时，单击并按住鼠标水平向左拖曳其到适当的位置，如图 7-145 所示。

图 7-144

图 7-145

（4）用鼠标右键分别单击第 1 帧和第 38 帧，在弹出的菜单中选择“创建传统补间”命令，生成传统补间动画，如图 7-146 所示。选中“小车动”图层的第 38 帧，在帧的“属性”面板中选择“补间”选项组，将“缓动”选项设为–15，如图 7-147 所示。

（5）分别选中“小车动”图层的第 72 帧和 125 帧，按 F6 键插入关键帧，如图 7-148 所示。选择第 125 帧，选择“选择工具”，选中“小车动”实例，按住 Shift 键的同时，单击并按住鼠标水平向左拖曳其到适当的位置，如图 7-149 所示。

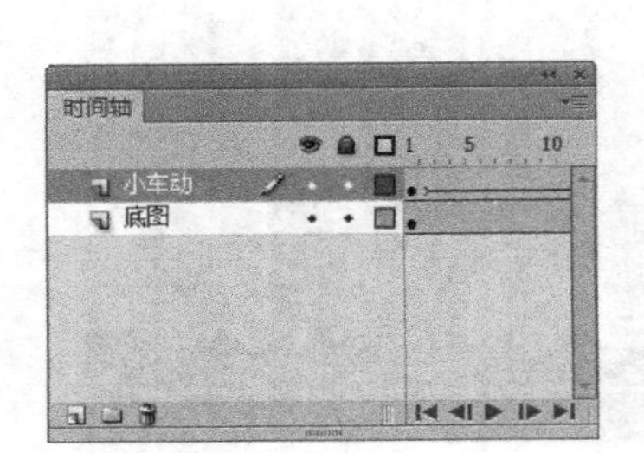


图 7-146

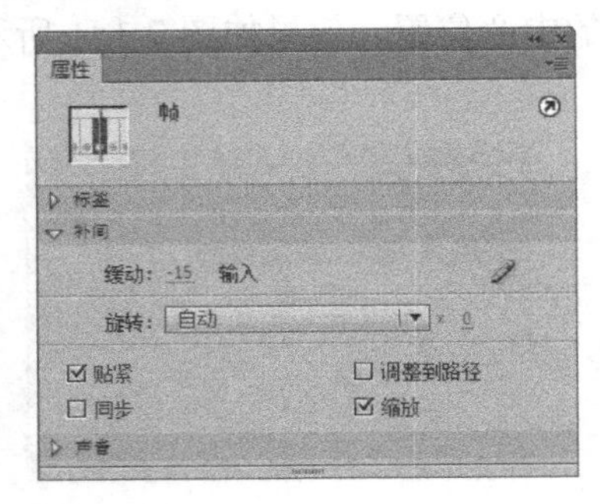


图 7-147

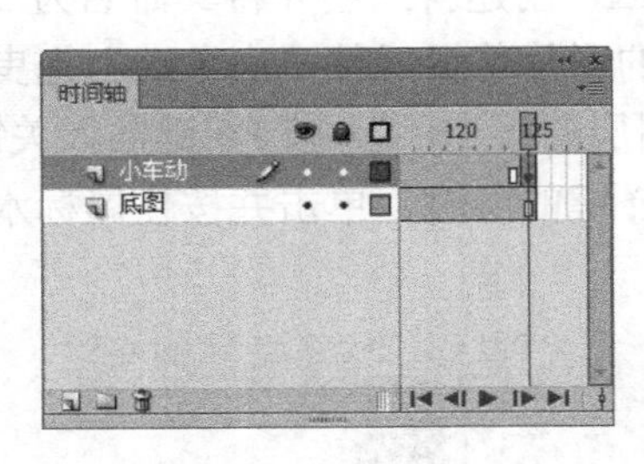


图 7-148

图 7-149

（6）用鼠标右键单击“小车动”图层的第 72 帧，在弹出的菜单中选择“创建传统补间”命令，生成传统补间动画，如图 7-150 所示。在帧的“属性”面板中选择“补间”选项组，将“缓动”选项设为–100，如图 7-151 所示。

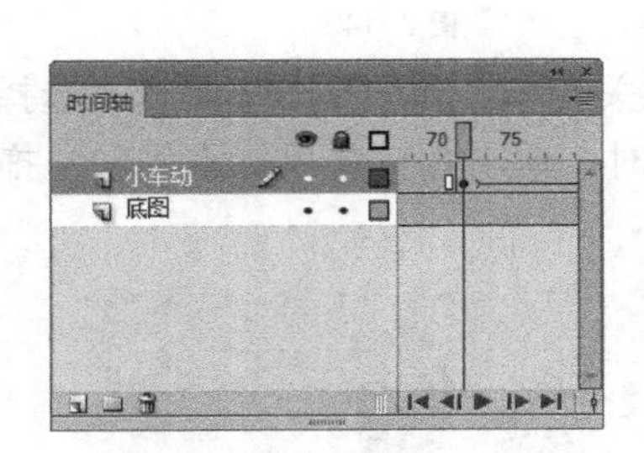


图 7-150

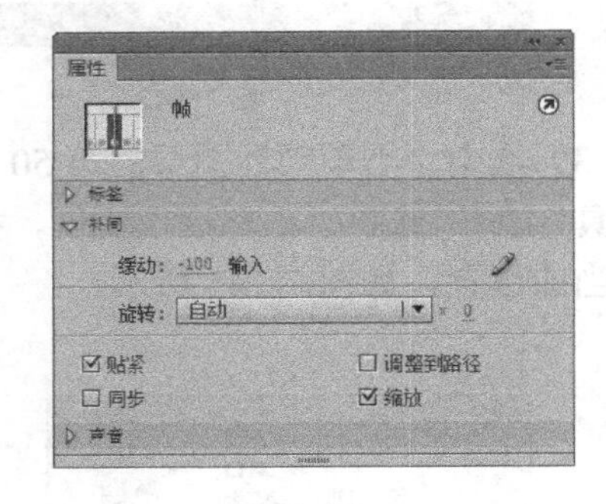


图 7-151

（7）单击“时间轴”面板下方的“新建图层”按钮，创建新图层并将其命名为“文字”。选中“文字”图层的第 50 帧，按 F7 键插入空白关键帧，如图 7-152 所示。将“库”面板中的图形元件“05.swf”拖曳到舞台窗口中，选择“任意变形工具”，调整其大小和位置，效果如图 7-153 所示。

（8）分别选中“文字”图层的第 58 帧、第 72 帧和 85 帧，按 F6 键插入关键帧，如图 7-154 所示。分别选中第 50 帧和 85 帧，在图形的“属性”面板中选择“色彩效果”选项组，在“样式”下拉列表中选择“Alpha”，将其值设为 0%，如图 7-155 所示。

（9）用鼠标右键分别单击“文字”图层的第 50 帧和第 72 帧，在弹出的菜单中选择“创建传统补间”命令，生成传统补间动画，如图 7-156 所示。

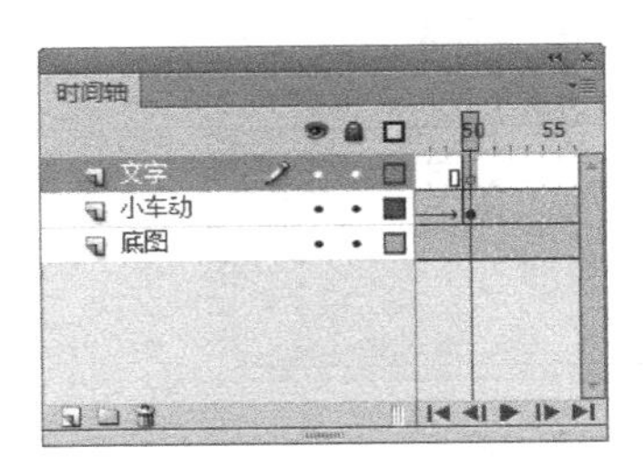

图 7–152

图 7–153

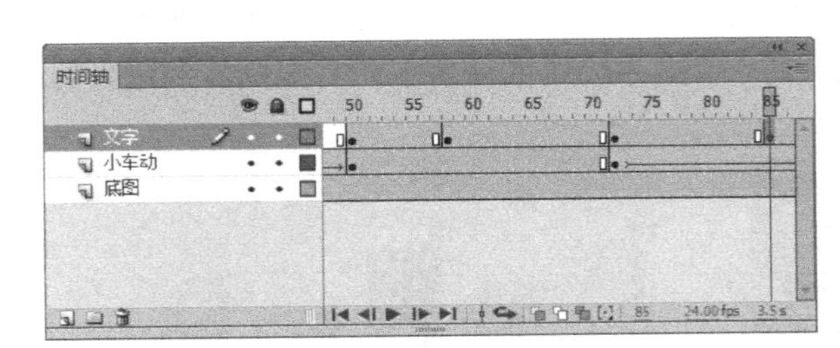

图 7–154

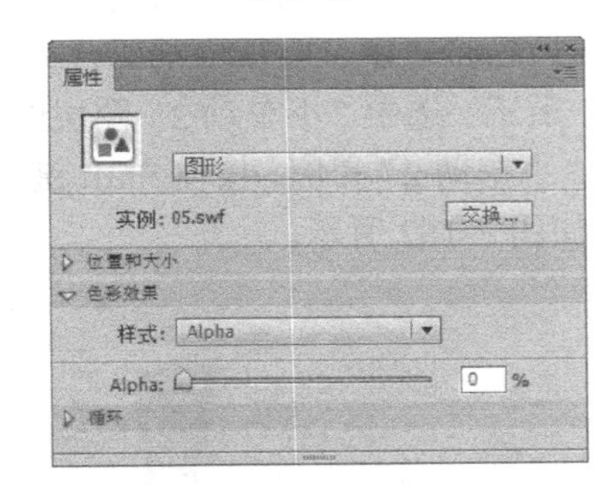

图 7–155

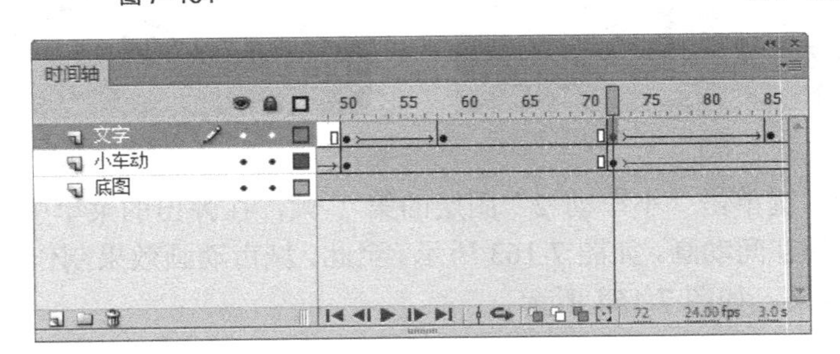

图 7–156

（10）单击“时间轴”面板下方的“新建图层”按钮，创建新图层并将其命名为“车轮”。选中“文字”图层的第 50 帧，按 F7 键插入空白关键帧，如图 7-157 所示。将“库”面板中的图形元件“车轮”拖曳到舞台窗口中，选择“任意变形工具”，调整其大小和位置，效果如图 7-158 所示。

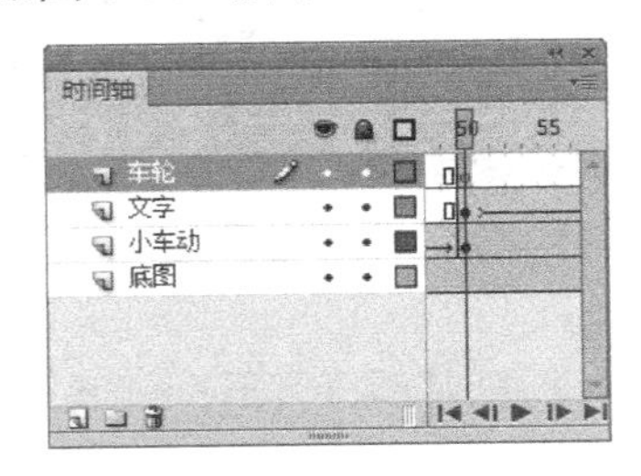

图 7–157

图 7–158

（11）选择“选择”工具，选中“车轮”实例，按住 Alt+Shift 组合键的同时，单击并按住鼠标水平向右拖曳其到适当的位置，复制图形，效果如图 7-159 所示。选中“文字”图层的第 72 帧，按 F7 键插入空白关键帧，如图 7-160 所示。

图 7-159

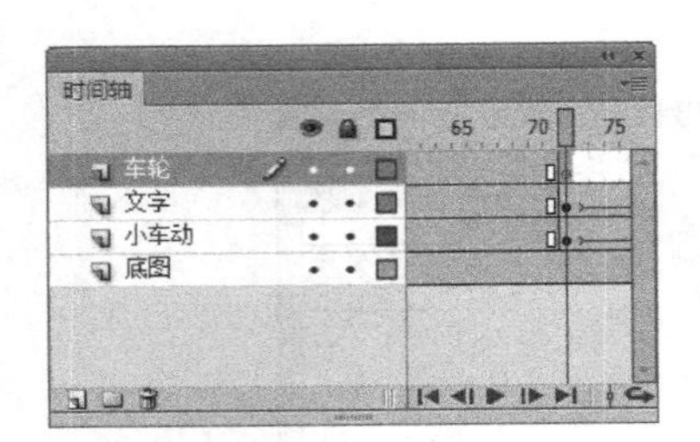


图 7-160

（12）单击“时间轴”面板下方的“新建图层”按钮，创建新图层并将其命名为“小车动 2”。将“库”面板中的影片剪辑元件“小车动 2”拖曳到舞台窗口的适当位置，如图 7-161 所示。选中“小车动 2”图层的第 125 帧，按 F6 键插入关键帧。选择“选择工具”，选中“小车动 2”实例，按住 Shift 键的同时，单击并按住鼠标水平向右拖曳其到适当的位置，效果如图 7-162 所示。

图 7-161

图 7-162

（13）用鼠标右键单击“小车动 2”图层的第 1 帧，在弹出的菜单中选择“创建传统补间”命令，生成传统补间动画，如图 7-163 所示。至此，城市动画效果制作完成，按 Ctrl+Enter 组合键即可查看效果，如图 7-164 所示。

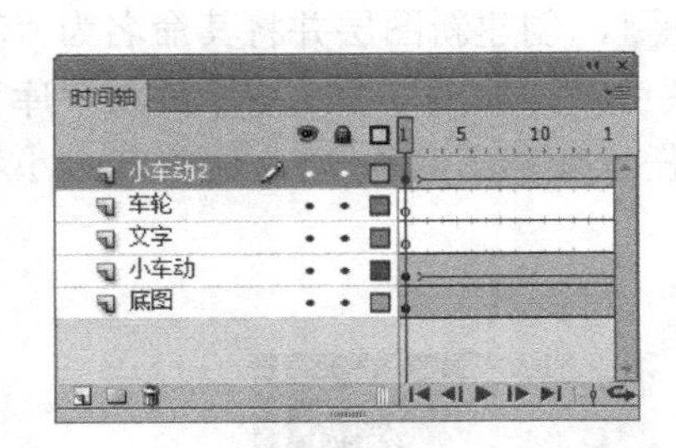


图 7-163

图 7-164

## 7.3 课堂练习——制作日记动画

【练习知识要点】使用线条工具绘制光标图形，使用文本工具添加文字，使用翻转帧命令将帧进行翻转，使用创建传统补间命令、属性面板制作风车转动效果，如图 7-165 所示。

【文件所在位置】光盘/Ch07/效果/制作日记动画. fla。

图 7-165

## 7.4 课后习题——制作加载条效果

【习题知识要点】使用钢笔工具和颜色面板制作加载条，使用逐帧动画制作数据变化和正在加载中的动画效果，完成后的效果如图 7-166 所示。

【文件所在位置】光盘/Ch07/效果/制作加载条效果.fla。

图 7-166

Flash CS6

# 8 Chapter

# 第 8 章 层与高级动画

层在 Flash CS6 中有着举足轻重的作用。只有掌握层的概念和熟练应用不同性质的层，才有可能真正成为 Flash 高手。本章将详细介绍层的应用技巧和如何使用不同性质的层来制作高级动画。通过学习本章，可以帮助读者了解并掌握层的强大功能，并能充分利用层来为自己的动画设计作品增光添彩。

课堂学习目标：

- 掌握层的基本操作；
- 掌握引导层和运动引导层动画的制作方法；
- 掌握遮罩层的使用方法和应用技巧；
- 熟悉运用分散到图层功能编辑对象。

## 8.1 层、引导层、运动引导层与分散到图层

图层类似于叠在一起的透明纸，下面图层中的内容可以通过上面图层中不包含内容的区域透过来。除普通图层外，还有一种特殊类型的图层——引导层。在引导层中，可以像其他层一样绘制各种图形和引入元件等，但最终发布时引导层中的对象不会显示出来。

### 8.1.1 层的设置

**1. 层的弹出式菜单**

鼠标右键单击“时间轴”面板中的图层名称，弹出菜单，如图 8-1 所示。

- “显示全部”命令：用于显示所有的隐藏图层和图层文件夹。
- “锁定其他图层”命令：用于锁定除当前图层以外的所有图层。
- “隐藏其他图层”命令：用于隐藏除当前图层以外的所有图层。
- “插入图层”命令：用于在当前图层上创建一个新的图层。
- “删除图层”命令：用于删除当前图层。
- “剪切图层”：用于将当前图层剪切到剪切板中。
- “拷贝图层”：用于复制当前图层。
- “粘贴图层”：用于粘贴所复制的图层。
- “复制图层”：用于复制当前图层并生成一个复制图层。
- “引导层”命令：用于将当前图层转换为普通引导层。
- “添加传统运动引导层”命令：用于将当前图层转换为运动引导层。
- “遮罩层”命令：用于将当前图层转换为遮罩层。
- “显示遮罩”命令：用于在舞台窗口中显示遮罩效果。
- “插入文件夹”命令：用于在当前图层上创建一个新的层文件夹。
- “删除文件夹”命令：用于删除当前的层文件夹。
- “展开文件夹”命令：用于展开当前的层文件夹，显示出其包含的图层。
- “折叠文件夹”命令：用于折叠当前的层文件夹。
- “展开所有文件夹”命令：用于展开“时间轴”面板中所有的层文件夹，显示出所包含的图层。
- “折叠所有文件夹”命令：用于折叠“时间轴”面板中所有的层文件夹。
- “属性”命令：用于设置图层的属性。

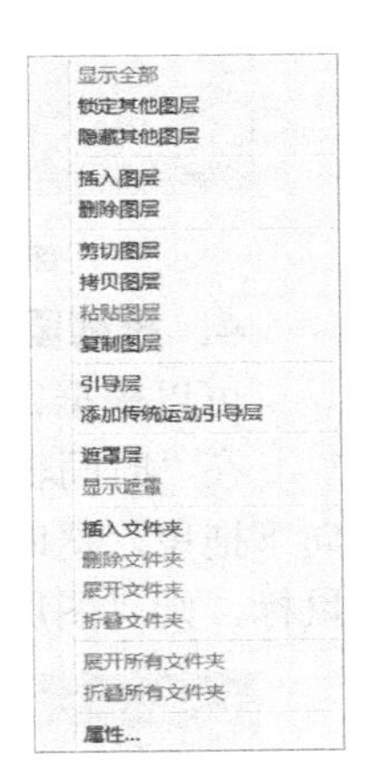


图 8-1

**2. 创建图层**

为了分门别类地组织动画内容，需要创建普通图层。选择“插入 > 时间轴 > 图层”命令，或者在“时间轴”面板下方单击“新建图层”按钮，创建一个新的图层。

**提示**

*系统默认状态下，新创建的图层按“图层 1”、“图层 2”……的顺序进行命名，也可以根据需要自行设定图层的名称。*

### 3. 选取图层

选取图层就是将图层变为当前图层，用户可以在当前层上放置对象、添加文本和图形以及进行编辑。要使图层成为当前图层的方法很简单，在“时间轴”面板中选中该图层即可。当前图层会在“时间轴”面板中以蓝色显示，铅笔图标✏表示可以对该图层进行编辑，如图 8-2 所示。

按住 Ctrl 键的同时，用鼠标在要选择的图层上单击，可以一次选择多个图层，如图 8-3 所示。按住 Shift 键的同时，用鼠标单击两个图层，这两个图层及其中间的其他图层也会被同时选中，如图 8-4 所示。

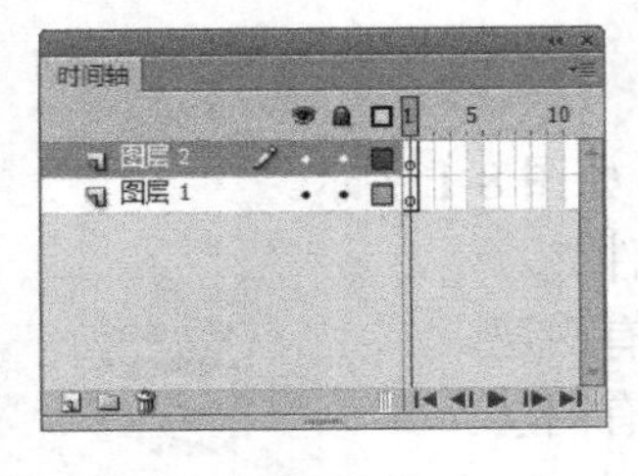


图 8-2

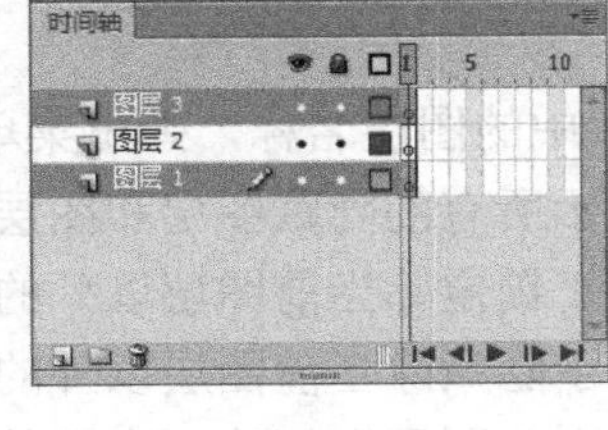


图 8-3

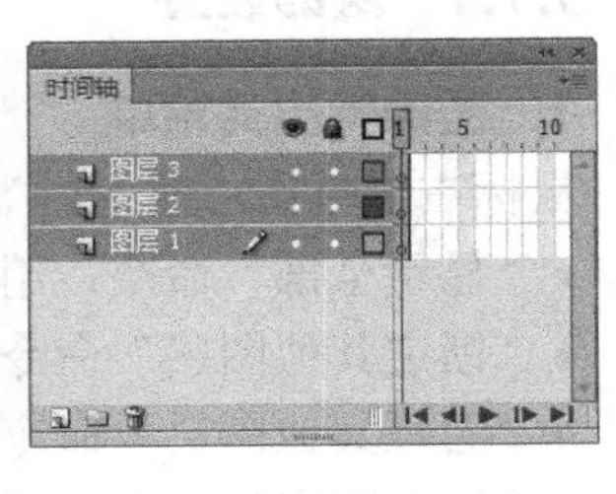


图 8-4

### 4. 排列图层

可以根据需要，在“时间轴”面板中为图层重新排列顺序。

在“时间轴”面板中选中“图层 3”，如图 8-5 所示，单击并按住鼠标不放，将“图层 3”向下拖曳，这时会出现一条虚线，如图 8-6 所示。将虚线拖曳到“图层 1”的下方后，松开鼠标，则“图层 3”被移动到“图层 1”的下方，如图 8-7 所示。

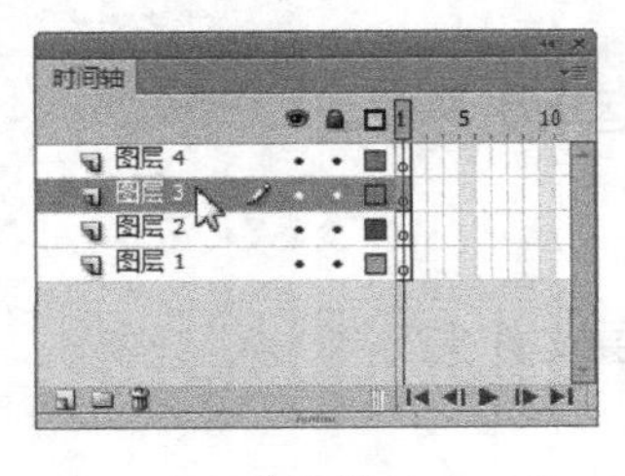

图 8-5

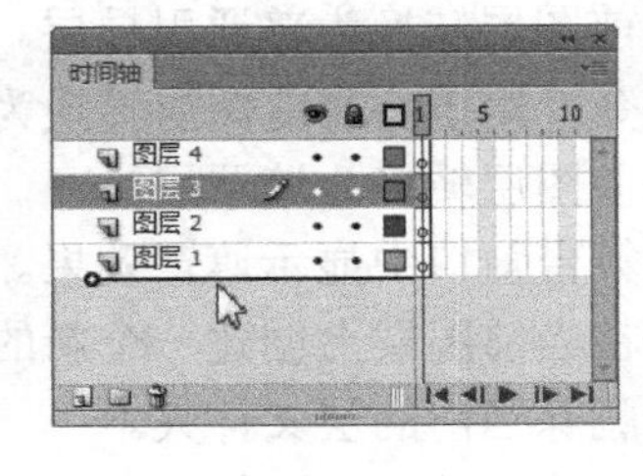


图 8-6

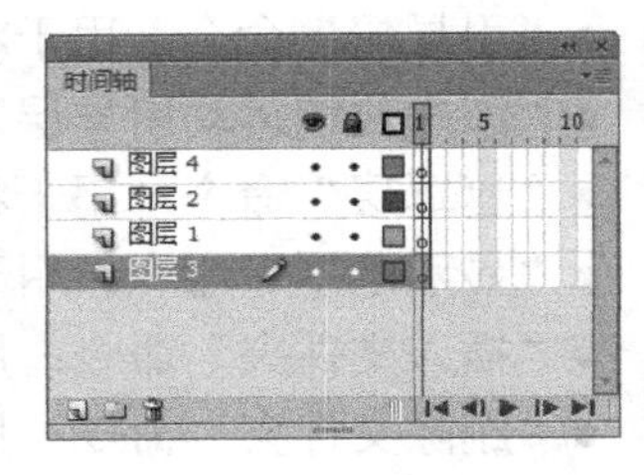


图 8-7

### 5. 复制、粘贴图层

可以根据需要，将图层中的所有对象复制并粘贴到其他图层或场景中。

在“时间轴”面板中单击要复制的图层，如图 8-8 所示，选择“编辑 > 时间轴 > 复制帧”命令，进行复制。在“时间轴”面板下方单击“新建图层”按钮，创建一个新的图层，选中新的图层，如图 8-9 所示，选择“编辑 > 时间轴 > 粘贴帧”命令，在新建的图层中粘贴复制过的内容，如图 8-10 所示。

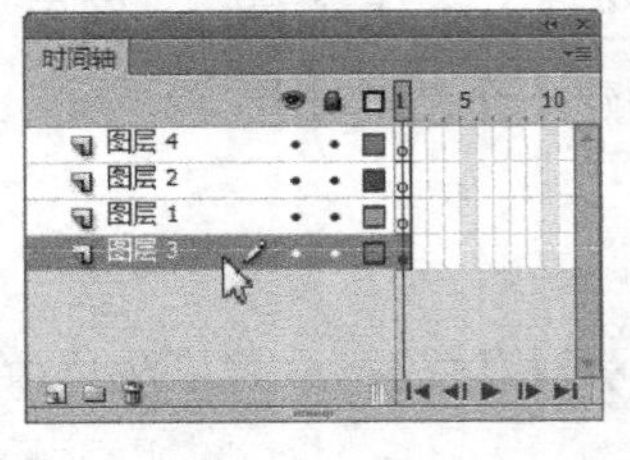


图 8-8

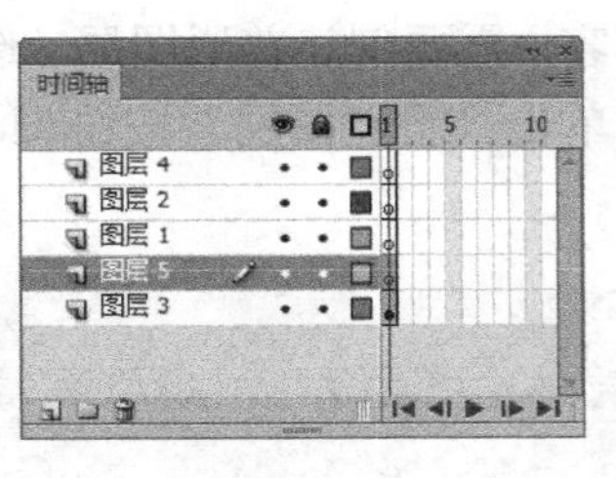


图 8-9

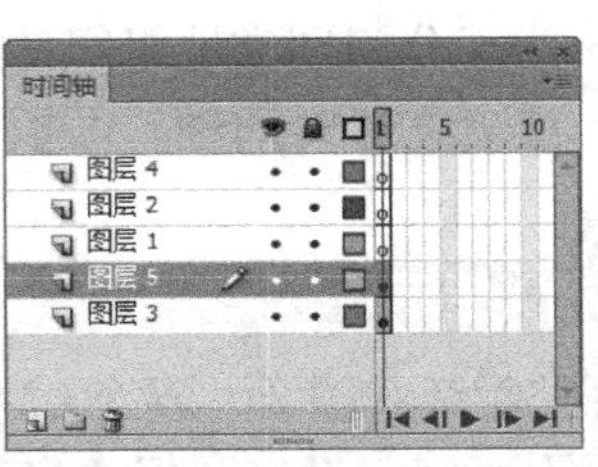


图 8-10

### 6．删除图层

如果不再需要某个图层，可以将其删除。删除图层有以下两种方法：在“时间轴”面板中选中要删除的图层，在面板下方单击“删除”按钮，即可删除选中图层，如图8-11所示；还可在“时间轴”面板中选中要删除的图层，单击并按住鼠标不放，将其向下拖曳，这时会出现虚线，将虚线拖曳到“删除图层”按钮上即可进行删除，如图8-12所示。

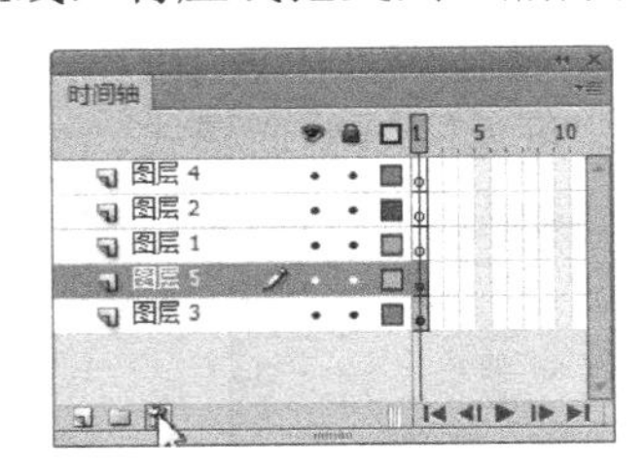

图8-11

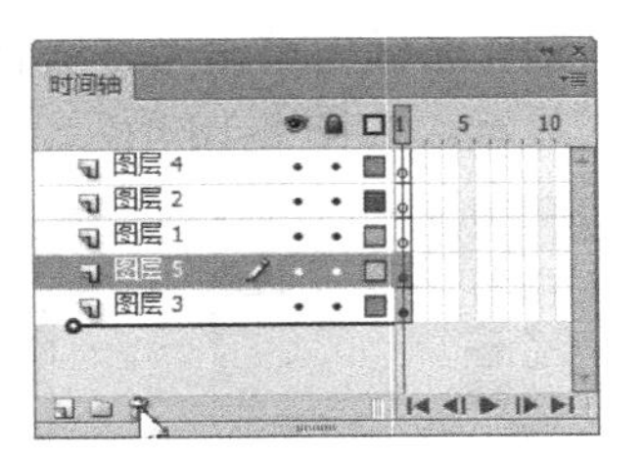

图8-12

### 7．隐藏、锁定图层和图层的线框显示模式

（1）隐藏图层：动画经常是多个图层叠加在一起的效果，为了便于观察某个图层中对象的效果，可以把其他的图层先隐藏起来。

在“时间轴”面板中单击“显示或隐藏所有图层”按钮下方的小黑圆点，小黑圆点所在的图层就被隐藏，小黑点变为叉号图标✕，如图8-13所示，此时图层将不能被编辑。

在“时间轴”面板中单击“显示或隐藏所有图层”按钮，面板中的所有图层将被同时隐藏，如图8-14所示。再单击此按钮，即可解除隐藏。

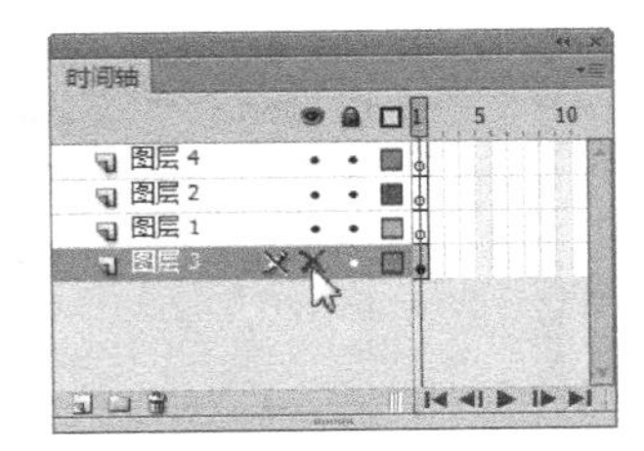

图8-13

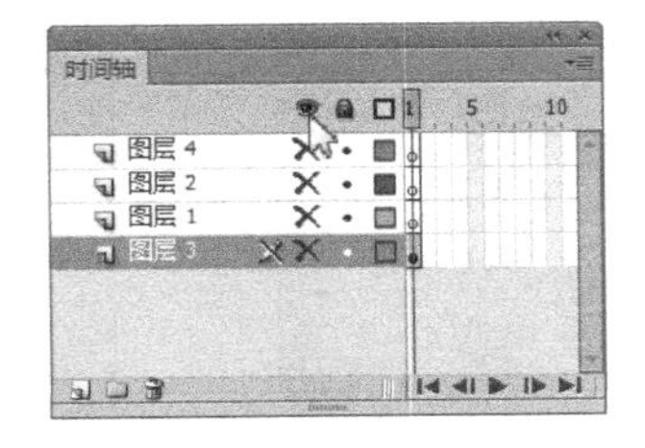

图8-14

（2）锁定图层：如果某个图层上的内容已符合要求，则可以锁定该图层，以避免内容被意外地更改。

在“时间轴”面板中单击“锁定或解除锁定所有图层”按钮下方的小黑圆点，这时小黑圆点所在的图层就被锁定，小黑点变为锁状图标，如图8-15所示，此时图层将不能被编辑。

在“时间轴”面板中单击“锁定或解除锁定所有图层”按钮，面板中的所有图层将被同时锁定，如图8-16所示。再单击此按钮，即可解除锁定。

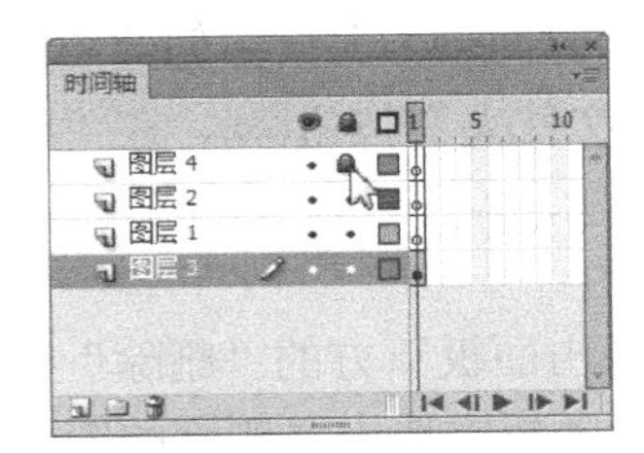

图8-15

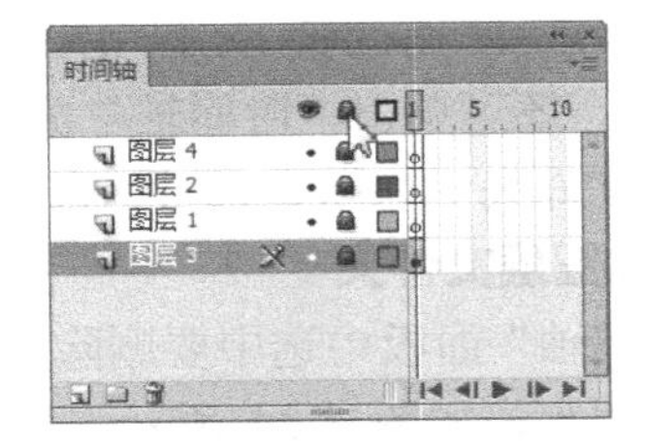

图8-16

（3）图层的线框显示模式：为了便于观察图层中的对象，可以将对象以线框的模式进行显示。

在“时间轴”面板中单击“将所有图层显示为轮廓”按钮下方的实色正方形，这时实色正方形所在图层中的对象就呈线框模式显示，实色正方形变为线框图标，如图 8-17 所示。此时并不影响编辑图层。

在“时间轴”面板中单击“将所有图层显示为轮廓”按钮，面板中的所有图层将被同时以线框模式显示，如图 8-18 所示。再单击此按钮，即可返回到普通模式。

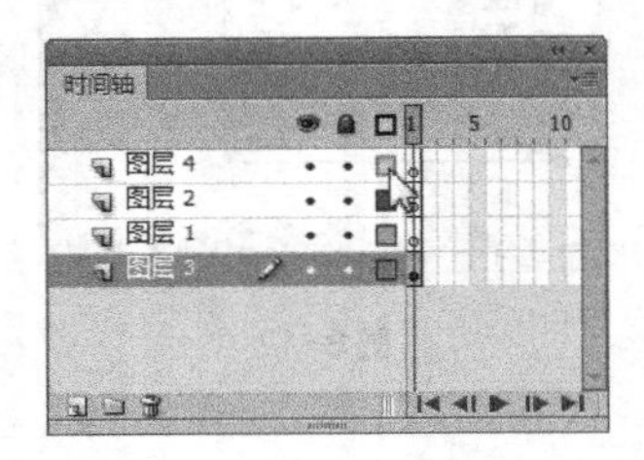

图 8-17

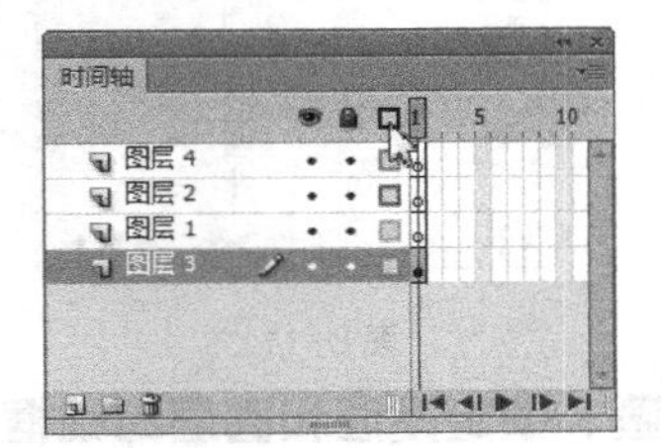

图 8-18

### 8. 重命名图层

可以根据需要更改图层的名称。更改图层名称有以下两种方法。

（1）双击“时间轴”面板中的图层名称，名称变为可编辑状态，如图 8-19 所示。输入要更改的图层名称，如图 8-20 所示，在图层旁边单击鼠标，即完成图层名称的修改，如图 8-21 所示。

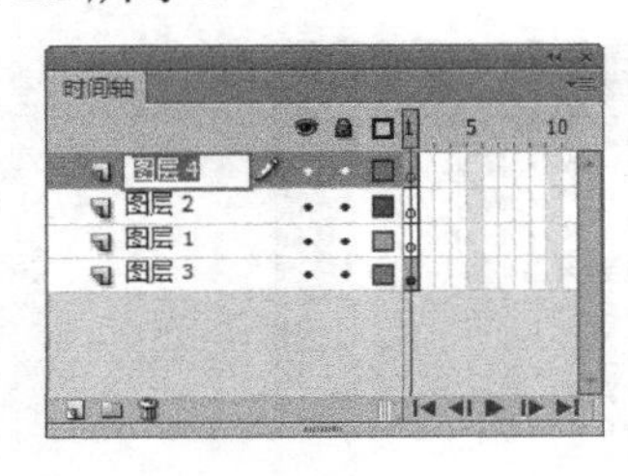

图 8-19

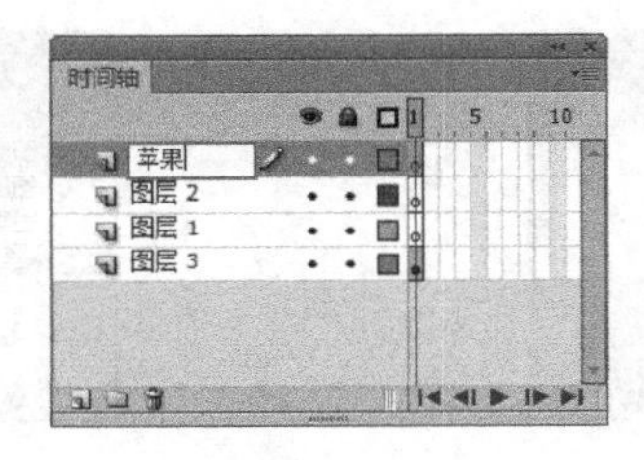

图 8-20

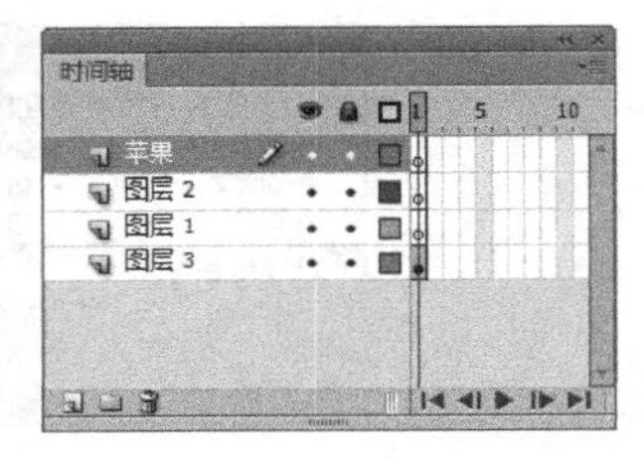

图 8-21

（2）还可选中要修改名称的图层，选择“修改 > 时间轴 > 图层属性”命令，在弹出的“图层属性”对话框中修改图层的名称。

## 8.1.2 图层文件夹

在“时间轴”面板中，可以通过创建图层文件夹来组织和管理图层，以使“时间轴”面板中图层的层次结构更为清晰。

### 1. 创建图层文件夹

选择“插入 > 时间轴 > 图层文件夹”命令，在“时间轴”面板中创建图层文件夹，如图 8-22 所示。还可单击“时间轴”面板下方的“新建文件夹”按钮，在“时间轴”面板中创建图层文件夹，如图 8-23 所示。

### 2. 删除图层文件夹

在“时间轴”面板中选中要删除的图层文件夹，单击面板下方的“删除”按钮，即可删除图层文件夹，如图 8-24 所示。还可在“时间轴”面板中选中要删除的图层文件夹，单击并按住鼠标不放，将其向下拖曳，这时会出现虚线，将虚线拖曳到“删除”按钮上即可进行删除，如图 8-25 所示。

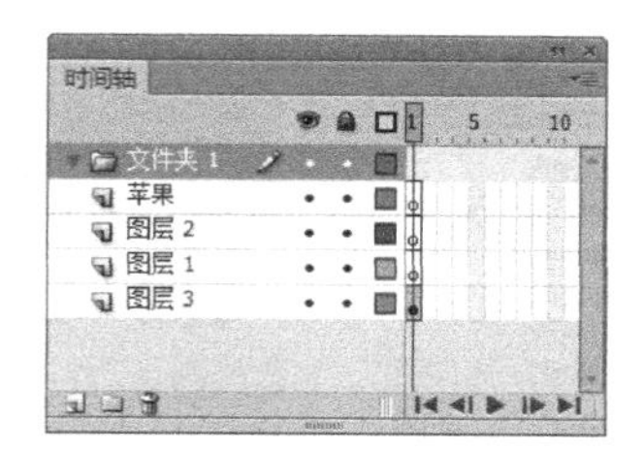


图 8-22

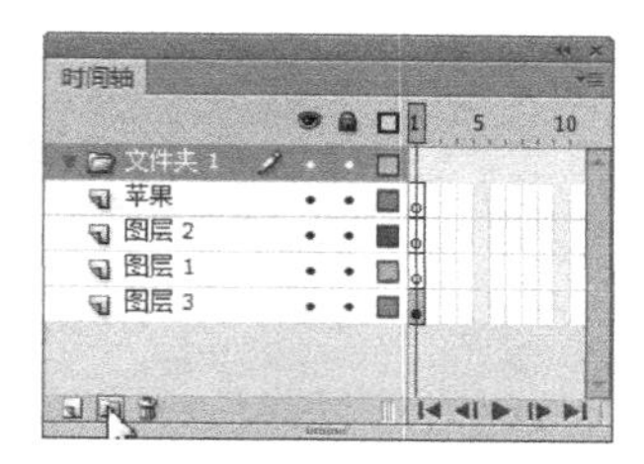


图 8-23

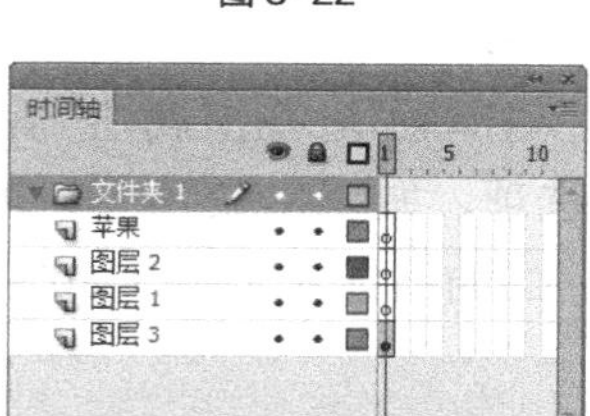


图 8-24

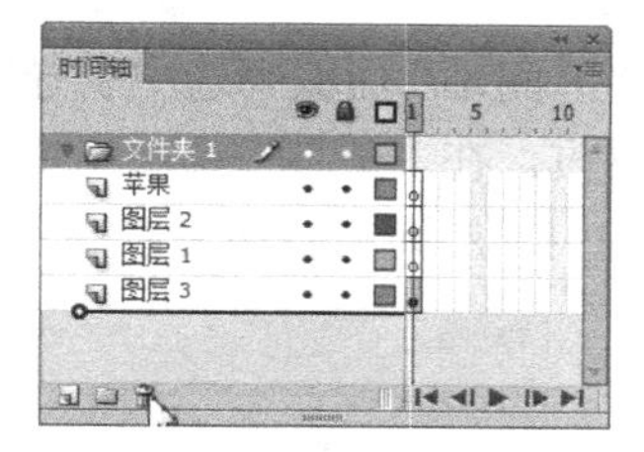


图 8-25

### 8.1.3　普通引导层

普通引导层主要用于为其他图层提供辅助绘图和绘图定位，引导层中的图形在播放影片时是不会显示的。

**1. 创建普通引导层**

用鼠标右键单击“时间轴”面板中的某个图层，在弹出的菜单中选择“引导层”命令，如图 8-26 所示，该图层即被转换为普通引导层。此时，图层前面的图标变为，如图 8-27 所示。

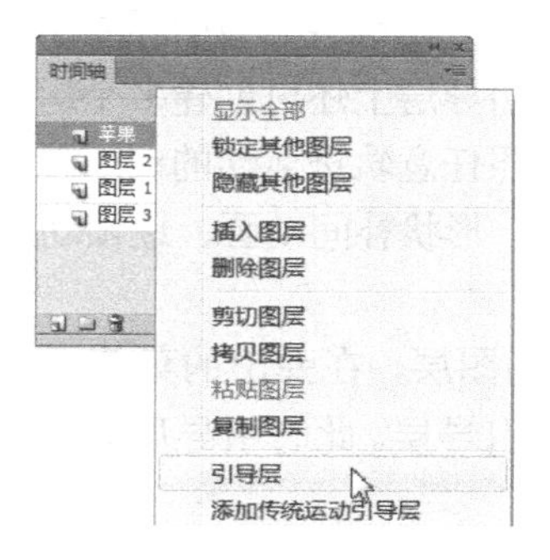


图 8-26

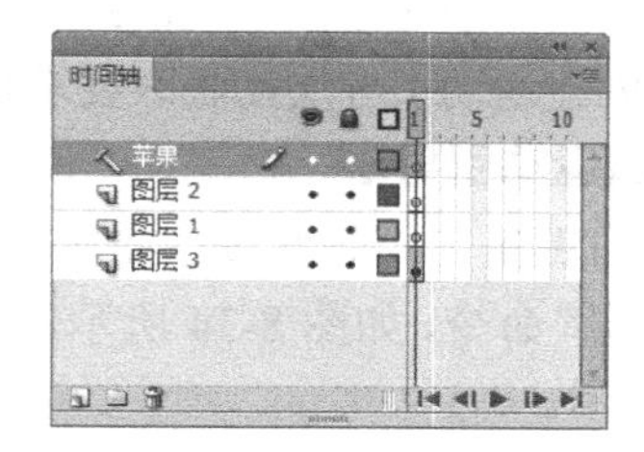


图 8-27

还可在“时间轴”面板中选中要转换的图层，选择“修改 > 时间轴 > 图层属性”命令，弹出“图层属性”对话框。在“类型”选项组中点选“引导层”单选项，如图 8-28 所示，然后单击“确定”按钮，选中的图层即转换为普通引导层。此时，图层前面的图标变为，如图 8-29 所示。

**2. 将普通引导层转换为普通图层**

如果要在播放影片时显示引导层上的对象，还可将引导层转换为普通图层。

用鼠标右键单击“时间轴”面板中的引导层，在弹出的菜单中选择“引导层”命令，如图 8-30 所示，引导层即被转换为普通图层。此时，图层前面的图标变为，如图 8-31 所示。

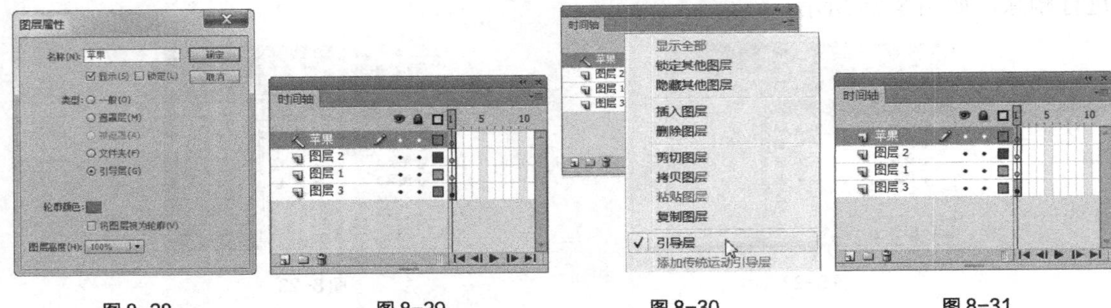


图 8-28　图 8-29　图 8-30　图 8-31

还可在“时间轴”面板中选中引导层，选择“修改 > 时间轴 > 图层属性”命令，弹出“图层属性”对话框。在“类型”选项组中点选 “一般”单选项，如图 8-32 所示，再单击“确定”按钮，选中的引导层即被转换为普通图层。此时，图层前面的图标变为，如图 8-33 所示。

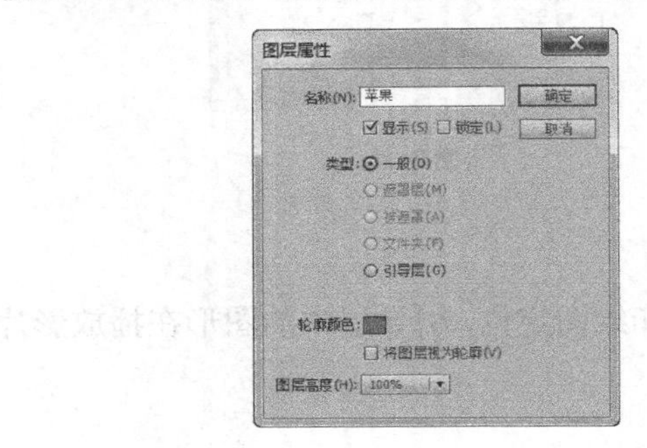


图 8-32

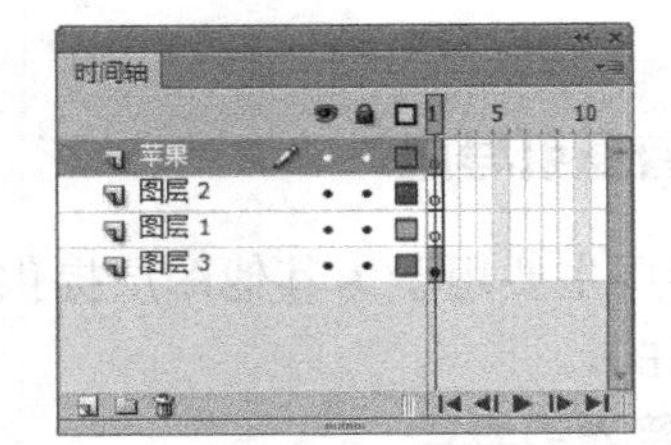


图 8-33

### 8.1.4　运动引导层

运动引导层的作用是设置对象运动路径的导向，使与之相链接的被引导层中的对象沿着路径运动，运动引导层上的路径在播放动画时不显示。在引导层上还可创建多个运动轨迹，以引导被引导层上的多个对象沿不同的路径运动。要创建按照任意轨迹运动的动画就需要添加运动引导层，但创建运动引导层动画时要求是动作补间动画，形状补间动画、逐帧动画不可用。

#### 1. 创建运动引导层

用鼠标右键单击“时间轴”面板中要添加引导层的图层，在弹出的菜单中选择“添加传统运动引导层”命令，如图 8-34 所示，为图层添加运动引导层。此时引导层前面出现图标，如图 8-35 所示。

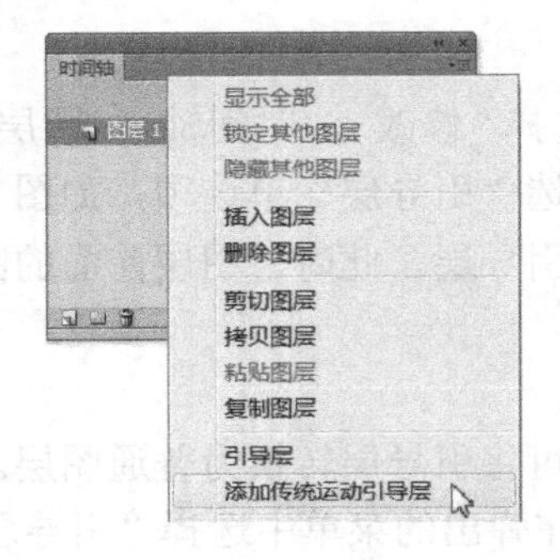


图 8-34

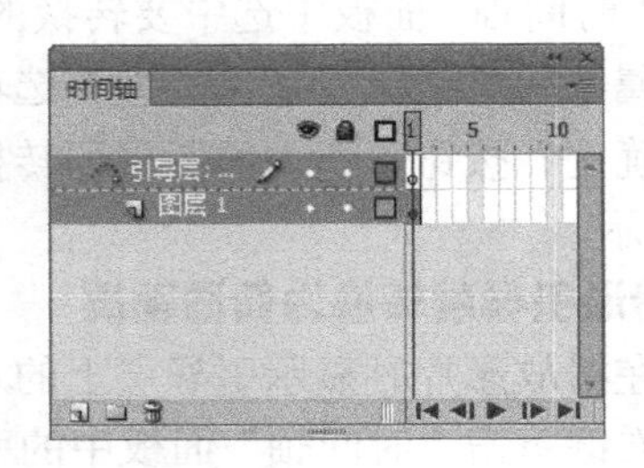


图 8-35

**提示**

*一个引导层可以引导多个图层上的对象按运动路径运动。如果要将多个图层变成某一个运动引导层的被引导层，在“时间轴”面板上将要变成被引导层的图层拖曳至引导层下方即可。*

### 2. 将运动引导层转换为普通图层

将运动引导层转换为普通图层的方法与普通引导层转换的方法一样，这里不再赘述。

### 3. 应用运动引导层制作动画

打开光盘中的 01 素材，用鼠标右键单击“时间轴”面板中的“图层 1”，在弹出的菜单中选择“添加传统运动引导层”命令，为“图层 1”添加运动引导层，如图 8-36 所示。选择“铅笔工具”，在引导层的舞台窗口中绘制 1 条曲线，如图 8-37 所示。选择“引导层”的第 60 帧，按 F5 键插入普通帧，如图 8-38 所示。

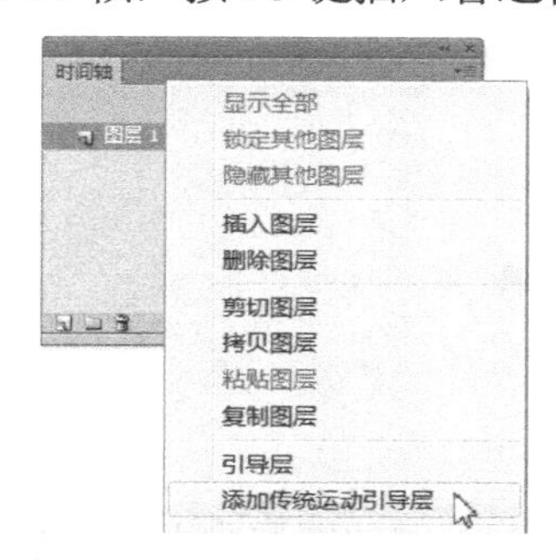


图 8-36

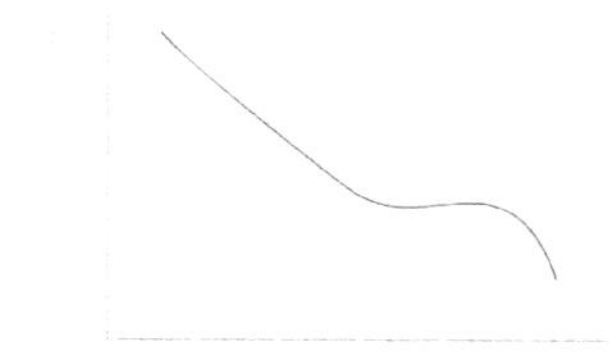

图 8-37

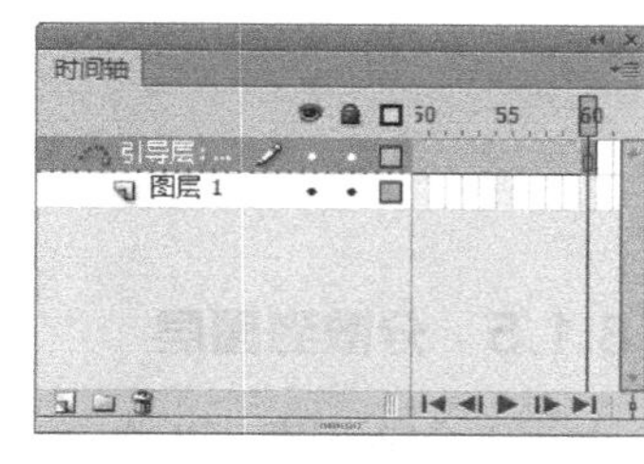


图 8-38

选中“图层 1”的第 1 帧，将“库”面板中的图形元件“蝴蝶”拖曳到舞台窗口中，放置在曲线的右端点上，如图 8-39 所示。选中“图层 1”中的第 60 帧，按 F6 键插入关键帧，如图 8-40 所示。将舞台窗口中的“蝴蝶”实例拖曳到曲线的左端点上，如图 8-41 所示。

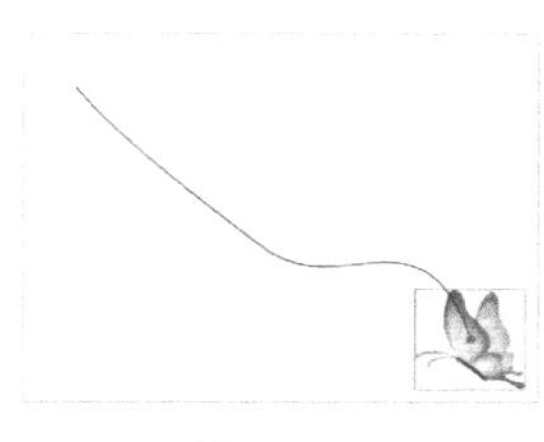

图 8-39

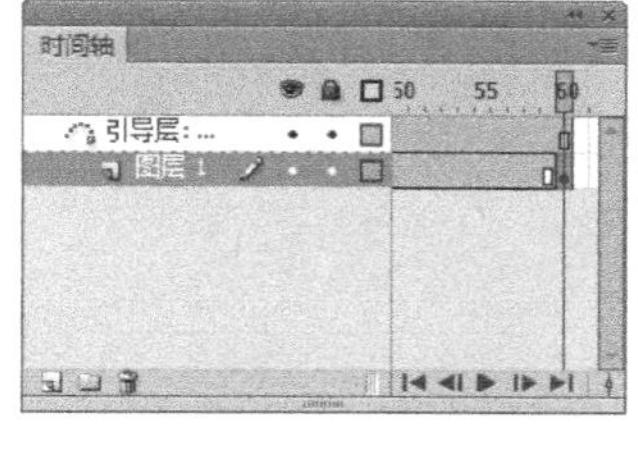


图 8-40

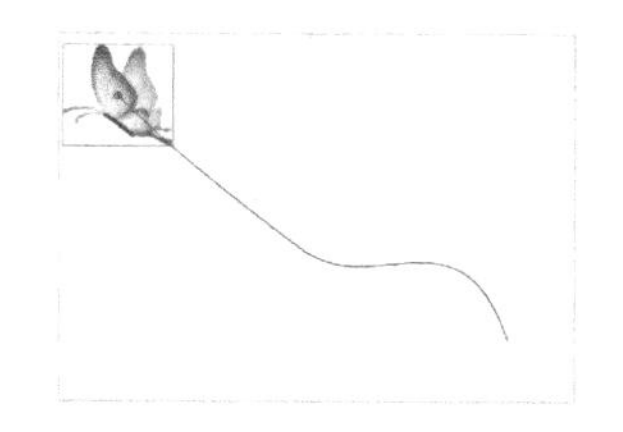

图 8-41

用鼠标右键单击“图层 1”的第 1 帧，在弹出的菜单中选择“创建传统补间”命令，如图 8-42 所示。在“图层 1”中，第 1 帧和第 60 帧之间生成动作补间动画，如图 8-43 所示。至此，运动引导层动画制作完成。

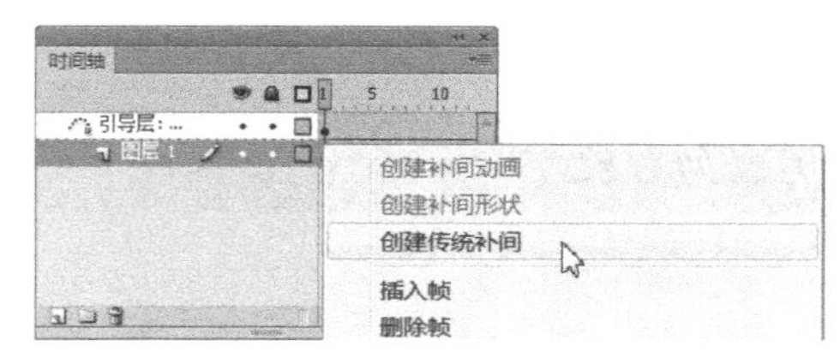


图 8-42

图 8-43

在不同的帧中，动画显示的效果如图 8-44 所示。按 Ctrl+Enter 组合键即可测试动画效果。在动画中，曲线将不被显示。

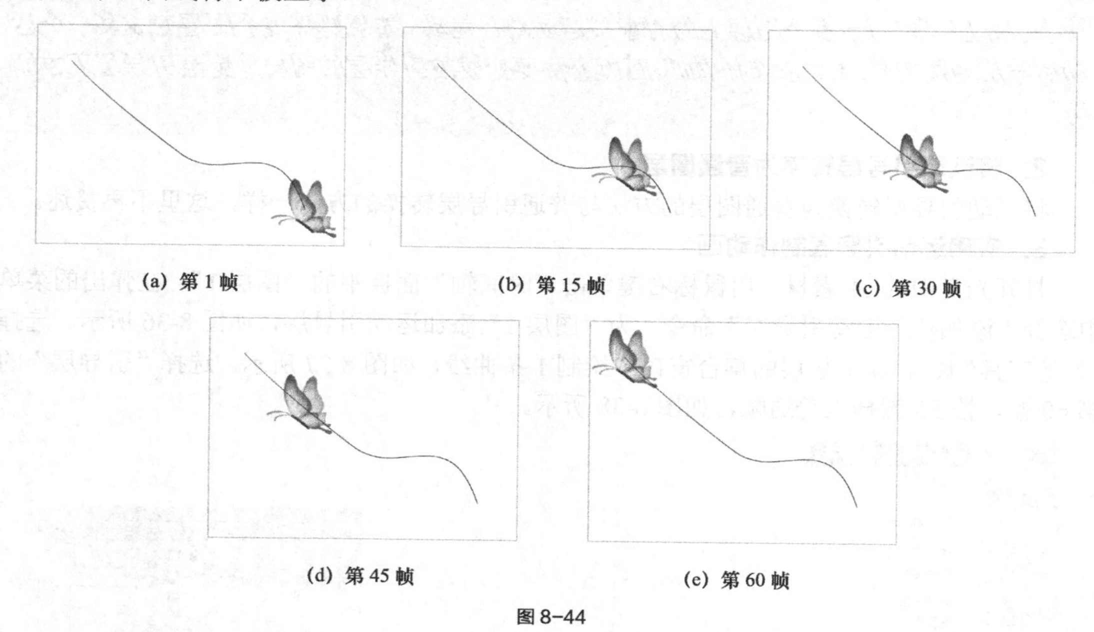

(a) 第 1 帧　(b) 第 15 帧　(c) 第 30 帧

(d) 第 45 帧　(e) 第 60 帧

图 8-44

### 8.1.5 分散到图层

应用“分散到图层”命令可以将同一图层上的多个对象分配到不同的图层中并为图层命名。如果对象是元件或位图，那么新图层将按其原有的名字命名。

新建空白文档，选择“文本工具”T，在“图层 1”的舞台窗口中输入文字“分散到图层”，如图 8-45 所示。选中文字，按 Ctrl+B 组合键，将文字打散，如图 8-46 所示。选择“修改 > 时间轴 > 分散到图层”命令，将“图层 1”中的文字分散到不同的图层中并按文字设定图层名，如图 8-47 所示。

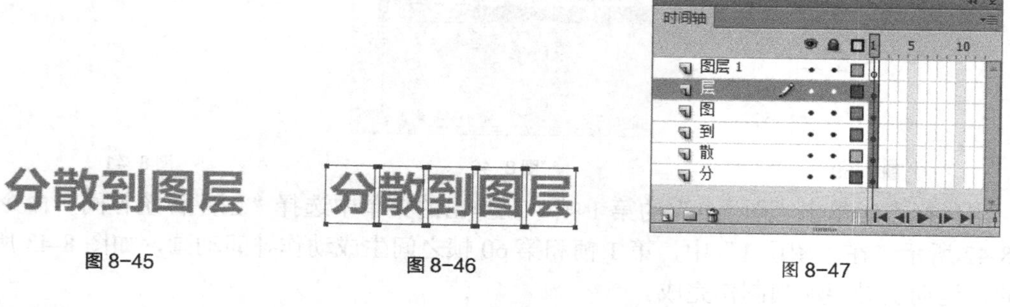


图 8-45　图 8-46　图 8-47

**提示**

*文字被分散到不同的图层中后，“图层 1”中没有任何对象。*

### 8.1.6 课堂案例——制作飘落效果

【案例学习目标】使用添加传统运动引导层命令添加引导层。

【案例知识要点】使用添加传统运动引导层命令添加引导层，使用铅笔工具绘制线条，使用创建传统补间命令制作飘落动画效果，完成后的效果如图 8-48 所示。

【文件所在位置】光盘/Ch08/效果/制作飘落效果.fla。

### 1. 导入图像并制作元件

（1）选择“文件 > 新建”命令，在弹出的“新建文档”对话框中选择“ActionScript 3.0”选项，单击“确定”按钮，进入新建文档舞台窗口。按 Ctrl+F3 组合键，弹出文档的“属性”面板，单击面板中的“编辑文档属性”按钮，弹出“文档设置”对话框，将“宽度”选项设为 425，“高度”选项设为 652，将“背景颜色”选项设为黑色，单击“确定”按钮，改变舞台窗口的大小和颜色。

图 8-48

（2）选择“文件 > 导入 > 导入到库”命令，在弹出的“导入到库”对话框中选择“Ch08 > 素材 > 制作飘落效果 > 01”、“02”、“03”文件，单击“打开”按钮，将文件导入到“库”面板中，如图 8-49 所示。

（3）在“库”面板下方单击“新建元件”按钮，弹出“创建新元件”对话框。在“名称”文本框中输入“白云”，在“类型”下拉列表中选择“图形”选项，如图 8-50 所示，单击“确定”按钮，新建图形元件“白云”，如图 8-51 所示。舞台窗口也随之转换为图形元件的舞台窗口。

图 8-49

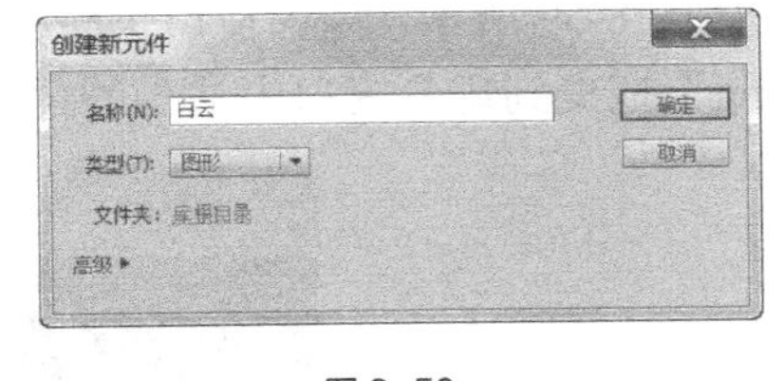


图 8-50

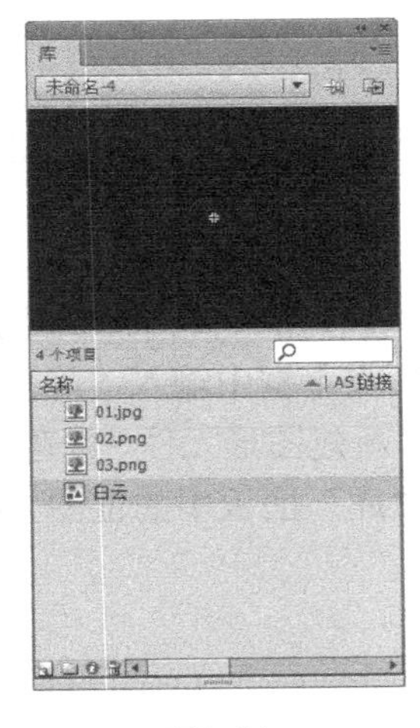


图 8-51

（4）将“库”面板中的位图“03.png”拖曳到舞台窗口中适当的位置，效果如图 8-52 所示。在“库”面板下方单击“新建元件”按钮，弹出“创建新元件”对话框，在“名称”文本框中输入“白云动”，在“类型”下拉列表中选择“影片剪辑”选项，单击“确定”按钮，新建影片剪辑元件“白云动”，如图 8-53 所示，舞台窗口也随之转换为影片剪辑元件的舞台窗口。

（5）将“库”面板中的图形元件“白云”拖曳到舞台窗口中的适当位置，如图 8-54 所示。选中“图层 1”的第 54 帧，按 F6 键插入关键帧，如图 8-55 所示。选择“选择工具”，选中“白云”实例，按住 Shift 键的同时，单击并按住鼠标水平向左拖曳其到适当的位置，如图 8-56 所示。

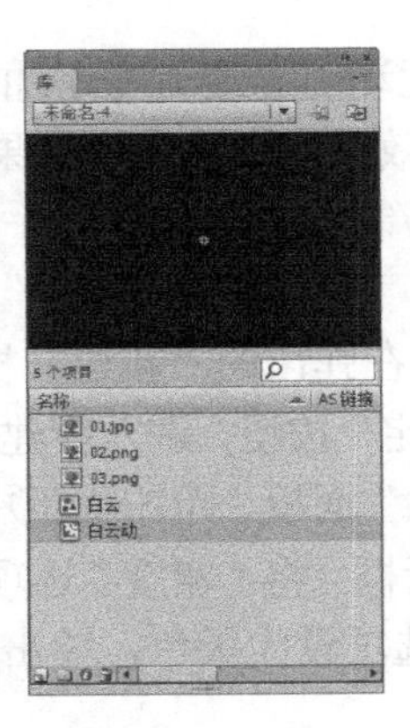

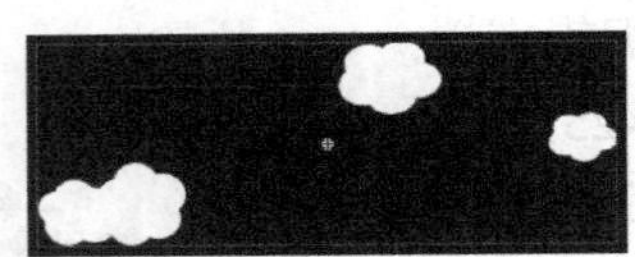

图 8-52　　图 8-53　　图 8-54

（6）选中“图层 1”的第 100 帧，按 F6 键插入关键帧。选择“选择工具”，选中“白云”实例，按住 Shift 键的同时，单击并按住鼠标水平向右拖曳其到适当的位置，如图 8-57 所示。用鼠标右键分别单击第 1 帧和第 54 帧，在弹出的菜单中选择“创建传统补间”命令，生成传统补间动画，如图 8-58 所示。

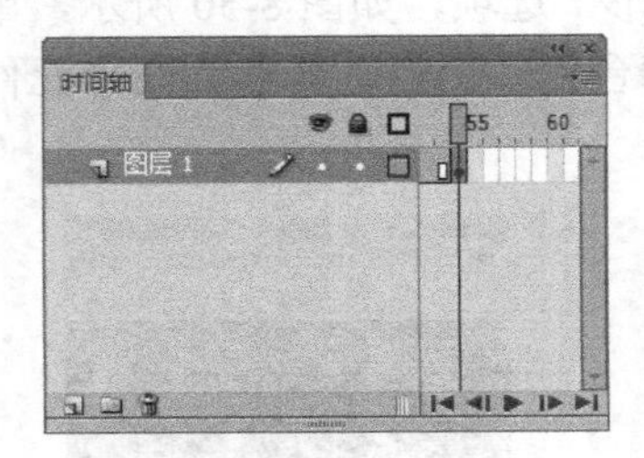
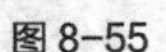

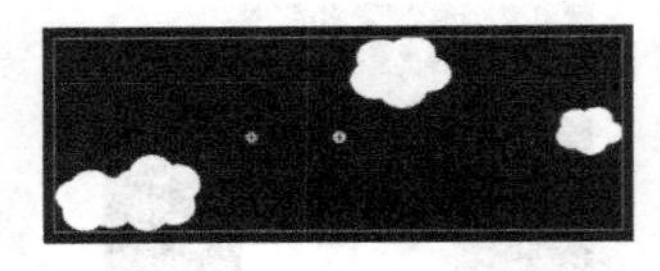

图 8-55　　图 8-56　　图 8-57

（7）在“库”面板下方单击“新建元件”按钮，弹出“创建新元件”对话框，在“名称”文本框中输入“降落伞”，在“类型”下拉列表中选择“图形”选项，单击“确定”按钮，新建图形元件“降落伞”，如图 8-59 所示。舞台窗口也随之转换为图形元件的舞台窗口。将“库”面板中的位图“02.png”拖曳到舞台窗口中适当的位置，效果如图 8-60 所示。

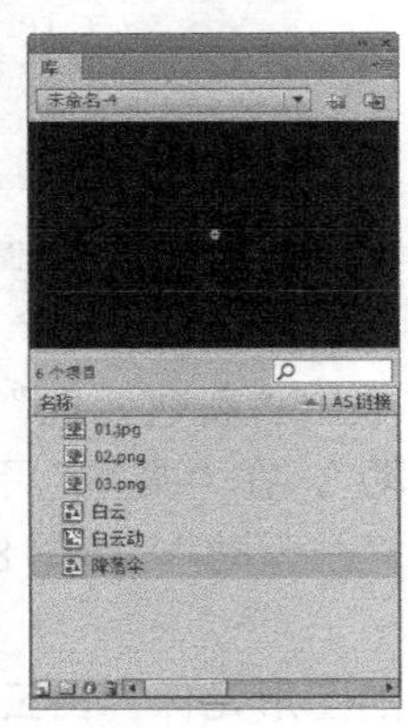

图 8-58　　图 8-59　　图 8-60

## 2. 绘制引导线制作降落伞效果

（1）单击舞台窗口左上方的“场景 1”图标，进入“场景 1”的舞台窗口。将“图层 1”重新命名为“底图”，如图 8-61 所示。将“库”面板中的位图“01.png”拖曳到舞台窗口的中心位置，效果如图 8-62 所示。选中“底图”图层的第 95 帧，按 F5 键插入帧。

（2）单击“时间轴”面板下方的“新建图层”按钮，创建新图层并将其命名为“降落伞”，如图 8-63 所示。在“降落伞”图层上单击鼠标右键，在弹出的菜单中选择“添加传统运动引导层”命令，为“降落伞”添加运动引导层，如图 8-64 所示。

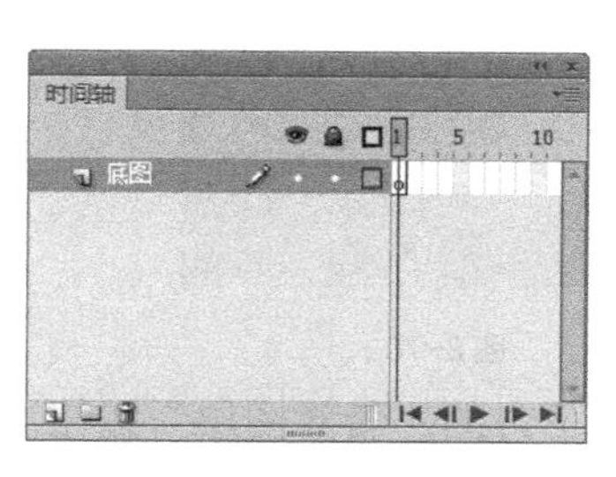


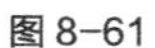

图 8-61

图 8-62

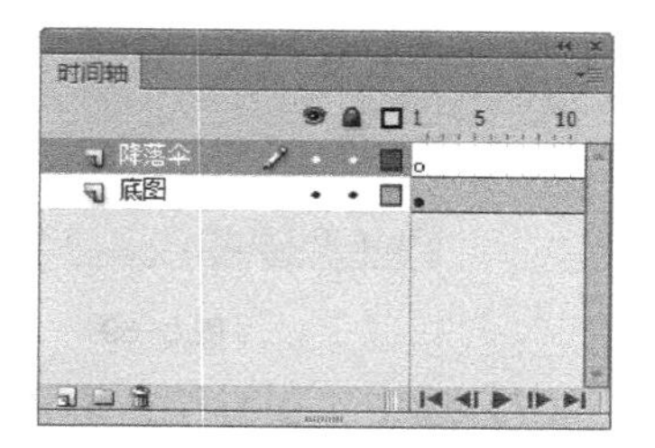


图 8-63

（3）选中“引导层：降落伞”图层的第 1 帧，选择“铅笔工具”，在工具箱中将“笔触颜色”设为青色（#0099FF），选中工具箱下方“选项”选项组中的“平滑”按钮，在引导层上绘制出 1 条曲线，如图 8-65 所示。

（4）选中“降落伞”图层的第 1 帧，将“库”面板中的图形元件“降落伞”拖曳到舞台窗口中适当的位置，效果如图 8-66 所示。

图 8-64

图 8-65

图 8-66

（5）选中“降落伞”图层的第 95 帧，按 F6 键插入关键帧，如图 8-67 所示。选择“选择工具”，在舞台窗口中将“降落伞”实例移动到曲线下方适当的位置，效果如图 8-68 所示。

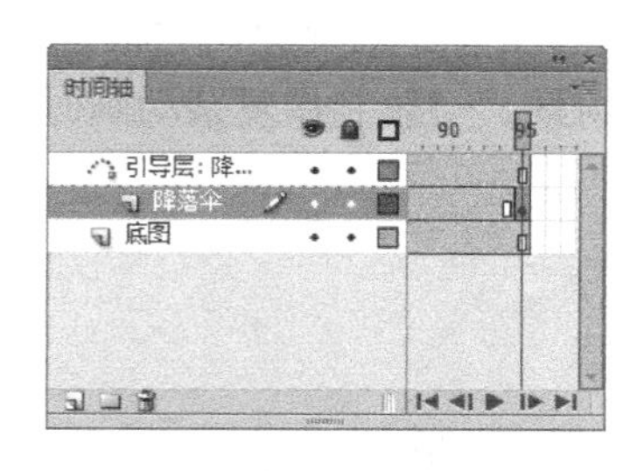


图 8-67

图 8-68

（6）用鼠标右键单击“降落伞”图层的第 1 帧，在弹出的菜单中选择“创建传统补间”命令，在第 1 帧和第 95 帧之间生成传统补间动画，如图 8-69 所示。在帧的“属性”面板中选择“补间”选项组，将“缓动”选项设为 37，如图 8-70 所示。

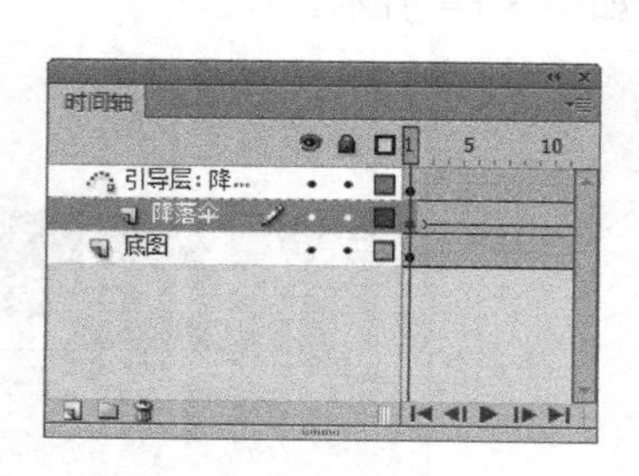


图 8-69

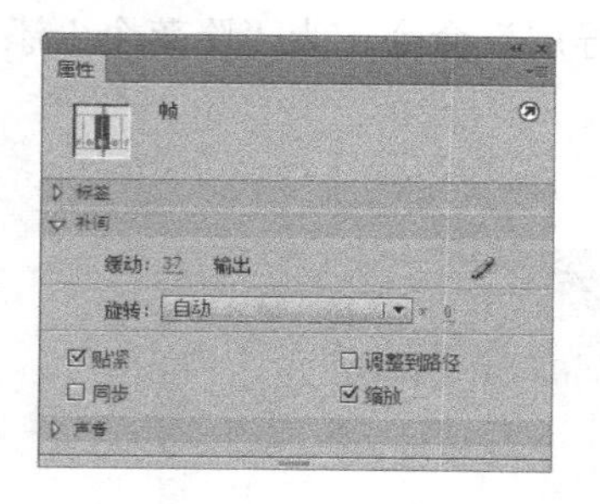


图 8-70

（7）选中“引导层：降落伞”图层。单击“时间轴”面板下方的“新建图层”按钮，创建新图层并将其命名为“白云”。将“库”面板中的影片剪辑元件“白云动”拖曳到舞台窗口的适当位置，如图 8-71 所示。在图形的“属性”面板中选择“色彩效果”选项组，在“样式”下拉列表中选择“Alpha”，将其值设为 80%，如图 8-72 所示。至此，飘落效果制作完成，按 Ctrl+Enter 组合键即可查看效果，如图 8-73 所示。

图 8-71

图 8-72

图 8-73

## 8.2 遮罩层、遮罩动画与场景动画

遮罩层就像一块不透明的板，要想看到它下面的图像，只能在板上挖“洞”。而遮罩层中有对象的地方就可看成是“洞”，通过这个“洞”，被遮罩层中的对象才可以显示出来。

场景是影视制作中的术语，但在 Flash CS6 中其含义有了新变化，它很像影视作品的一个镜头，将主要对象没有改变的一段动画制成一个场景。一般制作复杂动画时多使用场景，这样便于分工协作和修改。

### 8.2.1 遮罩层

#### 1. 创建遮罩层

要创建遮罩动画首先要创建遮罩层。在“时间轴”面板中，用鼠标右键单击要转换遮罩层的图层，在弹出的菜单中选择“遮罩层”命令，如图 8-74 所示。选中的图层即被转换为遮罩层，其下方的图层自动转换为被遮罩层，并且它们都自动被锁定，如图 8-75 所示。

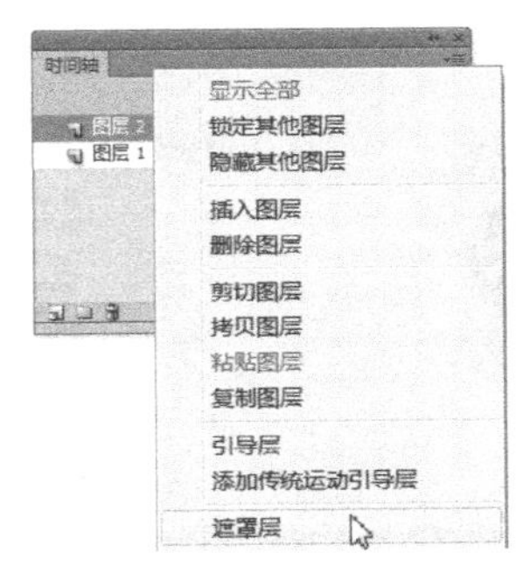


图 8-74

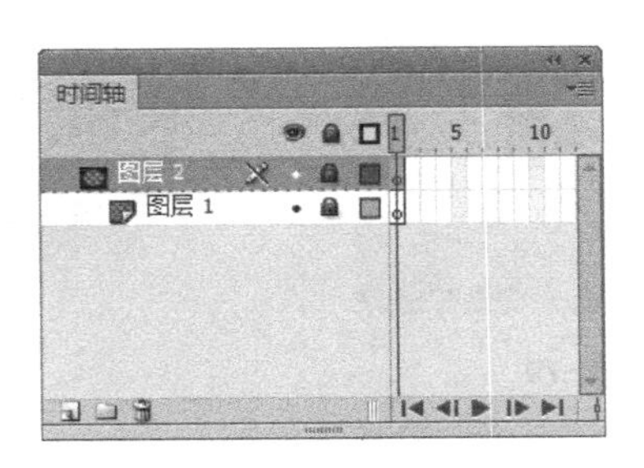


图 8-75

**提示**

*如果想解除遮罩，只需单击“时间轴”面板上遮罩层或被遮罩层上的图标将其解锁。遮罩层中的对象可以是图形、文字、元件的实例等，但不显示位图、渐变色、透明色和线条。一个遮罩层可以作为多个图层的遮罩层，如果要将一个普通图层变为某个遮罩层的被遮罩层，只需将此图层拖曳至遮罩层下方。*

### 2. 将遮罩层转换为普通图层

在“时间轴”面板中，用鼠标右键单击要转换的遮罩层，在弹出的菜单中选择“遮罩层”命令，如图 8-76 所示，遮罩层即被转换为普通图层，如图 8-77 所示。

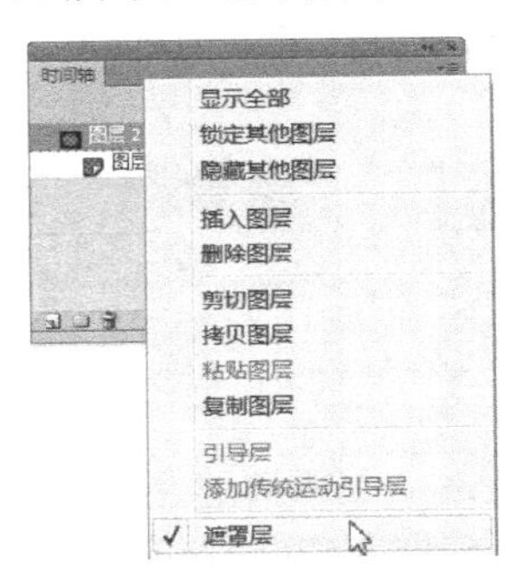


图 8-76

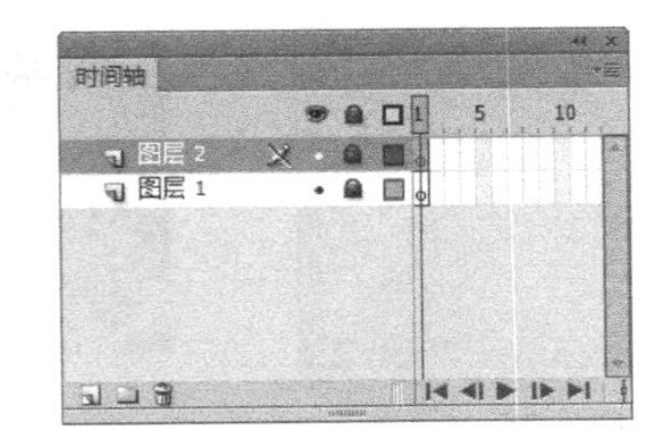


图 8-77

## 8.2.2　静态遮罩动画

打开光盘中的 02 素材，如图 8-78 所示。在“时间轴”面板下方单击“新建图层”按钮，创建新的图层“图层 3”，如图 8-79 所示。将“库”面板中的图形元件“02”拖曳到舞台窗口中的适当位置，如图 8-80 所示。反复按 Ctrl+B 组合键，将图形打散。在“时间轴”面板中，用鼠标右键单击“图层 3”，在弹出的菜单中选择“遮罩层”命令，如图 8-81 所示。

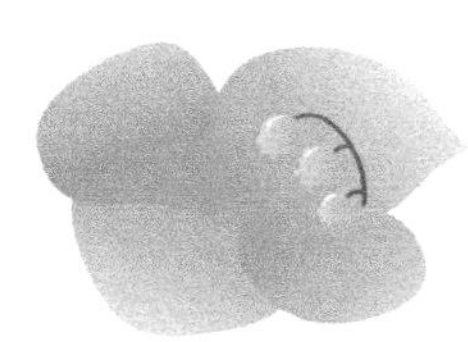

图 8-78

“图层 3”转换为遮罩层，“图层 1”转换为被遮罩层，两个图层被自动锁定，如图 8-82 所示。舞台窗口中图形的遮罩效果如图 8-83 所示。

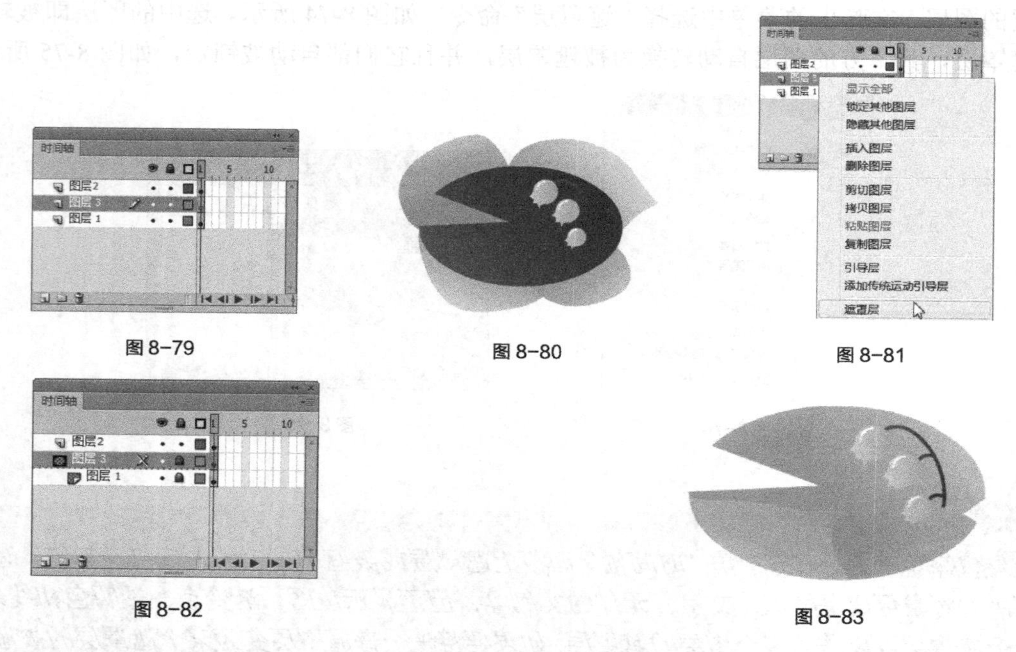


图 8-79　　图 8-80　　图 8-81

图 8-82　　图 8-83

## 8.2.3 动态遮罩动画

（1）打开光盘中的 03 素材。选中“底图”图层的第 10 帧，按 F5 键插入普通帧。选中“矩形块”图层的第 10 帧，按 F6 键插入关键帧，如图 8-84 所示。选择“选择工具”，在舞台窗口中将矩形块图形向右拖曳到适当的位置，效果如图 8-85 所示。

（2）用鼠标右键单击“矩形块”图层的第 1 帧，在弹出的菜单中选择“创建传统补间”命令，生成传统补间动画，如图 8-86 所示。

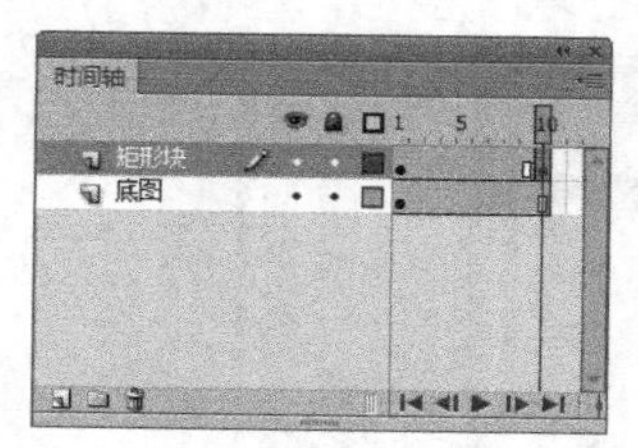


图 8-84

图 8-85

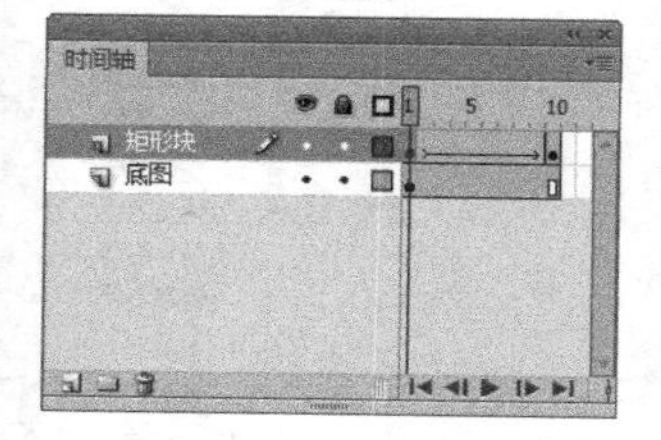


图 8-86

（3）用鼠标右键单击“矩形块”的名称，在弹出的菜单中选择“遮罩层”命令，如图 8-87 所示，“矩形块”图层即被转换为遮罩层，“底图”图层转换为被遮罩层，如图 8-88 所示。至此，动态遮罩动画制作完成，按 Ctrl+Enter 组合键，可以测试动画效果。

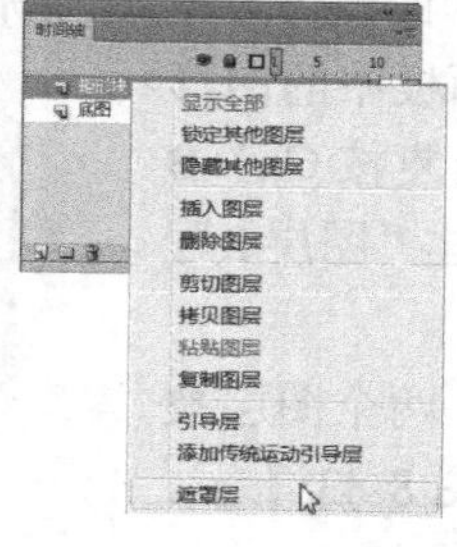


图 8-87

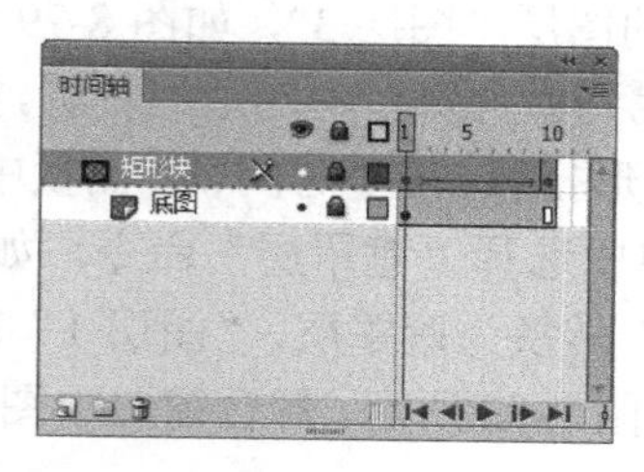


图 8-88

在不同的帧中，动画显示的效果如图 8-89 所示。

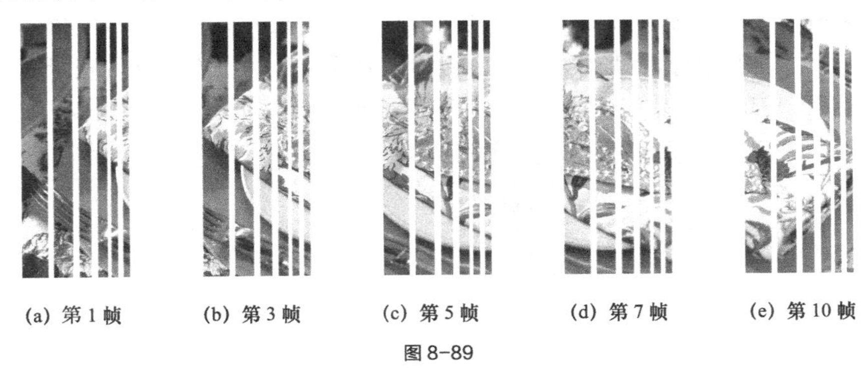

(a) 第 1 帧　(b) 第 3 帧　(c) 第 5 帧　(d) 第 7 帧　(e) 第 10 帧

图 8-89

## 8.2.4　场景动画

场景是影视制作中的术语，但在 Flash CS6 中其含义有了新变化，它很像影视作品的一个镜头，将主要对象没有改变的一段动画制成一个场景。一般制作复杂动画时多使用场景，这样便于分工协作和修改。

### 1. 创建场景

选择“窗口 > 其他面板 > 场景”命令或者按 Shift+F2 组合键，弹出“场景”面板。单击“添加场景”按钮，创建新的场景，如图 8-90 所示。如果需要复制场景，可以选中要复制的场景，单击“重制场景”按钮，即可进行复制，如图 8-91 所示。

还可选择“插入 > 场景”命令，创建新的场景。

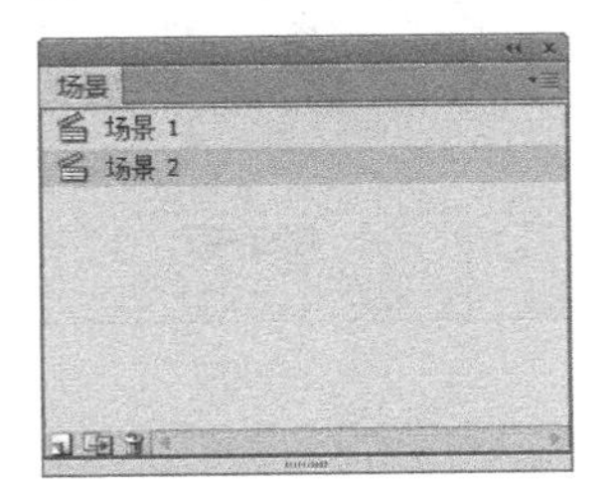


图 8-90

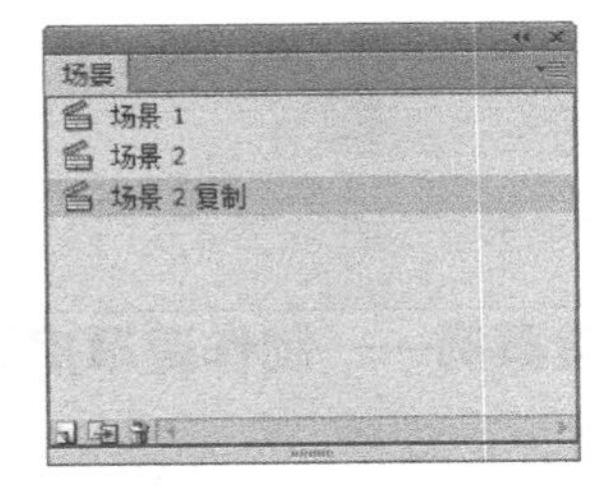


图 8-91

### 2. 选择当前场景

在制作多场景动画时，常需要修改某场景中的动画，此时应该将该场景设置为当前场景。

单击舞台窗口上方的“编辑场景”按钮，在弹出的下拉列表中即可选择要编辑的场景，如图 8-92 所示。

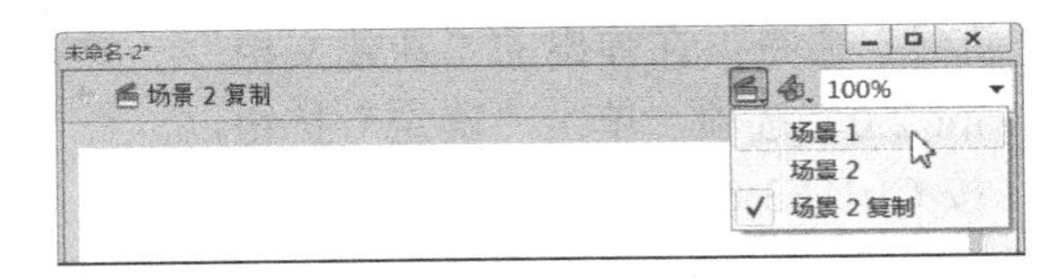


图 8-92

### 3. 调整场景动画的播放次序

在制作多场景动画时常需要设置各个场景动画播放的先后顺序。

选择“窗口 > 其他面板 > 场景”命令，弹出“场景”面板。在面板中选中要改变顺序的“场景 3”，如图 8-93 所示，将其拖曳到“场景 2”的上方。这时出现一个场景图标，并在“场景 2”上方出现一条带圆环头的绿线，其所在位置即表示“场景 3”移动后的位置，如图 8-94 所示。松开鼠标，“场景 3”即移动到“场景 2”的上方，这就表示在播放场景动画时，“场景 3”中的动画要先于“场景 2”中的动画播放，如图 8-95 所示。

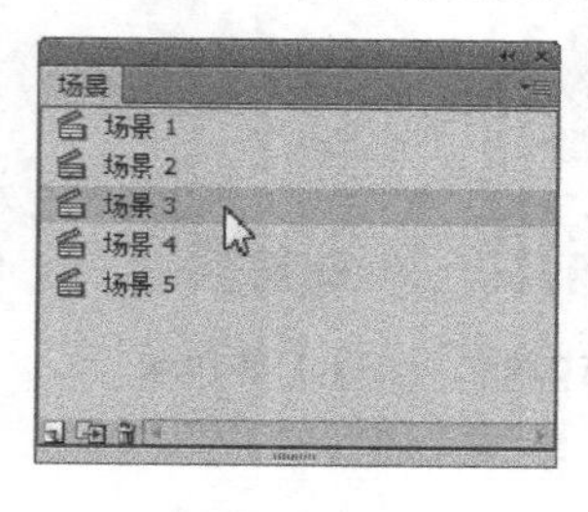

图 8-93

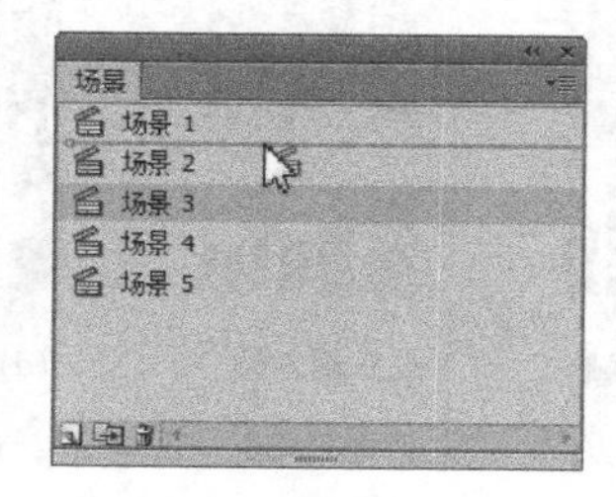

图 8-94

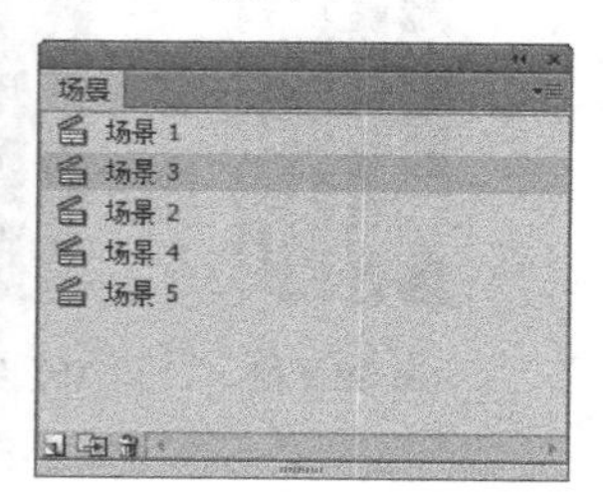

图 8-95

### 4. 删除场景

在制作动画过程中，没有用的场景可以将其删除。

选择“窗口 > 其他面板 > 场景”命令，弹出“场景”面板。选中要删除的场景，单击“删除场景”按钮，如图 8-96 所示，弹出提示对话框，单击“确定”按钮，场景即被删除，如图 8-97 所示。

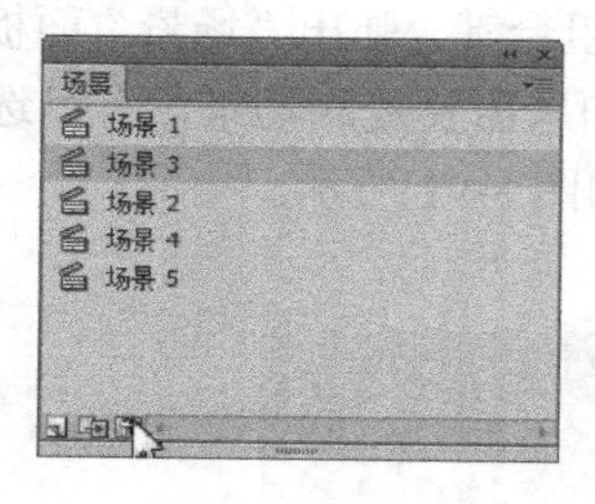

图 8-96

图 8-97

## 8.2.5 课堂案例——制作遮罩招贴动画

【案例学习目标】使用遮罩层命令制作遮罩动画。

【案例知识要点】使用矩形工具绘制矩形块，使用创建形状补间命令制作动画效果，使用遮罩层命令制作遮罩动画效果，完成后的效果如图 8-98 所示。

【文件所在位置】光盘/Ch08/效果/制作遮罩招贴动画.fla。

图 8-98

### 1. 导入图片并制作图形元件

（1）选择“文件 > 新建”命令，在弹出的“新建文档”对话框中选择“ActionScript 2.0”选项，单击“确定”按钮，进入新建文档舞台窗口。按 Ctrl+F3 组合键，弹出文档的“属性”面板，单击面板中的“编辑文档属性”按钮，弹出“文档设置”对话框，将“宽度”选项设为 600，“高度”选项设为 434，单击“确定”按钮，改变舞台窗口的大小。

（2）选择“文件 > 导入 > 导入到库”命令，在弹出的“导入到库”对话框中选择“Ch08 > 素材 > 制作遮罩招贴动画 > 01”~“06”文件，单击“打开”按钮，将文件导入到“库”面板中，如图 8-99 所示。

（3）按 Ctrl+F8 组合键，弹出“创建新元件”对话框，在“名称”文本框中输入“台灯”，在“类型”下拉列表中选择“图形”选项，如图 8-100 所示，单击“确定”按钮，新建图形元件“台灯”，如图 8-101 所示。舞台窗口也随之转换为图形元件的舞台窗口。

图 8-99

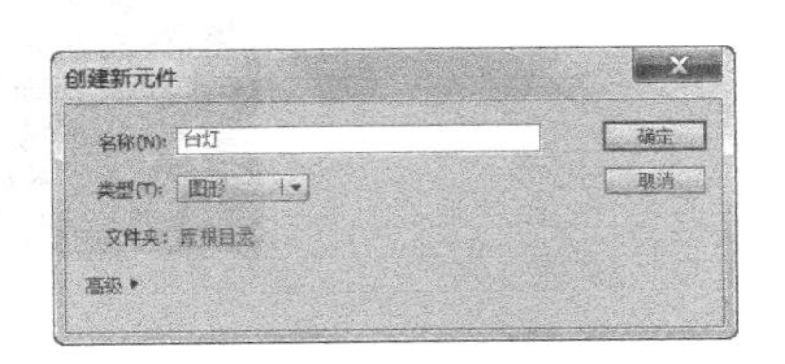


图 8-100

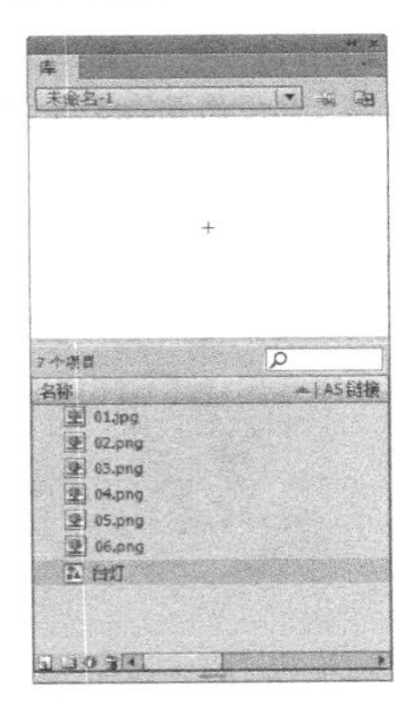

图 8-101

（4）将“库”面板中的位图“02.png”拖曳到舞台窗口中适当的位置，效果如图 8-102 所示。用相同方法制作图形元件“风景”、“图片”，并将“库”面板中与其对应的位图“03.png”、“04.png”，拖曳到元件舞台窗口中。“库”面板中的显示效果如图 8-103 所示。

图 8-102

图 8-103

## 2. 制作招贴动画效果

（1）单击舞台窗口左上方的“场景 1”图标，进入“场景 1”的舞台窗口。将“图层 1”重新命名为“底图”。将“库”面板中的位图“01.jpg”拖曳到舞台窗口的中心位置，效果如图 8-104 所示。选中“底图”图层的第 150 帧，按 F5 键插入帧，如图 8-105 所示。

图 8-104

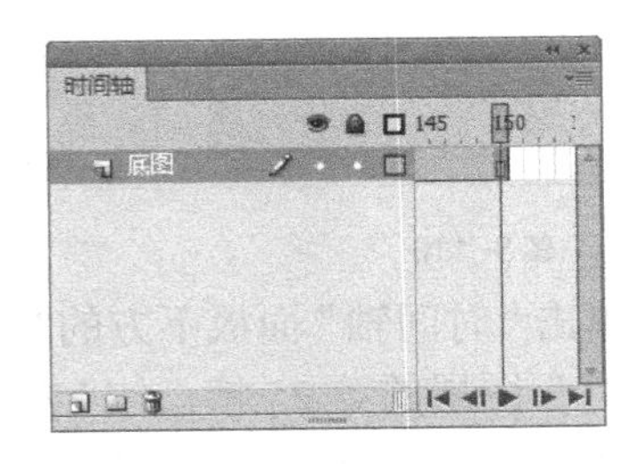


图 8-105

（2）单击“时间轴”面板下方的“新建图层”按钮，创建新图层并将其命名为“鞋子”。将“库”面板中的位图“05.png”拖曳到舞台窗口中适当的位置，效果如图 8-106 所示。

（3）单击“时间轴”面板下方的“新建图层”按钮，创建新图层并将其命名为“遮罩”。选择“矩形工具”，在工具箱中将“笔触颜色”设为无，“填充颜色”设为黑色，在舞台窗口中绘制 1 个矩形，效果如图 8-107 所示。

图 8-106

图 8-107

（4）选中“遮罩”图层的第 25 帧，按 F6 键插入关键帧，如图 8-108 所示。选中第 1 帧，选择“任意变形工具”，选中“矩形”实例，图形上出现控制框，向上拖曳控制框下方中间的控制点到适当的位置，如图 8-109 所示。

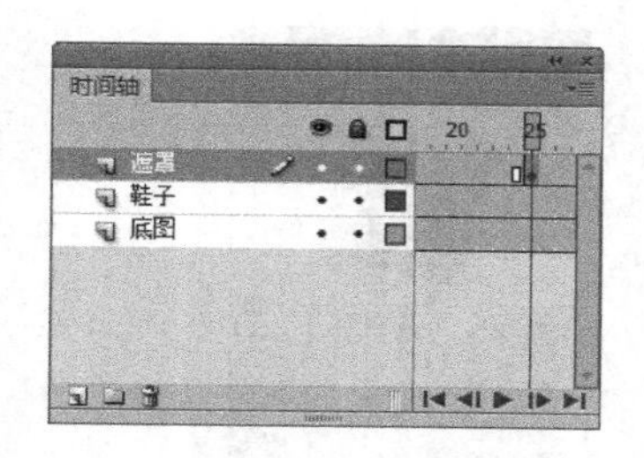


图 8-108

图 8-109

（5）用鼠标右键单击“遮罩”图层的第 1 帧，在弹出的菜单中选择“创建补间形状”命令，生成形状补间动画，如图 8-110 所示。在“遮罩”图层上单击鼠标右键，在弹出的菜单中选择“遮罩层”命令，将图层“遮罩”设置为遮罩的层，图层“鞋子”设置为被遮罩的层，如图 8-111 所示。舞台窗口中的效果如图 8-112 所示。

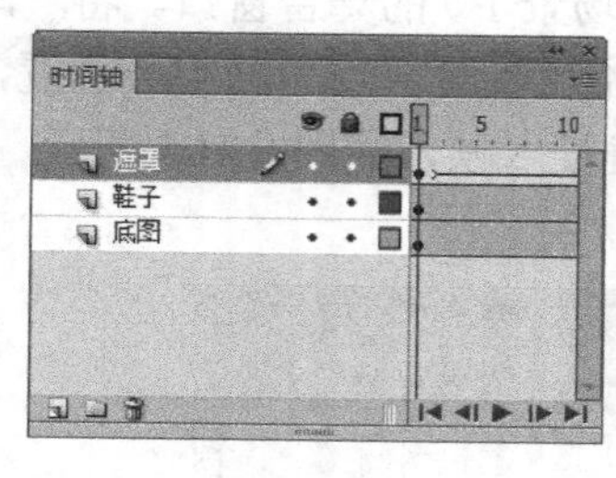


图 8-110

图 8-111

图 8-112

（6）单击“时间轴”面板下方的“新建图层”按钮，创建新图层并将其命名为“台灯”。选中“台灯”图层的第 25 帧，按 F7 键插入空白关键帧，如图 8-113 所示。将“库”面板中的图形元件“台灯”拖曳到舞台窗口中的适当位置，如图 8-114 所示。

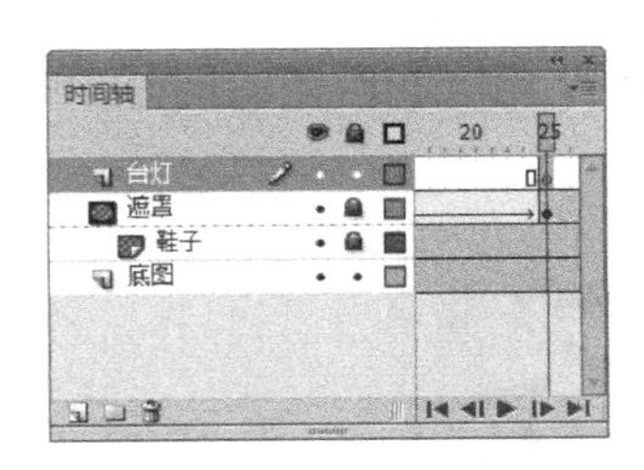

图 8-113

图 8-114

（7）选中“台灯”图层的第 45 帧，按 F6 键插入关键帧，如图 8-115 所示。选择第 25 帧，选择“选择工具”，选中“台灯”实例，将其拖曳到适当的位置，如图 8-116 所示。在图形的“属性”面板中选择“色彩效果”选项组，在“样式”下拉列表中选择“Alpha”，将其值设为 0，如图 8-117 所示。

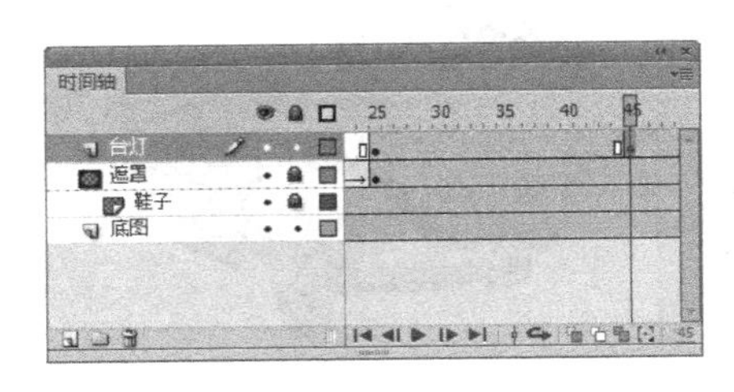

图 8-115

图 8-116

图 8-117

（8）用鼠标右键单击“台灯”的第 25 帧，在弹出的菜单中选择“创建传统补间”命令，生成传统补间动画，如图 8-118 所示。在帧的“属性”面板中选择“补间”选项组，在“旋转”下拉列表中选择“顺时针”，如图 8-119 所示。使用相同的方法制作其他图像的旋转和不透明效果，效果如图 8-120 所示。

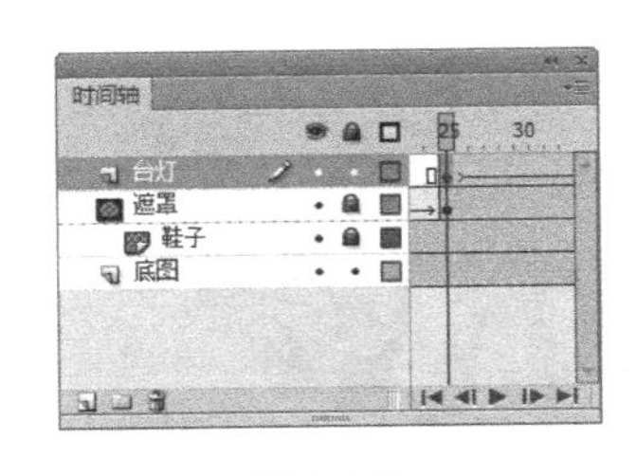

图 8-118

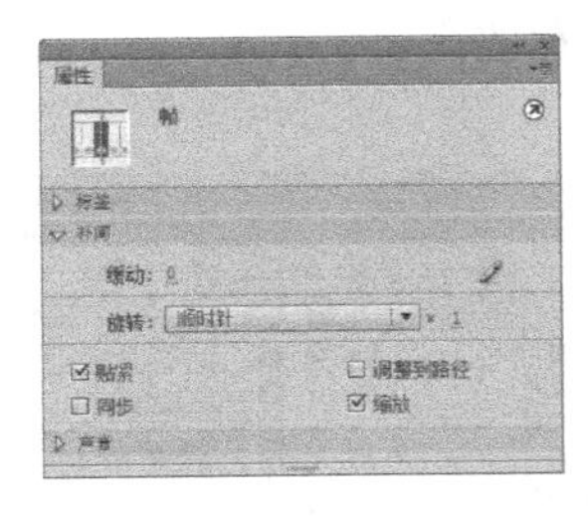

图 8-119

图 8-120

（9）单击“时间轴”面板下方的“新建图层”按钮，创建新图层并将其命名为“汽车”。选中该图层的第 75 帧，按 F7 键插入空白关键帧，如图 8-121 所示，将“库”面板中的位图“06.png”拖曳到舞台窗口中适当的位置，效果如图 8-122 所示。

（10）单击“时间轴”面板下方的“新建图层”按钮，创建新图层并将其命名为“遮罩 1”。选中该图层的第 75 帧，按 F7 键插入空白关键帧，选择“椭圆工具”，在工具箱中将“笔触颜色”设为无，“填充颜色”设为黑色，按住 Shift 键的同时，在舞台窗口中绘制 1 个圆形，效果如图 8-123 所示。

图 8-121

（11）选中“遮罩 1”图层的第 100 帧，按 F6 键插入关键帧，如图 8-124 所示。选中第 75 帧，选择“任意变形工具”，选中“圆形”实例，按 Shift 键的同时，将其等比例缩小，如图 8-125 所示。

图 8-122

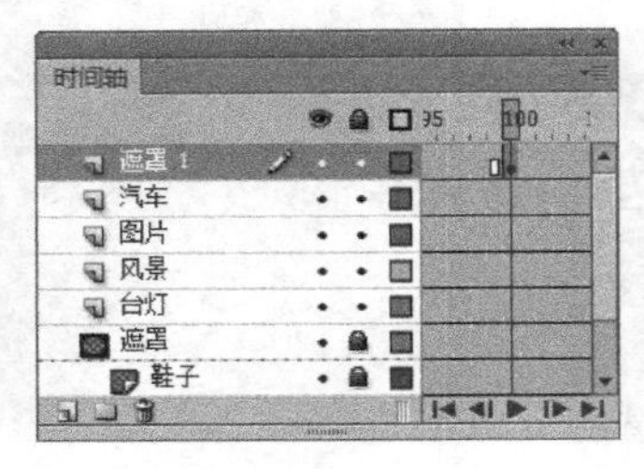

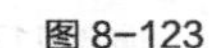

图 8-123　　图 8-124　　图 8-125

（12）用鼠标右键单击“遮罩 1”图层的第 75 帧，在弹出的菜单中选择“创建补间形状”命令，生成形状补间动画，如图 8-126 所示。在“遮罩 1”图层上单击鼠标右键，在弹出的菜单中选择“遮罩层”命令，将图层“遮罩 1”设置为遮罩的层，图层“汽车”设置为被遮罩的层，如图 8-127 所示。舞台窗口中的效果如图 8-128 所示。至此，遮罩招贴动画制作完成，按 Ctrl+Enter 组合键，即可查看效果。

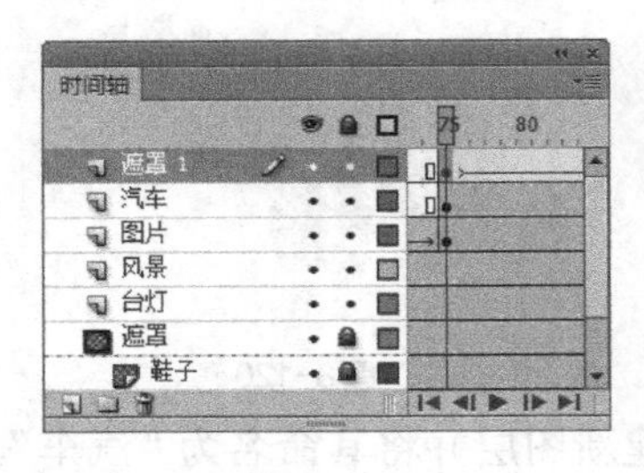


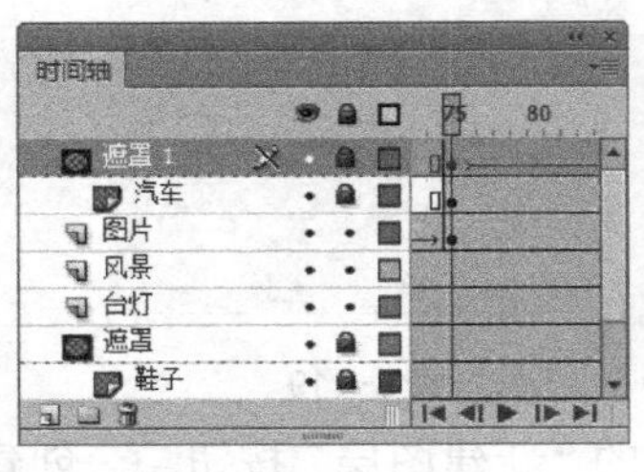

图 8-126　　图 8-127　　图 8-128

## 8.3 课堂练习——制作文字遮罩效果

【练习知识要点】使用矩形工具和颜色面板绘制渐变矩形，使用文本工具添加文字，使用遮罩层命令制作遮罩效果，完成后的效果如图 8-129 所示。

【文件所在位置】光盘/Ch08/效果/制作文字遮罩效果.fla。

图 8-129

## 8.4 课后习题——制作飞行效果

【习题知识要点】使用钢笔工具、添加传统运动引导层命令制作引导层动画效果，完成后的效果如图 8-130 所示。

【文件所在位置】光盘/Ch08/效果/制作飞行效果.fla。

图 8-130

Flash CS6

9 Chapter

# 第9章 声音素材的编辑

在 Flash CS6 中可以导入外部的声音素材作为动画的背景乐或音效。本章将主要介绍声音素材的多种格式，以及导入声音和编辑声音的方法。通过本章的学习，可以帮助读者了解并掌握导入声音和编辑声音的方法，从而使制作出来的动画更加生动。

课堂学习目标：

- 掌握导入声音素材的方法和技巧；
- 掌握编辑声音素材的方法和技巧。

# 9.1 声音的导入与编辑

在 Flash CS6 中导入声音素材后，可以将其直接应用到动画作品中，还可通过声音编辑器对声音素材进行编辑，然后再进行应用。

## 9.1.1 音频的基本知识

### 1. 取样率

取样率是指在进行数字录音时，单位时间内对模拟的音频信号进行提取样本的次数。取样率越高，声音质量越好。Flash CS6 经常使用 44kHz、22kHz 或 11kHz 的取样率对声音进行取样。例如，使用 22kHz 取样率取样的声音，每秒钟要对声音进行 22 000 次分析，并记录每两次分析之间的差值。

### 2. 位分辨率

位分辨率是指描述每个音频取样点的比特位数。例如，8 位的声音取样表示 2 的 8 次方或 256 级。用户可以将较高位分辨率的声音转换为较低位分辨率的声音。

### 3. 压缩率

压缩率是指文件压缩前后大小的比率，用于描述数字声音的压缩效率。

## 9.1.2 声音素材的格式

Flash CS6 提供了许多使用声音的方式。它可以使声音独立于时间轴连续播放，或者使动画和一个音轨同步播放；可以向按钮添加声音，使按钮具有更强的互动性；还可以通过声音淡入淡出来产生更优美的声音效果。下面介绍可导入 Flash CS6 中的常见的声音文件格式。

### 1. WAV 格式

WAV 格式可以直接保存对声音波形的取样数据，数据没有经过压缩，所以音质较好，但 WAV 格式的声音文件通常所占存储空间比较大。

### 2. MP3 格式

MP3 格式是一种压缩的声音文件格式。同 WAV 格式相比，MP3 格式的文件所占存储空间只有 WAV 格式的 1/10。其优点为体积小、传输方便、声音质量较好，已经被广泛应用到电脑音乐中。

### 3. AIFF 格式

AIFF 格式支持 MAC 平台，支持 16 位 44kHz 立体声。只有系统上安装了 QuickTime 4 或更高版本，才可使用此声音文件格式。

### 4. AU 格式

AU 格式是一种压缩声音文件格式，只支持 8 位的声音，是互联网上常用的声音文件格式。只有系统上安装了 QuickTime 4 或更高版本，才可使用此声音文件格式。

声音文件要占用大量的磁盘空间和内存，所以为提高 Flash 作品在网上的下载速度，一般使用 MP3 声音文件格式，因为它的声音资料经过了压缩，比 WAV 或 AIFF 格式的声音文件体积小。在 Flash CS6 中只能导入取样率为 11kHz、22kHz 或 44kHz，位分辨率为 8 位或 16 位的声音。通常，为了让 Flash 作品在网上有较满意的下载速度而使用 WAV 或 AIFF 格式文件时，最好使用 16 位 22kHz 单声道格式。

### 9.1.3 导入声音素材并添加声音

Flash CS6 在库中保存声音以及位图和组件。与图形组件一样，只需要一个声音文件的副本就可在文档中以各种方式使用这个声音文件。

（1）打开光盘中的“01”素材文件，如图 9-1 所示。选择“文件 > 导入 > 导入到库”命令，在“导入”对话框中选中“02”声音文件，单击“打开”按钮，即将声音文件导入到“库”面板中，如图 9-2 所示。

（2）单击“时间轴”面板下方的“新建图层”按钮，创建新的图层“图层 1”作为放置声音文件的图层，如图 9-3 所示。

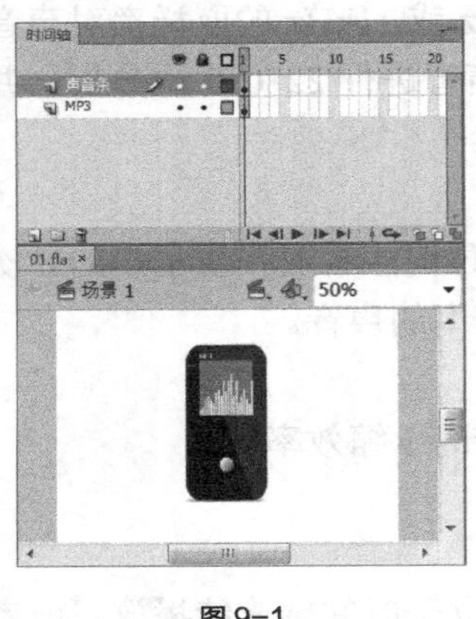


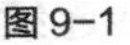

图 9-1

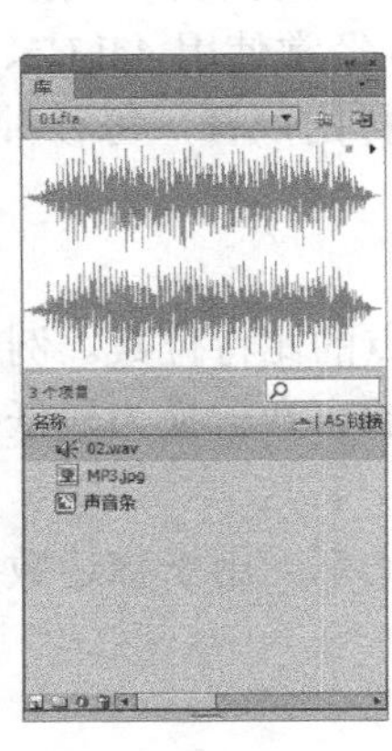


图 9-2

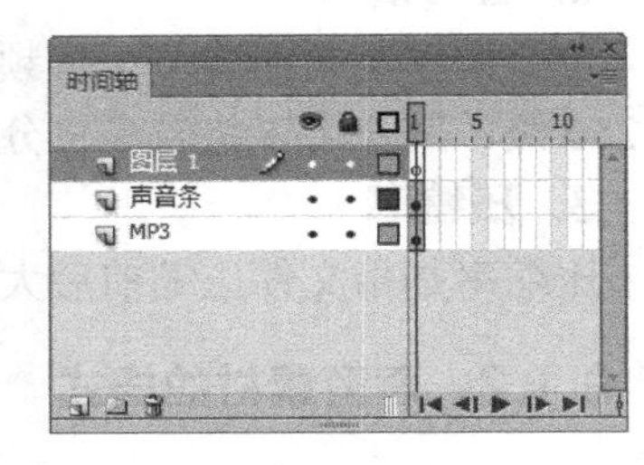


图 9-3

（3）在“库”面板中选中声音文件，单击并按住鼠标不放将其拖曳到舞台窗口中，如图 9-4 所示。松开鼠标，在“图层 1”中出现声音文件的波形，如图 9-5 所示。至此，声音添加完成，按 Ctrl+Enter 组合键可以测试添加效果。

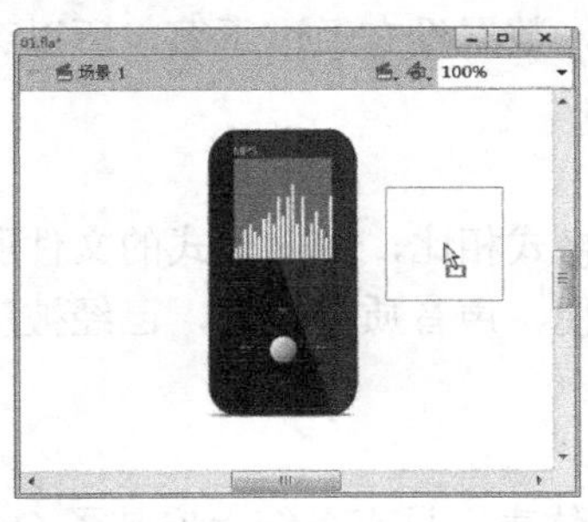


图 9-4

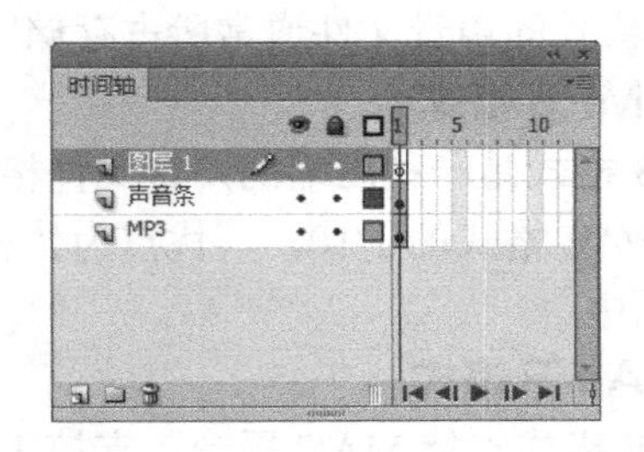


图 9-5

**提示**

*一般情况下，将每个声音放在一个独立的层上，每个层都作为一个独立的声音通道。当播放动画文件时，所有层上的声音将混合在一起。*

### 9.1.4 属性面板

在“时间轴”面板中选中声音文件所在图层的第 1 帧，按 Ctrl+F3 组合键，弹出帧的“属性”面板，如图 9-6 所示。

- “名称”选项：可以在此选项的下拉列表中选择“库”面板中的声音文件。
- “效果”选项：可以在此选项的下拉列表中选择声音播放的效果，如图 9-7 所示。其中各选项的含义如下。

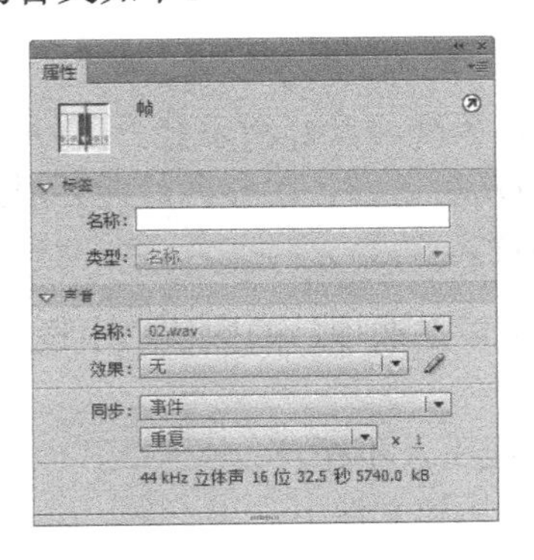


图 9-6

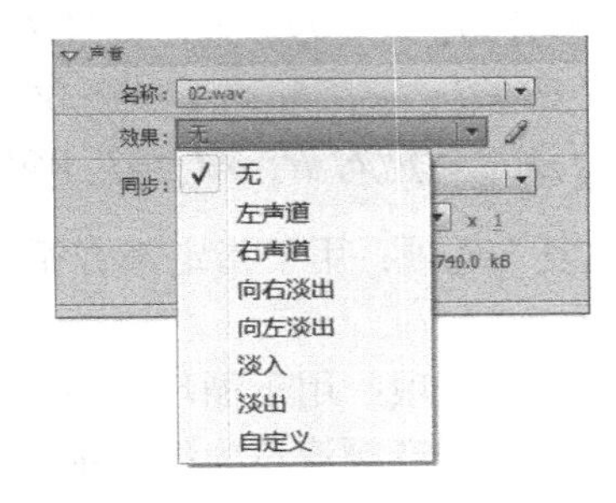


图 9-7

- ◆“无”选项：选择此选项将不对声音文件应用效果，可用于删除以前应用于声音的特效。
- ◆“左声道”选项：选择此选项只在左声道播放声音。
- ◆“右声道”选项：选择此选项只在右声道播放声音。
- ◆“向右淡出”选项：选择此选项，声音从左声道渐变到右声道。
- ◆“向左淡出”选项：选择此选项，声音从右声道渐变到左声道。
- ◆“淡入”选项：选择此选项，在声音的持续时间内逐渐增加其音量。
- ◆“淡出”选项：选择此选项，在声音的持续时间内逐渐减小其音量。
- ◆“自定义”选项：选择此选项，弹出“编辑封套”对话框，通过在其中自定义声音的淡入和淡出点，可以创建自己的声音效果。
- ◆“编辑声音封套”按钮：选择此选项，弹出“编辑封套”对话框，通过自定义声音的淡入和淡出点，创建自己的声音效果。

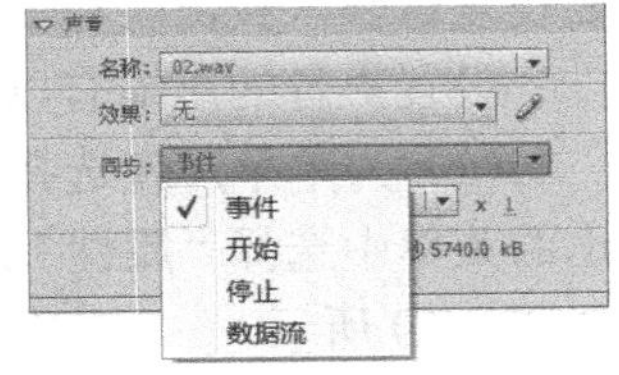


图 9-8

- “同步”选项：此选项用于选择何时播放声音，如图 9-8 所示。

其中各选项的含义如下。

- ◆“事件”选项：将声音和发生的事件同步播放。事件声音在它的起始关键帧开始显示时播放，并独立于时间轴播放完整个声音，即使影片文件停止也继续播放。当播放发布的 SWF 影片文件时，事件声音混合在一起。一般情况下，当用户单击一个按钮播放声音时选择事件声音。如果事件声音正在播放，而声音再次被实例化（如用户再次单击按钮），则第一个声音实例继续播放，另一个声音实例同时开始播放。
- ◆“开始”选项：与“事件”选项的功能相近，但如果所选择的声音实例已经在时间轴的其他地方播放，则不会播放新的声音实例。
- ◆“停止”选项：使指定的声音静音。在时间轴上同时播放多个声音时，可指定其中一个为静音。
- ◆“数据流”选项：使声音同步，以便在 Web 站点上播放。Flash 强制动画和音频流同步。换句话说，音频流随动画的播放而播放，随动画的结束而结束。当发布 SWF 文件时，音频流混合在一起。一般给帧添加声音时使用此选项。音频流声音的播放长度不会超过它所占帧的长度。

**提示**

*在 Flash 中有两种类型的声音：事件声音和音频流。事件声音必须完全下载后才能开始播放，除非明确停止，它将一直连续播放。音频流在前几帧下载了足够的资料后就开始播放，音频流可以和时间轴同步，以便在 Web 站点上播放。*

♦“重复”选项：用于指定声音循环的次数。可以在选项后的数值框中设置循环次数，如图 9-9 所示。

♦“循环”选项：用于循环播放声音。一般情况下，不循环播放音频流。如果将音频流设为循环播放，帧就会被添加到文件中，文件所占存储空间就会根据声音循环播放的次数而倍增。

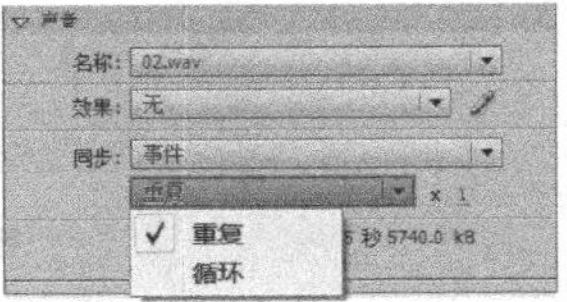


图 9-9

### 9.1.5 压缩声音素材

由于网络速度的限制，制作动画时必须考虑其文件的大小。而带有声音的动画由于声音本身也要占存储空间，往往制作出的动画文件较大，它在网上的传输就要受到影响。为了解决这个问题，Flash CS6 提供了声音压缩功能，让动画制作者可以根据需要决定声音压缩率，以达到所需的动画文件大小。

如果动画制作采用较高的声音压缩和较低的声音采样率，那么得到的声音文件会非常小，但这就要牺牲声音的听觉效果。一旦动画要在网上发布，首先考虑的是传输速度，要将压缩率放到首位，但同时也要考虑动画的听觉效果。所以并不是压缩率越大越好，要根据需要反复试验，找出合适的压缩率，以实现最大的效果速度比。

设置声音的压缩有以下两种方法。

（1）为单个声音选择压缩设置。用鼠标右键单击“库”面板中要压缩的声音文件，在弹出的菜单中选择“属性”选项，弹出“声音属性”对话框，根据需要设定“压缩”选项即可，如图 9-10 所示。

（2）为事件声音或音频流选择全局压缩设置。选择“文件 > 发布设置”命令，在弹出的“发布设置”对话框中为事件声音或音频流选择全局压缩设置，这些全局设置就会应用于单个事件声音或所有的音频流，如图 9-11 所示。

双击“库”面板中的声音文件，弹出“声音属性”对话框，如图 9-10 所示。在对话框右侧有多个按钮，说明如下。

● “更新”按钮 更新(U) ：声音文件导入以后，Flash CS6 会在影片文件内部创建该声音的副本，如果外部的声音文件被修改、编辑过，可以单击此按钮，来更新影片文件内部的声音副本。

● “导入”按钮 导入(I)... ：单击此按钮，弹出“导入声音”对话框，可以导入新的声音文件代替原有的声音文件，并将原有声音的所有实例改为新导入的声音文件。

● “测试”按钮 测试(T) ：单击此按钮，可以测试导入的声音效果。

● “停止”按钮 停止(S) ：单击此按钮，可以在任意点暂停播放声音。

对话框下方的"压缩"选项可以用来控制导出的 SWF 文件中的声音品质和大小。"压缩"选项中各选项的功能如下。

（1）"默认"压缩：选择此选项，使用默认的设置压缩声音。当导出 SWF 文件时，使用"发布设置"对话框中的全局压缩设置。

（2）"ADPCM"压缩：用于设置 8 位或 16 位声音资料的压缩设置。这种压缩方式适用于简短的声音事件中，如按钮声音。

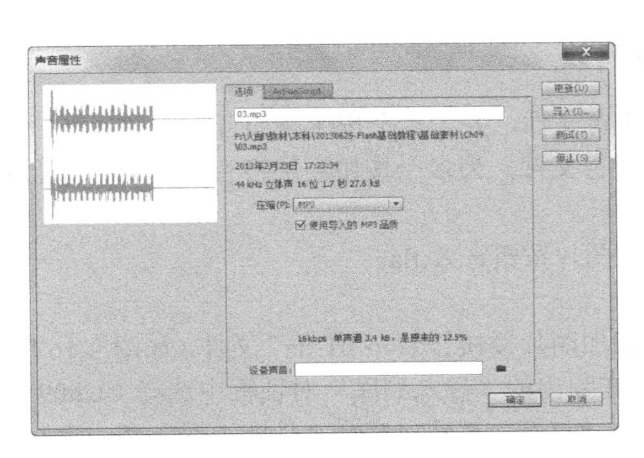

图 9-10

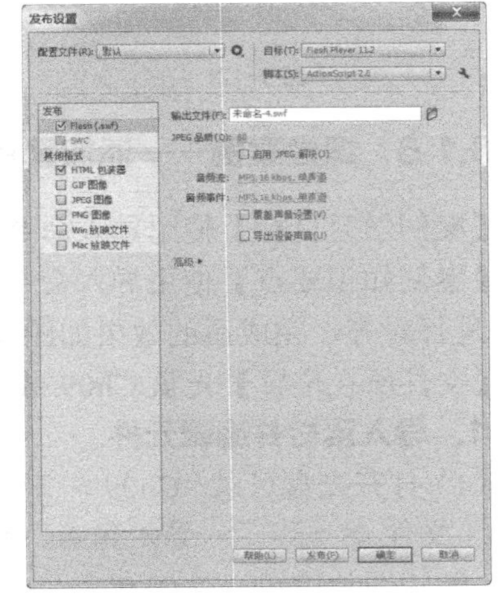

图 9-11

提示

*如果一个声音的录制是 22 kHz 单声道，即使把取样率改为 44 kHz，将音质改为立体声，Flash 仍然按照 22 kHz 单声道输出声音。*

（3）"MP3"压缩：是用 MP3 压缩格式导出声音。一般情况下，当导出像乐曲这样较长的音频流时，使用此选项。这种压缩方式可以使文件所占存储空间减为原有文件的 1/10。此压缩方式最好用于非循环声音。若选择 MP3 压缩，还需要设置下述相关的选项，如图 9-12 所示。

- "预处理"选项：勾选此复选框可以将立体声转换为单声道。使用这种方法可将声音文件所占存储空间减少一半。单声道声音不受此选项影响。（此选项在"比特率"选项小于或等于 16kbps 时为不可用。）
- "比特率"选项：用于设置导出的声音文件中每秒播放的位数。其数值越大，声音的容量和质量也越高。Flash CS6 支持 8～160 kbps CBR（恒定比特率），要获得最佳的声音效果，需将比特率设为 16 kbps 或更高。
- "品质"选项：用于设置压缩速度和声音品质。

（4）"Raw"压缩：这种压缩格式不是真正的压缩，它可以将立体声转换为单声道，并允许导出声音时用新的采样率进行再采样。例如，原来导入的是 44 kHz 的声音文件，可以将其转换为 11 kHz 的文件导出，但并不进行压缩。若选择原始压缩，还需要设置相关的选项，如图 9-13 所示。

（5）"语音"压缩：是用一个特别适合于语音的压缩方式导出声音。若选择语音压缩，还需要设置“采样率”选项来控制声音的保真度和文件大小，如图 9-14 所示。

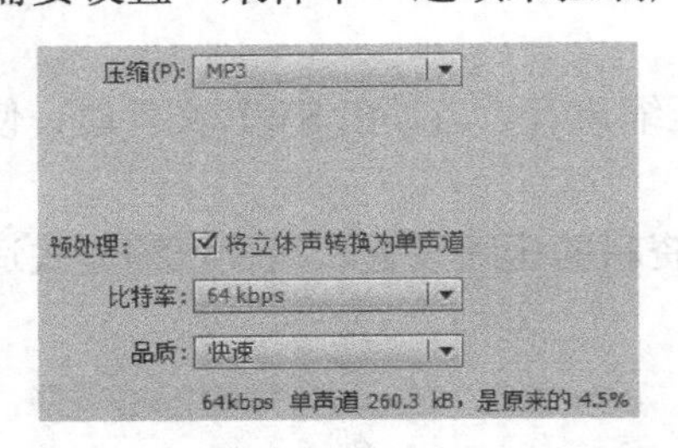


图 9-12

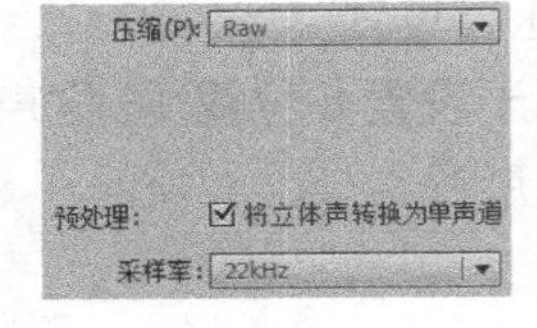


图 9-13

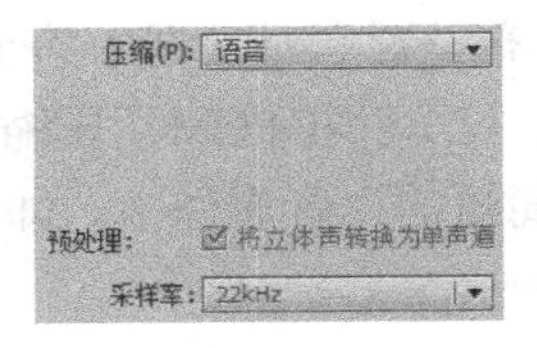


图 9-14

### 9.1.6 课堂案例——添加图片按钮音效

【案例学习目标】使用导入命令导入声音文件，并为多个按钮添加音效。

【案例知识要点】使用导入命令导入声音文件，为多个按钮添加声音，使用对齐面板将按钮进行对齐，完成后的效果如图 9-15 所示。

【文件所在位置】光盘/Ch09/效果/添加图片按钮音效.fla。

#### 1. 导入素材并编辑元件

（1）打开光盘目录“Ch09 > 素材 > 添加图片按钮音效 > 01.fla”文件，如图 9-16 所示。选择“文件 > 导入 > 导入到库”命令，在弹出的“导入到库”对话框中选择“Ch09 > 素材 > 添加图片按钮音效 > 02”文件，单击“打开”按钮，声音文件即被导入到“库”面板中，如图 9-17 所示。

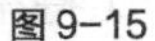
图 9-15

图 9-16

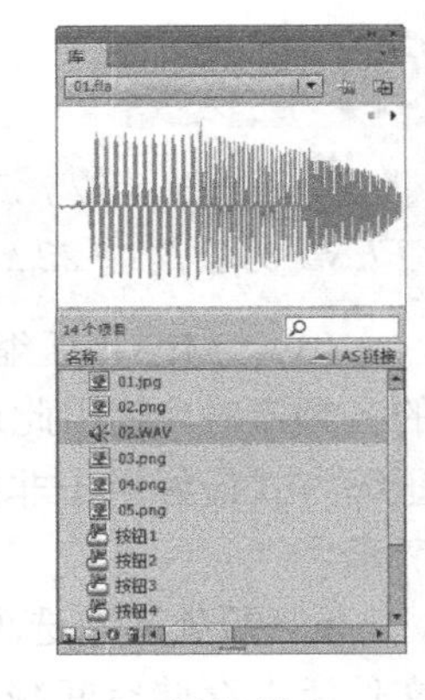


图 9-17

（2）双击“库”面板中按钮元件“按钮 1”前面的图标，舞台转换到“按钮 1”元件的舞台窗口，如图 9-18 所示。单击“时间轴”面板下方的“新建图层”按钮，创建新图层并将其命名为“音乐”，如图 9-19 所示。

图 9-18

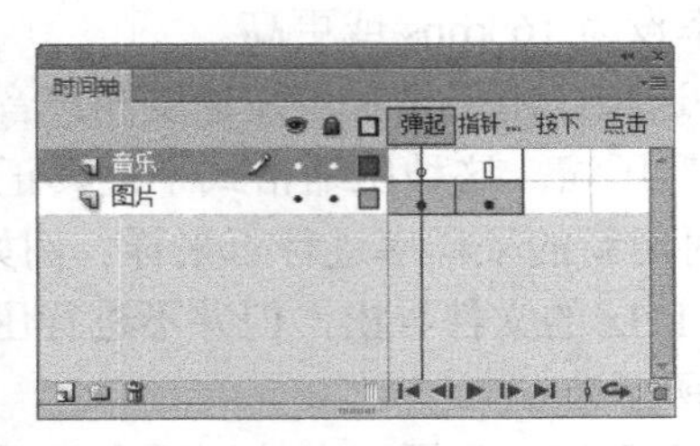


图 9-19

（3）选中“指针经过”帧，按 F6 键插入关键帧，如图 9-20 所示。将“库”面板中的声音文件“02”拖曳到舞台窗口中，在“指针经过”帧中出现声音文件的波形，这表示当动画开始播放，鼠标指针经过按钮时，按钮将响应音效，“时间轴”面板如图 9-21 所示。用相同的方法分别给按钮元件“按钮 2”、“按钮 3”和“按钮 4”添加音效。

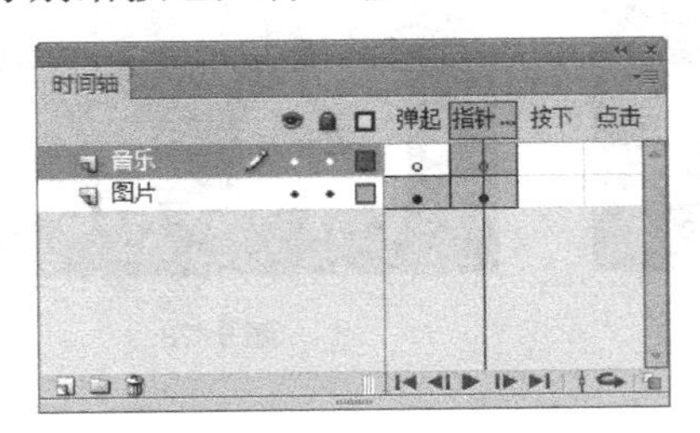


图 9-20

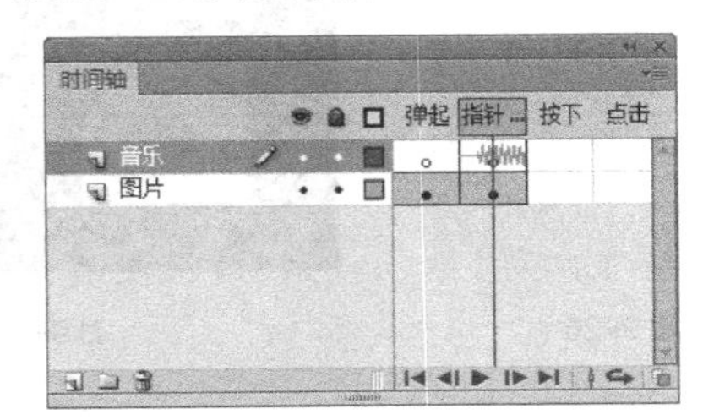


图 9-21

## 2. 制作动画效果

（1）单击舞台窗口左上方的“场景 1”图标，进入“场景 1”的舞台窗口。将“库”面板中的按钮元件“按钮 1”拖曳到舞台窗口中，如图 9-22 所示。用相同的方法将“库”面板中的按钮元件“按钮 2”、“按钮 3”和“按钮 4”依次拖曳到舞台窗口中，效果如图 9-23 所示。

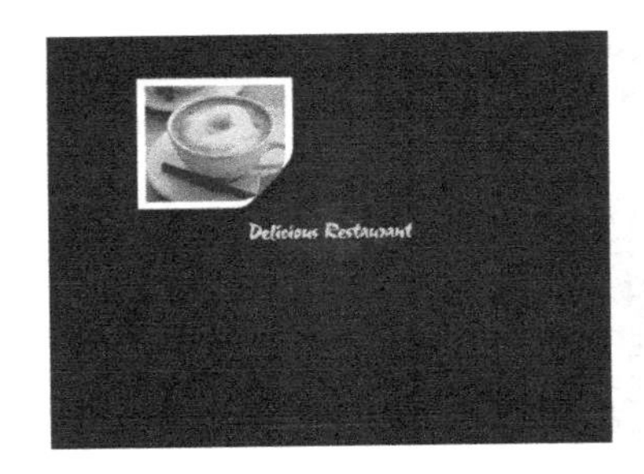


图 9-22

图 9-23

（2）选择“选择工具”，按住 Shift 键的同时选中舞台中的“按钮 1”和“按钮 2”实例。按 Ctrl+K 组合键，弹出“对齐”面板，单击“右对齐”按钮，如图 9-24 所示，以按钮实例的右边部分进行对齐，效果如图 9-25 所示。

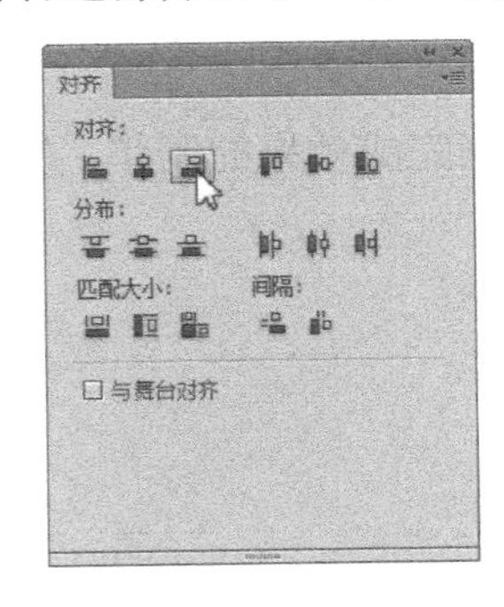


图 9-24

图 9-25

（3）选择“选择工具”，按住 Shift 键的同时选中舞台中的“按钮 1”和“按钮 3”实例，在“对齐”面板中单击“顶对齐”按钮，如图 9-26 所示，以按钮实例的顶部进行对齐，效果如图 9-27 所示。至此，添加图像按钮音效制作完成，按 Ctrl+Enter 组合键即查看效果，如图 9-28 所示。

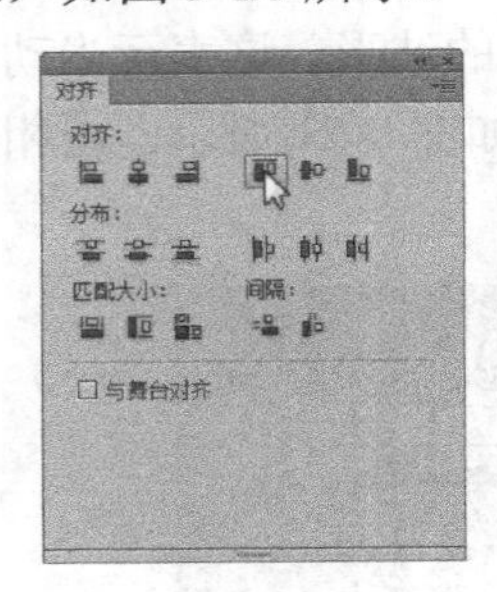


图 9-26

图 9-27

图 9-28

## 9.2 课堂练习——为动画添加声音

【练习知识要点】使用创建传统补间命令制作人物补间动画，使用导入命令导入声音文件，使用属性面板改变人物色彩属性，完成后的效果如图 9-29 所示。

【文件所在位置】光盘/Ch09/效果/为动画添加声音. fla。

图 9-29

## 9.3 课后习题——制作英语屋

【习题知识要点】使用文本工具、颜色面板、对齐面板来完成效果的制作，完成后的效果如图 9-30 所示。

【文件所在位置】光盘/Ch09/效果/制作英语屋. fla。

图 9-30

Flash CS6

10 Chapter

# 第 10 章 动作脚本的应用

在 Flash CS6 中，如果要实现一些复杂多变的动画效果就要涉及动作脚本，可以通过输入不同的动作脚本来实现高难度的动画效果。本章将介绍动作脚本的基本术语和使用方法。通过本章的学习，可以帮助读者了解并掌握应用不同的动作脚本来实现千变万化的动画效果。

课堂学习目标：

- 了解数据类型；
- 掌握语法规则；
- 掌握变量和函数；
- 掌握表达式和运算符。

# 10.1 动作面板与动作脚本的使用

动作脚本可以将变量、函数、属性和方法组成一个整体，控制对象产生各种动画效果。动作面板可以用于组织动作脚本，可以从动作列表中选择语句，也可自行编辑语句。

## 10.1.1 动作脚本中的术语

通过 Flash CS6 既可以制作出生动的矢量动画，又可以利用脚本编写语言对动画进行编程，从而实现多种特殊效果。Flash CS6 使用了动作脚本 3.0，其功能性更为强大，而且还可以延用以前 1.0 或 2.0 版本的动作脚本。脚本可以由单一的动作组成，如设置动画播放、停止的语言，也可以由复杂的动作组成，如设置先计算条件再执行动作。

动作脚本使用自己的术语，下面介绍常用的术语。

（1）Actions（动作）：用于控制影片播放的语句。例如，gotoAndPlay（转到指定帧并播放）动作将会播放动画的指定帧。

（2）Arguments（参数）：用于向函数传递值的占位符。例如，

```
Function display(text1,text2) {
displayText=text1+"my baby"+ text2
}
```

（3）Classes（类）：用于定义新的对象类型。若要定义类，必须在外部脚本文件中使用 Class 关键字，而不是在“动作”面板编写的脚本中使用此关键字。

（4）Constants（常量）：是个不变的元素。例如，常数 Key.TAB 的含义始终是不变，它代表 Tab 键。

（5）Constructors（构造函数）：用于定义一个类的属性和方法。根据定义，构造函数是类定义中与类同名的函数。例如，以下代码为定义一个 Circle 类并实现一个构造函数。

```
// 文件 Circle.as
class Circle {
  private var radius:Number
  private var circumference:Number
// 构造函数
  function Circle(radius:Number) {
    circumference = 2 * Math.PI * radius;
  }
}
```

（6）Data types（数据类型）：用于描述变量或动作脚本元素可以包含的信息种类，包括字符串、数字、布尔值、对象、影片剪辑等。

（7）Events（事件）：是在动画播放时发生的动作。例如，单击按钮事件、按下键盘事件、动画进入下一帧事件等。

（8）Expressions（表达式）：具有确定值的数据类型的任意合法组合，由运算符和操作数组成。例如，在表达式 x+2 中，x 和 2 是操作数，而 + 是运算符。

（9）Functions（函数）：是可重复使用的代码块，它可以接受参数并能返回结果。

（10）Handler（事件处理函数）：用来处理事件发生，管理如 mouseDown 或 load 等事件的特殊动作。

（11）Identifiers（标识符）：用于标识一个变量、属性、对象、函数或方法。标识符的第一个字符必须是字母、下划线或美元符号（$），随后的字符必须是字母、数字、下划线或美元符号。

（12）Instances（实例）：是一个类初始化的对象。每一个类的实例都包含这个类中的所有属性和方法。

（13）Instance Names（实例名称）：脚本中用于表示影片剪辑实例和按钮实例的唯一名称。可以应用“属性”面板为舞台上的实例指定实例名称。

例如，库中的主元件可以名为 counter，而 SWF 文件中该元件的两个实例可以使用实例名称 scorePlayer1_mc 和 scorePlayer2_mc。下面的代码为用实例名称设置每个影片剪辑实例中名为 score 的变量。

```
_root.scorePlayer1_mc.score += 1;
_root.scorePlayer2_mc.score -= 1;
```

（14）Keywords（关键字）：是具有特殊意义的保留字。例如，var 是用于声明本地变量的关键字。不能使用关键字作为标识符，例如，var 不是合法的变量名。

（15）Methods（方法）：是与类关联的函数。例如，getBytesLoaded( ) 是与 MovieClip 类关联的内置方法。也可以为基于内置类的对象或基于创建类的对象，创建充当方法的函数。例如，在以下代码中，clear( ) 成为先前定义的 controller 对象的方法。

```
function reset( ){
 this.x_pos = 0;
 this.y_pos = 0;
}
controller.clear = reset;
controller.clear( );
```

（16）Objects（对象）：是一些属性的集合。每一个对象都有自己的名称，并且都是特定类的实例。

（17）Operators（运算符）：通过一个或多个值计算新值。例如，加法（+）运算符可以将两个或更多个值相加到一起，从而产生一个新值。运算符处理的值称为操作数。

（18）Target Paths（目标路径）：是动画文件中，影片剪辑实例名称、变量和对象的分层结构地址。可以在“属性”面板中为影片剪辑对象命名，主时间轴的名称在默认状态下为_root。可以使用目标路径控制影片剪辑对象的动作或者得到和设置某一个变量的值。

例如，下面的语句是指向影片剪辑 stereoControl 内的变量 volume 的目标路径。

```
_root.stereoControl.volume
```

（19）Properties（属性）：用于定义对象的特性。例如，_visible 是定义影片剪辑是否可见的属性，所有影片剪辑都有此属性。

（20）Variables（变量）：用于存放任何一种数据类型的标识符。可以定义、改变和更新变量，也可在脚本中引用变量的值。

例如，在下面的示例中，等号左侧的标识符是变量。

```
var x = 5;
var name = "Lolo";
var c_color = new Color(mcinstanceName);
```

### 10.1.2 动作面板的使用

在“动作”面板中既可以选择 ActionScript3.0 的脚本语言，也可以应用 ActionScript 1.0&2.0 的脚本语言。选择“窗口 > 动作”命令，弹出“动作”面板，对话框的左上方为“动作工具箱”，左下方为“对象窗口”，右上方为功能按钮，右下方为“脚本窗口”，如图 10-1 所示。

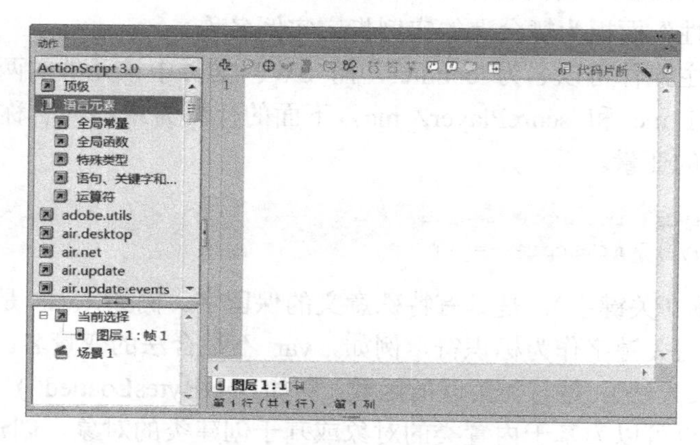

图 10-1

“动作工具箱”中显示了包含语句、函数、操作符等各种类别的文件夹。单击文件夹即可显示出动作语句，双击动作语句可以将其添加到“脚本窗口”中，如图 10-2 所示。也可单击对话框右上方的“将新项目添加到脚本中”按钮，在弹出菜单中选择动作语句将其添加到“脚本窗口”中。还可以在“脚本窗口”中直接编写动作语句，如图 10-3 所示。

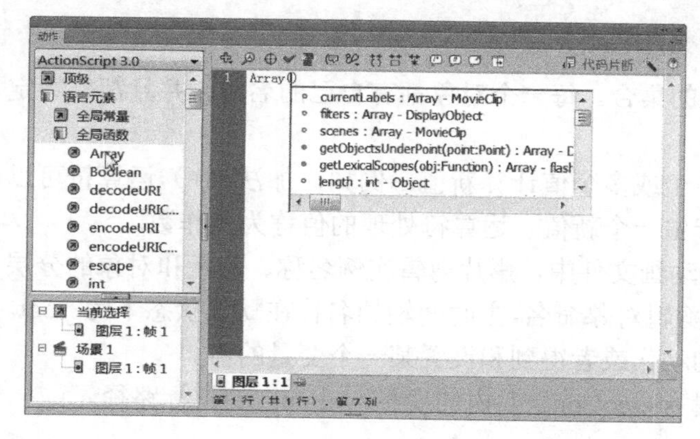

图 10-2

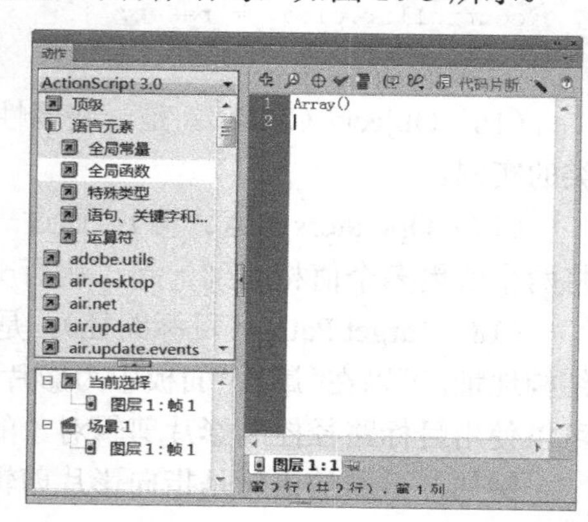

图 10-3

在面板右上方有多个功能按钮，分别为“将新项目添加到脚本中”按钮、“查找”按钮、“插入目标路径”按钮、“语法检查”按钮、“自动套用格式”按钮、“显示代码提示”按钮、“调试选项”按钮、“折叠成对大括号”按钮、“折叠所选”按钮、“展开全部”按钮、“应用块注释”按钮、“应用行注释”按钮、“删除注释”按钮和“显示/隐藏工具箱”按钮，如图 10-4 所示。

如果当前选择的是帧，那么在“动作”面板中设置的是该帧的动作语句；如果当前选择的是一个对象，那么在“动作”面板中设置的是该对象的动作语句。

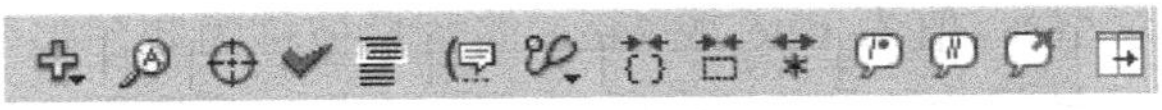

图 10-4

可以在“首选参数”对话框中设置“动作”面板的默认编辑模式。选择“编辑 > 首选参数”命令，弹出“首选参数”对话框，在对话框中选择“ActionScript”选项卡，如图 10-5 所示。

在“语法颜色”选项组中，不同的颜色用于表示不同的动作脚本语句，这样可以减少脚本中的语法错误。

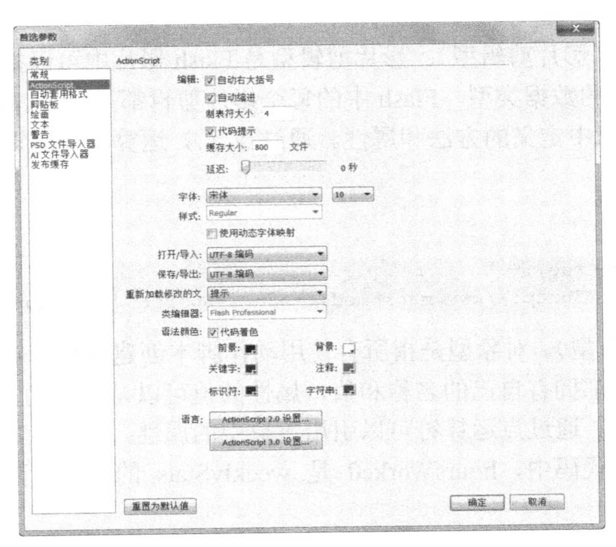


图 10-5

### 10.1.3 数据类型

数据类型描述了动作脚本的变量或元素可以包含信息的种类。动作脚本有两种数据类型：原始数据类型和引用数据类型。原始数据类型是指 String（字符串）、Number（数字）和 Boolean（布尔值），它们拥有固定类型的值，因此可以包含它们所代表元素的实际值。引用数据类型是指影片剪辑和对象，它们值的类型是不固定的，因此它们包含对该元素实际值的引用。

下面将介绍各种数据类型。

（1） String（字符串）。字符串是诸如字母、数字和标点符号等字符的序列。字符串必须用一对双引号标记。字符串会被当作字符而不是变量进行处理。

例如，在下面的语句中，"L7" 是一个字符串。

```
favoriteBand = "L7";
```

（2） Number（数字型）。数字型是指数字的算术值。要进行正确数学运算的值必须是数字数据类型。可以使用算术运算符加（+）、减（−）、乘（*）、除（/）、求模（%）、递增（++）和递减（−−）来处理数字，也可以使用内置的 Math 对象的方法处理数字。

例如，使用 sqrt( )（平方根）方法返回数字 100 的平方根。

```
Math.sqrt(100);
```

（3）Boolean（布尔型）。值为 true 或 false 的变量被称为布尔型变量。动作脚本也会在需要时将值 true 和 false 转换为 1 和 0。在确定“是/否”的情况下，布尔型变量是非常有用的。布尔型变量在进行比较以控制脚本流的动作脚本语句中经常与逻辑运算符一起使用。

例如，在下面的脚本中，如果变量 password 为 true，则会播放该 SWF 文件。

```
var password:Boolean = true
fuction onClipEvent (e:Event) {
 password = true
   play( );
  }
```

（4）Movie Clip（影片剪辑型）。影片剪辑型是 Flash 影片中可以播放动画的元件。它们是唯一引用图形元素的数据类型。Flash 中的每个影片剪辑都是一个 Movie Clip 对象，它们拥有 Movie Clip 对象中定义的方法和属性。通过点（.）运算符可以调用影片剪辑内部的属性和方法。

例如

```
my_mc.startDrag(true);
parent_mc.getURL("http://www.macromedia.com/support/" + product);
```

（5）Object（对象型）。对象型是指所有使用动作脚本创建的基于对象的代码。对象是属性的集合，每个属性都拥有自己的名称和值，属性的值可以是任何的 Flash 数据类型，甚至可以是对象数据类型。通过点运算符可以引用对象中的属性。

例如，在下面的代码中，hoursWorked 是 weeklyStats 的属性，而后者是 employee 的属性。

```
employee.weeklyStats.hoursWorked
```

（6）Null（空值）。空值数据类型只有一个值，即 null。这意味着没有值，即缺少数据。Null 可以用在各种情况中，如作为函数的返回值，表明函数没有可以返回的值，表明变量还没有接收到值，表明变量不再包含值等。

（7）Undefined（未定义）。未定义的数据类型只有一个值，即 undefined，用于尚未分配值的变量。如果一个函数引用了未在其他地方定义的变量，那么 Flash 将返回未定义数据类型。

### 10.1.4 语法规则

动作脚本拥有自己的一套语法规则和标点符号。下面将介绍相关内容。

#### 1. 运算符

在动作脚本中点，点（.）用于表示与对象或影片剪辑相关联的属性或方法，也可用于标识影片剪辑或变量的目标路径。点运算符表达式是以影片或对象的名称开始，中间为点运算符，最后是要指定的元素。

例如，_x 影片剪辑属性指示影片剪辑在舞台上的 *x* 轴位置。表达式 ballMC._x 引用影片剪辑实例 ballMC 的 _x 属性。

又例如，ubmit 是 form 影片剪辑中设置的变量，此影片剪辑嵌在影片剪辑 shoppingCart 之中。表达式 shoppingCart.form.submit = true 将实例 form 的 submit 变量设置为 true。

无论是表达对象的方法还是影片剪辑的方法，均遵循同样的模式。例如，ball_mc 影片剪辑实例的 play( ) 方法在 ball_mc 的时间轴中移动播放头，如下面的语句所示。

```
ball_mc.play( );
```

点语法还使用两个特殊别名：_root 和 _parent。别名 _root 是指主时间轴，可以使用 _root 别名创建一个绝对目标路径。例如，下面的语句调用主时间轴上影片剪辑 functions 中的函数 buildGameBoard( )。

```
_root.functions.buildGameBoard( );
```

可以使用别名 _parent 引用当前对象嵌入到的影片剪辑，也可使用 _parent 创建相对目标路径。例如，如果影片剪辑 dog_mc 嵌入影片剪辑 animal_mc 的内部，则实例 dog_mc 的如下语句会指示 animal_mc 停止。

```
_parent.stop( );
```

### 2. 界定符

大括号：动作脚本中的语句可被大括号包括起来组成语句块。例如

```
// 事件处理函数
public Function myDate( ){
Var myDate:Date = new Date( );
currentMonth = myDate.getMMonth( );
}
```

分号：动作脚本中的语句可以由一个分号结尾。如果在结尾处省略分号，Flash 仍然可以成功编译脚本。例如

```
var column = passedDate.getDay( );
var row    = 0;
```

圆括号：在定义函数时，任何参数定义都必须放在一对圆括号内。例如

```
function myFunction (name, age, reader){
}
```

调用函数时，需要被传递的参数也必须放在一对圆括号内。例如

```
myFunction ("Steve", 10, true);
```

可以使用圆括号改变动作脚本的优先顺序或增强程序的易读性。

### 3. 区分大小写

在区分大小写的编程语言中，仅大小写不同的变量名（如 book 和 Book）会被视为互不相同。Action Script 3.0 中的标识符区分大小写，例如，下面两条动作语句是不同的。

```
cat.hilite = true;
CAT.hilite = true;
```

对于关键字、类名、变量、方法名等，要严格区分大小写。如果关键字大小写出现错误，在编写程序时就会有错误信息提示。如果采用了彩色语法模式，那么正确的关键字将以深蓝色显示。

#### 4. 注释

在“动作”面板中，使用注释语句可以在一个帧或按钮的脚本中添加说明，有利于增加程序的易读性。注释语句以双斜线 // 开始，斜线显示为灰色，注释内容可以不考虑长度和语法，注释语句不会影响 Flash 动画输出时的文件量。例如

```
public Function myDate( ){
  // 创建新的 Date 对象
var myDate:Date = new Date( );
currentMonth = myDate.getMMonth( );
  // 将月份数转换为月份名称
  monthName = calcMonth(currentMonth);
  year = myDate.getFullYear( );
  currentDate = myDate.getDate( );
}
```

#### 5. 关键字

动作脚本中会保留一些单词用于该语言总的特定用途，因此不能将它们用作变量、函数或标签的名称。如果在编写程序的过程中使用了关键字，动作编辑框中的关键字会以蓝色显示。为了避免冲突，在命名时可以展开动作工具箱中的 Index 域，检查是否使用了已定义的名字。

#### 6. 常量

常量中的值永远不会改变。所有的常量可以在“动作”面板的工具箱和动作脚本字典中找到。

### 10.1.5 变量

变量是包含信息的容器。容器本身不会改变，但内容可以更改。当第一次定义变量时，最好为变量定义一个已知值，这就是初始化变量，通常在 SWF 文件的第 1 帧中完成。每一个影片剪辑对象都有自己的变量，而且不同的影片剪辑对象中的变量相互独立，互不影响。

变量中可以存储的常见信息类型包括 URL、用户名、数字运算的结果、事件发生的次数等。

为变量命名必须遵循以下规则。

（1）变量名在其作用范围内必须是唯一的。

（2）变量名不能是关键字或布尔值（true 或 false）。

（3）变量名必须以字母或下划线开始，由字母、数字、下划线组成，其间不能包含空格，变量名没有大小写的区别。

变量的范围是指变量在其中已知并且可以引用的区域，它包含 3 种类型，具体如下。

（1）本地变量：在声明它们的函数体（由大括号决定）内可用。本地变量的使用范围只限于它的代码块，会在该代码块结束时到期，其余的本地变量会在脚本结束时到期。若要声明本地变量，可以在函数体内部使用 var 语句。

（2）时间轴变量：可用于时间轴上的任意脚本。要声明时间轴变量，应在时间轴的所有帧上都初始化这些变量。应先初始化变量，然后尝试在脚本中访问它。

（3）全局变量：对于文档中的每个时间轴和范围均可见。

不论是本地变量还是全局变量，都需要使用 var 语句。

### 10.1.6　函数

函数是用来对常量、变量等进行某种运算的方法，如产生随机数、进行数值运算、获取对象属性等。函数是一个动作脚本代码块，它可以在影片中的任何位置上重新使用。如果将值作为参数传递给函数，则函数将对这些值进行操作。函数也可以返回值。

调用函数可以用一行代码来代替一个可执行的代码块。函数可以执行多个动作，并为它们传递可选项。函数必须要有唯一的名称，以便在代码行中可以知道访问的是哪一个函数。

Flash CS6 具有内置的函数，可以访问特定的信息或执行特定的任务，例如获得 Flash 播放器的版本号。属于对象的函数叫方法，不属于对象的函数叫顶级函数，可以在“动作”面板的“函数”类别中找到。

每个函数都具备自己的特性，而且某些函数需要传递特定的值。如果传递的参数多于函数的需要，多余的值将被忽略。如果传递的参数少于函数的需要，空的参数会被指定为 undefined 数据类型，这在导出脚本时，可能会导致出现错误。如果要调用函数，则该函数必须在播放头到达的帧中。

动作脚本提供了自定义函数的方法，可以自行定义参数，并返回结果。当在主时间轴上或影片剪辑时间轴的关键帧中添加函数时，即是在定义函数。所有的函数都有目标路径。所有的函数都需要在名称后跟一对括号( )，但括号中是否有参数是可选的。一旦定义了函数，就可以从任何一个时间轴中调用它，包括加载的 SWF 文件的时间轴。

### 10.1.7　表达式和运算符

表达式是由常量、变量、函数和运算符按照运算法则组成的计算式。运算符是可以对数值、字符串、逻辑值进行运算的关系符号。运算符有很多种类，包括数值运算符、字符串运算符、比较运算符、逻辑运算符、位运算符和赋值运算符等。

（1）算术运算符及表达式。算术表达式是数值进行运算的表达式。它由数值、以数值为结果的函数、算术运算符组成，运算结果是数值或逻辑值。

在 Flash CS6 中可以使用的算术运算符如下。

+、－、*、/　　执行加、减、乘、除运算。

=、<>　　比较两个数值是否相等、不相等。

<、<=、>、>=　　比较运算符前面的数值是否小于、小于等于、大于、大于等于后面的数值。

（2）字符串表达式。字符串表达式是对字符串进行运算的表达式。它由字符串、以字符串为结果的函数、字符串运算符组成，运算结果是字符串或逻辑值。

在 Flash CS6 中可以参与字符串表达式运算的运算符如下。

&　　连接运算符两边的字符串。

Eq、Ne　　判断运算符两边的字符串是否相等或不相等。

Lt、Le、Qt、Qe　　判断运算符左边字符串的 ASCII 码是否小于、小于等于、大于、大于等于右边字符串的 ASCII 码。

（3）逻辑表达式。逻辑表达式是对正确、错误结果进行判断的表达式。它由逻辑值、以逻辑值为结果的函数、以逻辑值为结果的算术或字符串表达式和逻辑运算符组成，其运算结果是逻辑值。

（4）位运算符。位运算符用于处理浮点数。运算时先将操作数转化为 32 位的二进制数，然后对每个操作数分别按位进行运算，运算后再将二进制的结果按照 Flash 的数值类型返回运算结果。

动作脚本的位运算符包括&（位与）、/（位或）、^（位异或）、～（位非）、<<（左移位）、>>（右移位）、>>>(填 0 右移位)等。

（5）赋值运算符。赋值运算符的作用是为变量、数组元素或对象的属性赋值。

## 10.1.8 课堂案例——制作精美闹钟

【案例学习目标】使用变形工具调整图像的中心点，使用动作面板为图形添加脚本语言。

【案例知识要点】使用任意变形工具、动作面板来完成动画效果的制作，完成后的效果如图 10-6 所示。

【文件所在位置】光盘/Ch10/效果/制作精美闹钟.fla。

### 1. 导入图形元件

（1）选择“文件 > 新建”命令，在弹出的“新建文档”对话框中选择“ActionScript 2.0”选项，单击“确定”按钮，进入新建文档舞台窗口。按 Ctrl+F3 组合键，弹出文档的“属性”面板，单击面板中的“编辑文档属性”按钮，弹出“文档设置”对话框，将“宽度”选项设为 425，“高度”选项设为 425，单击“确定”按钮，改变舞台窗口的大小。

（2）选择“文件 > 导入 > 导入到库”命令，在弹出的“导入到库”对话框中选择“Ch10 > 素材 > 制作精美闹钟 > 01”、“02”、“03”、“04”、“05”文件，单击“打开”按钮，文件被导入到“库”面板中，如图 10-7 所示。

（3）按 Ctrl+F8 组合键，弹出“创建新元件”对话框，在“名称”文本框中输入“时针”，在“类型”下拉列表中选择“影片剪辑”选项，单击“确定”按钮，新建影片剪辑元件“时针”，如图 10-8 所示。舞台窗口也随之转换为影片剪辑元件的舞台窗口。

（4）将“库”面板中的图形元件“03”拖曳到舞台窗口中，选择“任意变形工具”，将时针的下端与舞台中心点对齐（在操作过程中一定要将其与中心点对齐，否则要实现的效果将不会出现），效果如图 10-9 所示。

图 10-6

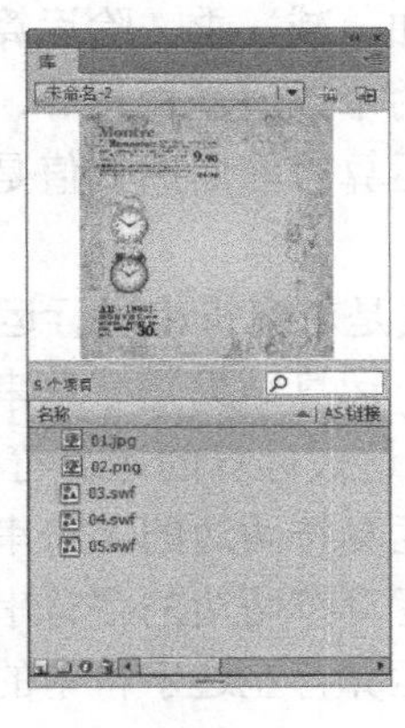

图 10-7

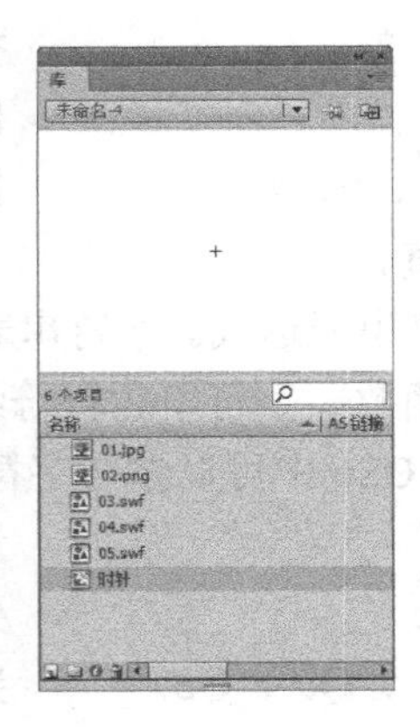

图 10-8

图 10-9

（5）单击“新建元件”按钮，新建影片剪辑元件“分针”。舞台窗口也随之转换为“分针”元件的舞台窗口。将“库”面板中的图形元件“04”拖曳到舞台窗口中，选择“任意变形工具”，将分针的下端与舞台中心点对齐（在操作过程中一定要将其与中心点对齐，否则要实现的效果将不会出现），效果如图 10-10 所示。

（6）单击“新建元件”按钮，新建影片剪辑元件“秒针”，如图 10-11 所示，舞台窗口也随之转换为“秒针”元件的舞台窗口。将“库”面板中的图形元件“04”拖曳到舞台窗口中，选择“任意变形工具”，将秒针的下端与舞台中心点对齐（在操作过程中一定要将其与中心点对齐，否则要实现的效果将不会出现），效果如图 10-12 所示。

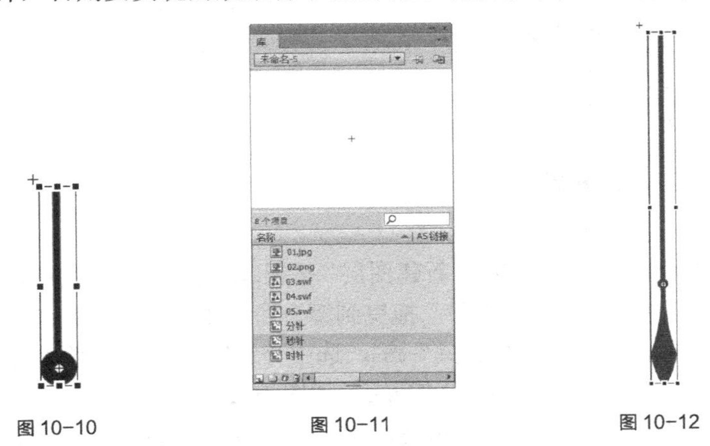


图 10-10　　图 10-11　　图 10-12

### 2. 制作精美闹钟并添加脚本

（1）单击舞台窗口左上方的“场景 1”图标，进入“场景 1”的舞台窗口。将“图层 1”重新命名为“底图”，如图 10-13 所示。将“库”面板中的位图“01.jpg”拖曳到舞台窗口的中心位置，效果如图 10-14 所示。选中“底图”图层的第 2 帧，按 F5 键插入帧。

图 10-13

图 10-14

（2）单击“时间轴”面板下方的“新建图层”按钮，创建新图层并将其命名为“钟表”，如图 10-15 所示。将“库”面板中的位图“02.png”拖曳到舞台窗口中适当的位置，效果如图 10-16 所示。

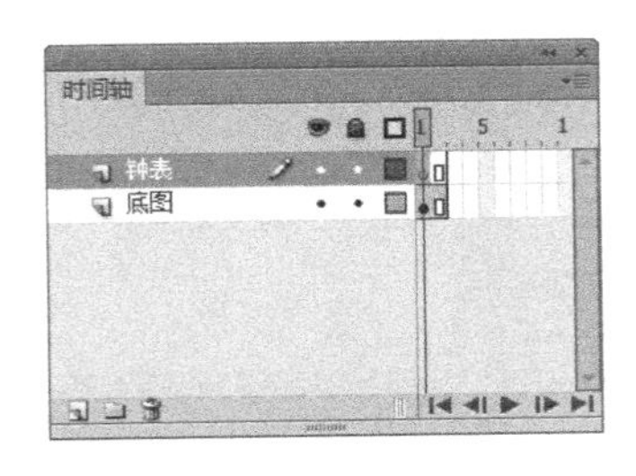


图 10-15

图 10-16

（3）单击“时间轴”面板下方的“新建图层”按钮，创建新图层并将其命名为“时针”。将“库”面板中的影片剪辑元件“时针”拖曳到舞台窗口中，将其放置在表盘上的适当位置，效果如图 10-17 所示。选择“选择工具”，选中时针实例，选择影片剪辑元件的“属性”面板，在“实例名称”选项框中输入 HHand，如图 10-18 所示。

图 10-17

图 10-18

（4）单击“时间轴”面板下方的“新建图层”按钮，创建新图层并将其命名为“分针”。将“库”面板中的影片剪辑元件“分针”拖曳到舞台窗口中，将其放置在表盘上的适当位置，效果如图 10-19 所示。选择“选择工具”，选中分针实例，选择影片剪辑元件的“属性”面板，在“实例名称”选项框中输入 MHand，如图 10-20 所示。

（5）单击“时间轴”面板下方的“新建图层”按钮，创建新图层并将其命名为“秒针”。将“库”面板中的影片剪辑元件“秒针”拖曳到舞台窗口中，将其放置在表盘上的适当位置，效果如图 10-21 所示。

图 10-19

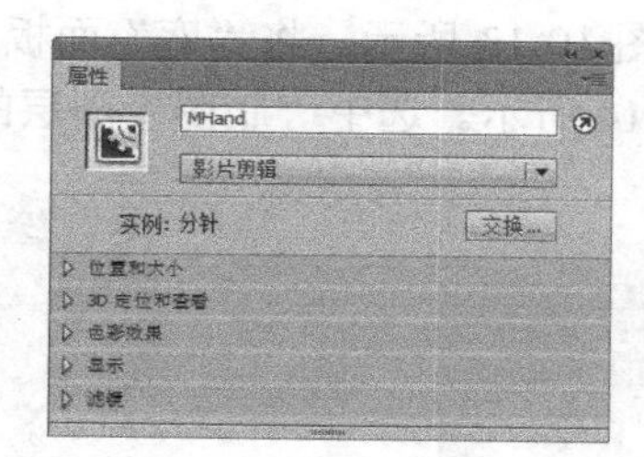

图 10-20

图 10-21

（6）选择“选择工具”，选中秒针实例，选择影片剪辑元件的“属性”面板，在“实例名称”选项框中输入 SHand，如图 10-22 所示。

（7）单击“时间轴”面板下方的“新建图层”按钮，创建新图层并将其命名为“动作脚本”。选择“窗口 > 动作”命令，弹出“动作”面板（其快捷键为 F9 键）。在“动作”面板中设置脚本语言，“脚本窗口”中的显示如图 10-23 所示。至此，精美闹钟制作完成，按 Ctrl+Enter 键即可查看效果。

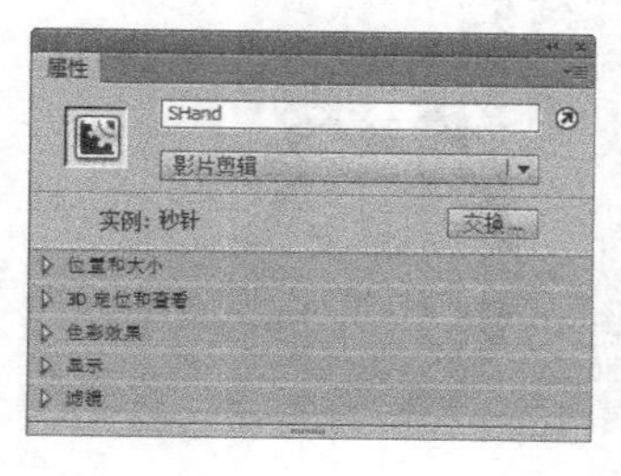

图 10-22

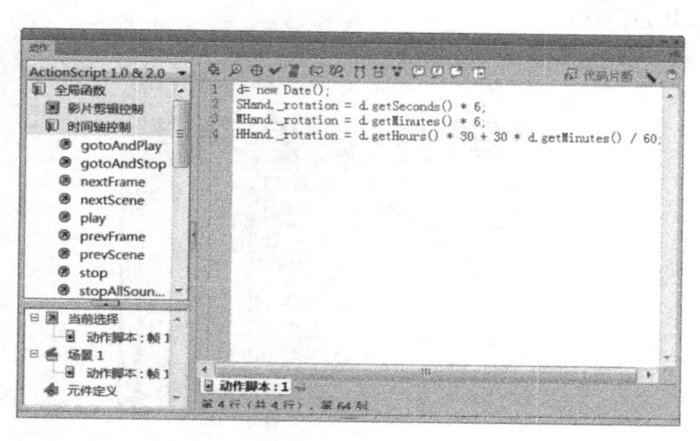

图 10-23

## 10.2 课堂练习——制作系统时钟

【练习知识要点】使用任意变形工具、动作面板来完成效果的制作，完成后的效果如图 10-24 所示。

【文件所在位置】光盘/Ch10/效果/制作系统时钟. fla。

图 10-24

## 10.3 课后习题——制作下雪效果

【习题知识要点】使用钢笔工具绘制雪花图形，使用动作面板来完成效果的制作，完成后的效果如图 10-25 所示。

【文件所在位置】光盘/Ch10/效果/制作下雪效果.fla。

图 10-25

11 Chapter

# 第 11 章 交互式动画的制作

Flash 动画具有交互性，可以通过对按钮的控制来更改动画的播放形式。本章将介绍控制动画播放、按钮状态变化、添加控制命令的方法。通过对本章的学习，可以帮助读者了解并掌握如何实现动画的交互功能，从而实现人机交互的操作方式。

课堂学习目标：

- 掌握播放和停止动画的方法；
- 掌握按钮事件的应用；
- 了解添加控制命令的方法。

Flash CS6

# 11.1 交互式动画

Flash 动画的交互性就是指用户通过菜单、按钮、键盘和文字输入等方式，来控制动画的播放。交互是为了用户与计算机之间产生互动性，使计算机对互相的指示做出相应的反应。交互式动画就是指在播放时支持事件响应和交互功能的一种动画，动画在播放时不是从头播到尾，而是可以接受用户控制。

按钮是交互动画的常用控制方式，可以利用按钮来控制和影响动画的播放，实现页面的链接、场景的跳转等功能。

## 11.1.1 播放和停止动画

控制动画的播放和停止所使用的动作脚本如下。

（1）on：事件处理函数，指定触发动作的鼠标事件或按键事件。

例如

```
on (press) {
}
```

此处的“press”代表发生的事件，可以将“press”替换为任意一种对象事件。

（2）play：用于使动画从当前帧开始播放。

例如

```
on (press) {
play();
}
```

（3）stop：用于停止当前正在播放的动画，并使播放头停留在当前帧。

例如

```
on (press) {
stop();
}
```

（4）addEventListener()：用于添加事件的方法。

例如

```
所要接收事件的对象.addEventListener(事件类型.事件名称,事件响应函数的名称);
{
  //此处是为响应的事件所要执行的动作
}
```

打开光盘中的“01”素材文件。在“库”面板中新建一个图形元件“热气球”，如图 11-1 所示，舞台窗口也随之转换为图形元件的舞台窗口。将“库”面板中的位图“02”拖曳至舞台窗口中，效果如图 11-2 所示。

单击舞台窗口左上方的“场景 1”图标场景 1，进入“场景 1”的舞台窗口。单击“时间轴”面板下方的“新建图层”按钮，创建新图层并将其命名为“热气球”，如图 11-3 所示。

将“库”面板中的图形元件“热气球”拖曳到舞台窗口中，效果如图 11-4 所示。选中“底图”图层的第 30 帧，按 F5 键插入普通帧，如图 11-5 所示。

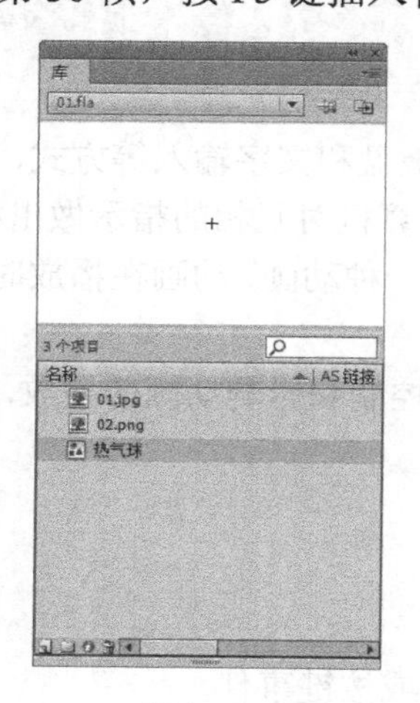

图 11-1

图 11-2

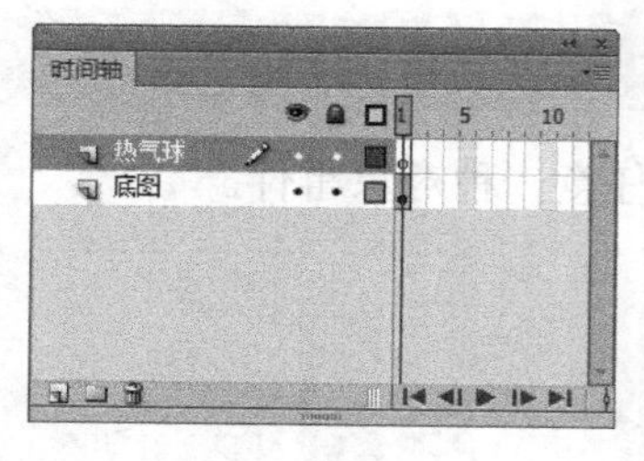

图 11-3

图 11-4

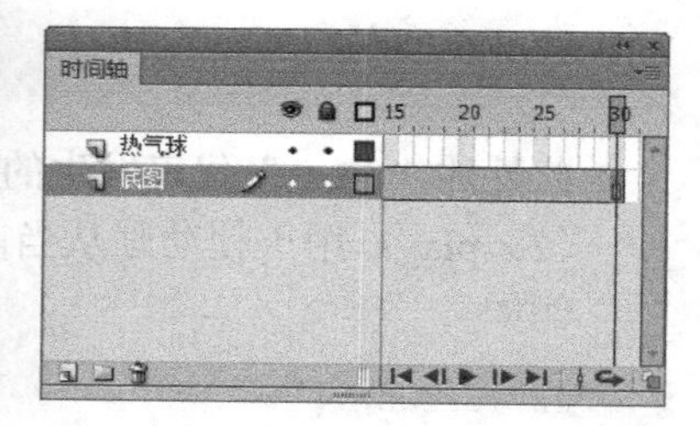

图 11-5

选中“热气球”图层的第 30 帧，按 F6 键插入关键帧，如图 11-6 所示。选择“选择工具”，在舞台窗口中将热气球图形向上拖曳到适当的位置，如图 11-7 所示。

用鼠标右键单击“热气球”图层的第 1 帧，在弹出的菜单中选择“创建传统补间”命令，创建动作补间动画，如图 11-8 所示。

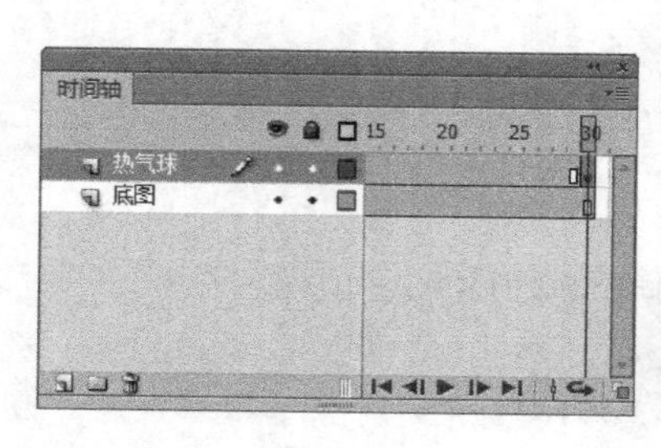

图 11-6

图 11-7

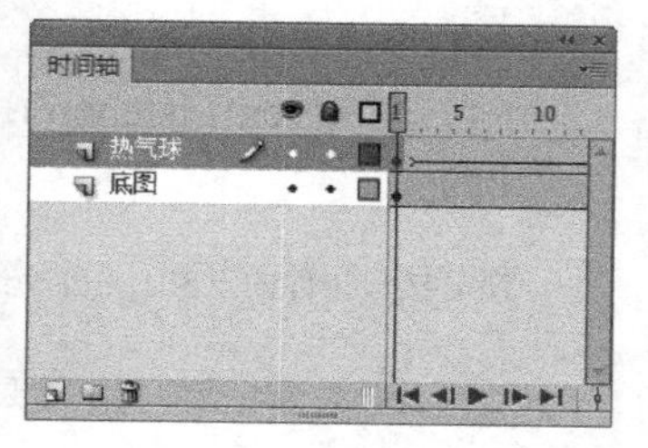

图 11-8

在“库”面板中新建一个按钮元件，使用矩形工具和文本工具绘制按钮图形，效果如图 11-9 所示。使用相同的方法再制作一个“停止”按钮元件，效果如图 11-10 所示。

单击舞台窗口左上方的“场景 1”图标，进入“场景 1”的舞台窗口。单击“时间轴”面板下方的“新建图层”按钮，创建新图层并将其命名为“按钮”。将“库”面板中的按钮元件“播放”和“停止”拖曳到舞台窗口中，效果如图 11-11 所示。

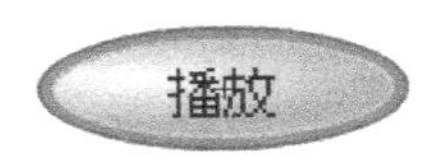


图 11-9

图 11-10

图 11-11

选择"选择工具"，在舞台窗口中选中"播放"按钮实例，在"属性"面板中，将"实例名称"设为 start_Btn，如图 11-12 所示。用相同的方法将"停止"按钮实例的"实例名称"设为 stop_Btn，如图 11-13 所示。

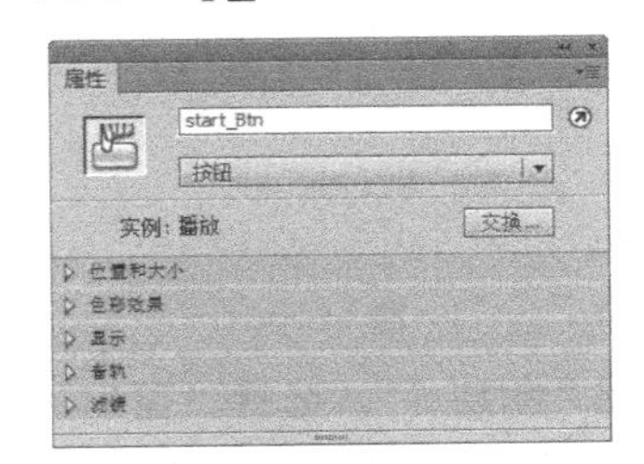


图 11-12

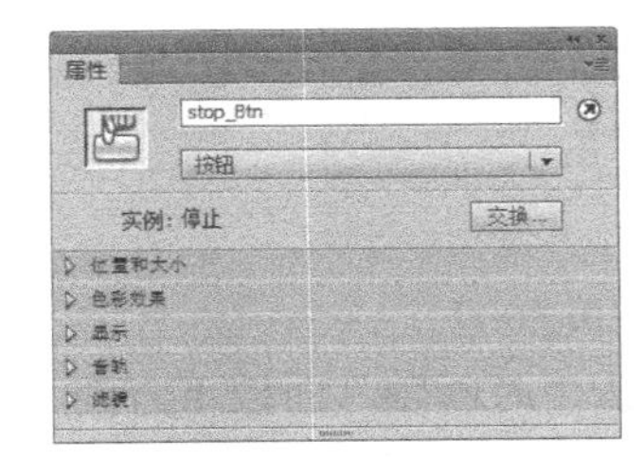


图 11-13

单击"时间轴"面板下方的"新建图层"按钮，创建新图层并将其命名为"动作脚本"。选择"窗口 > 动作"命令，弹出"动作"面板，在"动作"面板中设置脚本语言，"脚本窗口"中的显示如图 11-14 所示。设置完成动作脚本后，关闭"动作"面板。在"动作脚本"图层中的第 1 帧上显示出一个标记"a"，如图 11-15 所示。

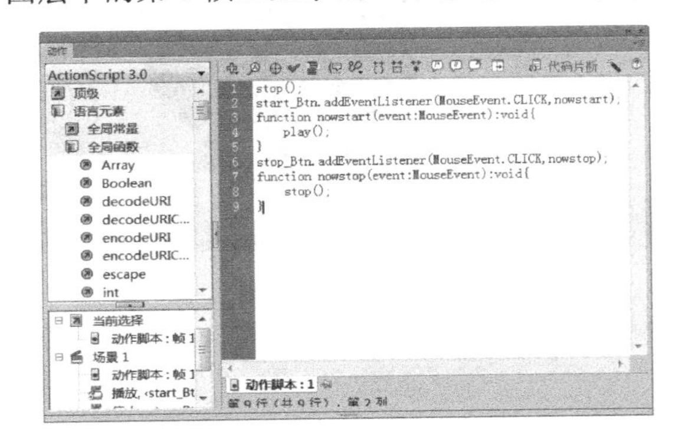


图 11-14

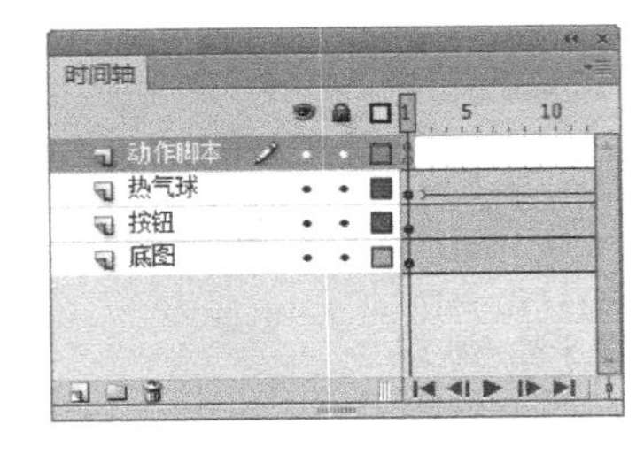


图 11-15

按 Ctrl+Enter 组合键，查看动画效果。单击"停止"按钮，动画停止在正在播放的帧上，效果如图 11-16 所示。单击"播放"按钮，动画将继续播放。

图 11-16

### 11.1.2　按钮事件

打开光盘中的"02"素材文件。调出"库"面板，如图 11-17 所示。在"库"面板中，用鼠标右键单击按钮元件"Play"，在弹出的菜单中选择"属性"命令，弹出"元件属性"对话框，勾选

“为 ActionScript 导出”复选框，在“类”文本框中输入类名称“playbutton”，如图 11-18 所示，单击“确定”按钮。

图 11-17

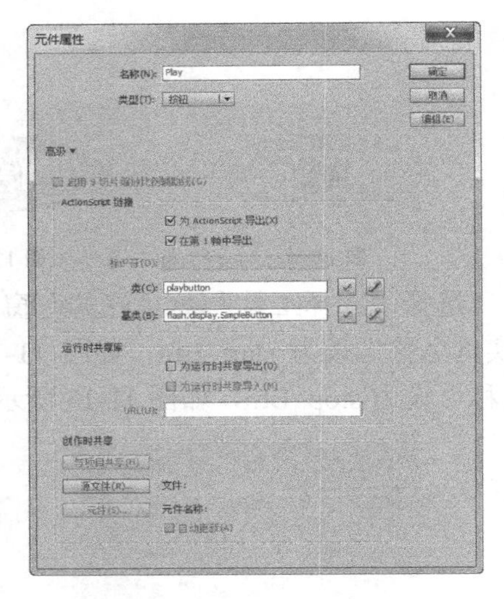

图 11-18

单击“时间轴”面板下方的“新建图层”按钮，新键“图层 1”。选择“窗口 > 动作”命令，弹出“动作”面板（其快捷键为 F9 键）。在“脚本窗口”中输入脚本语言，“动作”面板中的效果如图 11-19 所示。按 Ctrl+Enter 键即可查看效果，如图 11-20 所示。

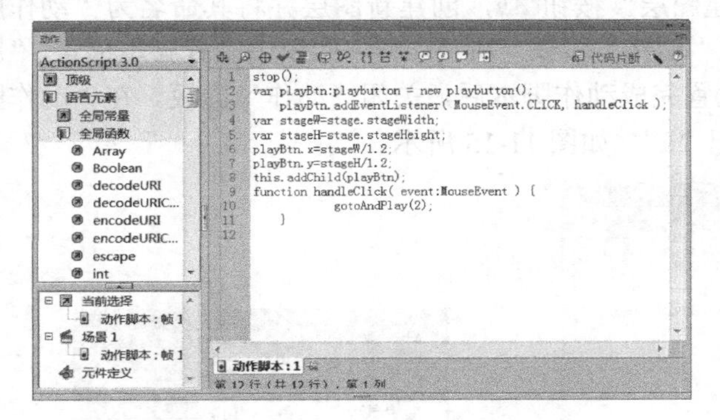

图 11-19

图 11-20

```
stop();
//处于静止状态
var playBtn:playbutton = new playbutton();
//创建一个按钮实例
   playBtn.addEventListener( MouseEvent.CLICK, handleClick );
//为按钮实例添加监听器
var stageW=stage.stageWidth;
var stageH=stage.stageHeight;
//依据舞台的宽和高
playBtn.x=stageW/1.2;
playBtn.y=stageH/1.2;
this.addChild(playBtn);
//添加按钮到舞台中，并将其放置在舞台的左下角（“stageW/1.2”、“stageH/1.2”宽和高在 x 和 y 轴的坐标）
function handleClick( event:MouseEvent ) {
```

```
            gotoAndPlay(2);
    }
//单击按钮时跳到下一帧并开始播放动画
```

### 11.1.3 制作交互按钮

（1）新建空白文档，在“库”面板中新建一个按钮元件，舞台窗口也随之转换为按钮元件的舞台窗口。选择“窗口 > 颜色”命令，弹出“颜色”面板，在“类型”下拉列表中选择“线性渐变”，在色带上将左边的颜色控制点设为橘黄色（#FF9900），将右边的颜色控制点设为红色（#FF0000），生成渐变色，如图 11-21 所示。

（2）选择“椭圆工具”，在工具箱中将“笔触颜色”设为无，在舞台窗口中绘制 1 个椭圆形，效果如图 11-22 所示。选择“选择工具”，选中椭圆形，按 Ctrl+C 组合键，复制图形。按 Crtl+Shift+V 组合键，将复制的图形原位粘贴到当前的位置，如图 11-23 所示。选择“任意变形工具”，将粘贴的椭圆形缩小并旋转适当的角度，效果如图 11-24 所示。

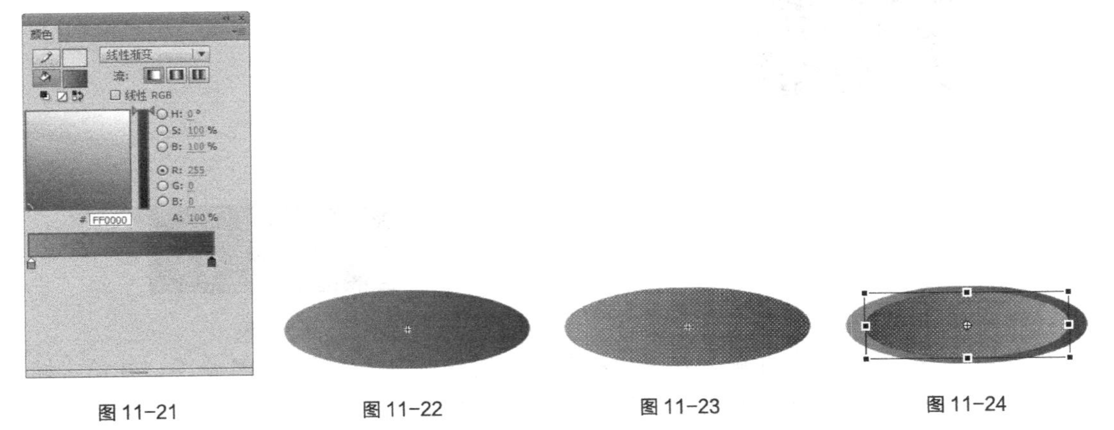


图 11-21　图 11-22　图 11-23　图 11-24

（3）选择“墨水瓶工具”，在墨水瓶“属性”面板中将“笔触颜色”设为白色，“笔触”选项设为 2，其他选项的设置如图 11-25 所示。用鼠标在粘贴的椭圆边线上单击，勾画出椭圆形的轮廓，效果如图 11-26 所示。选择“选择工具”，选中上方的椭圆形，按 Ctrl+C 组合键，复制圆形。

图 11-25

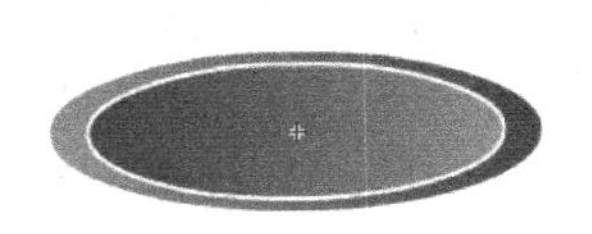

图 11-26

（4）将“背景颜色”设为黑色。在“库”面板中新建一个图形元件“椭圆”，舞台窗口也随之转换为图形元件的舞台窗口。选择“编辑 > 粘贴到当前位置”命令，将复制过的椭圆形进行粘贴，效果如图 11-27 所示。在工具箱中将“填充颜色”设为白色，椭圆形也随之改变，效果如图 11-28 所示。

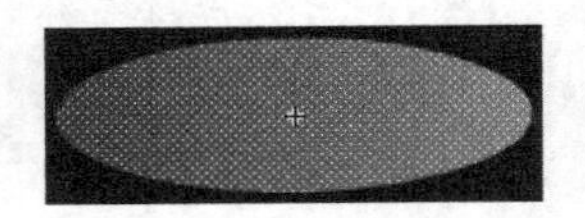

图 11-27

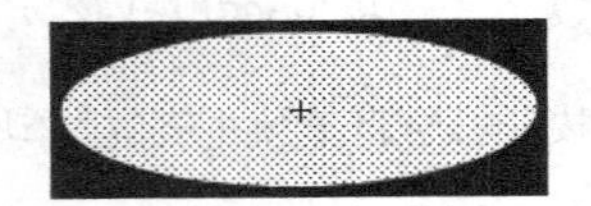

图 11-28

（5）在“库”面板中新建一个影片剪辑元件“高光动”，如图 11-29 所示，舞台窗口也随之转换为影片剪辑元件的舞台窗口。将图形元件“椭圆”拖曳到舞台窗口中，选中第 10 帧，按 F6 键插入关键帧。选中舞台窗口中的“椭圆”实例，在图形“属性”面板中选择“色彩效果”选项组，在“样式”下拉列表中选择“Alpha”，将其值设为 0。

（6）选中第 1 帧，选中舞台窗口中的“椭圆”实例，在图形“属性”面板中选择“色彩效果”选项组，在“样式”下拉列表中选择“Alpha”，将其值设为 20，效果如图 11-30 所示。

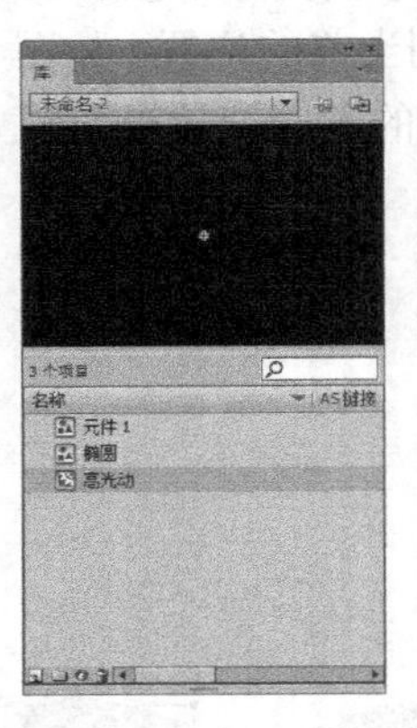


图 11-29

图 11-30

（7）用鼠标右键单击第 1 帧，在弹出的菜单中选择“创建传统补间”命令，在第 1 帧～第 10 帧之间创建传统补间，如图 11-31 所示。双击“库”面板中的按钮元件，舞台窗口转换为按钮元件的舞台窗口。在“时间轴”面板中分别选中“指针经过”帧和“按下”帧，按 F6 键插入关键帧，如图 11-32 所示。

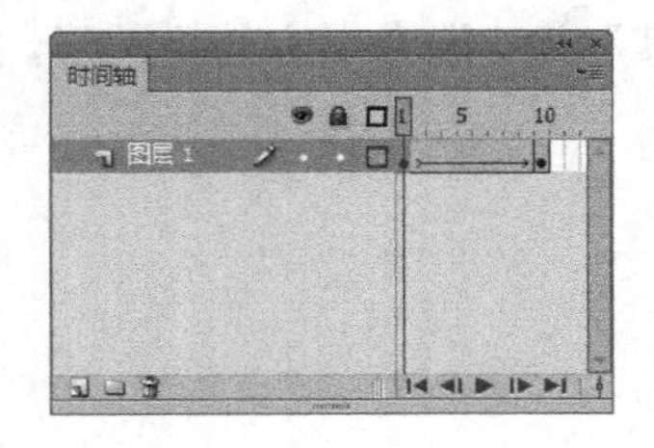


图 11-31

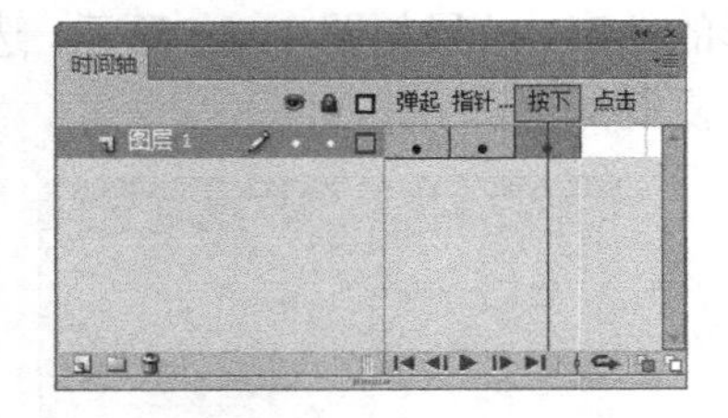


图 11-32

（8）选中“指针经过”帧，将“库”面板中的影片剪辑元件“高光动”拖曳到舞台窗口中，放置的位置和舞台窗口中上方的椭圆形重合，效果如图 11-33 所示。选中“按下”帧，再选中舞台窗口中的所有图形，在“变形”面板中，将“宽度”和“高度”选项分别设为 80%，效果如图 11-34 所示。

图 11-33

图 11-34

（9）单击舞台窗口左上方的“场景 1”图标，进入“场景 1”的舞台窗口，将“库”面板中的按钮元件拖曳到舞台窗口中。至此，交互按钮制作完成，按 Ctrl+Enter 组合键即可查看效果。按钮在不同状态时的效果如图 11-35 所示。

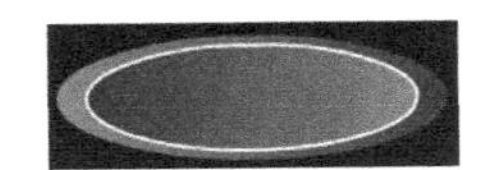

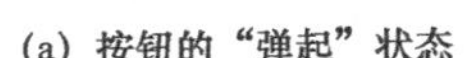

(a) 按钮的“弹起”状态

(b) 按钮的“指针经过”状态

(c) 按钮的“按下”状态

图 11-35

### 11.1.4　添加控制命令

控制鼠标跟随所使用的脚本如下。

```
root.addEventListener(Event.ENTER_FRAME,元件实例);
function 元件实例(e:Event) {
var h:元件 = new 元件();
//添加一个元件实例
h.x=root.mouseX;
h.y=root.mouseY;
//设置元件实例在 x 轴和 y 轴的坐标位置
root.addChild(h);
//将元件实例放入场景
}
```

（1）新建空白文档。调出“库”面板，在“库”面板下方单击“新建元件”按钮，弹出“创建新元件”对话框，在“名称”文本框中输入“多边形”，在“类型”下拉列表中选择“图形”选项，单击“确定”按钮，新建一个图形元件“多边形”。舞台窗口也随之转换为图形元件的舞台窗口。

（2）选择“窗口 > 颜色”命令，弹出“颜色”面板，在“类型”下拉列表中选择“线性渐变”，在色带上将左边的颜色控制点设为橘黄色（#FF9900），将右边的颜色控制点设为红色（#FF0000），生成渐变色，如图 11-36 所示。

（3）选择“多角星形工具”，单击多角星形工具的“属性”面板中的“选项”按钮，弹出“工具设置”对话框。在“样式”下拉列表中选择“多边形”，将“边数”选项设为 6，其他选项的设置如图 11-37 所示，单击“确定”按钮。在多角星形工具的“属性”面板中将“笔触颜色”设为无，其他选项的设置如图 11-38 所示。在舞台窗口中绘制多边形，效果如图 11-39 所示。

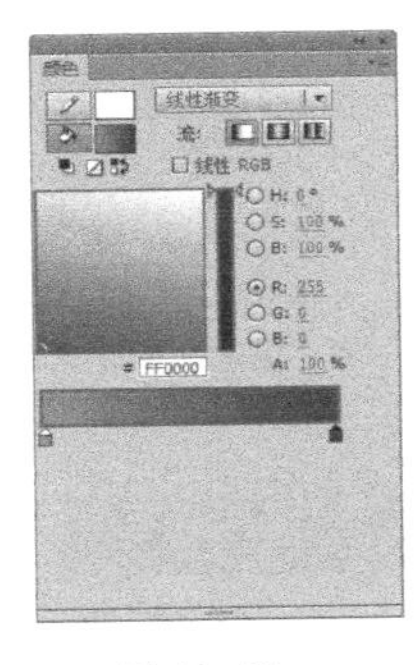

图 11-36

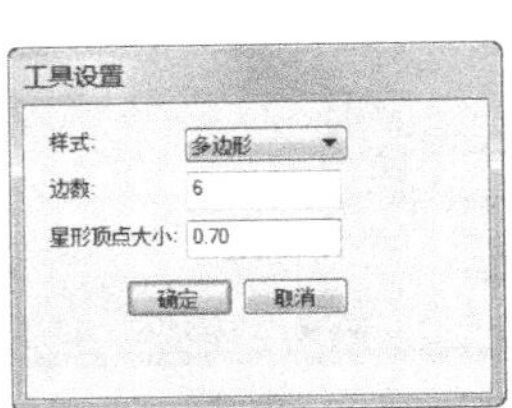


图 11-37

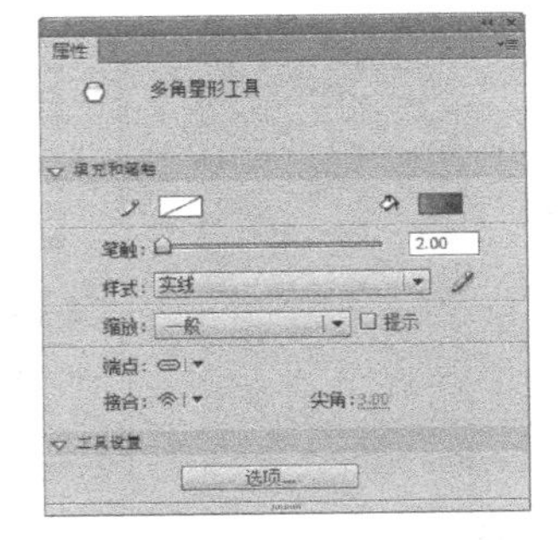


图 11-38

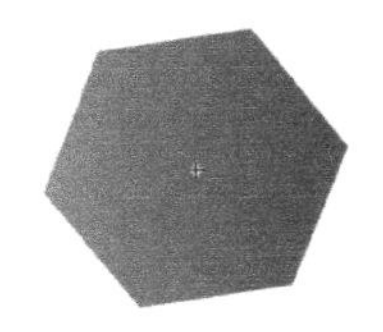

图 11-39

（4）在“库”面板下方单击“新建元件”按钮，弹出“创建新元件”对话框。在“名称”文本框中输入“多边形动”，在“类型”下拉列表中选择“影片剪辑”选项，单击“确定”按钮，新建一个影片剪辑元件“多边形动”，如图 11-40 所示。舞台窗口也随之转换为影片剪辑元件的舞台窗口。将“库”面板中的图形元件“多边形”拖曳到舞台窗口中，如图 11-41 所示。

（5）选中“图层 1”图层的第 20 帧，按 F6 键插入关键帧。选中第 1 帧，选择“任意变形工具”，在舞台窗口中选择“多边形”实例，并将其缩小，效果如图 11-42 所示。用鼠标右键单击“图层 1”图层的第 1 帧，在弹出的菜单中选择“创建传统补间”命令，生成传统补间动画，如图 11-43 所示。

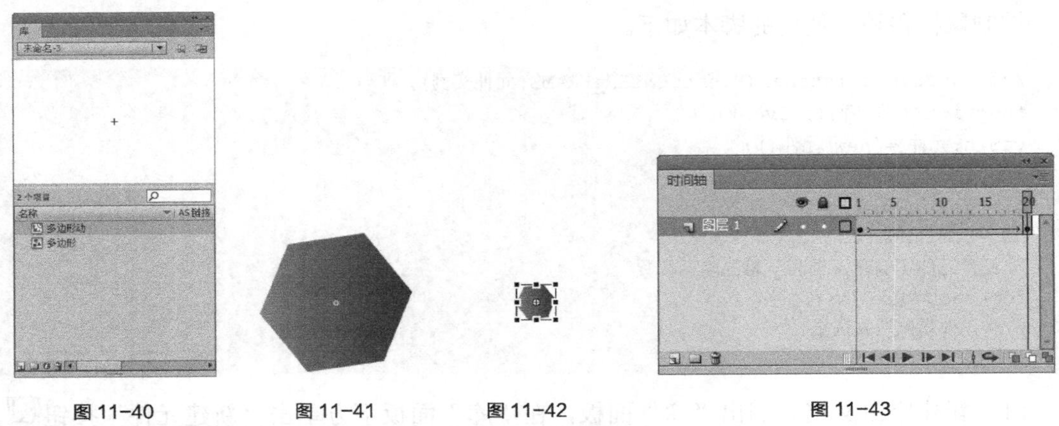

图 11-40　　图 11-41　　图 11-42　　图 11-43

（6）单击舞台窗口左上方的“场景 1”图标，进入“场景 1”的舞台窗口。用鼠标右键单击“库”面板中的影片剪辑元件“多边形动”，在弹出的菜单中选择“属性”命令，弹出“元件属性”对话框，勾选“为 ActionScript 导出”复选框，在“类”文本框中输入类名称“Circle”，如图 11-44 所示，单击“确定”按钮。

（7）选择“窗口 > 动作”命令，弹出“动作”面板（其快捷键为 F9 键）。在“脚本窗口”中输入脚本语言，“动作”面板中的显示如图 11-45 所示。

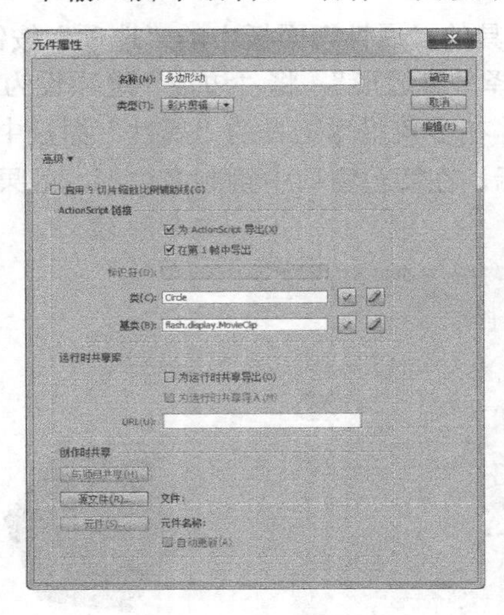

图 11-44

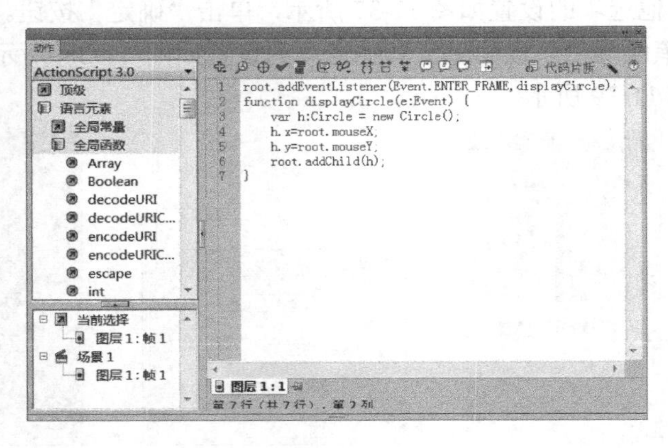


图 11-45

（8）选择“文件 > ActionScript 设置”命令，弹出“高级 ActionScript 3.0 设置”对话框，在对话框中单击“严谨模式”选项前的复选框，取消该选项的勾选，如图 11-46 所示。单击“确定”按钮，鼠标跟随效果制作完成，按 Ctrl+Enter 键即可查看效果，效果如图 11-47 所示。

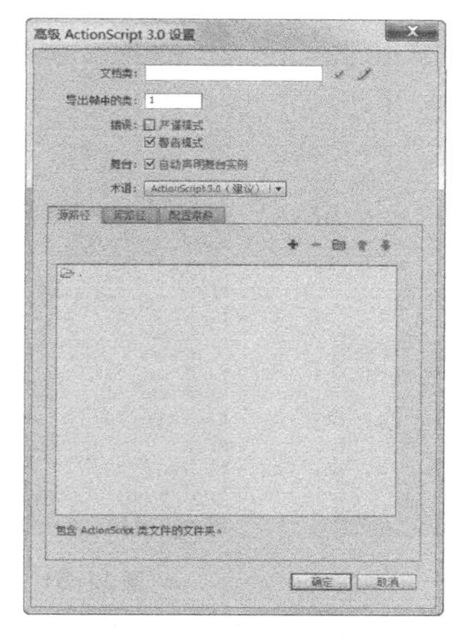


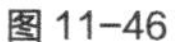
图 11-46

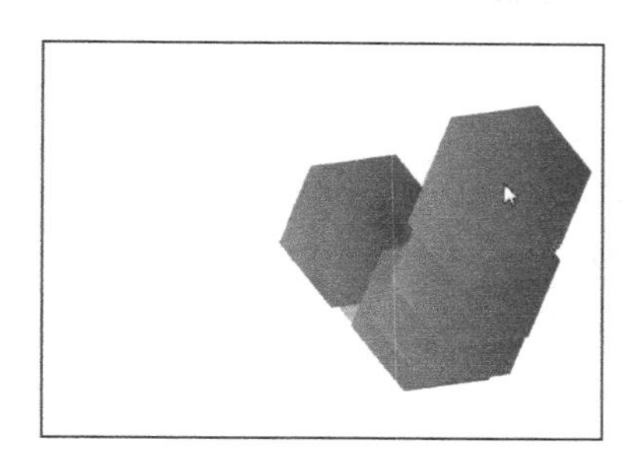

图 11-47

### 11.1.5 课堂案例——制作摄影俱乐部

【案例学习目标】使用浮动面板添加动作脚本语言。

【案例知识要点】使用绘图工具绘制图形，使用创建传统补间命令制作动画，使用动作面板添加脚本语言，完成后的效果如图 11-48 所示。

【文件所在位置】光盘/Ch11/效果/制作摄影俱乐部. fla。

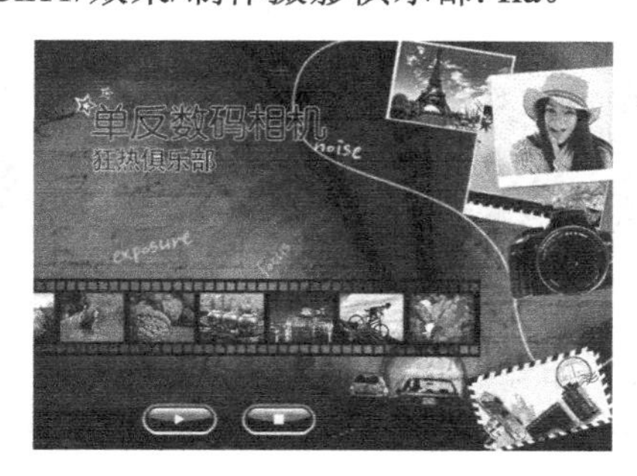


图 11-48

#### 1. 制作元件

（1）选择“文件 > 新建”命令，在弹出的“新建文档”对话框中选择“ActionScript 3.0”选项，单击“确定”按钮，进入新建文档舞台窗口。按 Ctrl+F3 组合键，弹出文档的“属性”面板，单击面板中的“编辑文档属性”按钮，弹出“文档设置”对话框，将“宽度”选项设为 600，“高度”选项设为 434，将“背景颜色”选项设为黄色（#FFCC00），单击“确定”按钮，改变舞台窗口的大小和颜色。

（2）选择“文件 > 导入 > 导入到库”命令，在弹出的“导入到库”对话框中选择“Ch11 > 素材 > 制作摄影俱乐部 > 01~09”文件，单击“打开”按钮，文件被导入到“库”面板中，如图 11-49 所示。

（3）按 Ctrl+F8 组合键，弹出“创建新元件”对话框，在“名称”文本框中输入“图片”，在“类型”下拉列表中选择“图形”选项，如图 11-50 所示，单击“确定”按钮，新建图形元件“图片”，如图 11-51 所示。舞台窗口也随之转换为图形元件的舞台窗口。

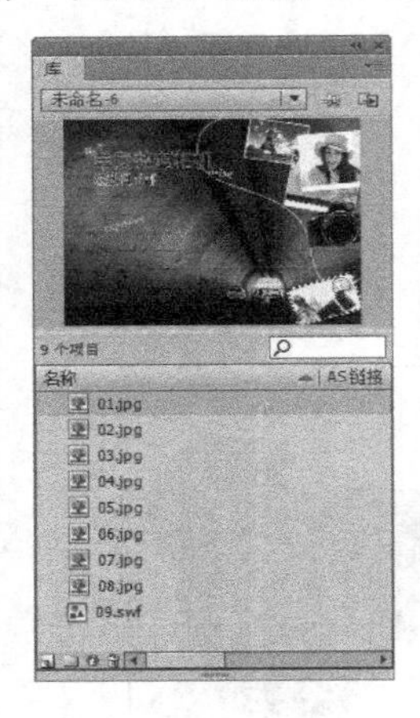


图 11-49

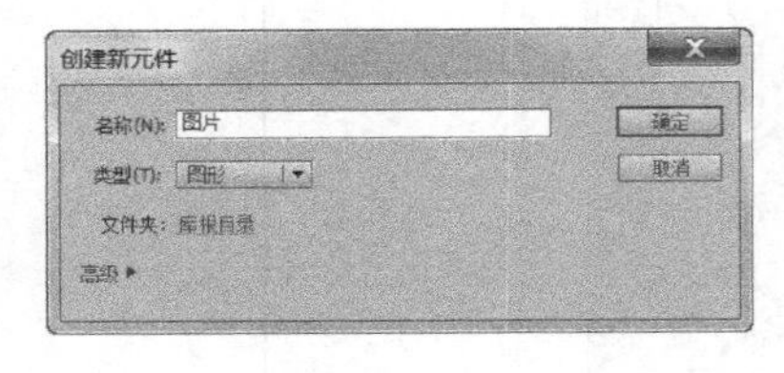


图 11-50

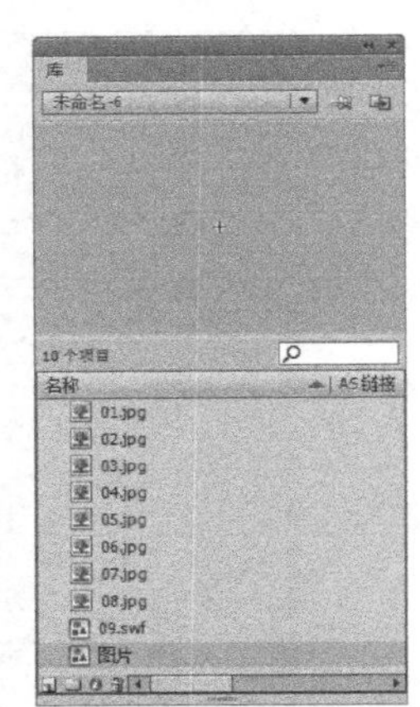


图 11-51

（4）分别将“库”面板中的位图“02”、“03”、“04”、“05”、“06”、“07”、“08”拖曳到舞台窗口中的适当的位置，如图 11-52 所示。选择“选择工具”，将所有的图像同时选取，如图 11-53 所示。

图 11-52

图 11-53

（5）选择“窗口 > 对齐”命令，弹出“对齐”面板，在“对齐”面板中分别单击“垂直中齐”按钮、“水平居中分布”按钮，将图像垂直居中并水平居中分布，效果如图 11-54 所示。

图 11-54

（6）按 Ctrl+F8 组合键，弹出“创建新元件”对话框，在“名称”文本框中输入“播放”，在“类型”下拉列表中选择“按钮”选项，单击“确定”按钮，新建按钮元件“播放”，如图 11-55 所示。舞台窗口也随之转换为按钮元件的舞台窗口。

（7）将“图层 1”重新命名为“图形”，将“库”面板中的位图“09.swf”拖曳到舞台窗口中适当的位置，效果如图 11-56 所示。选中“指针经过”帧，按 F5 键插入帧。

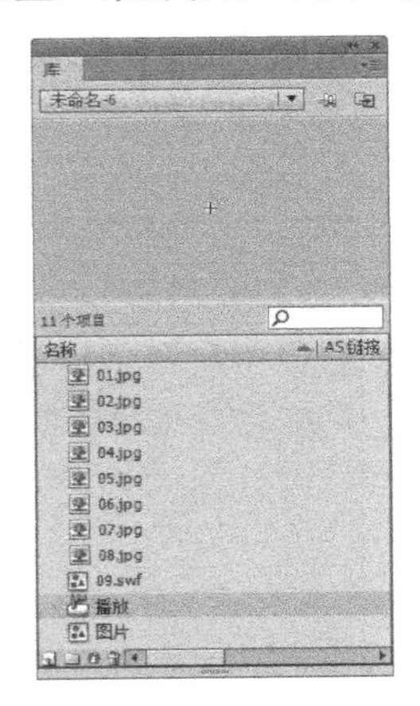

图 11-55

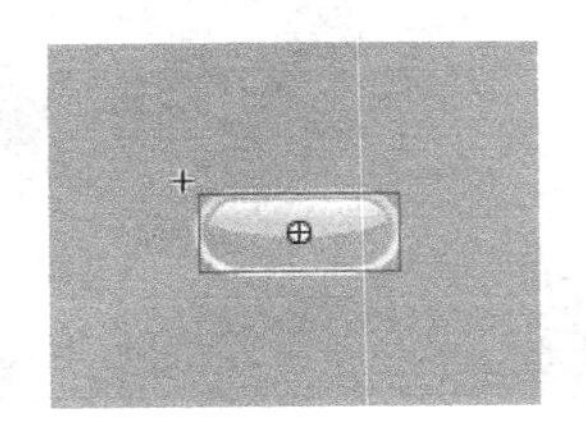

图 11-56

（8）单击“时间轴”面板下方的“新建图层”按钮，创建新图层并将其命名为“三角形”。选择“多角星形工具”，在“属性”面板中单击“工具设置”选项下的“选项”按钮，弹出“工具设置”对话框，将“边数”选项设为 3，如图 11-57 所示，单击“确定”按钮。在“属性”面板中将“笔触颜色”设为无，“填充颜色”设为白色，其他选项的设置如图 11-58 所示，在舞台窗口中绘制 1 个三角形，效果如图 11-59 所示。

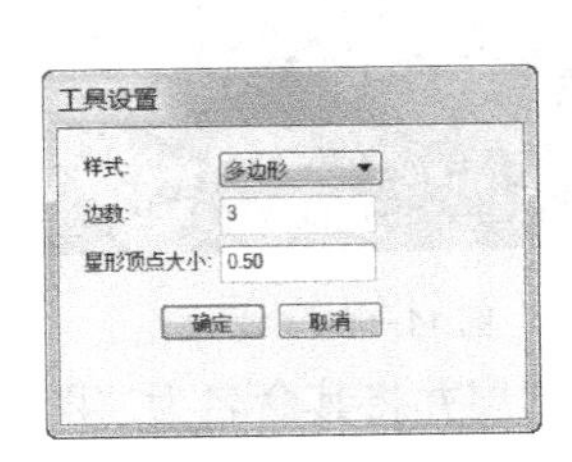


图 11-57

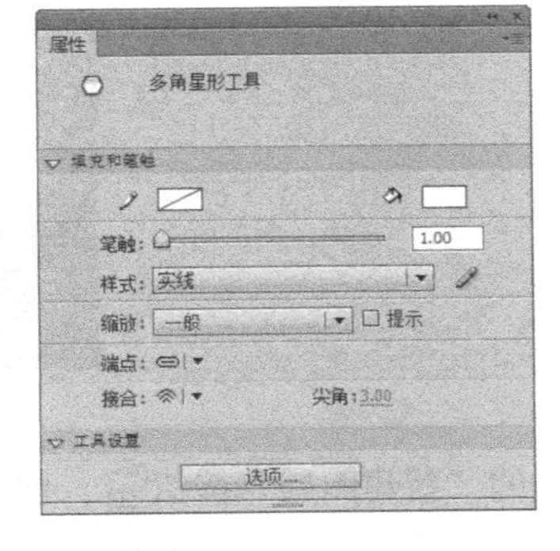


图 11-58

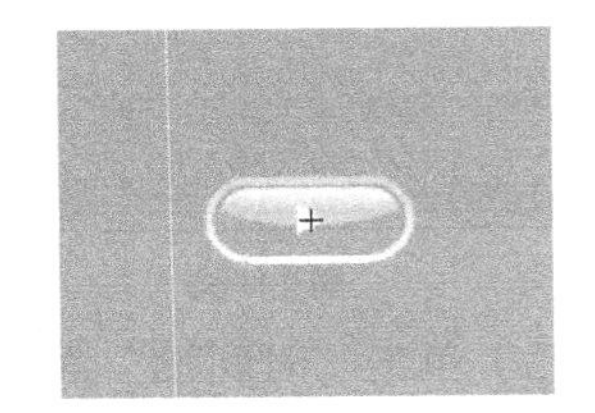

图 11-59

（9）选中“指针经过”帧，按 F6 键插入关键帧，如图 11-60 所示，在工具箱中将“填充颜色”设为红色（#FF0000），效果如图 11-61 所示。用相同的方法制作按钮元件“停止”，效果如图 11-62 所示。

图 11-60

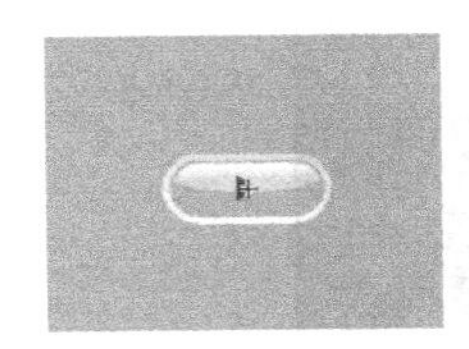

图 11-61

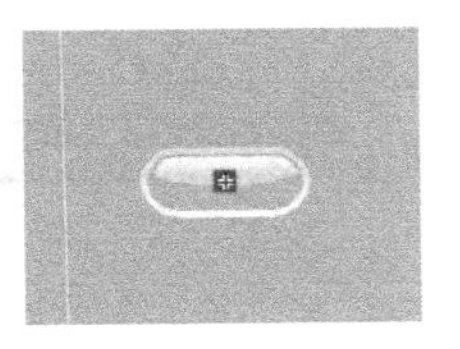

图 11-62

## 2. 制作照片浏览动画

（1）单击舞台窗口左上方的“场景 1”图标，进入“场景 1”的舞台窗口。将“图层 1”重新命名为“底图”。将“库”面板中的位图“01.jpg”文件拖曳到舞台窗口的中心位置，效果如图 11-63 所示。选中“底图”图层的第 120 帧，按 F5 键插入普通帧，如图 11-64 所示。

图 11-63

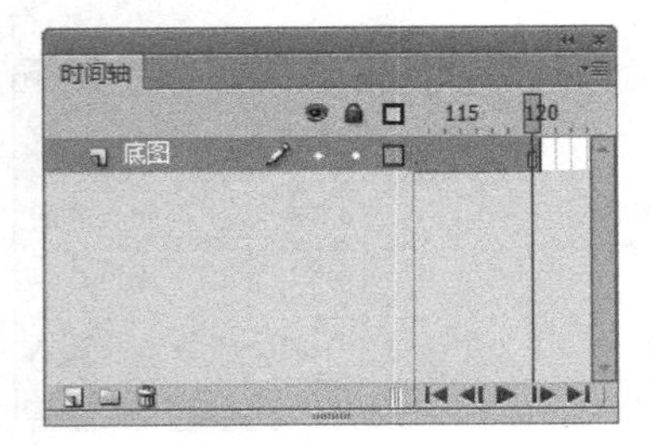


图 11-64

（2）单击“时间轴”面板下方的“新建图层”按钮，创建新图层并将其命名为“胶片”，如图 11-65 所示。选择“文件 > 导入 > 导入到舞台”命令，在弹出的“导入”对话框中选择“Ch11 > 素材 > 制作摄影俱乐部 > 10”文件，单击“打开”按钮，文件被导入到舞台窗口中，将其拖曳到适当的位置，效果如图 11-66 所示。

图 11-65

图 11-66

（3）单击“时间轴”面板下方的“新建图层”按钮，创建新图层并将其命名为“图片”。将“库”面板中的图形元件“图片”拖曳到舞台窗口中的适当位置，如图 11-67 所示。选中“图片”图层的第 120 帧，按 F6 键插入关键帧。选择“选择工具”，选中“图片”实例，按住 Shift 键的同时，单击并按住鼠标左键水平向右拖曳其到适当的位置，效果如图 11-68 所示。

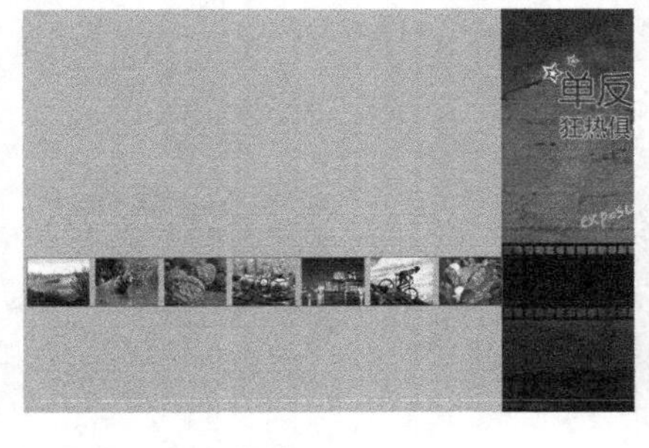

图 11-67

图 11-68

（4）用鼠标右键单击“图片”图层的第 1 帧，在弹出的菜单中选择“创建传统补间”命令，在第 1 帧和第 120 帧之间生成传统补间动画，如图 11-69 所示。

（5）新建图层并将其命名为“矩形条”。选择“矩形工具”，在工具箱中将“笔触颜色”设为无，“填充颜色”设为白色，在舞台窗口中绘制 1 个矩形，效果如图 11-70 所示。

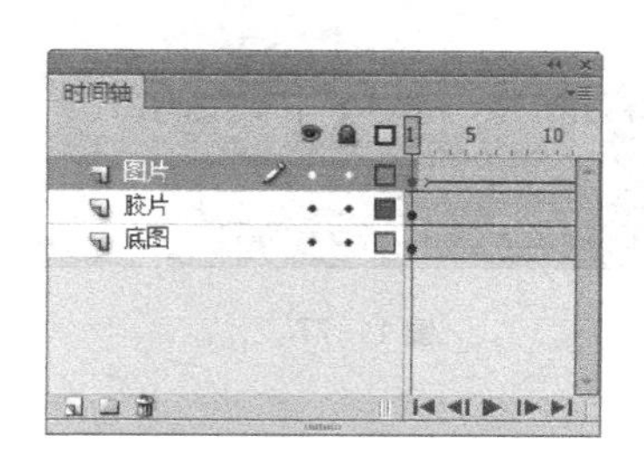


图 11-69

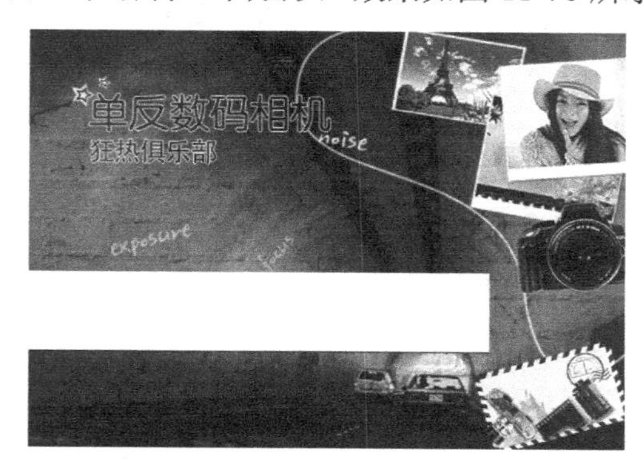


图 11-70

（6）用鼠标右键单击“矩形条”图层，在弹出的菜单中选择“遮罩层”命令，将“矩形条”图层转换为遮罩层，如图 11-71 所示。舞台窗口中的效果如图 11-72 所示。

（7）新建图层并将其命名为“按钮”。分别将“库”面板中的按钮元件“播放”和“停止”拖曳到舞台窗口中适当的位置，效果如图 11-73 所示。

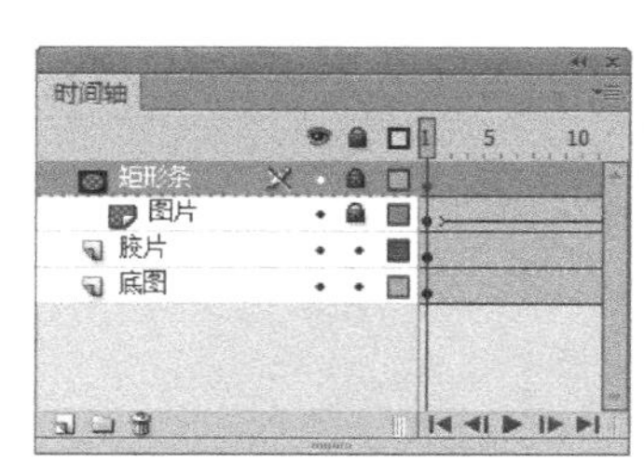


图 11-71

图 11-72

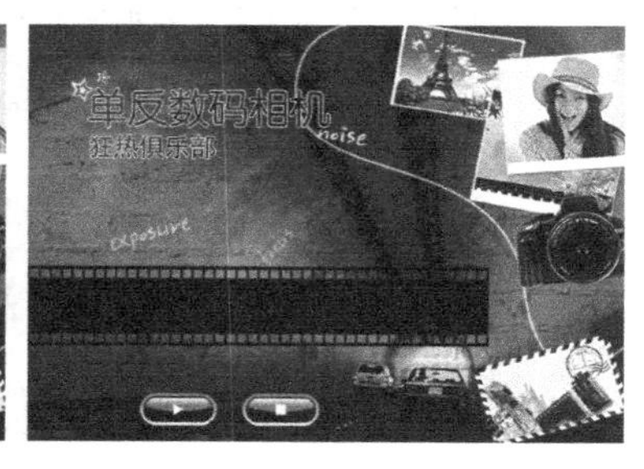


图 11-73

（8）在舞台窗口中选中“播放”实例，在按钮元件“属性”面板中的“实例名称”文本框中输入 start_Btn，如图 11-74 所示。在舞台窗口中选中“停止”实例，在按钮元件的“属性”面板中的“实例名称”文本框中输入 stop_Btn，如图 11-75 所示。

图 11-74

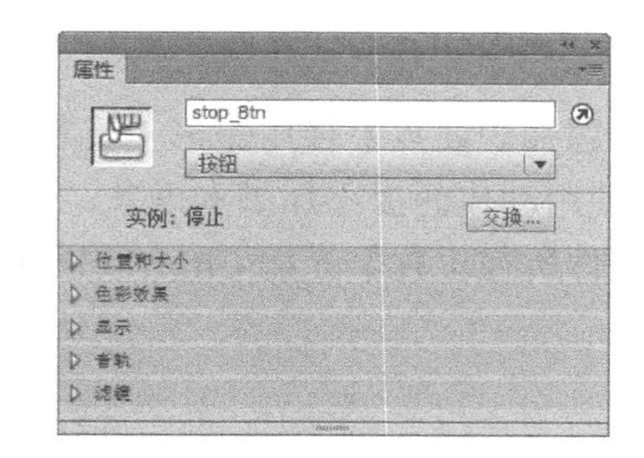


图 11-75

（9）新建图层并将其命名为“动作脚本”。选择“窗口 > 动作”命令，弹出“动作”面板（其快捷键为 F9 键）。在“动作”面板中设置脚本语言，“脚本窗口”中的显示如图 11-76 所示。至此，摄影俱乐部制作完成，按 Ctrl+Enter 键即可查看效果，如图 11-77 所示。

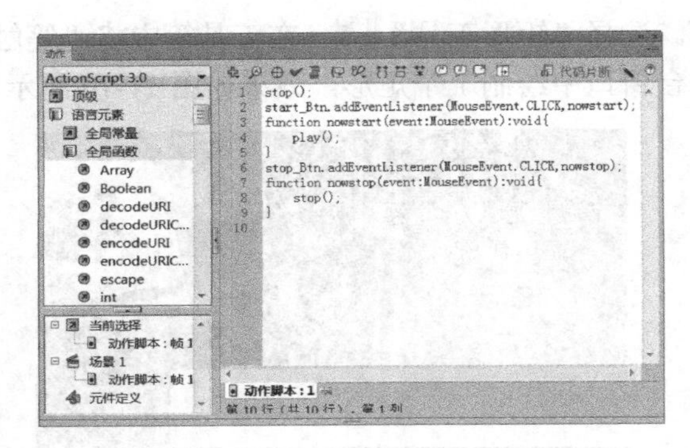

图 11-76

图 11-77

## 11.2 课堂练习——制作快乐农场

【练习知识要点】使用椭圆工具、多角星形工具和颜色面板绘制按钮图形，使用遮罩层命令将图形遮罩，使用动作面板设置脚本语言，完成后的效果如图 11-78 所示。

【文件所在位置】光盘/Ch11/效果/制作快乐农场. fla。

图 11-78

## 11.3 课后习题——制作美肤栏

【习题知识要点】使用矩形工具和颜色面板制作按钮图形，使用文本工具添加文字和文字框，使用动作面板添加脚本语言，完成后的效果如图 11-79 所示。

【文件所在位置】光盘/Ch11/效果/制作美肤栏. fla。

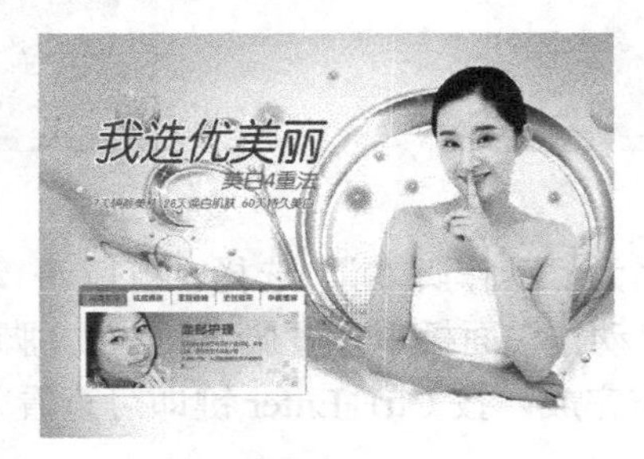


图 11-79

Flash CS6

12 Chapter

# 第12章 组件与行为

在 Flash CS6 中，系统预先设定了组件、行为、模板等功能来协助用户制作动画，从而提高制作效率。本章将分别介绍组件、行为的分类及使用方法。通过对本章的学习，可以帮助读者了解并掌握如何应用系统的自带功能高效地完成动画的制作。

课堂学习目标：

- 掌握组件的设置、分类与应用；
- 掌握行为的应用方法和技巧。

# 12.1 组件

组件是一些复杂的带有可以定义参数的影片剪辑符号。组件的目的在于让开发人员重用和共享代码，封装复杂功能，这样，在没有“动作脚本”时也能使用和自定义这些功能。

## 12.1.1 设置组件

选择“窗口 > 组件”命令，弹出“组件”面板，如图 12-1 所示。组件包含 3 个类别：Flex 组件、用于创建界面的 User Interface 组件和控制视频播放的 Video 组件。

可以在“组件”面板中双击要使用的组件，组件即显示在舞台窗口中，如图 12-2 所示。

还可以在“组件”面板中选中要使用的组件，将其直接拖曳到舞台窗口中，如图 12-3。

图 12-1

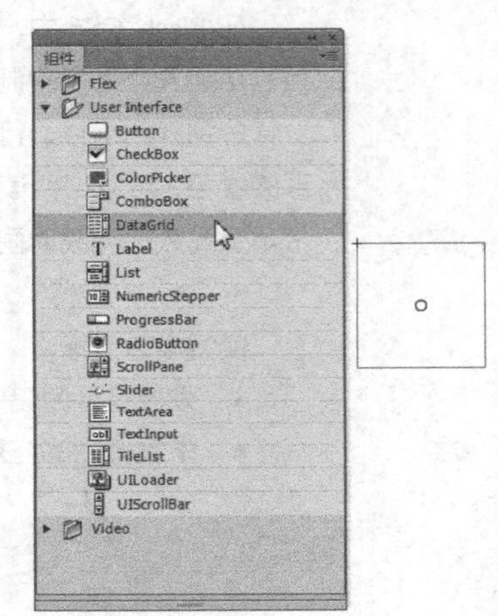


图 12-2

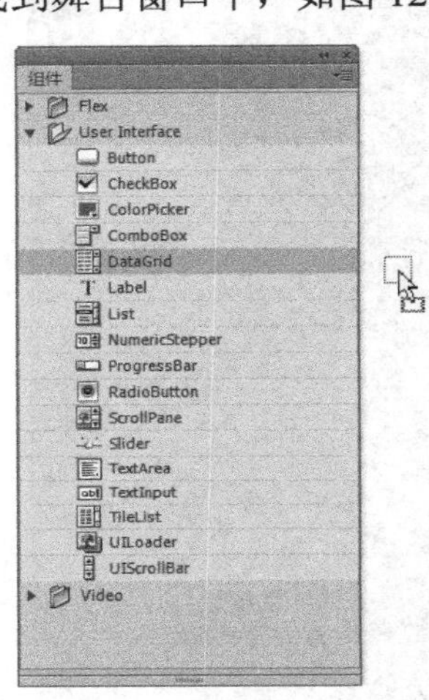


图 12-3

在舞台窗口中选中组件，如图 12-4 所示，按 Ctrl+F3 组合键，弹出“属性”面板，单击“组件参数”选项，展开组件的参数属性，如图 12-5 所示。可以在参数值上单击，在数值框中输入数值，如图 12-6 所示，也可以在其下拉列表中选择相应的选项，如图 12-7 所示。

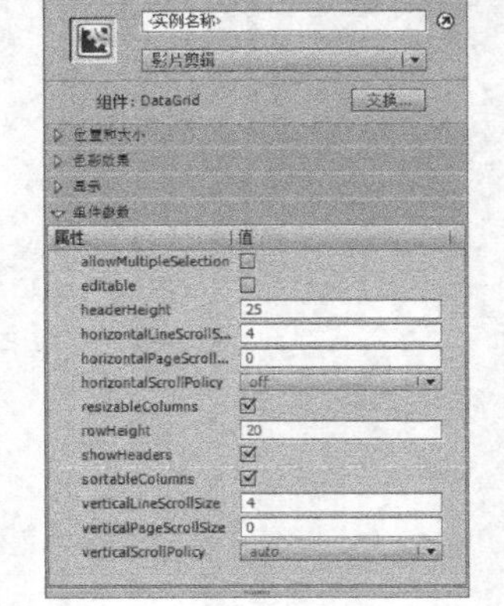

图 12-4　　图 12-5

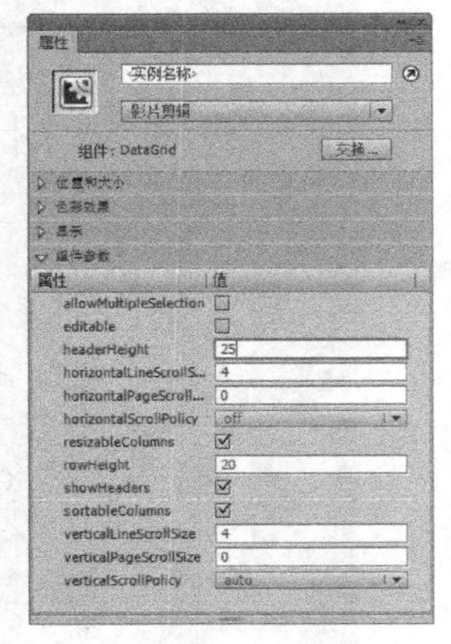

图 12-6

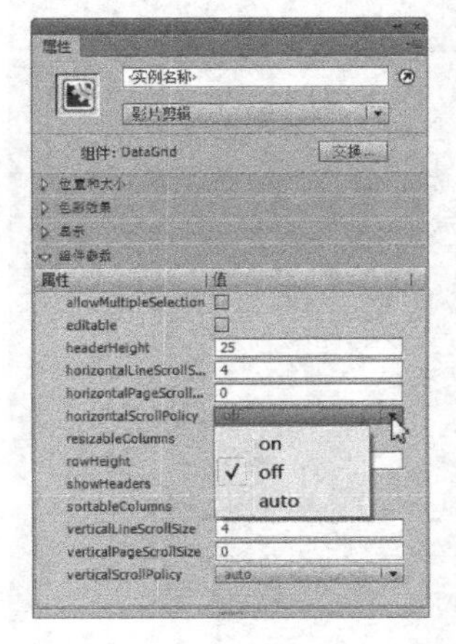


图 12-7

### 12.1.2 组件分类与应用

下面将介绍几个典型组件的参数设置与应用。

#### 1. Button 组件

Button 组件是一个可调整大小的矩形用户界面按钮，可以给按钮添加一个自定义图标，也可以将按钮的行为从按下改为切换。在单击切换按钮后，它将保持按下状态，直到再次单击时才会返回到弹起状态。可以在应用程序中启用或者禁用按钮。在禁用状态下，按钮不接收鼠标或键盘输入。

在“组件”面板中，将 Button 组件拖曳到舞台窗口中，如图 12-8 所示。在“属性”面板中，即显示出组件的参数，如图 12-9 所示。

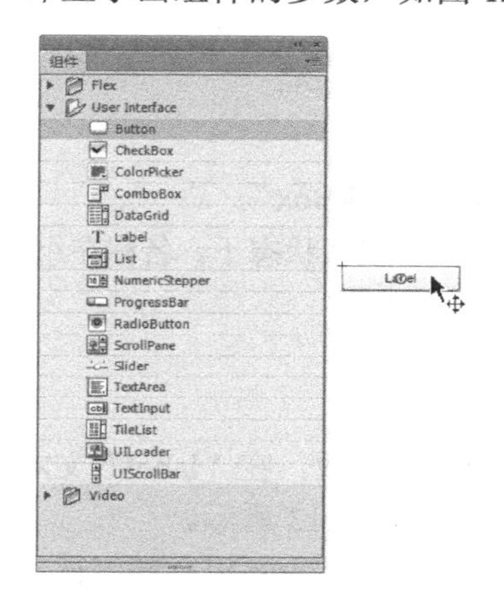


图 12-8

图 12-9

- “emphasized”选项：设置组件是否加重显示。
- “enabled”选项：设置组件是否为激活状态。
- “label”选项：设置组件上显示的文字，默认状态下为“Button”。
- “labelPlacement”选项：确定组件上的文字相对于图标的方向。
- “selected”选项：如果“toggle”参数值为“true”，则该参数指定组件是处于按下状态“true”还是释放状态“false”。
- “toggle”选项：将组件转变为切换开关。如果参数值为“true”，那么按钮在按下后保持按下状态，直到再次按下时才返回到弹起状态；如果参数值为“false”，那么按钮的行为与普通按钮相同。
- “visible”选项：设置组件的可见性。

#### 2. CheckBox 组件

复选框是一个可以选中或取消选中的方框。可以在应用程序中启用或者禁用复选框。如果复选框已启用，用户单击它或者它的名称，复选框会出现对号标记，即显示为选中状态。如果用户在复选框或其名称上按下鼠标后，将鼠标指针移动到复选框或其名称的边界区域之外，那么复选框没有被选中，也不会出现对号标记。如果复选框被禁用，它会显示其禁用状态，而不响应用户的交互操作。在禁用状态下，按钮不接收鼠标或键盘输入。

在“组件”面板中，将 CheckBox 组件拖曳到舞台窗口中，如图 12-10 所示。在“属性”面板中，即显示出组件的参数，如图 12-11 所示。

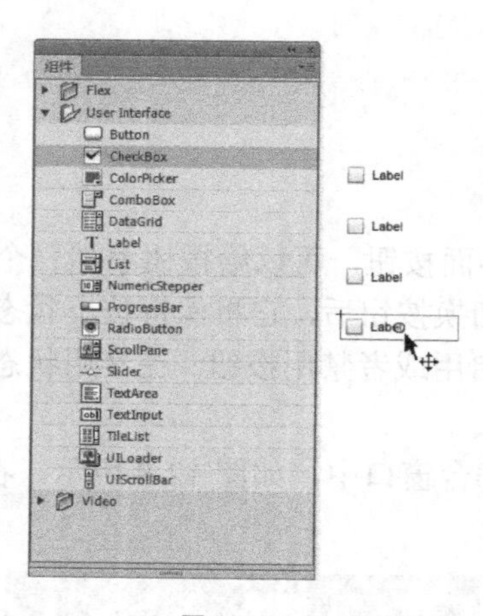


图 12-10

图 12-11

- “enabled”选项：设置组件是否为激活状态。
- “label”选项：设置组件的名称，默认状态下为“CheckBox”。
- “labelPlacement”选项：设置名称相对于组件的位置，默认状态下，名称在组件的右侧。
- “selected”选项：将组件的初始值设为勾选或取消勾选。
- “visible”选项：设置组件的可见性。

下面将介绍 CheckBox 组件的应用。

将 CheckBox 组件拖曳到舞台窗口中，选择“属性”面板，在“label”文本框中输入“星期一”，如图 12-12 所示，组件的名称也随之改变，如图 12-13 所示。

用相同的方法再制作 4 个组件，如图 12-14 所示。按 Ctrl+Enter 组合键测试影片，可以随意勾选多个复选框，如图 12-15 所示。

在“labelPlacement”选项中可以选择名称相对于复选框的位置，如果选择“left”，那么名称在复选框的左侧，如图 12-16 所示。

如果勾选“星期一”组件的“selected”选项，那么“星期一”复选框的初始状态为被勾选，如图 12-17 所示。

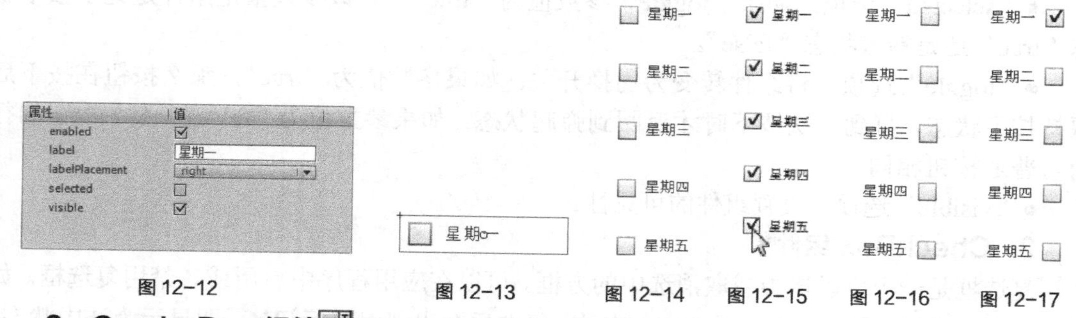


图 12-12　图 12-13　图 12-14　图 12-15　图 12-16　图 12-17

### 3. ComboBox 组件

ComboBox 组件用于向 Flash 影片中添加可滚动的单选下拉列表。组合框可以是静态的，也可以是可编辑的。使用静态组合框，用户可以从下拉列表中做出一项选择。使用可编辑的组合框，用户可以在列表顶部的文本框中直接输入文本，也可以从下拉列表中选择一项。如果下拉列表超出文档底部，该列表将会向上打开，而不是向下。

在“组件”面板中，将 ComboBox 组件拖曳到舞台窗口中，如图 12-18 所示。在“属性”面板中，即显示出组件的参数，如图 12-19 所示。

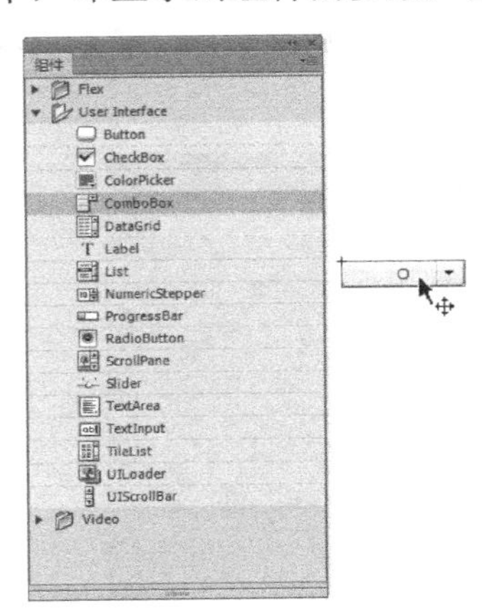


图 12-18

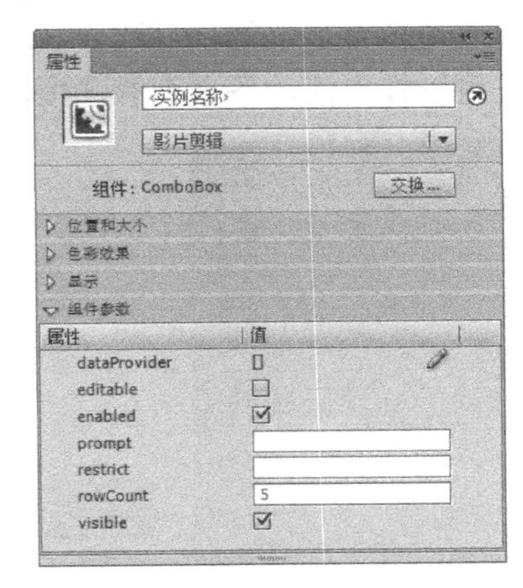


图 12-19

- “dataProvider”选项：设置下拉列表中显示的内容。
- “editable”选项：设置组件为可编辑的“true”还是静态的“false”。
- “enabled”选项：设置组件是否为激活状态。
- “prompt”选项：设置组件的初始显示内容。
- “restrict”选项：设置限定的范围。
- “rowCount”选项：设置在组件下拉列表中不使用滚动条的话，一次最多可显示的项目数。
- “visible”选项：设置组件的可见性。

下面将介绍 ComboBox 组件的应用。

将 ComboBox 组件拖曳到舞台窗口中，选择“属性”面板，双击“dataProvider”选项右侧的[]，弹出“值”对话框，如图 12-20 所示。在对话框中单击加号按钮，单击值，输入第一个要显示的值文字“一年级”，如图 12-21 所示。

用相同的方法添加多个值，如图 12-22 所示。如果想删除一个值，可以先选中这个值，再单击减号按钮进行删除。如果想改变值的顺序，可以单击向下箭头按钮或向上箭头按钮进行调序。例如，要将值“六年级”向上移动，可以先选中它（被选中的值，显示出灰色长条），再单击向上箭头按钮5 次，值“六年级”就移动到了值“一年级”的上方，如图 12-23、图 12-24 所示。

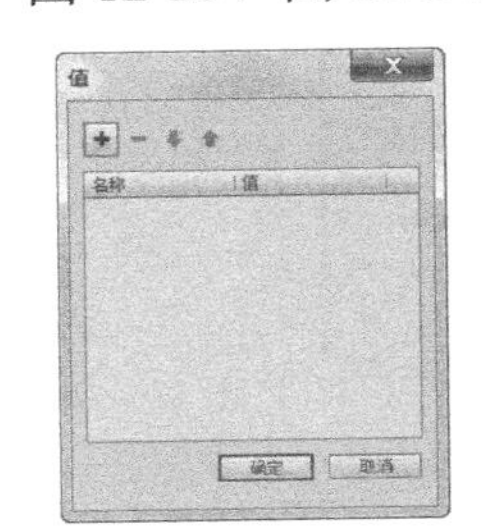

图 12-20

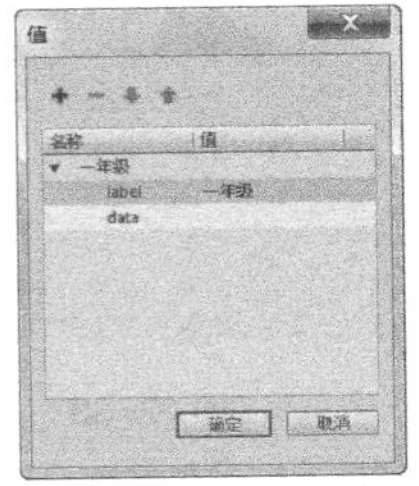

图 12-21

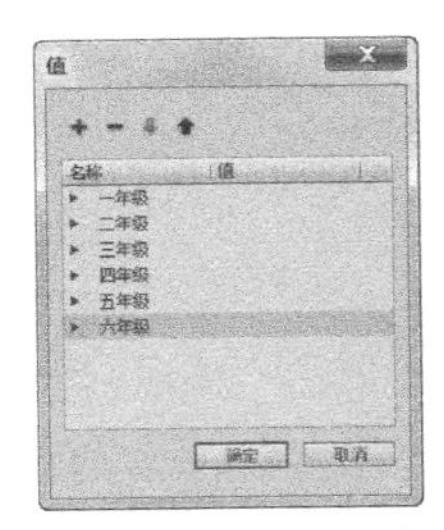

图 12-22

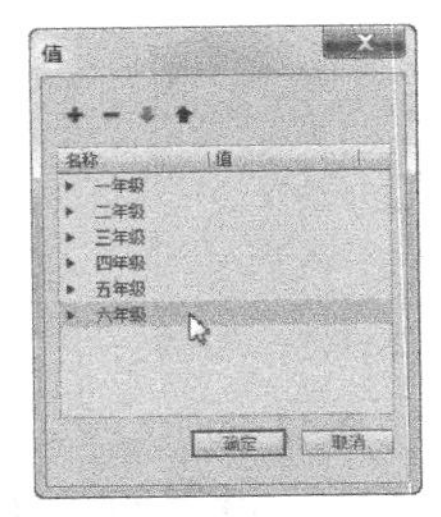

图 12-23

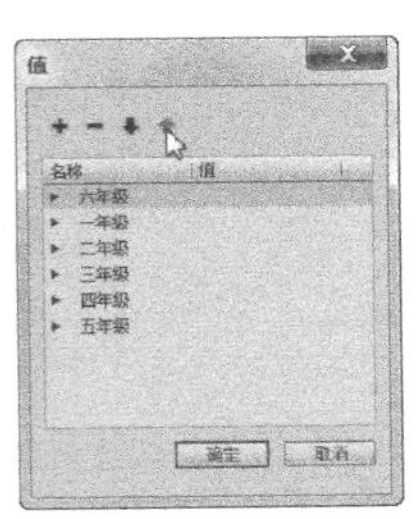

图 12-24

设置好值后，单击“确定”按钮，“属性”面板的显示如图 12-25 所示。

按 Ctrl+Enter 组合键测试影片，显示出下拉列表，如图 12-26 所示。

如果在“属性”面板中将“rowCount”选项的数值设置为“3”，如图 12-27 所示，表示下拉列表一次最多可显示的项目数为 3。按 Ctrl+Enter 组合键测试影片，显示出的下拉列表有滚动条，可以拖曳滚动条来查看选项，如图 12-28 所示。

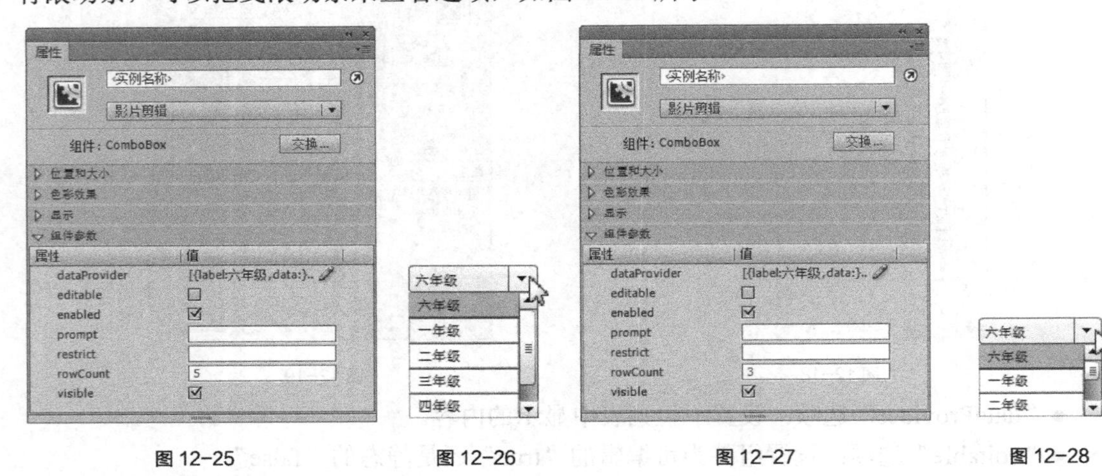


图 12-25　　图 12-26　　图 12-27　　图 12-28

## 4. Label 组件

一个标签组件就是一行文本。可以指定一个标签采用 HTML 格式，也可以控制标签的对齐和大小。Label 组件没有边框，不能具有焦点，并且不广播任何事件。

每个 Label 实例的实时预览反映了创作时在“属性”面板中或在“组件检查器”面板中对参数所做的更改。标签没有边框，因此，查看它的实时预览的唯一方法就是设置其文本参数。如果文本太长，并且选择设置“autoSize”参数，那么实时预览将不支持“autoSize”参数，而且不能调整标签边框大小。

在“组件”面板中，将 Label 组件拖曳到舞台窗口中，如图 12-29 所示。在“属性”面板中，即显示出组件的参数，如图 12-30 所示。

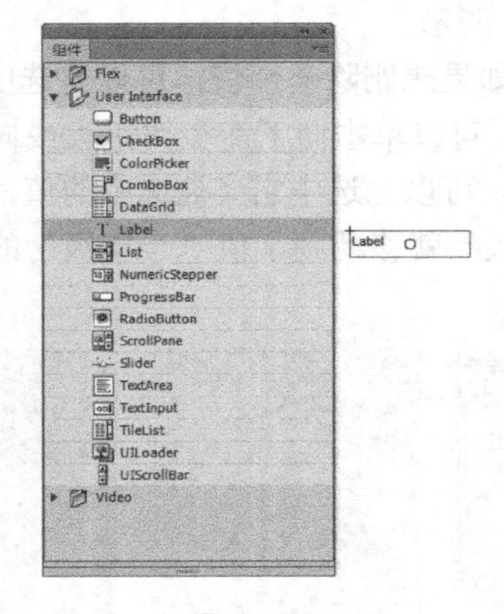

图 12-29　　图 12-30

- “autoSize”选项：设置组件中文本相对的对齐方向。
- “condenseWhite”选项：设置删除组件中的额外空白，如空格和换行符。
- “enabled”选项：设置组件是否为激活状态。
- “htmlText”选项：设置文本是否采用 HTML 格式。

● “selectable”选项：设置文本的可选性。

● “text”选项：设置组件显示出的文本。

● “visible”选项：设置组件的可见性。

● “wordWrap”选项：设置文本是否自动换行。

### 5. List 组件

List 组件是一个可滚动的单选或多选列表框，它同 ComboBox 组件有相似的功能和用法。

在“组件”面板中，将 List 组件拖曳到舞台窗口中，如图 12-31 所示。在“属性”面板中，即显示出组件的参数，如图 12-32 所示。

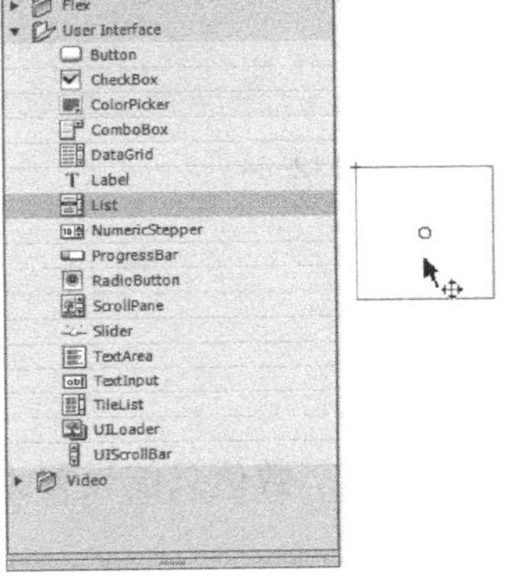
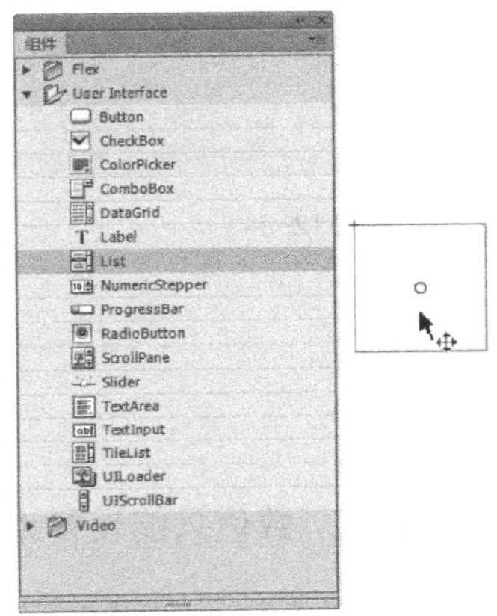


图 12-31

图 12-32

● “allowMultipleSelection”选项：用于设置在列表框中是否可以同时选择多个选项。

● “dataProvider”选项：设置列表框中显示的内容。

● “enabled”选项：设置组件是否为激活状态。

● “horizontalLineScrollSize”选项：设置每次按下箭头时水平滚动条移动多少个单位，其默认值为 4。

● “horizontalPageScrollSize”选项：设置每次按轨道时水平滚动条移动多少个单位，其默认值为 0。

● “horizontalScrollPolicy”选项：用于设置是否显示水平方向的滚动条。

● “verticalLineScrollSize”选项：设置每次按下箭头时垂直滚动条移动多少个单位，其默认值为 4。

● “verticalPageScrollSize”选项：设置每次按轨道时垂直滚动条移动多少个单位，其默认值为 0。

● “verticalScrollPolicy”选项：用于设置是否显示垂直方向的滚动条。

● “visible”选项：设置组件的可见性。

### 6. NumericStepper 组件

NumericStepper 组件允许用户逐个使用一组经过排序的数字。该组件由显示在上下箭头按钮旁边的数字组成。当用户按下这些按钮时，数字将逐渐增大或减小。如果用户单击其中任一箭头按钮，数字将根据“stepSize”参数的值增大或减小，直到用户释放鼠标按钮或者达到最大/最小值为止。NumericStepper 组件只处理数值数据。

在“组件”面板中，将 NumericStepper 组件拖曳到舞台窗口中，如图 12-33 所示。在“属性”面板中，即显示出组件的参数，如图 12-34 所示。

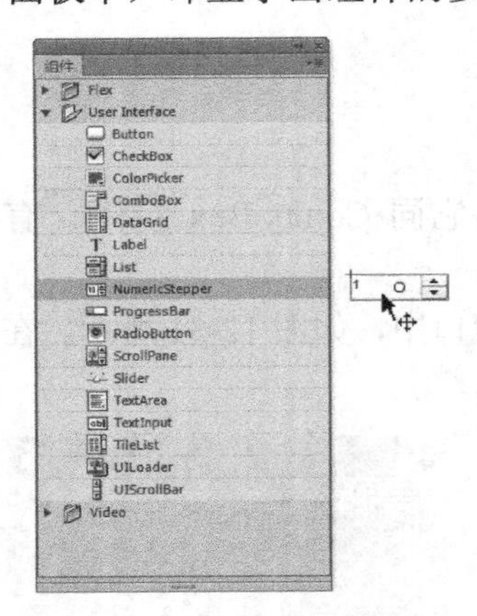


图 12-33

图 12-34

- “enabled”选项：设置组件是否为激活状态。
- “maximum”选项：设置数值范围的最大值。
- “minimum”选项：设置数值范围的最小值。
- “stepSize”选项：设置每一次操作数值变动的大小。
- “value”选项：设置在初始状态下，组件中显示的数值。数值只能设置为“stepSize”中的数值或数值的整数倍数。
- “visible”选项：设置组件的可见性。

### 7. ProgressBar 组件

ProgressBar 组件在用户等待加载内容时，会显示加载进程。加载进程可以是确定的也可以是不确定的。确定的进程栏是一段时间内任务进程的线性表示，当要载入的内容量已知时使用。不确定的进程栏在不知道要加载的内容量时使用。可以添加标签来显示加载内容的进程。默认情况下，组件被设置为在第 1 帧导出，这意味着这些组件在第 1 帧呈现前被加载到应用程序中。

在“组件”面板中，将 ProgressBar 组件拖曳到舞台窗口中，如图 12-35 所示。在组件“属性”面板中，即显示出组件的参数，如图 12-36 所示。

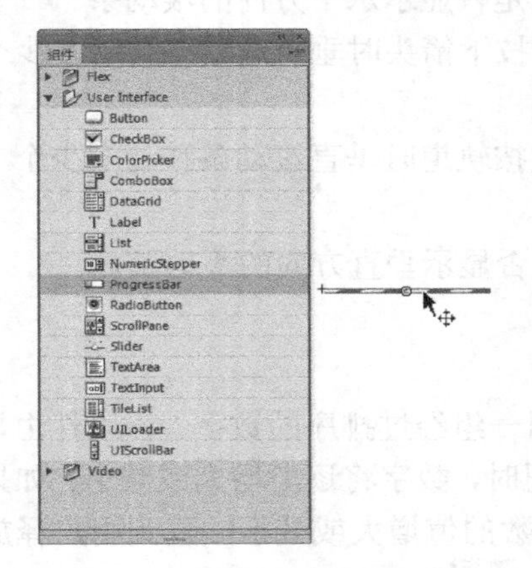


图 12-35

图 12-36

- “direction”选项：设置加载进度条的方向。
- “enabled”选项：设置组件是否为激活状态。
- “mode”选项：设置进度栏运行的模式。此值可以是事件、轮询或手动事件之一，默认值为事件。
- “source”选项：一个要转换为对象的字符串，它表示源的实例名。
- “visible”选项：设置组件的可见性。

### 8. RadioButton 组件

RadioButton 组件是单选按钮，使用该组件可以强制用户只能选择一组选项中的一项。RadioButton 组件必须用于至少有两个 RadioButton 实例的组。在任何选定的时刻，都只有一个组成员被选中。选择组中的一个单选按钮，将取消选择组内当前被选定的单选按钮。

在“组件”面板中，将 RadioButton 组件拖曳到舞台窗口中，如图 12-37 所示。在“属性”面板中，即显示出组件的参数，如图 12-38 所示。

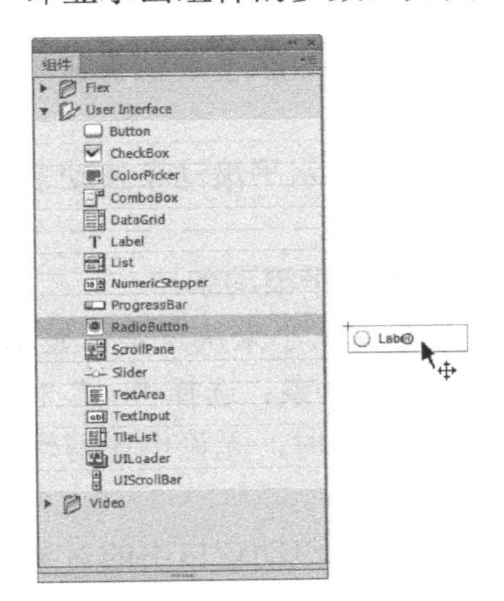


图 12-37

图 12-38

- “enabled”选项：设置组件是否为激活状态。
- “groupName”选项：设置单选按钮的组名称，默认状态下为“radioGroup”。
- “label”选项：设置单选按钮的名称，默认状态下为“Radio Button”。
- “labelPlacement”选项：设置名称相对于单选按钮的位置，默认状态下，名称在单选按钮的右侧。
- “selected”选项：设置单选按钮初始状态下，是处于选中状态“true”还是未选中状态“false”。
- “value”选项：设置在初始状态下，组件中显示的数值。
- “visible”选项：设置组件的可见性。

### 9. ScrollPane 组件

ScrollPane 组件能够在一个可滚动区域中显示影片剪辑、JPEG 文件和 SWF 文件，可以让滚动条在一个有限的区域中显示图像，以及显示从本地位置或网络加载的内容。ScrollPane 组件既可以显示含有大量内容的区域，又不会占用大量的舞台空间。该组件只能显示影片剪辑，不能应用于文字。

在“组件”面板中，将 ScrollPane 组件拖曳到舞台窗口中，如图 12-39 所示。在“属性”面板中，即显示出组件的参数，如图 12-40 所示。

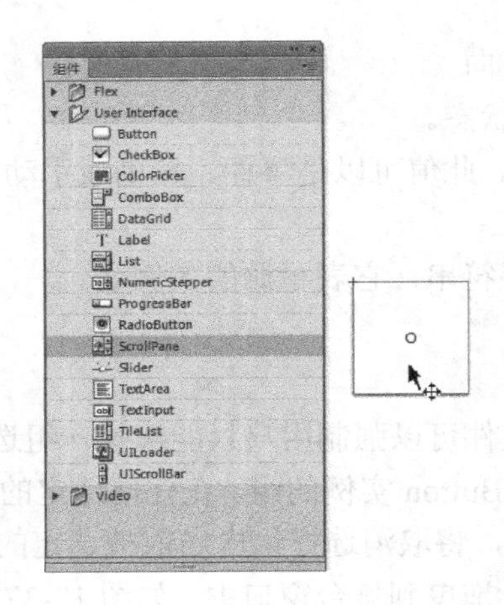


图 12-39

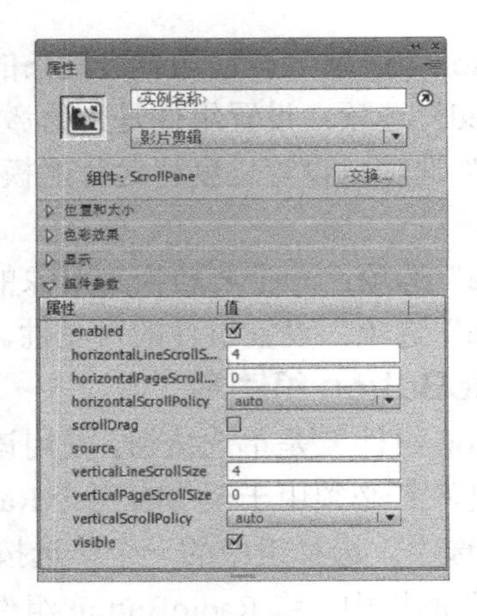


图 12-40

- “enabled”选项：设置组件是否为激活状态。
- “horizontalLineScrollSize”选项：设置每次按下箭头时水平滚动条移动多少个单位，其默认值为 4。
- “horizontalPageScrollSize”选项：设置每次按轨道时水平滚动条移动多少个单位，其默认值为 0。
- “horizontalScrollSizePolicy”选项：设置是否显示水平滚动条。

选择“auto”时，可以根据电影剪辑与滚动窗口的相对大小来决定是否显示水平滚动条，在电影剪辑水平尺寸超出滚动窗口的宽度时会自动出现滚动条；选择“on”时，无论电影剪辑与滚动窗口的大小如何都显示水平滚动条；选择“off ”时，无论电影剪辑与滚动窗口的大小如何都不显示水平滚动条。

- “scrollDrag”选项：设置是否允许用户使用鼠标拖曳滚动窗口中的对象。选择“true”时，用户可以不通过滚动条而使用鼠标直接拖曳窗口中的对象。
- “source”选项：一个要转换为对象的字符串，它表示源的实例名。
- “verticalLineScrollSize”选项：设置每次按下箭头时垂直滚动条移动多少个单位，其默认值为 4。
- “verticalPageScrollSize”选项：设置每次按轨道时垂直滚动条移动多少个单位，其默认值为 0。
- “verticalScrollSizePolicy”选项：设置是否显示垂直滚动条。其用法与“horizontalScroll SizePolicy”相同。
- “visible”选项：设置组件的可见性。

### 10. TextArea 组件

TextArea 组件是动作脚本 TextField 对象的多行组件。当需要多行文本字段时，可以使用 TextArea 组件。TextArea 组件也可以采用 HTML 格式。

在“组件”面板中，将 TextArea 组件拖曳到舞台窗口中，如图 12-41 所示。在“属性”面板中，即显示出组件的参数，如图 12-42 所示。

- “condenseWhite”选项：用于设置是否从包含 HTML 文本的 TextArea 组件中删除多余的空白。
- “editable”选项：设置组件是否可编辑。“true”为可编辑，“false”为不可编辑。

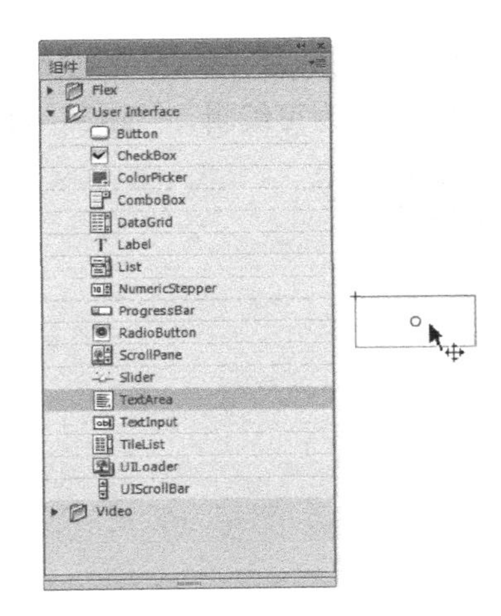


图 12-41

图 12-42

- “enabled”选项：设置组件是否为激活状态。
- “horizontalScrollPolicy”选项：设置是否显示水平滚动条。
- “htmlText”选项：设置文本是否采用 HTML 格式。
- “maxChars”选项：设置组件中输入的字符数。
- “restrict”选项：设置限定的范围。
- “text”选项：设置在组件中显示的文本。
- “verticalScrollPolicy”选项：设置是否显示垂直流动条。
- “visible”选项：设置组件的可见性。
- “wordWrap”选项：设置文本是否自动换行。

### 11. TextInput 组件

TextInput 组件是动作脚本 TextField 对象的单行组件，当需要单行文本字段时，可以使用 TextInput 组件。TextInput 组件也可以采用 HTML 格式，或者作为掩饰文本的密码字段。

在“组件”面板中，将 TextInput 组件拖曳到舞台窗口中，如图 12-43 所示。在“属性”面板中，即显示出组件的参数，如图 12-44 所示。

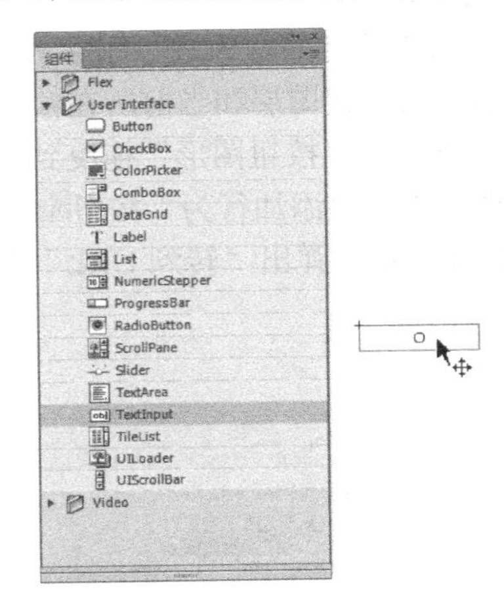


图 12-43

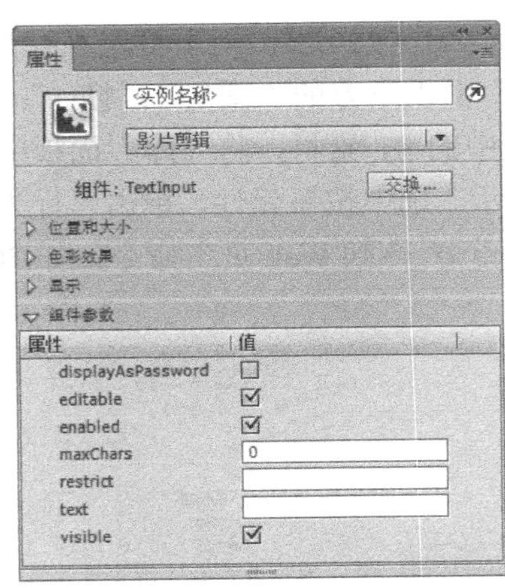


图 12-44

- “displayAsPassword” 选项：设置是否作为密码显示。
- “editable” 选项：设置组件是否可编辑。“true” 为可编辑，“false” 为不可编辑。
- “enabled” 选项：设置组件是否为激活状态。
- “maxChars” 选项：设置组件中输入的字符数。
- “restrict” 选项：设置限定的范围。
- “text” 选项：设置在组件中显示的文本。
- “visible” 选项：设置组件的可见性。

## 12.2 行为

除了应用自定义的动作脚本，还可以应用行为控制文档中的影片剪辑和图形实例。行为是程序员预先编写好的动作脚本，用户可以根据自身需要来灵活运用脚本代码。行为命令只适用于 ActionScript1.0~ ActionScript2.0 脚本中，它不适用于 ActionScript3.0 脚本。

### 12.2.1 “行为” 面板

选择“窗口 > 行为”命令，弹出“行为”面板，如图 12-45 所示。单击面板左上方的“添加行为”按钮，弹出下拉菜单，如图 12-46 所示。可以从菜单中显示的 6 个方面应用行为。

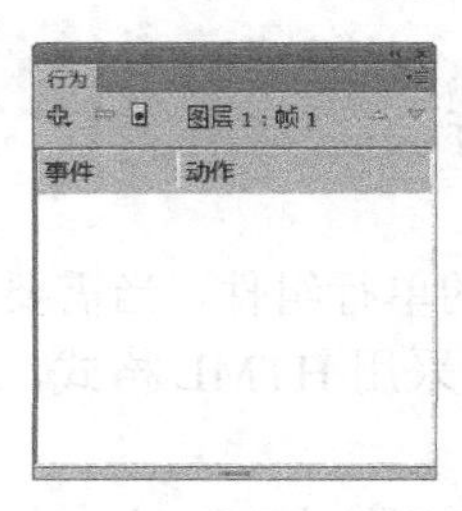


图 12-45　　图 12-46

- “添加行为”按钮：用于在“行为”面板中添加行为。
- “删除行为”按钮：用于将在“行为”面板中选定的行为进行删除。
- “行为”面板下方的“图层 1：帧 1”：表示当前所在图层和当前所在帧。

打开光盘中的 01 素材，将“库”面板中的图形元件“按钮图形”拖曳到舞台窗口中，如图 12-47 所示。选中按钮元件，单击“行为”面板中的“添加行为”按钮，在弹出的菜单中选择“Web > 转到 Web 页”命令，如图 12-48 所示。弹出“转到 URL”对话框，如图 12-49 所示。

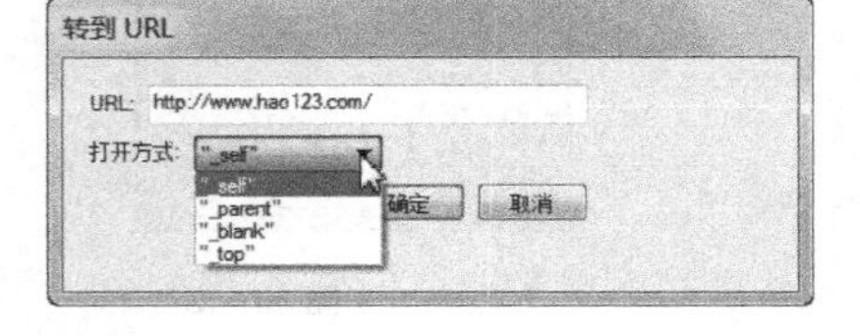


图 12-47　　图 12-48　　图 12-49

- “URL”选项：在其文本框中可以设置要链接的 URL 地址。
- “打开方式”选项中各选项的含义如下。
  - “_self”：在同一窗口中打开链接。
  - “_parent”：在父窗口中打开链接。
  - “_blank”：在一个新窗口中打开链接。
  - “_top”：在最上层窗口中打开链接。

设置好后单击“确定”按钮，动作脚本即被添加到“行为”面板中，如图 12-50 所示。单击按钮的触发事件“释放时”，其右侧出现黑色三角形按钮，单击该三角形按钮，在弹出的菜单中可以设置按钮的其他触发事件，如图 12-51 所示。

图 12-50

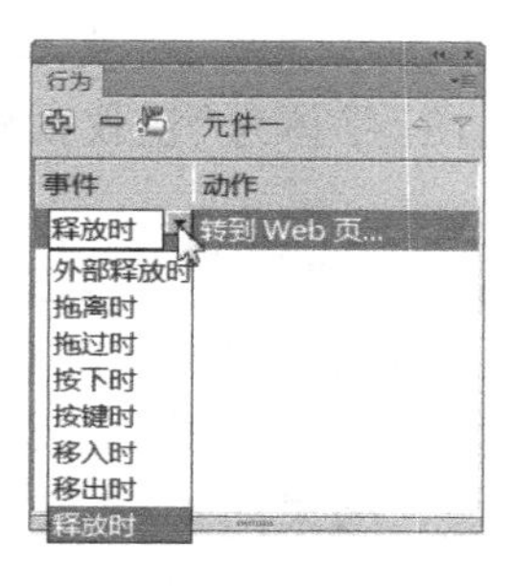


图 12-51

当运行按钮动画时，单击按钮则打开网页浏览器，自动链接到刚才输入的 URL 地址上。

### 12.2.2　课堂案例——制作脑筋急转弯问答

【案例学习目标】使用组件制作脑筋急转弯欣赏效果。

【案例知识要点】使用文本工具添加文字，使用组件面板添加组件，完成后的效果如图 12-52 所示。

【文件所在位置】光盘/Ch12/效果/制作脑筋急转弯问答.fla。

图 12-52

#### 1. 导入素材制作按钮元件

（1）选择“文件 > 新建”命令，在弹出的“新建文档”对话框中选择“ActionScript 2.0”选项，单击“确定”按钮，进入新建文档舞台窗口。按 Ctrl+F3 组合键，弹出文档的“属性”面板，单击面板中的“编辑文档属性”按钮，弹出“文档设置”对话框，将“宽度”选项设为 600，“高度”选项设为 434，将“背景颜色”选项设为灰色（#CCCCCC），单击“确定”按钮，改变舞台窗口的大小。

（2）将“图层 1”重命名为“底图”。选择“文件 > 导入 > 导入到舞台”命令，在弹出的“导入”对话框中选择“Ch12 > 素材 > 制作脑筋急转弯问答 > 01”文件，单击“打开”按钮，文件被导入到舞台窗口中，效果如图 12-53 所示。选中“底图”图层的第 3 帧，插入普通帧，如图 12-54 所示。

（3）按 Ctrl+F8 组合键，弹出“创建新元件”对话框，在“名称”文本框中输入“下一题”，在“类型”下拉列表中选择“按钮”选项，单击“确定”按钮，新建按钮元件“下一题”，如图 12-55 所示。舞台窗口也随之转换为箭头元件的舞台窗口。

图 12-53

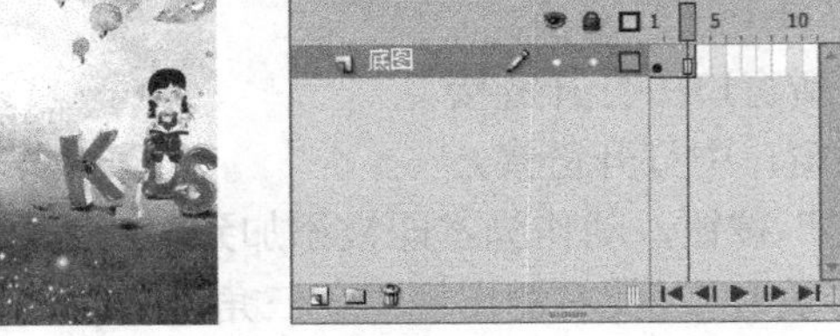

图 12-54

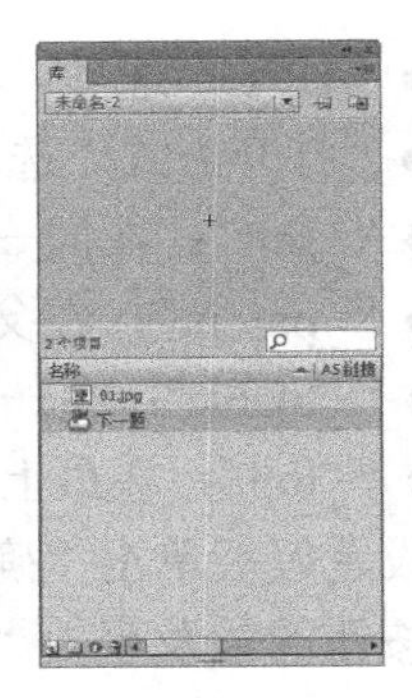
图 12-55

（4）选择“文本工具”T，在文本工具的“属性”面板中进行设置，在舞台窗口中适当的位置输入大小为 18，字体为“汉仪太极体简”的蓝色（#0033FF）文字，文字效果如图 12-56 所示。

（5）选择“选择工具”，选中文字，按 Ctrl+C 组合键，复制图形，再按 Ctrl+Shift+V 组合键，将图形粘贴到当前位置，在工具箱中将“填充颜色”设为白色，如图 12-57 所示。选择“修改 > 排列 > 移至底层”命令，将复制的文字移至最底层，按向下和向右方向键微移文字至适当的位置，效果如图 12-58 所示。

（6）选中“点击”帧，按 F6 键插入关键帧。选择“矩形工具”，在工具箱中将“笔触颜色”设为无，“填充颜色”设为淡黑色（#666666），在舞台窗口中绘制 1 个矩形，效果如图 12-59 所示。

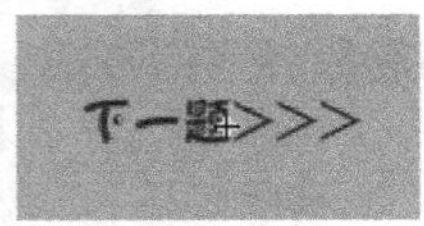

图 12-56

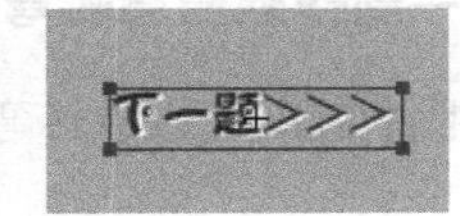

图 12-57

图 12-58

图 12-59

## 2. 制作动画

（1）单击舞台窗口左上方的“场景 1”图标，进入“场景 1”的舞台窗口。在“时间轴”面板中创建新图层并将其命名为“标题”。选择“文本工具”T，在文本工具的“属性”面板中进行设置，在舞台窗口中适当的位置输入大小为 37、字体为“汉仪太极体简”的海蓝色（#092992）文字，文字效果如图 12-60 所示。

（2）选择“选择工具”，选中文字，按 Ctrl+C 组合键，复制文字。按两次 Ctrl+B 组合键，将文字打散。按 Esc 键，取消文字选取。选择“墨水瓶工具”，在墨水瓶工具的“属性”面板中将“笔触颜色”设为淡蓝色（#B3E5F2），“笔触”选项设为 4，如图 12-61 所示。鼠标指针变为，在文字外侧单击鼠标，即勾画出文字轮廓，效果如图 12-62 所示。

图 12-60

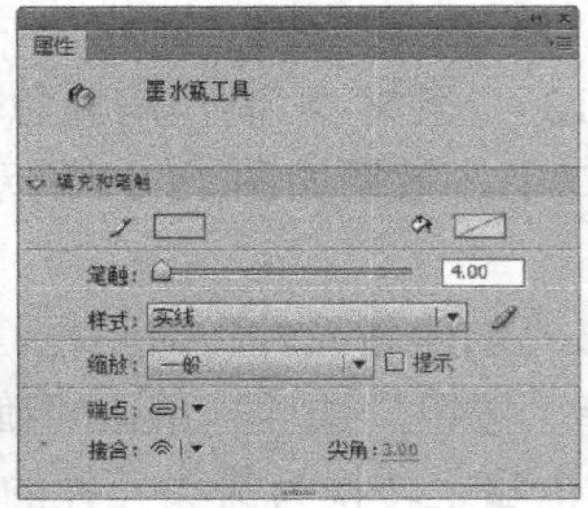

图 12-61

图 12-62

（3）按 Ctrl+Shift+V 组合键，将复制的文字原位粘贴，效果如图 12-63 所示。在“时间轴”面板中创建新图层并将其命名为“问题”。在文本工具的“属性”面板中进行设置，在舞台窗口中适当的位置输入大小为 16、字体为“汉仪太极体简”的黑色文字，文字效果如图 12-64 所示。

图 12-63

图 12-64

（4）再次输入大小为 15，字体为“汉仪竹节体简”的黑色文字，文字效果如图 12-65 所示。选择“文本工具” T，调出文本工具的“属性”面板，在“文本类型”下拉列表中选择“动态文本”，如图 12-66 所示。

图 12-65

图 12-66

（5）在舞台窗口中文字“答案”的右侧拖曳出一个动态文本框，效果如图 12-67 所示。选中动态文本框，调出动态文本“属性”面板，在“选项”选项组中的“变量”文本框中输入“answer”，如图 12-68 所示。

图 12-67

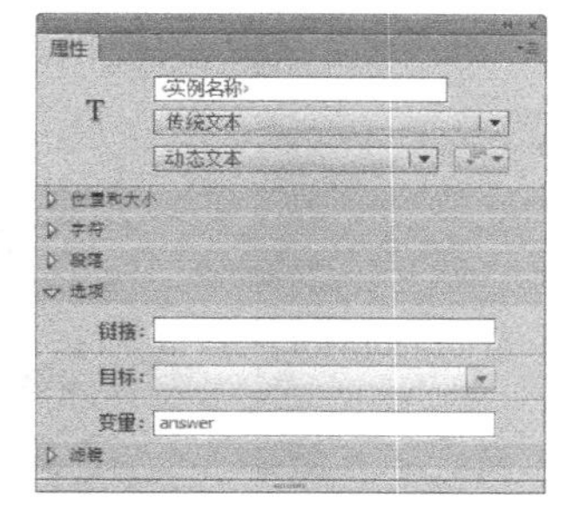


图 12-68

（6）分别选中“问题”图层的第 2 帧和第 3 帧，插入关键帧。选中第 2 帧，将舞台窗口中的文字“1、什么门永远关不上?”更改为“2、什么瓜不能吃?”，效果如图 12-69 所示。

（7）选中“问题”图层的第 3 帧，将舞台窗口中文字“1、什么门永远关不上?”更改为“3、什么车子寸步难行?”，效果如图 12-70 所示。在“时间轴”中创建新图层并将其命名为“答案”，如图 12-71 所示。

图 12-69

图 12-70

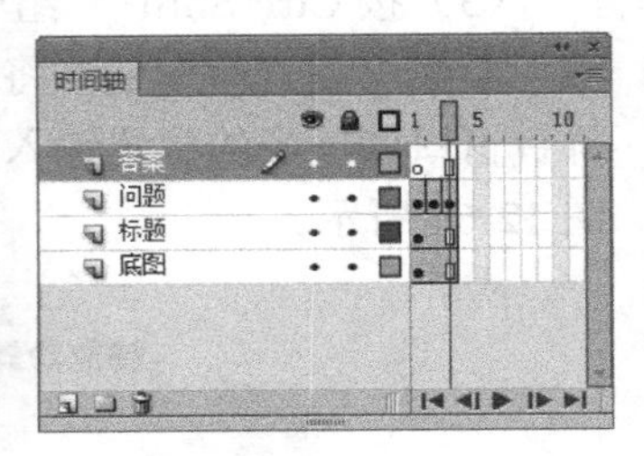


图 12-71

（8）选择“窗口 > 组件”命令，弹出“组件”面板，选中“User Interface”组中的“Butto”组件，如图 12-72 所示。将“Button”组件拖曳到舞台窗口中，并放置在适当的位置，效果如图 12-73 所示。

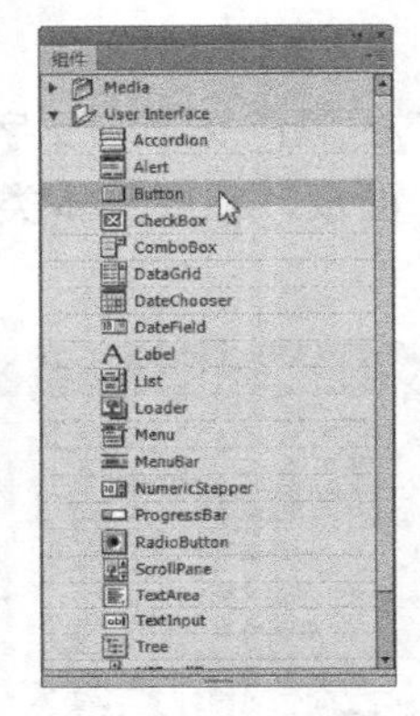


图 12-72

图 12-73

（9）选中“Button”组件，选择组件“属性”面板，在“组件参数”组中的“label”文本框中输入“确定”，如图 12-74 所示。“Button”组件上的文字变为“确定”，效果如图 12-75 所示。

（10）选中“Button”组件，选择“窗口 > 动作”命令，弹出“动作”面板，在“动作”面板的“脚本窗口”中输入脚本语言，“动作”面板中的显示如图 12-76 所示。选中“答案”图层的第 2 帧、第 3 帧，插入关键帧。

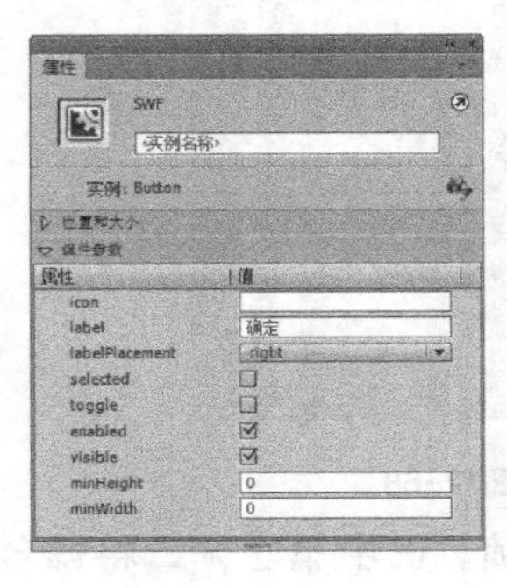


图 12-74

图 12-75

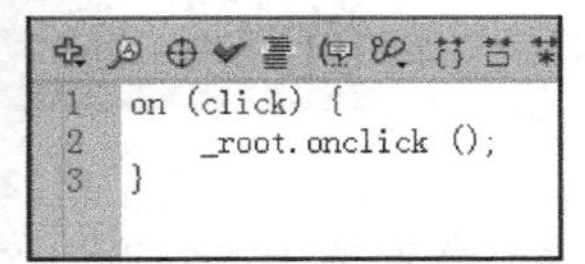
```
1  on (click) {
2      _root.onclick ();
3  }
```

图 12-76

（11）选中“答案”图层的第 1 帧，在“组件”面板中，选中“User Interface”组中的“CheckBox”组件☒，如图 12-77 所示。将“CheckBox”组件拖曳到舞台窗口中，并放置在适当的位置，效果如图 12-78 所示。

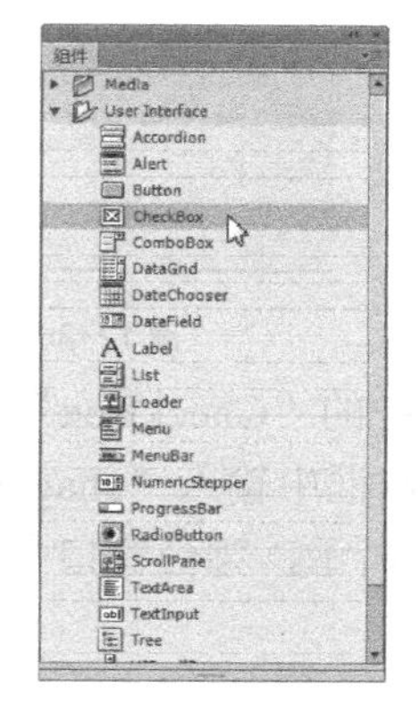

图 12-77

图 12-78

（12）选中“CheckBox”组件，选择组件的“属性”面板，在“实例名称”文本框中输入“xiaomen”，在“组件参数”组中的“label”文本框中输入“校门”，如图 12-79 所示。“CheckBox”组件上的文字变为“校门”，效果如图 12-80 所示。

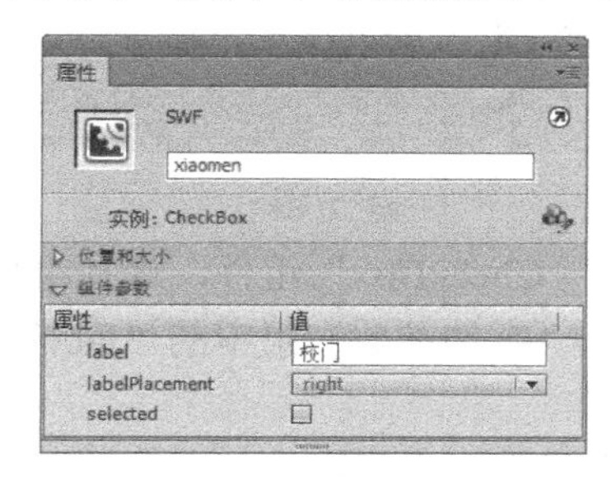


图 12-79

图 12-80

（13）用相同的方法再拖曳舞台窗口中的 1 个“CheckBox”组件，选择组件的“属性”面板，在“实例名称”文本框中输入“fangmen”，在“组件参数”组中的“label”文本框中输入“房门”，如图 12-81 所示。

（14）再拖曳舞台窗口中的 1 个“CheckBox”组件，选择组件的“属性”面板，在“实例名称”文本框中输入“qiumen”，在“组件参数”组中的“label”文本框中输入“球门”，如图 12-82 所示，舞台窗口中组件的效果如图 12-83 所示。

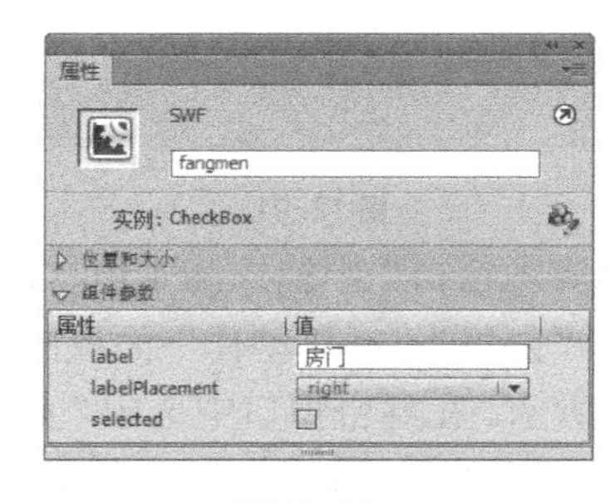


图 12-81

图 12-82

图 12-83

（15）在舞台窗口中选中组件“校门”，在“动作”面板的“脚本窗口”中输入脚本语言，“动作”面板中的显示如图 12-84 所示。在舞台窗口中选中组件“房门”，在“动作”面板的“脚本窗口”中输入脚本语言，“动作”面板中的效果如图 12-85 所示。在舞台窗口中选中“球门”，在“动作”面板的“脚本窗口”中输入脚本语言，“动作”面板中的显示如图 12-86 所示。

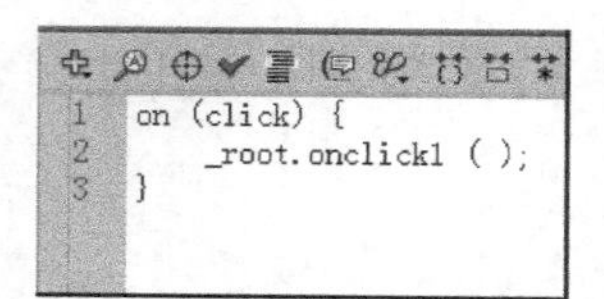

图 12-84

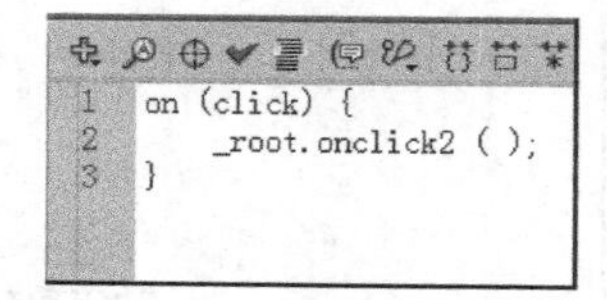

图 12-85

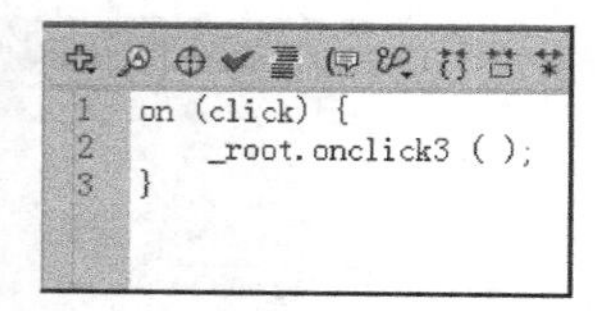

图 12-86

（16）选中“答案”图层的第 2 帧，将“组件”面板中的“CheckBox”组件☒拖曳到舞台窗口中。选择组件“属性”面板，在“实例名称”文本框中输入“shagua”，在“组件参数”组中的“label”文本框中输入“傻瓜”，如图 12-87 所示，舞台窗口中组件的效果如图 12-88 所示。

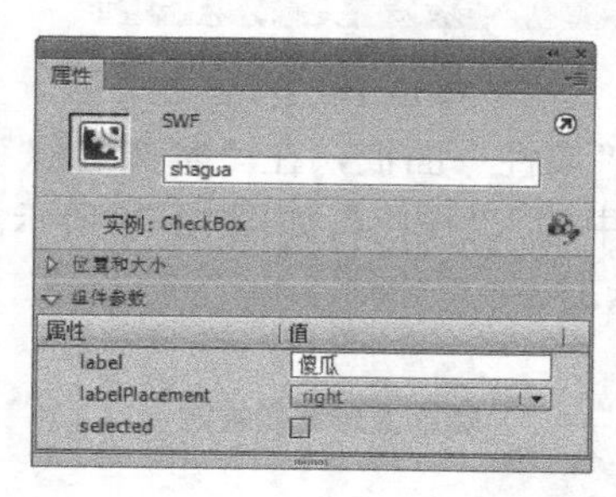

图 12-87

图 12-88

（17）用相同的方法再拖曳舞台窗口中的 1 个“CheckBox”组件，选择组件的“属性”面板，在“实例名称”文本框中输入“xigua”，在“组件参数”组中的“label”文本框中输入“西瓜”，如图 12-89 所示。

（18）再拖曳舞台窗口中的 1 个“CheckBox”组件，选择组件的“属性”面板，在“实例名称”文本框中输入“huanggua”，在“组件参数”组中的“label”文本框中输入“黄瓜”，如图 12-90 所示。舞台窗口中组件的效果如图 12-91 所示。

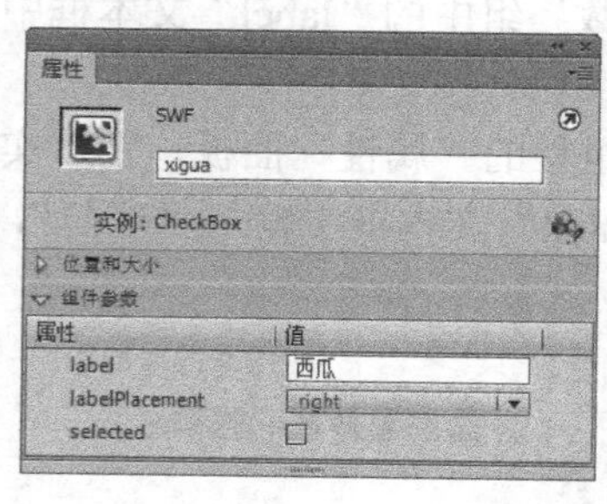

图 12-89

图 12-90

图 12-91

（19）在舞台窗口中选中组件“傻瓜”，在“动作”面板的“脚本窗口”中输入脚本语言，“动作”面板中的显示如图 12-92 所示。在舞台窗口中选中组件“西瓜”，在“动作”面板的“脚本窗口”中输入脚本语言，“动作”面板中的显示如图 12-93 所示。在舞台窗口中选中“黄瓜”，在“动作”面板的“脚本窗口”中输入脚本语言，“动作”面板中的显示如图 12-94 所示。

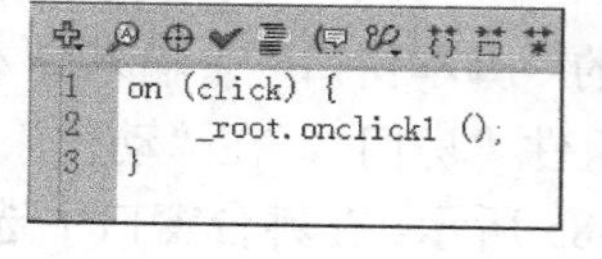

图 12-92

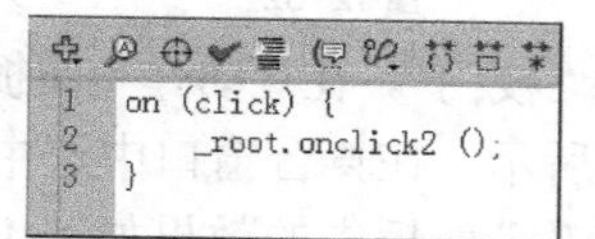

图 12-93

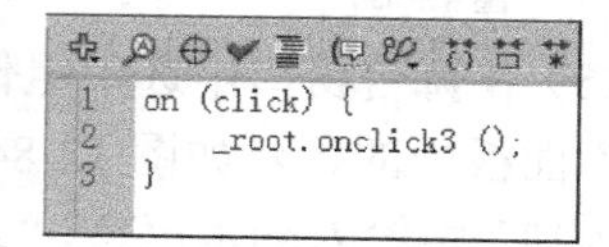

图 12-94

（20）选中“答案”图层的第 3 帧，将“组件”面板中的“CheckBox”组件☒拖曳到舞台窗口中。选择组件的“属性”面板，在“实例名称”文本框中输入“qiche”，在“组件参数”组中的“label”文本框中输入“汽车”，如图 12-95 所示。舞台窗口中组件的效果如图 12-96 所示。

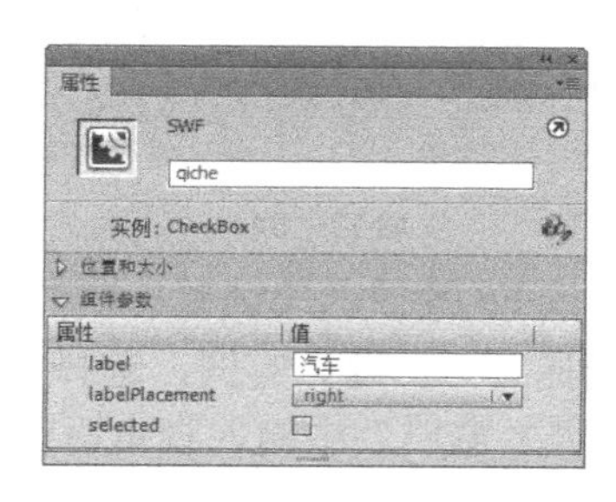

图 12-95

图 12-96

（21）用相同的方法再拖曳舞台窗口中的 1 个“CheckBox”组件，选择组件的“属性”面板，在“实例名称”文本框中输入“fengche”，在“组件参数”组中的“label”文本框中输入“风车”，如图 12-97 所示。

（22）再拖曳舞台窗口中的 1 个“CheckBox”组件，选择组件的“属性”面板，在“实例名称”文本框中输入“zixingche”，在“组件参数”组中的“label”文本框中输入“自行车”，如图 12-98 所示。舞台窗口中组件的效果如图 12-99 所示。

图 12-97

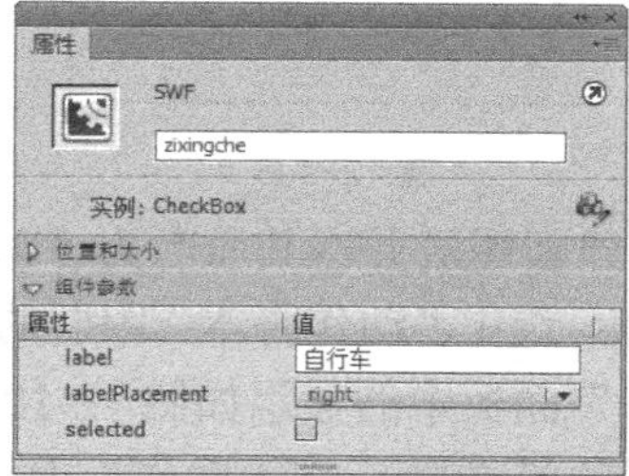

图 12-98

图 12-99

（23）在舞台窗口中选中组件“汽车”，在“动作”面板的“脚本窗口”中输入脚本语言，“动作”面板中的显示如图 12-100 所示。在舞台窗口中选中组件“风车”，在“动作”面板的“脚本窗口”中输入脚本语言，“动作”面板中的显示如图 12-101 所示。在舞台窗口中选中“自行车”，在“动作”面板的“脚本窗口”中输入脚本语言，“动作”面板中的显示如图 12-102 所示。

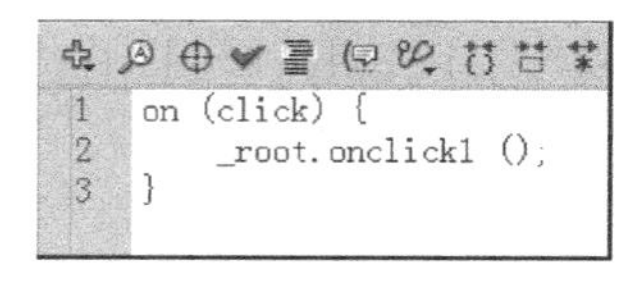

图 12-100

```
1 on (click) {
2     _root.onclick2 ();
3 }
```

图 12-101

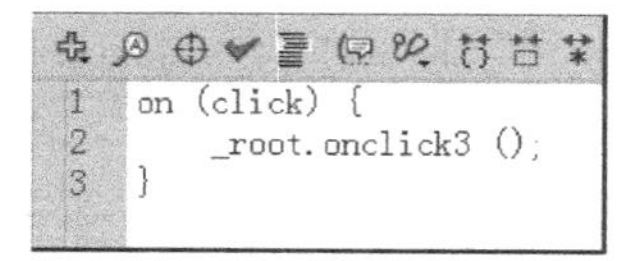

图 12-102

（24）在“时间轴”面板中创建新图层并将其命名为“按钮”，如图 12-103 所示。将“库”面板中的按钮元件“下一题”拖曳到舞台窗口中，并放置在底图的右下角，效果如图 12-104 所示。

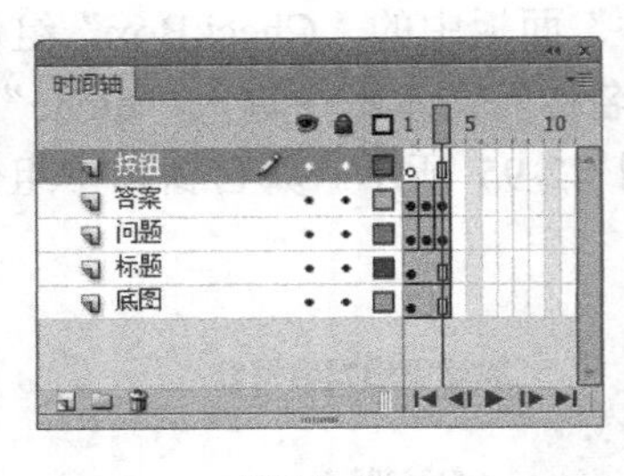


图 12-103

图 12-104

（25）选中“按钮”图层的第 2 帧、第 3 帧，按 F6 键插入关键帧。选中“按钮”图层的第 1 帧，选择“选择工具”，在舞台窗口中选择“下一题”实例，选择“窗口 > 动作”命令，弹出“动作”面板，在“动作”面板的“脚本窗口”中输入脚本语言，“动作”面板中的显示如图 12-105 所示。

（26）选中第 2 帧，选中舞台窗口中的“下一题”实例，在“动作”面板的“脚本窗口”中输入脚本语言，“动作”面板中的显示如图 12-106 所示。选中第 3 帧，选中舞台窗口中的“下一题”实例，在“动作”面板的“脚本窗口”中输入脚本语言，“动作”面板中的显示如图 12-107 所示。

```
1 on (press) {
2     gotoAndStop(2);
3 }
4
```

图 12-105

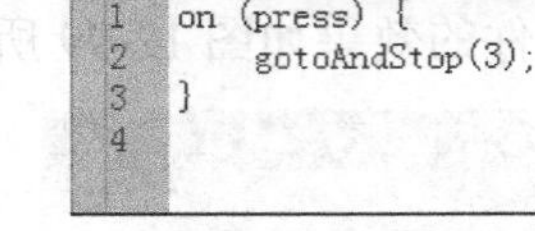


图 12-106

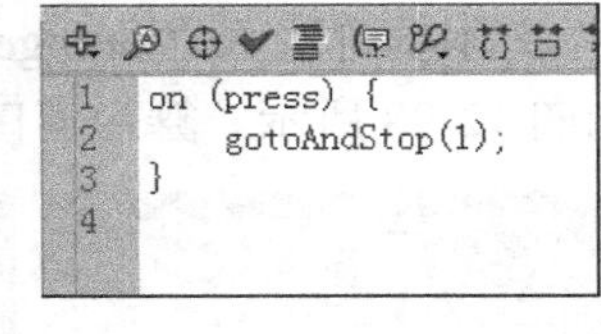


图 12-107

（27）在“时间轴”面板中创建新图层并将其命名为“动作脚本”。选中“动作脚本”图层的第 2 帧、第 3 帧，插入关键帧。选中“动作脚本”图层的第 1 帧，在“动作”面板的“脚本窗口”中输入脚本语言，“动作”面板中的显示如图 12-108 所示。

（28）选中“动作脚本”图层的第 2 帧，在“动作”面板的“脚本窗口”中输入脚本语言，“动作”面板中的显示如图 12-109 所示。

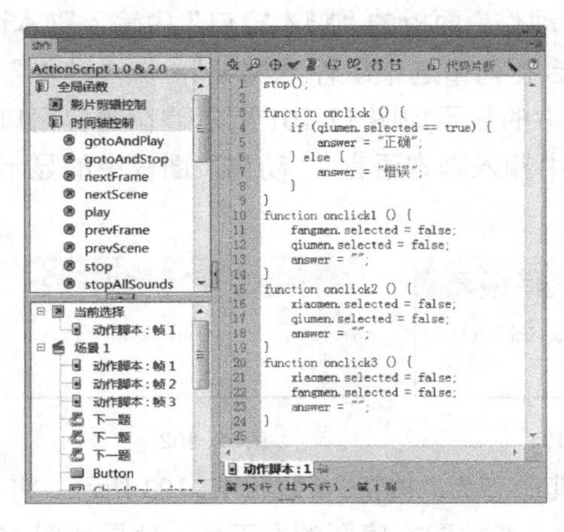


图 12-108

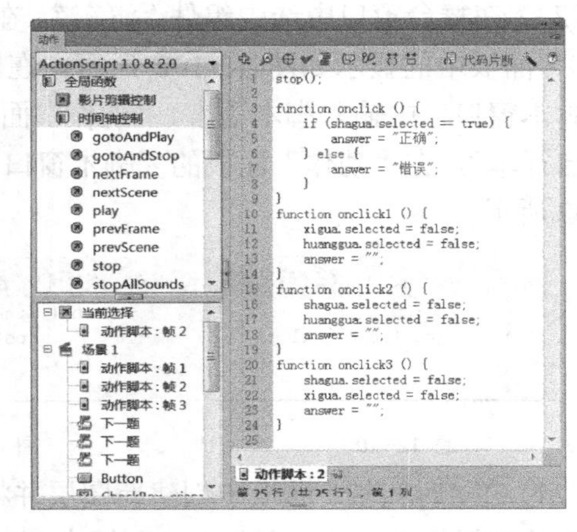


图 12-109

（29）选中“动作脚本”图层的第 3 帧，在“动作”面板的“脚本窗口”中输入脚本语言，“动作”面板中的显示如图 12-110 所示。至此，脑筋急转弯问答制作完成，按 Ctrl+Enter

键即可查看，效果如图 12-111 所示。

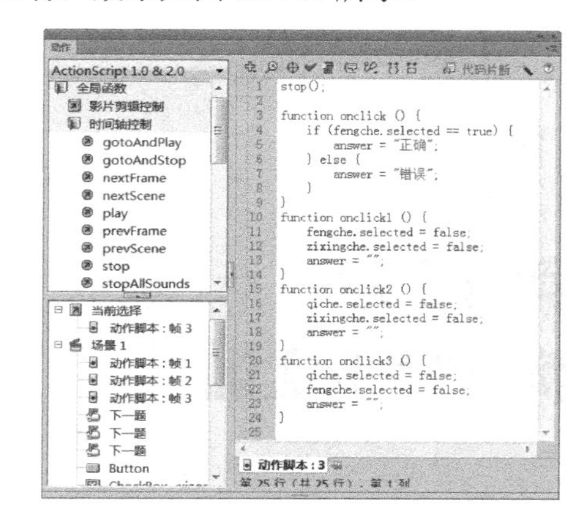


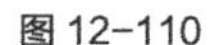
图 12-110

图 12-111

## 12.3 课堂练习——制作西餐厅知识问答

【练习知识要点】使用文本工具添加文字，使用组件面板添加组件，使用动作面板添加动作脚本，完成后的效果如图 12-112 所示。

【文件所在位置】光盘/Ch12/效果/制作西餐厅知识问答.fla。

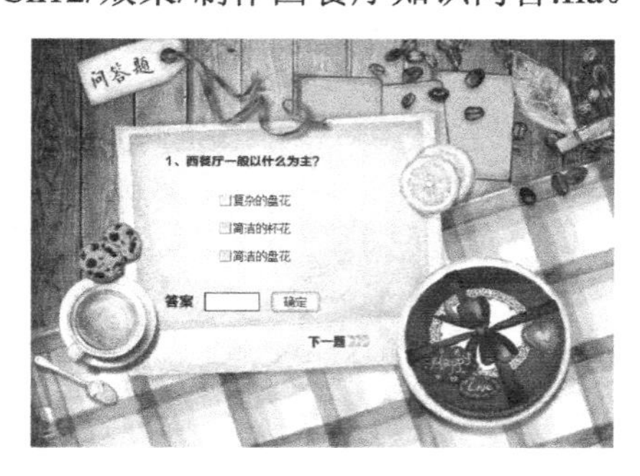


图 12-112

## 12.4 课后习题——制作生活小常识问答

【习题知识要点】使用文本工具添加文字，使用组件面板添加组件，使用动作面板添加动作脚本，完成后的效果如图 12-113 所示。

【文件所在位置】光盘/Ch12/效果/制作生活小常识问答.fla。

图 12-113

Flash CS6

# 13 Chapter

# 第 13 章 商业案例实训

本章将结合多个应用领域商业案例的实际应用，通过案例分析、案例设计、案例制作进一步详解 Flash 强大的应用功能和制作技巧。通过学习本章的商业案例，可以帮助读者快速地掌握商业动画设计的理念和软件的技术要点，设计制作出专业的动画作品。

# 13.1 制作美食节贺卡

【案例学习目标】学习使用文本工具、元件命令、导入命令和传统补间命令制作美食节贺卡。

【案例知识要点】使用文本工具制作图形元件，使用传统补间命令制作传统补间动画。美食节贺卡效果如图 13-1 所示。

【文件所在位置】光盘/Ch13/效果/制作美食节贺卡.fla。

图 13-1

### 1. 导入图片并制作图形元件

（1）选择“文件 > 新建”命令，在弹出的“新建文档”对话框中选择“ActionScript 3.0”选项，单击“确定”按钮，进入新建文档舞台窗口。按 Ctrl+F3 组合键，弹出文档的“属性”面板，单击面板中的“编辑文档属性”按钮，弹出“文档设置”对话框，将“宽度”选项设为 600，“高度”选项设为 390，将“背景颜色”选项设为黑色，单击“确定”按钮，改变舞台窗口的大小和颜色。

（2）选择“文件 > 导入 > 导入到库”命令，在弹出的“导入到库”对话框中选择“Ch13 > 素材 > 制作美食节贺卡 > 01~10”文件，单击“打开”按钮，文件被导入到“库”面板中，如图 13-2 所示。

（3）在“库”面板下方单击“新建元件”按钮，弹出“创建新元件”对话框，在“名称”文本框中输入“美食 1”，在“类型”下拉列表中选择“图形”选项，单击“确定”按钮，新建图形元件“美食 1”，如图 13-3 所示，舞台窗口也随之转换为图形元件的舞台窗口。

（4）将“库”面板中的位图“02”文件拖曳到舞台窗口中，效果如图 13-4 所示。用相同方法制作图形元件“美食 2”、“美食 3”、“装饰 1”、“装饰 2”、“花朵”，并将“库”面板中对应的位图“06.png”、“08.png”、“03.png”、“09.png”、“05.png”，拖曳到元件舞台窗口中，“库”面板中的显示如图 13-5 所示。

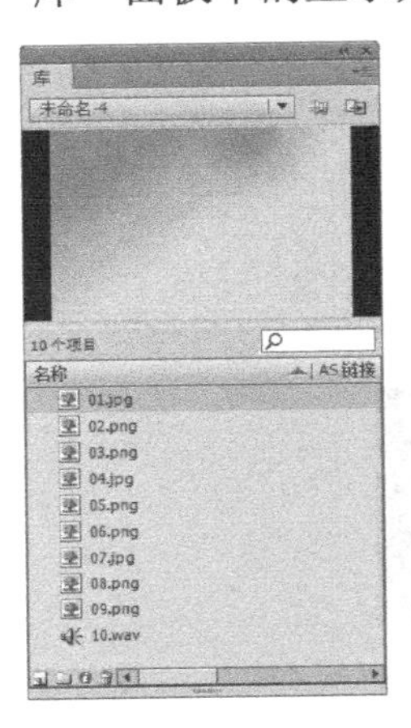


图 13-2

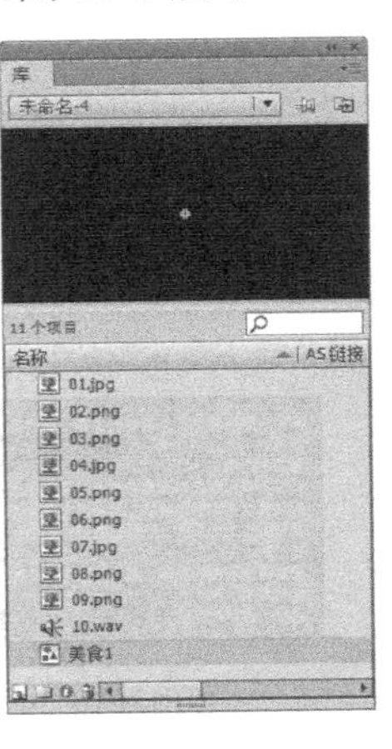


图 13-3

图 13-4

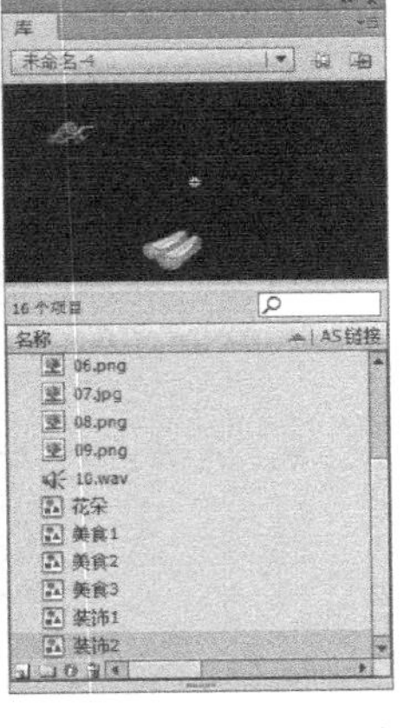


图 13-5

（5）在“库”面板下方单击“新建元件”按钮，弹出“创建新元件”对话框，在“名称”文本框中输入“文字 1”，在“类型”下拉列表中选择“图形”选项，单击“确定”按钮，新建图形元件“文字 1”，如图 13-6 所示，舞台窗口也随之转换为图形元件的舞台窗口。

（6）选择“文本工具” T，在文本工具的“属性”面板中进行设置，在舞台窗口中适当的位置输入大小为 35、字体为“汉仪行楷简”的红色（#B93832）文字，文字效果如图 13-7 所示。

（7）选择“文本工具” T，在文本工具的“属性”面板中进行设置，在舞台窗口中适当的位置输入大小为 20、字体为“方正正大黑简体”的橘红色（#FF4800）文字，文字效果如图 13-8 所示。

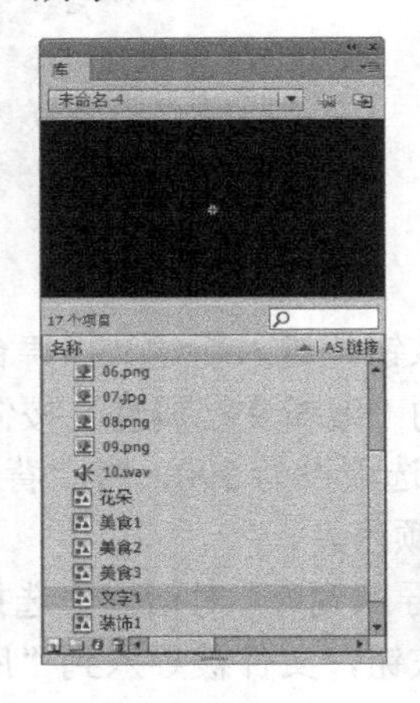


图 13-6

图 13-7

图 13-8

（8）在“库”面板下方单击“新建元件”按钮，弹出“创建新元件”对话框。在“名称”文本框中输入“文字 2”，在“类型”下拉列表中选择“图形”选项，单击“确定”按钮，新建图形元件“文字 2”，如图 13-9 所示。舞台窗口也随之转换为图形元件的舞台窗口。

（9）选择“文本工具” T，在文本工具的“属性”面板中进行设置，在舞台窗口中适当的位置输入大小为 10、字体为“方正兰亭粗黑简体”的白色文字，文字效果如图 13-10 所示。

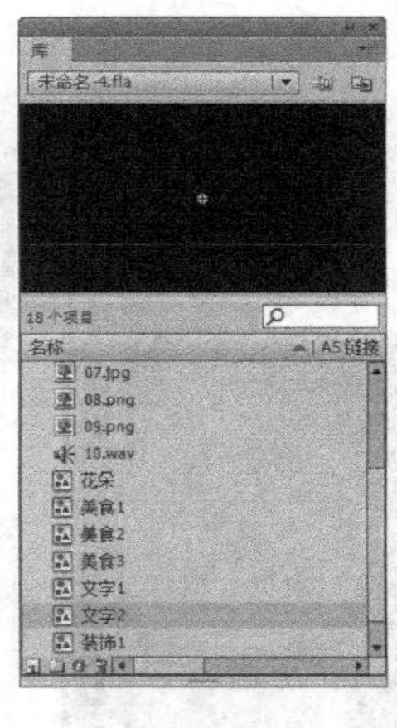


图 13-9

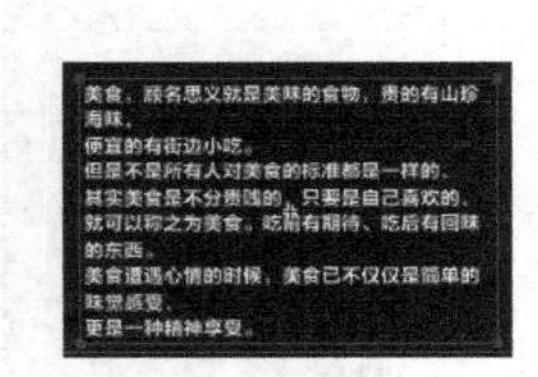


图 13-10

### 2. 制作开场动画

（1）单击舞台窗口左上方的“场景 1”图标

，进入“场景 1”的舞台窗口。将“图

层 1”重新命名为“底图”。将“库”面板中的位图“01.jpg”拖曳到舞台窗口的中心位置，效果如图 13-11 所示。选中“底图”图层的第 65 帧，按 F5 键插入帧，如图 13-12 所示。

图 13-11

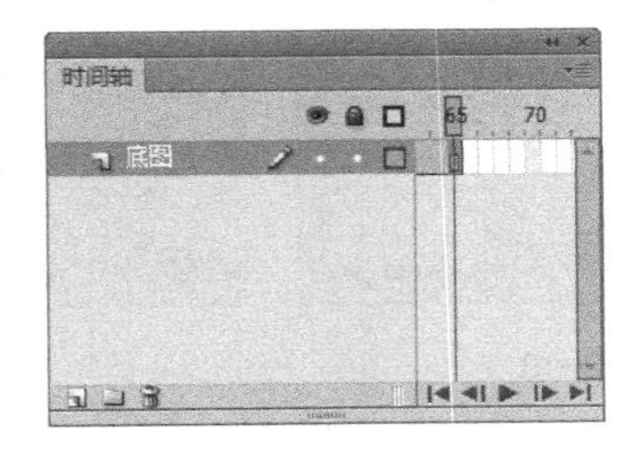


图 13-12

（2）单击“时间轴”面板下方的“新建图层”按钮，创建新图层并将其命名为“美食 1”。将“库”面板中的图形元件“美食 1”拖曳到舞台窗口中适当的位置，效果如图 13-13 所示。选中“美食 1”图层的第 20 帧，按 F6 键插入关键帧，如图 13-14 所示。选择第 1 帧，选择“选择工具”，选中“美食 1”实例，按住 Shift 键的同时，单击并按住鼠标左键水平向右拖曳其到适当的位置，效果如图 13-15 所示。

图 13-13

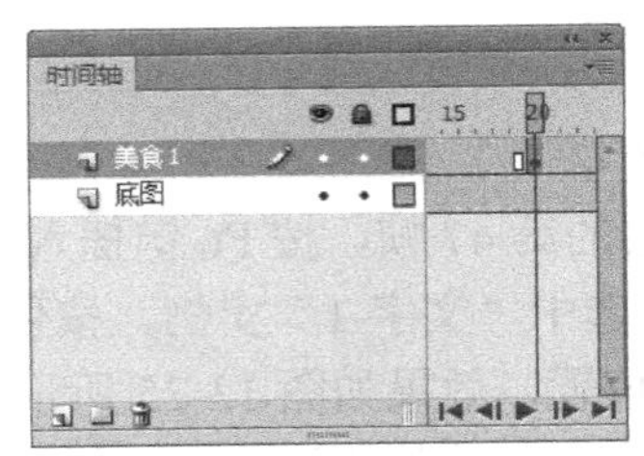


图 13-14

图 13-15

（3）用鼠标右键单击“美食 1”图层的第 1 帧，在弹出的菜单中选择“创建传统补间”命令，生成传统补间动画，如图 13-16 所示。

（4）单击“时间轴”面板下方的“新建图层”按钮，创建新图层并将其命名为“装饰 1”。选中该图层的第 21 帧，按 F7 键插入空白关键帧，如图 13-17 所示。将“库”面板中的图形元件“装饰 1”拖曳到舞台窗口中适当的位置，效果如图 13-18 所示。

图 13-16

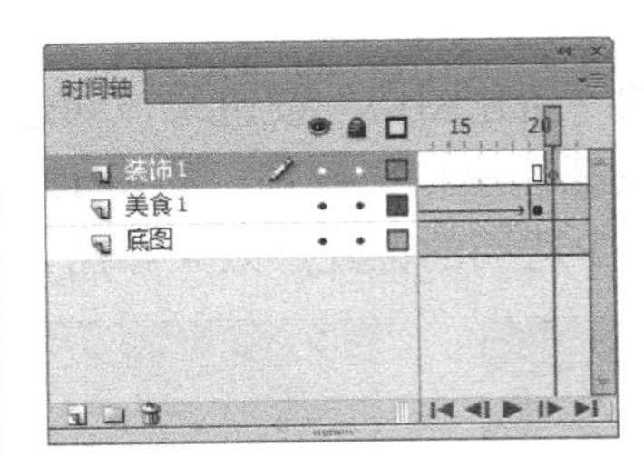


图 13-17

图 13-18

（5）选中“装饰 1”图层的第 35 帧，按 F6 键插入关键帧，如图 13-19 所示。选择第 21 帧，在图形的“属性”面板中选择“色彩效果”选项组，在“样式”下拉列表中选择“Alpha”，将其值设为 0%，如图 13-20 所示。用鼠标右键单击“装饰 1”图层的第 21 帧，在弹出的菜单中选择“创建传统补间”命令，生成传统补间动画，如图 13-21 所示。

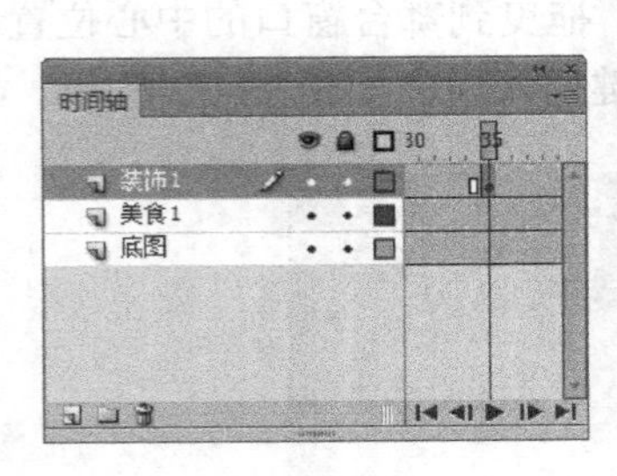

图 13-19

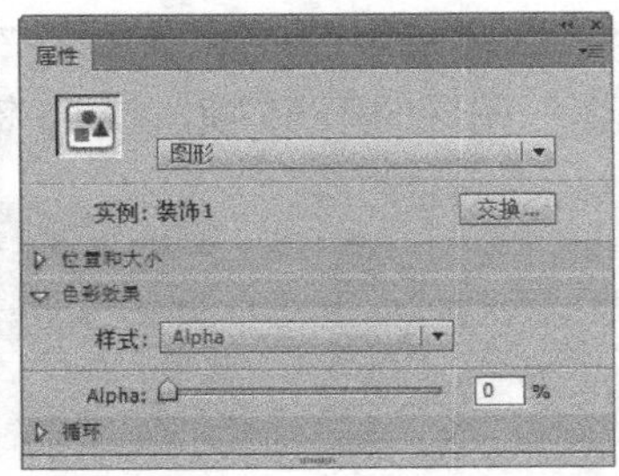

图 13-20

图 13-21

（6）单击“时间轴”面板下方的“新建图层”按钮，创建新图层并将其命名为“文字1”。选中该图层的第 36 帧，按 F7 键插入空白关键帧，如图 13-22 所示。将“库”面板中的图形元件“文字 1”拖曳到舞台窗口中适当的位置，效果如图 13-23 所示。

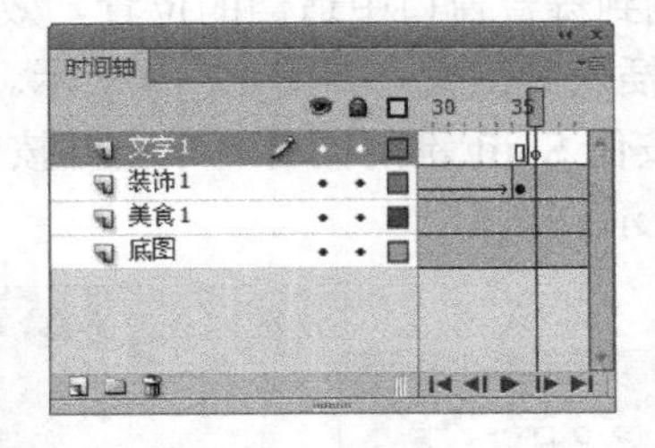

图 13-22

图 13-23

（7）选中“文字 1”图层的第 47 帧，按 F6 键插入关键帧，如图 13-24 所示。选择第 36 帧，选择“选择工具”，选中“文字 1”实例，按住 Shift 键的同时，单击并按住鼠标左键垂直向上拖曳其到适当的位置，效果如图 13-25 所示。用鼠标右键单击“文字 1”图层的第 36 帧，在弹出的菜单中选择“创建传统补间”命令，生成传统补间动画，如图 13-26 所示。

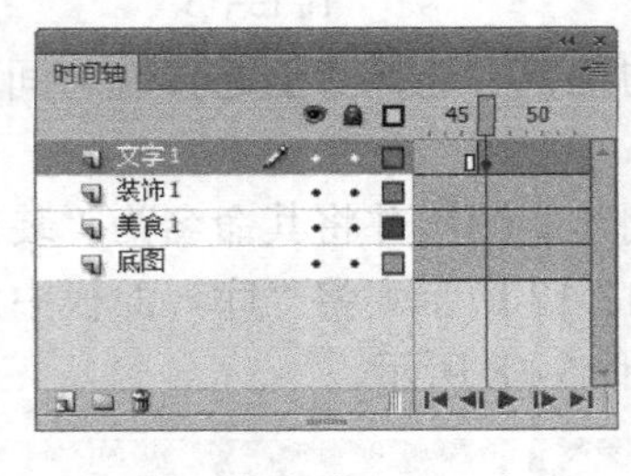

图 13-24

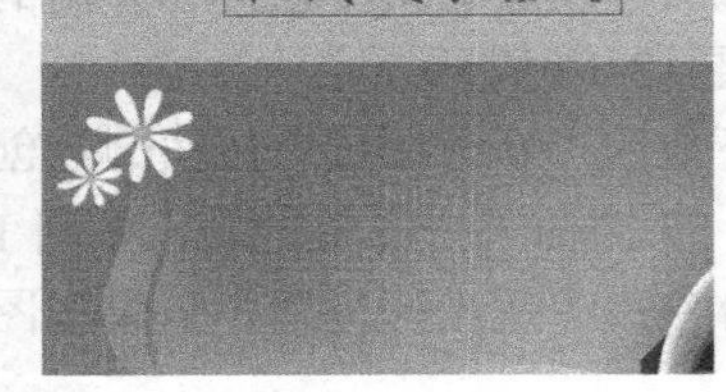

图 13-25

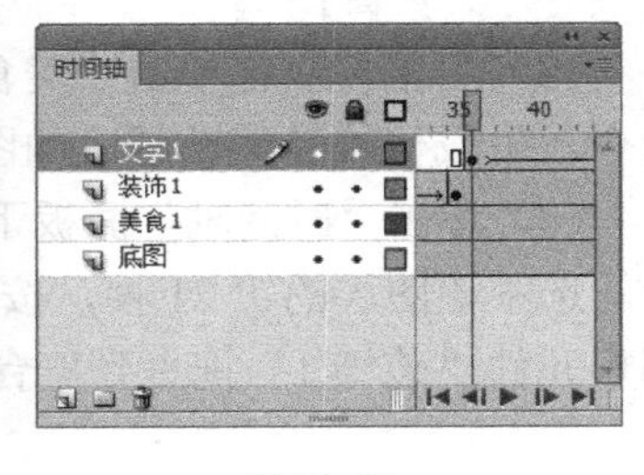

图 13-26

（8）单击“时间轴”面板下方的“新建图层”按钮，创建新图层并将其命名为“文字2”。选中该图层的第 36 帧，按 F7 键插入空白关键帧，如图 13-27 所示。将“库”面板中的图形元件“文字 2”拖曳到舞台窗口中适当的位置，效果如图 13-28 所示。

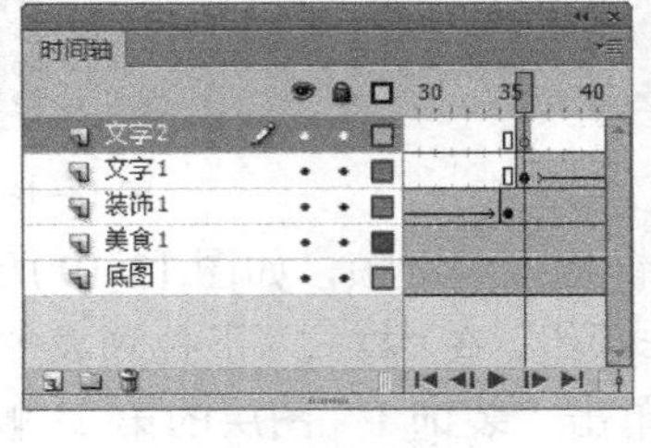

图 13-27

图 13-28

（9）选中“文字 2”图层的第 47 帧，按 F6 键插入关键帧。选择第 36 帧，选择“选择工具”，选中“文字 2”实例，按住 Shift 键的同时，单击并按住鼠标左键水平向左拖曳其到适当的位置，效果如图 13-29 所示。用鼠标右键单击“文字 2”图层的第 36 帧，在弹出的菜单中选择“创建传统补间”命令，生成传统补间动画，如图 13-30 所示。

图 13-29

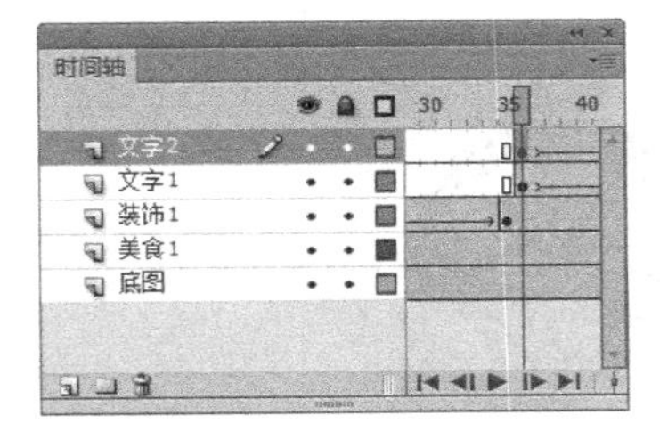


图 13-30

### 3. 制作中场动画

（1）在“时间轴”面板中创建新图层并将其命名为“背景 2”。选中“底图”图层的第 65 帧，按 F6 键插入关键帧，将“库”面板中的位图“04.png”拖曳到舞台窗口中，效果如图 13-31 所示。选中“背景 2”图层的第 115 帧，按 F5 键插入普通帧。

（2）在“时间轴”面板中创建新图层并将其命名为“花朵”。选中“花朵”图层的第 65 帧，按 F6 键插入关键帧，将“库”面板中的图形元件“花朵”拖曳到舞台窗口中，效果如图 13-32 所示。选中“花朵”图层的第 80 帧，按 F6 键插入关键帧。

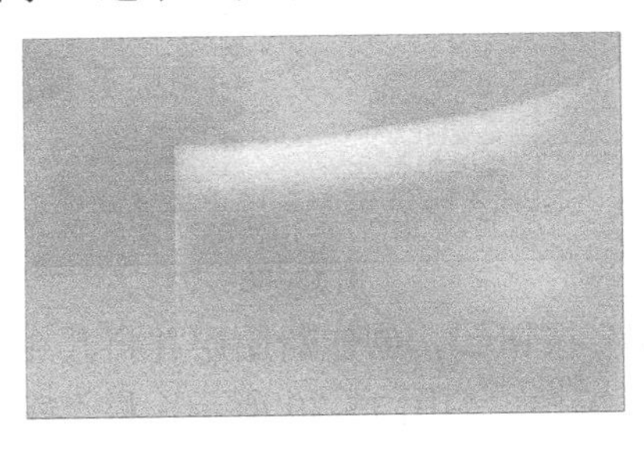

图 13-31

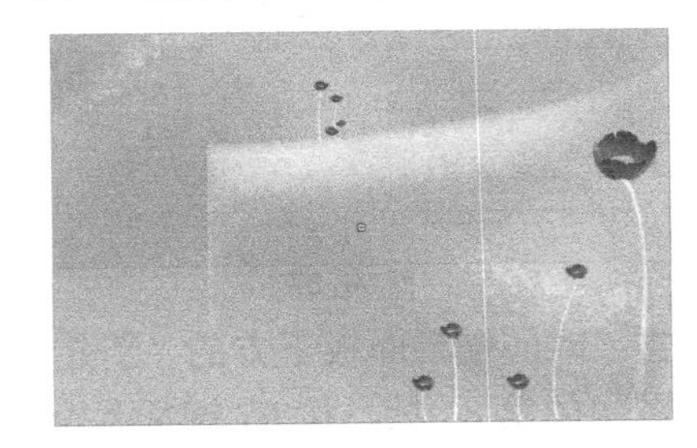

图 13-32

（3）选中“花朵”图层的第 65 帧，在舞台窗口中选中“花朵”实例，在图形的“属性”面板中选择“色彩效果”选项组，在“样式”下拉列表中选择“Alpha”，将其值设为 0%，如图 13-33 所示。用鼠标右键单击“花朵”图层的第 65 帧，在弹出的菜单中选择“创建传统补间”命令，生成传统补间动画，如图 13-34 所示。

图 13-33

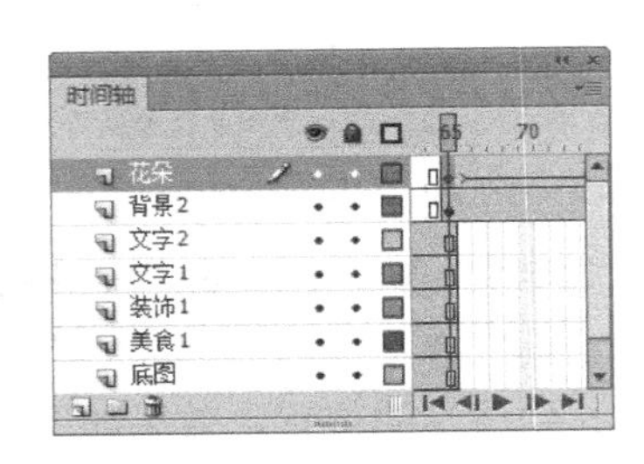


图 13-34

（4）单击“时间轴”面板下方的“新建图层”按钮，创建新图层并将其命名为“美食2”。选中“美食2”图层的第65帧，按F6键插入关键帧。将“库”面板中的图形元件“美食2”拖曳到舞台窗口中适当的位置，效果如图13-35所示。选中“美食2”图层的第80帧，按F6键插入关键帧。选择第65帧，选择“选择工具”，选中“美食2”实例，按住Shift键的同时，单击并按住鼠标左键垂直向下拖曳其到适当的位置，效果如图13-36所示。

图13-35

图13-36

（5）在图形的“属性”面板中选择“色彩效果”选项组，在“样式”下拉列表中选择“Alpha”，将其值设为35%，如图13-37所示。用鼠标右键单击“美食2”图层的第65帧，在弹出的菜单中选择“创建传统补间”命令，生成传统补间动画，如图13-38所示。

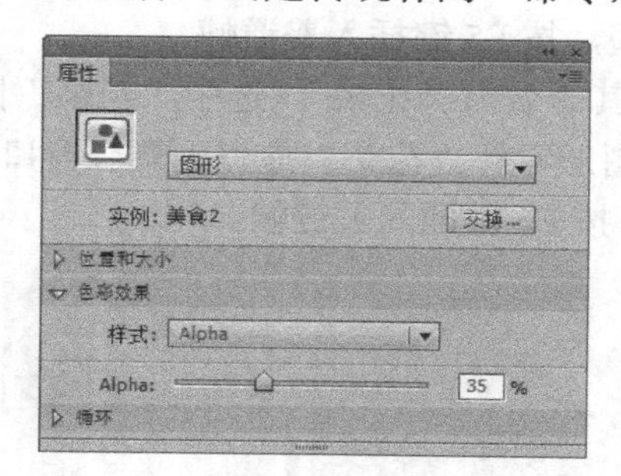

图13-37

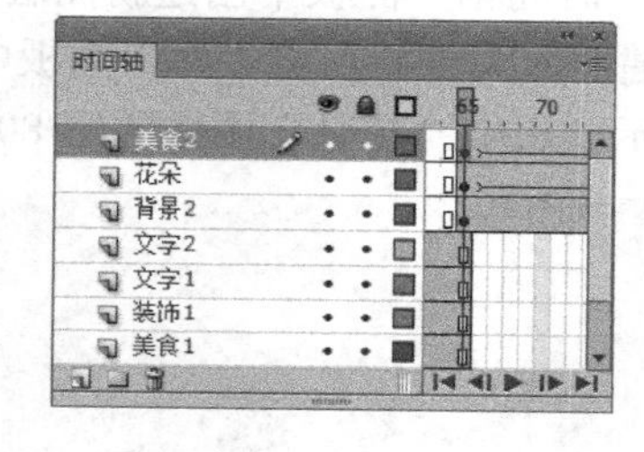


图13-38

（6）单击“时间轴”面板下方的“新建图层”按钮，创建新图层并将其命名为“文字3”。选中该图层的第81帧，按F7键插入空白关键帧，如图13-39所示，将“库”面板中的图形元件“文字1”拖曳到舞台窗口中适当的位置，效果如图13-40所示。

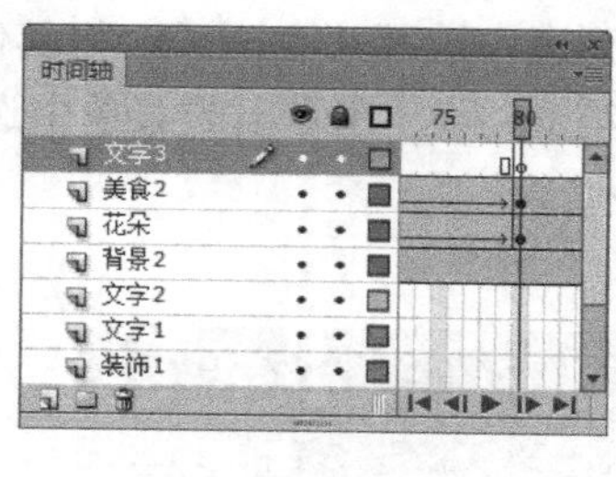


图13-39

图13-40

（7）选中“文字3”图层的第92帧，按F6键插入关键帧，如图13-41所示。选择第81帧，选择“选择工具”，选中“文字1”实例，按住Shift键的同时，单击并按住鼠标左键垂直向上拖曳其到适当的位置，效果如图13-42所示。用鼠标右键单击“文字3”图层的第81帧，在弹出的菜单中选择“创建传统补间”命令，生成传统补间动画，如图13-43所示。

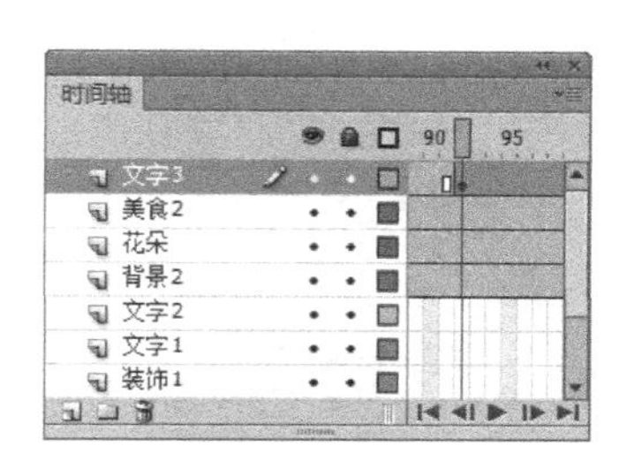


图 13-41

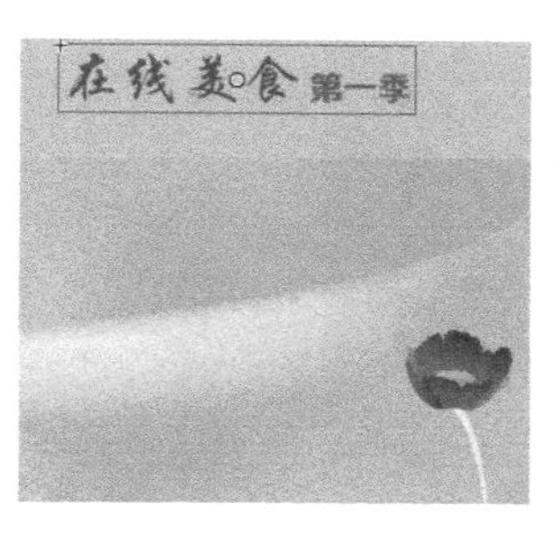


图 13-42

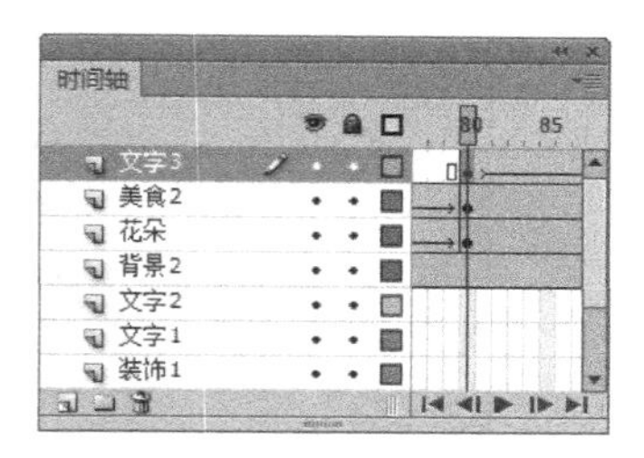


图 13-43

（8）单击“时间轴”面板下方的“新建图层”按钮，创建新图层并将其命名为“文字 4”。选中该图层的第 81 帧，按 F7 键插入空白关键帧，如图 13-44 所示。将“库”面板中的图形元件“文字 2”拖曳到舞台窗口中适当的位置，效果如图 13-45 所示。

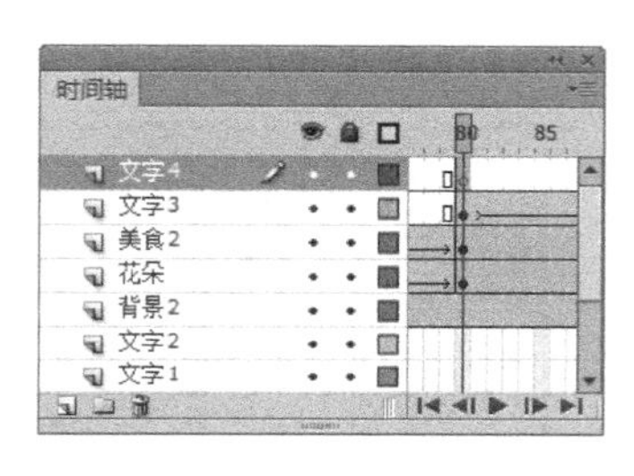


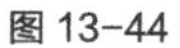
图 13-44

图 13-45

（9）选中“文字 4”图层的第 92 帧，按 F6 键插入关键帧。选择第 36 帧，选择“选择工具”，选中“文字 2”实例，按住 Shift 键的同时，单击并按住鼠标垂直向下拖曳其到适当的位置，效果如图 13-46 所示。用鼠标右键单击“文字 4”图层的第 81 帧，在弹出的菜单中选择“创建传统补间”命令，生成传统补间动画，如图 13-47 所示。

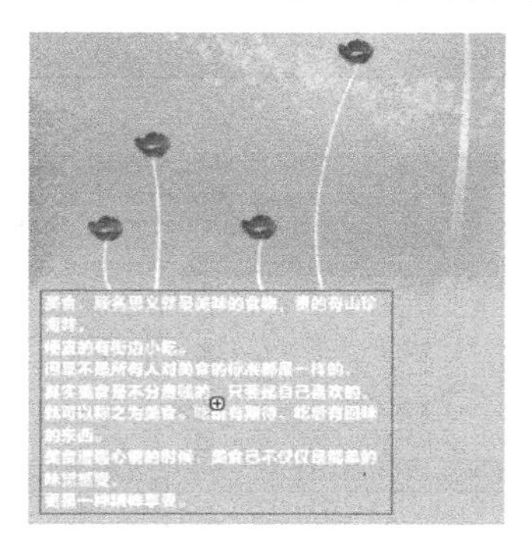

图 13-46

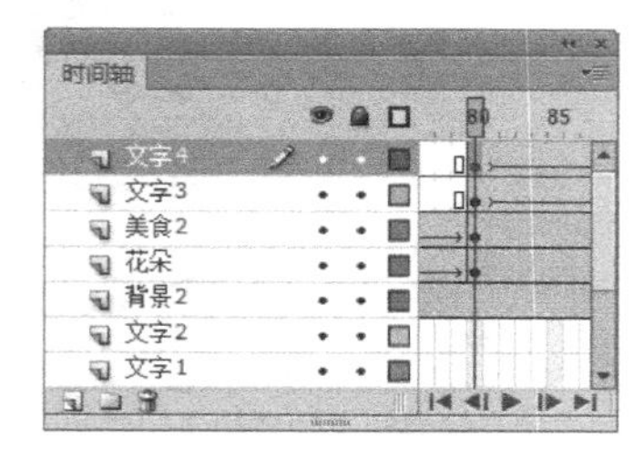


图 13-47

### 4. 制作介绍动画

（1）在“时间轴”面板中创建新图层并将其命名为“背景 3”。选中“背景 3”图层的第 115 帧，按 F6 键插入关键帧，将“库”面板中的位图“07”拖曳到舞台窗口中，效果如图 13-48 所示。选中“背景 3”图层的第 170 帧，按 F5 键插入普通帧。

（2）在“时间轴”面板中创建新图层并将其命名为“美食 3”。选中“美食 3”图层的第 115 帧，按 F6 键插入关键帧。将“库”面板中的图形元件“美食 3”拖曳到舞台窗口中，效果如图 13-49 所示。选中“美食 3”图层的第 130 帧，按 F6 键插入关键帧。

图 13-48

图 13-49

（3）选择第 115 帧，选择“选择工具”，选中“美食 3”实例，按住 Shift 键的同时，单击并按住鼠标水平向右拖曳其到适当的位置，效果如图 13-50 所示。用鼠标右键单击“美食 3”图层的第 115 帧，在弹出的菜单中选择“创建传统补间”命令，生成传统补间动画，如图 13-51 所示。

图 13-50

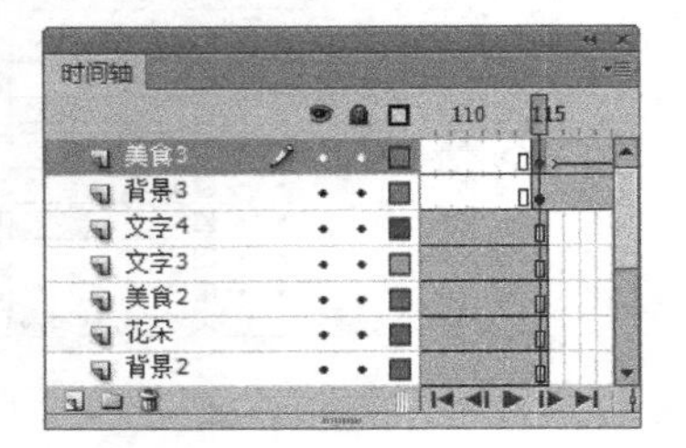

图 13-51

（4）单击“时间轴”面板下方的“新建图层”按钮，创建新图层并将其命名为“装饰 2”。选中该图层的第 125 帧，按 F7 键插入空白关键帧。将“库”面板中的图形元件“装饰 2”拖曳到舞台窗口中适当的位置，效果如图 13-52 所示。选中“装饰 2”图层的第 140 帧，按 F6 键插入关键帧，如图 13-53 所示。

图 13-52

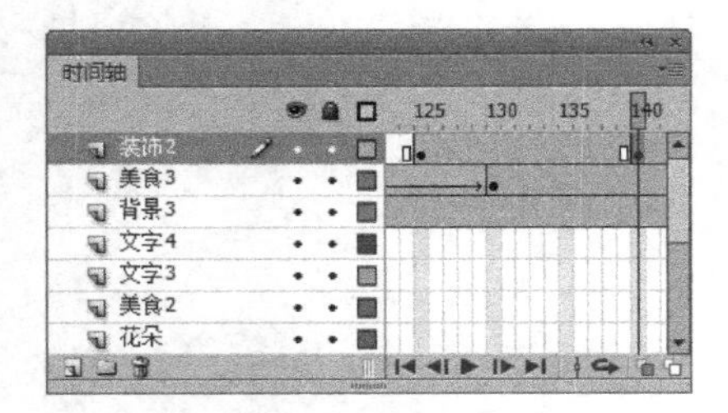

图 13-53

（5）选中“装饰 2”图层的第 125 帧，选择“选择工具”，选中“装饰 2”实例，按住 Shift 键的同时，单击并按住鼠标垂直向下拖曳其到适当的位置，效果如图 13-54 所示。在图形的“属性”面板中选择“色彩效果”选项组，在“样式”下拉列表中选择“Alpha”，将其值设为 0%，如图 13-55 所示。用鼠标右键单击“装饰 2”图层的第 125 帧，在弹出的菜单中选择“创建传统补间”命令，生成传统补间动画，如图 13-56 所示。

（6）单击“时间轴”面板下方的“新建图层”按钮，创建新图层并将其命名为“文字 5”。选中该图层的第 140 帧，按 F7 键插入空白关键帧，如图 13-57 所示。将“库”面板中的图形元件“文字 1”拖曳到舞台窗口中适当的位置，效果如图 13-58 所示。

图 13-54

图 13-55

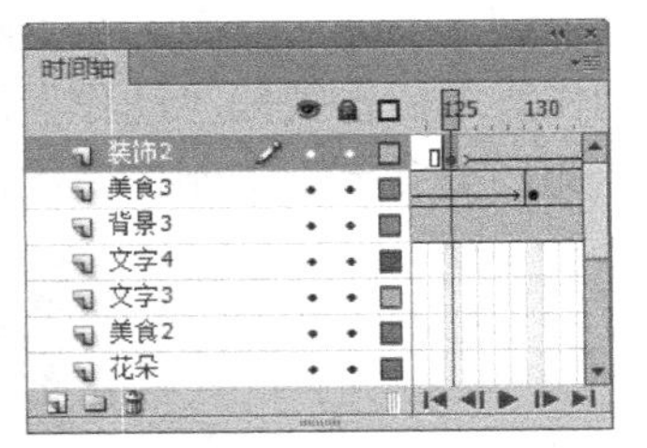


图 13-56

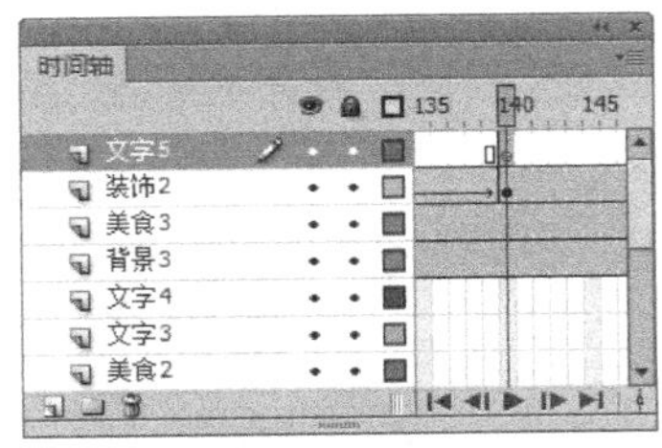
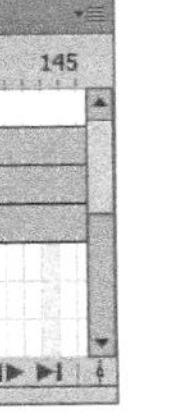


图 13-57

图 13-58

（7）选中“文字 5”图层的第 151 帧，按 F6 键插入关键帧。选择第 140 帧，选择“选择工具”，选中“文字 1”实例，按住 Shift 键的同时，单击并按住鼠标垂直向下拖曳其到适当的位置，效果如图 13-59 所示。用鼠标右键单击“文字 5”图层的第 140 帧，在弹出的菜单中选择“创建传统补间”命令，生成传统补间动画，如图 13-60 所示。

图 13-59

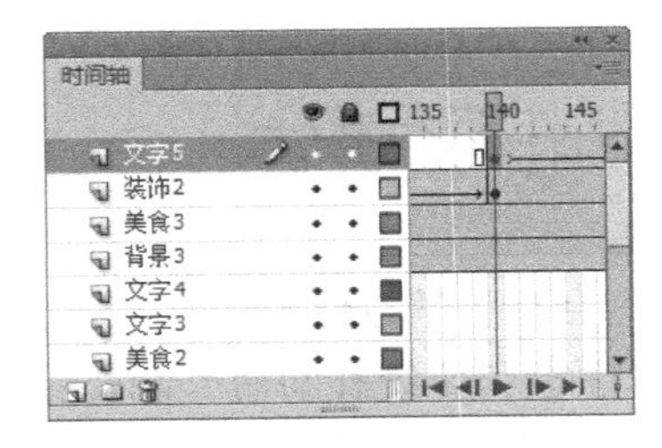


图 13-60

（8）单击“时间轴”面板下方的“新建图层”按钮，创建新图层并将其命名为“文字 6”。选中该图层的第 140 帧，按 F7 键插入空白关键帧，将“库”面板中的图形元件“文字 2”拖曳到舞台窗口中适当的位置，效果如图 13-61 所示。选中“文字 2”图层的第 151 帧，按 F6 键插入关键帧。

（9）选择第 140 帧，选择“选择工具”，选中“文字 2”实例，按住 Shift 键的同时，单击并按住鼠标水平向右拖曳其到适当的位置，效果如图 13-62 所示。用鼠标右键单击“文字 5”图层的第 140 帧，在弹出的菜单中选择“创建传统补间”命令，生成传统补间动画，如图 13-63 所示。

（10）在“时间轴”面板中创建新图层并将其命名为“音乐”。将“库”面板中的声音文件“10”拖曳到舞台窗口中。在“时间轴”面板中创建新图层并将其命名为“动作脚本”。

（11）选中“动作脚本”图层的第 170 帧，按 F6 键插入关键帧。选择“窗口 > 动作”命令，弹出“动作”面板，在面板的左上方将脚本语言版本设置为“ActionScript 1.0&2.0”。

在面板中单击“将新项目添加到脚本中”按钮，在弹出的菜单中选择“全局函数 > 时间轴控制 > stop”命令。在“脚本窗口”中显示出选择的脚本语言，如图 13-64 所示。设置好动作脚本后，关闭“动作”面板，在“动作脚本”图层的第 155 帧上显示出一个标记“a”。至此，美食节贺卡制作完成，按 Ctrl+Enter 组合键即可查看，效果如图 13-65 所示。

图 13-61

图 13-62

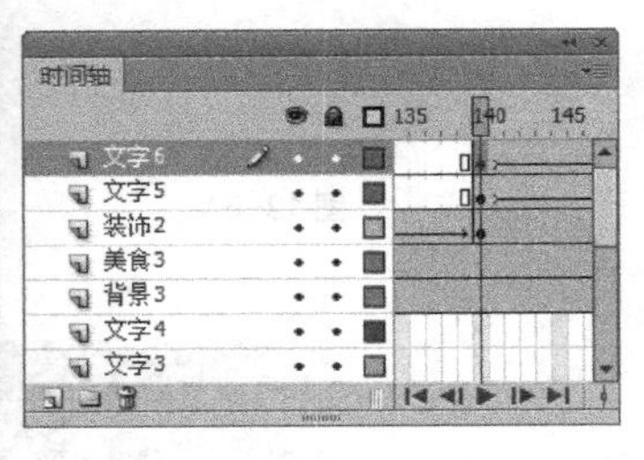


图 13-63

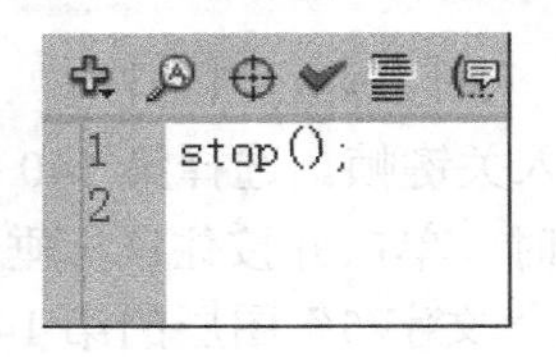


图 13-64

图 13-65

## 13.2 制作旅行相册

【案例学习目标】学习使用文本工具、元件命令、导入命令、动作脚本面板和传统补间命令制作旅行相册。

【案例知识要点】使用图像制作按钮元件，使用传统补间命令制作传统补间动画，使用动作脚本面板添加动作。完成后旅行相册效果如图 13-66 所示。

【文件所在位置】光盘/Ch13/效果/制作旅行相册.fla。

图 13-66

### 1. 导入图像并制作小照片按钮

（1）选择“文件 > 新建”命令，在弹出的“新建文档”对话框中选择“ActionScript 2.0”选项，单击“确定”按钮，进入新建文档舞台窗口。按 Ctrl+F3 组合键，弹出文档“属性”面板，单击面板中的“编辑文档属性”按钮，弹出“文档设置”对话框，将“宽度”选项设为 600，“高度”选项设为 450，单击“确定”按钮，改变舞台窗口的大小。

（2）选择“文件 > 导入 > 导入到库”命令，在弹出的“导入到库”对话框中选择“Ch15 > 素材 > 制作旅行相册 > 01~10”文件，单击“打开”按钮，文件被导入到“库”面板中，如图 13-67 所示。

（3）在“库”面板下方单击“新建元件”按钮，弹出“创建新元件”对话框，在“名称”文本框中输入“小照片 1”，在“类型”下拉列表中选择“按钮”选项，单击“确定”按钮，新建按钮元件“小照片 1”，如图 13-68 所示。舞台窗口也随之转换为图形元件的舞台窗口。

（4）将“库”面板中的位图“02”文件拖曳到舞台窗口中，效果如图 13-69 所示。用相同方法制作图形元件，并将“库”面板中对应的位图拖曳到元件舞台窗口中，“库”面板中的显示如图 13-70 所示。

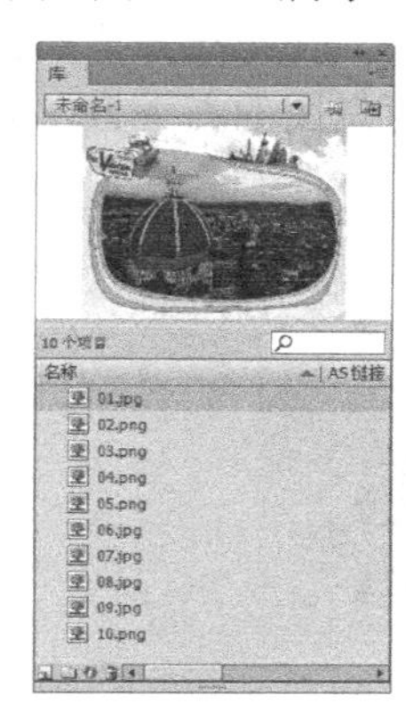

图 13-67

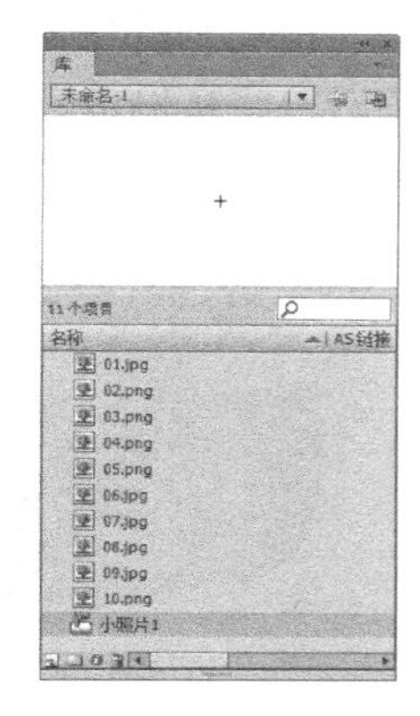

图 13-68

图 13-69

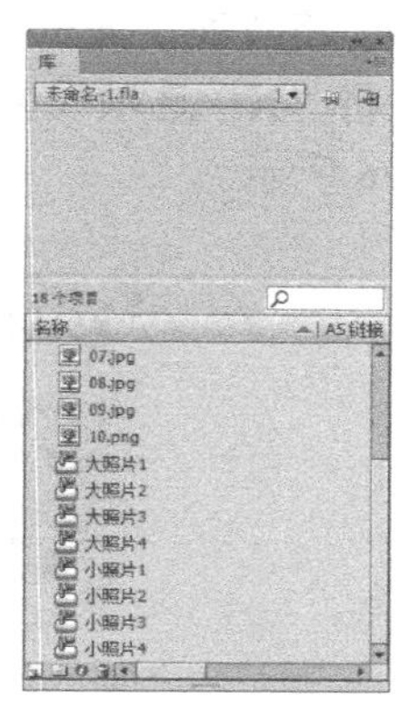

图 13-70

## 2. 在场景中确定小照片的位置

（1）单击舞台窗口左上方的“场景 1”图标，进入“场景 1”的舞台窗口。将“图层 1”重新命名为“底图”。将“库”面板中的位图“01.jpg”拖曳到舞台窗口的中心位置，效果如图 13-71 所示。选中“底图”图层的第 80 帧，按 F5 键插入帧，如图 13-72 所示。

图 13-71

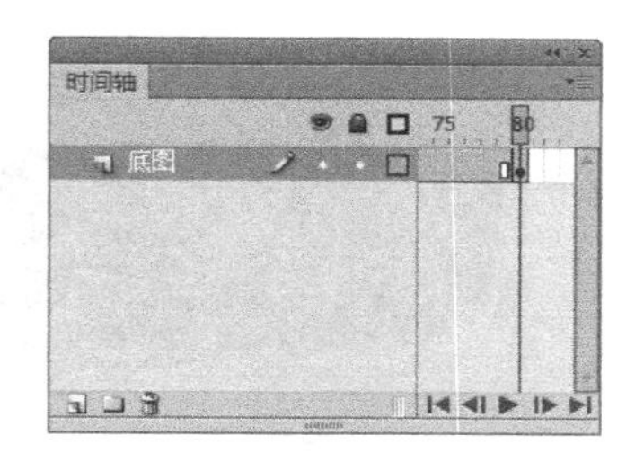


图 13-72

（2）单击“时间轴”面板下方的“新建图层”按钮，创建新图层并将其命名为“小照片”。将“库”面板中的按钮元件“小照片 1”拖曳到舞台窗口中，在按钮“属性”面板中，将“X”选项设为 536，“Y”选项设为 271，将实例放置在背景图的右下方，效果如图 13-73 所示。

（3）将“库”面板中的按钮元件“小照片 2”拖曳到舞台窗口中，在按钮的“属性”面板中，将“X”选项设为 521，“Y”选项设为 329，将实例放置在背景图的右下方，效果如图 13-74 所示。

（4）将“库”面板中的按钮元件“小照片 3”拖曳到舞台窗口中，在按钮的“属性”面板中，将“X”选项设为 464，“Y”选项设为 368，将实例放置在背景图的右下方，效果如图 13-75 所示。

图 13-73

图 13-74

（5）将“库”面板中的按钮元件“小照片 4”拖曳到舞台窗口中，在按钮的“属性”面板中，将“X”选项设为 398，“Y”选项设为 389，将实例放置在背景图的右下方，效果如图 13-76 所示。

图 13-75

图 13-76

（6）分别选中“小照片”图层的第 2 帧、第 20 帧、第 40 帧、第 60 帧，按 F6 键插入关键帧。选中“小照片”图层的第 2 帧，在舞台窗口中选中实例“小照片 1”，按 Delete 键将其删除，效果如图 13-77 所示。

（7）选中“小照片”图层的第 20 帧，在舞台窗口中选中实例“小照片 2”，按 Delete 键将其删除，效果如图 13-78 所示。

图 13-77

图 13-78

（8）选中“小照片”图层的第 40 帧，在舞台窗口中选中实例“小照片 3”，按 Delete 键将其删除，效果如图 13-79 所示。选中“小照片”图层的第 60 帧，在舞台窗口中选中实例“小照片 4”，按 Delete 键将其删除，效果如图 13-80 所示。

图 13-79

图 13-80

### 3. 制作大照片按钮

（1）在“时间轴”面板中创建新图层并将其命名为“大照片 1”。分别选中“大照片”图层的第 2 帧、第 21 帧，插入关键帧，如图 13-81 所示。选中第 2 帧，将“库”面板中的按钮元件“大照片 1”拖曳到舞台窗口中。选中实例“大照片 1”，在“变形”面板中将“缩放宽度”和“缩放高度”的比例分别设为 41，“旋转”选项设为–13.5，如图 13-82 所示，将实例缩小并旋转。

（2）在按钮“属性”面板中，将“X”选项设为 536，“Y”选项设为 271，将实例放置在背景图的右下方，效果如图 13-83 所示。分别选中“大照片 1”图层的第 10 帧、第 20 帧，按 F6 键插入关键帧。

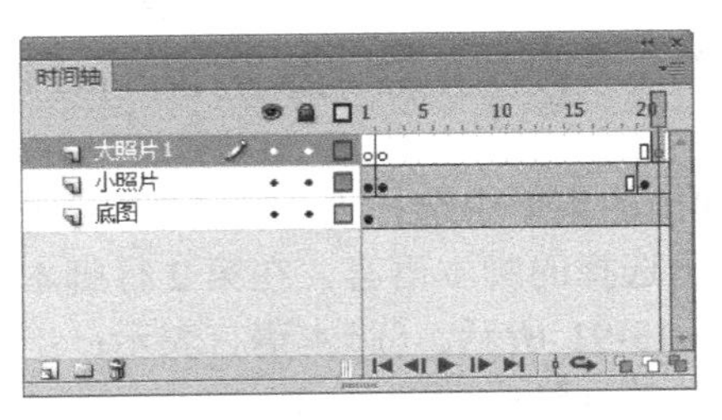


图 13-81

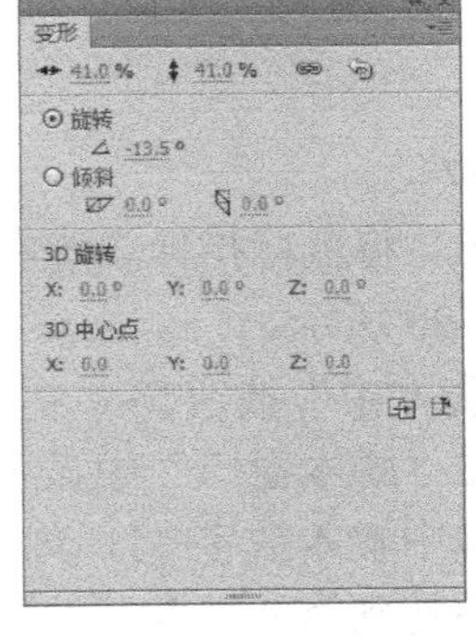


图 13-82

图 13-83

（3）选中“大照片”图层的第 10 帧，选中舞台窗口中的“大照片 1”实例，在“变形”面板中将“缩放宽度”和“缩放高度”选项分别设为 100，将“旋转”选项设为 0，将实例放置在舞台窗口的上方，效果如图 13-84 所示。选中第 11 帧，按 F6 键插入关键帧。分别用鼠标右键单击第 2 帧、第 11 帧，在弹出的菜单中选择“创建传统补间”命令，生成传统补间动画，如图 13-85 所示。

（4）选中“大照片”图层的第 10 帧，选择“窗口 > 动作”命令，弹出“动作”面板（其快捷键为 F9）。在面板中单击“将新项目添加到脚本中”按钮，在弹出的菜单中选择“全局函数 > 时间轴控制 > stop”命令，在“脚本窗口”中显示出选择的脚本语言，如图 13-86 所示。设置好动作脚本后，在“大照片”图层的第 10 帧上显示出标记“a”。

图 13-84

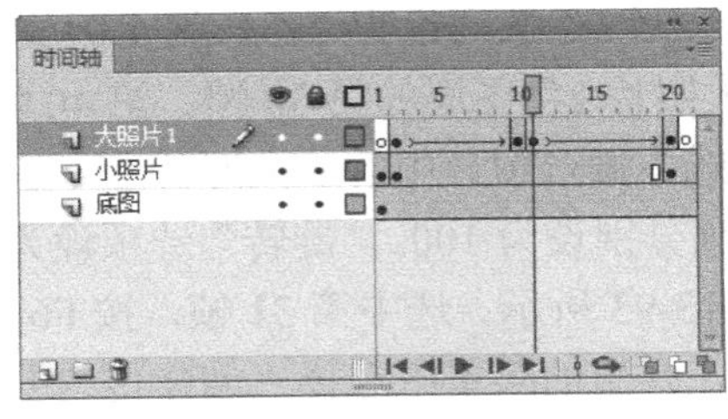


图 13-85

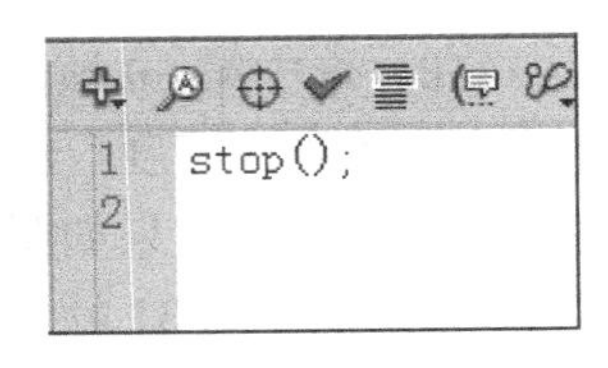


图 13-86

（5）选中舞台窗口中的“大照片 1”实例，在“动作”面板中单击“将新项目添加到脚本中”按钮，在弹出的菜单中选择“全局函数 > 影片剪辑控制 > on”命令，如图 13-87 所示。在“脚本窗口”中显示出选择的脚本语言，在下拉列表中选择“press”命令，如图 13-88 所示。

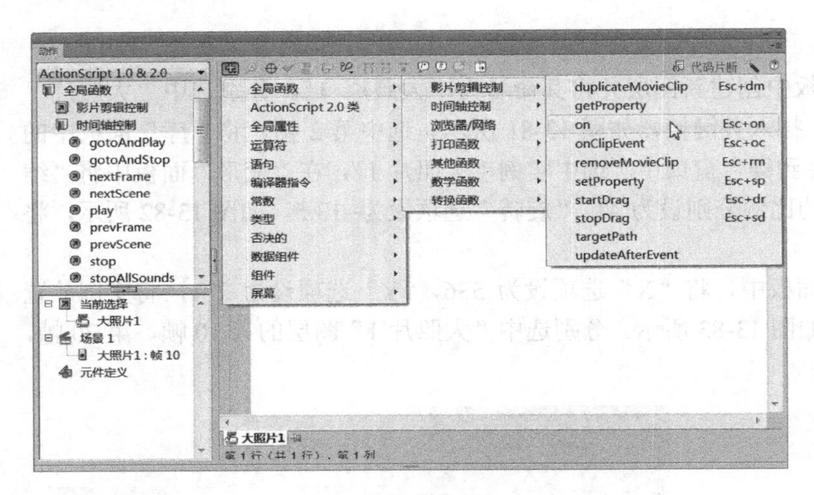


图 13-87

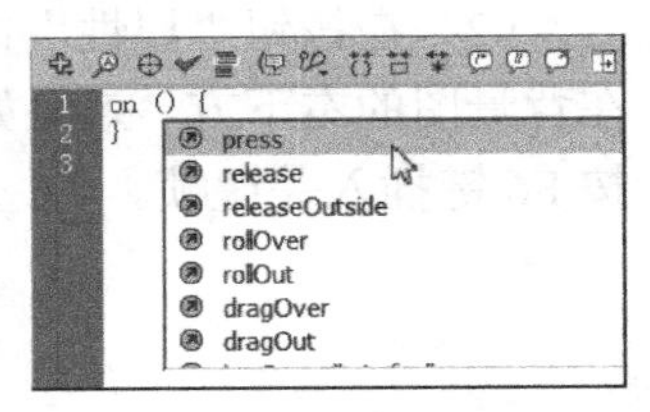


图 13-88

（6）脚本语言如图 13-89 所示。将鼠标指针放置在第 1 行脚本语言的最后，按 Enter 键，输入光标显示到第 2 行，如图 13-90 所示。

（7）单击“将新项目添加到脚本中”按钮，在弹出的菜单中选择“全局函数 > 时间轴控制 > gotoAndPlay”命令，在“脚本窗口”中显示出选择的脚本语言，在第 2 行脚本语言“gotoAndPlay（）”后面的括号中输入数字 11，如图 13-91 所示。（脚本语言表示：当用鼠标单击“大照片 1”实例时，跳转到第 9 帧并开始播放第 9 帧中的动画。）

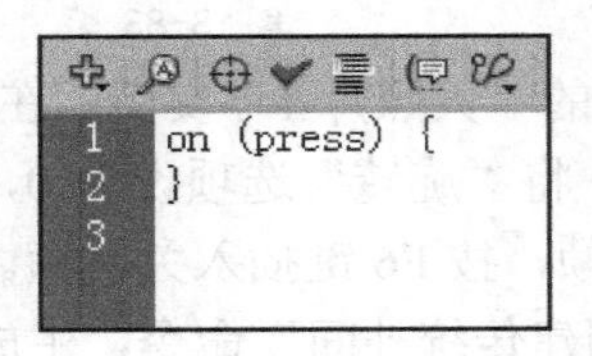


图 13-89

图 13-90

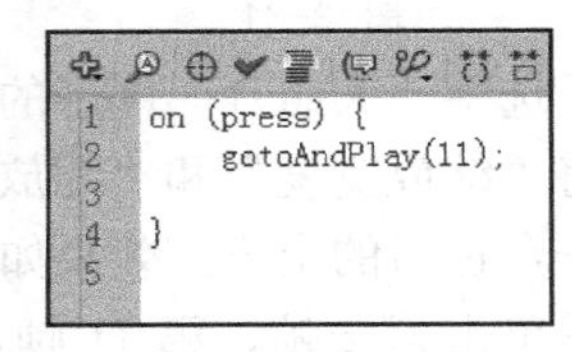


图 13-91

（8）在“时间轴”面板中创建新图层并将其命名为“大照片 2”。分别选中“大照片 2”图层的第 21 帧、第 41 帧，插入关键帧。选中第 21 帧，将“库”面板中的按钮元件“大照片 2”拖曳到舞台窗口中。

（9）选中实例“大照片 2”，在“变形”面板中将“缩放宽度”选项设为 38，“缩放高度”选项也随之转换为 38，“旋转”选项设为 16.3，将实例缩小并旋转。在按钮的“属性”面板中，将“X”选项设为 521，“Y”选项设为 329。将实例放置在背景图的右下方，效果如图 13-92 所示。分别选中“大照片 2”图层的第 30 帧、第 40 帧，按 F6 键，插入关键帧。

（10）选中第 30 帧，选中舞台窗口中的“大照片 2”实例，在“变形”面板中将“缩放宽度”和“缩放高度”选项分别设为 100，“旋转”选项设为 0，实例扩大，将实例放置在舞台窗口的上方，效果如图 13-93 所示。选中第 31 帧，按 F6 键插入关键帧。分别用鼠标右键单击第 21 帧、第 31 帧，在弹出的菜单中选择“创建传统补间”命令，生成传统补间动画。

（11）选中“大照片 2”图层的第 30 帧，按照（4）的方法，在第 30 帧上添加动作脚本，该帧上显示出标记“a”。选中舞台窗口中的“大照片 2”实例，按照（5）~（7）的方法，在“大照片 2”实例上添加动作脚本，并在脚本语言“gotoAndPlay（）”后面的括号中输入数字 31，如图 13-94 所示。

图 13-92

图 13-93

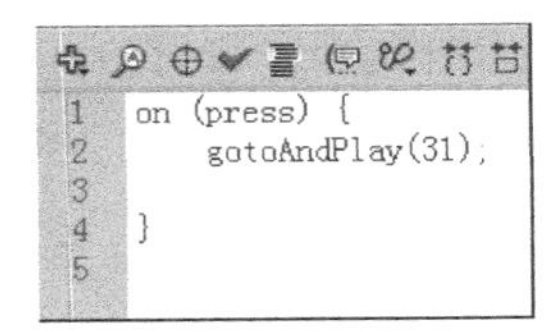

```
1 on (press) {
2     gotoAndPlay(31);
3
4 }
5
```

图 13-94

（12）在“时间轴”面板中创建新图层并将其命名为“大照片 3”。分别选中“大照片 3”图层的第 41 帧、第 61 帧，按 F6 键插入关键帧。选中第 41 帧，将“库”面板中的按钮元件“大照片 3”拖曳到舞台窗口中。

（13）选中实例“大照片 3”，在“变形”面板中将“缩放宽度”选项设为 44，“缩放高度”选项也随之转换为 44，“旋转”选项设为–7.8，如图 13-95 所示，将实例缩小并缩小。在按钮的“属性”面板中，将“X”选项设为 460，“Y”选项设为 360，将实例放置在背景图的右下方，效果如图 13-96 所示。分别选中“大照片 3”图层的第 50 帧、第 60 帧，按 F6 键插入关键帧。

（14）选中第 50 帧，选中舞台窗口中的“大照片 3”实例，在“变形”面板中将“缩放宽度”和“缩放高度”选项分别设为 100，“旋转”选项设为 0，将实例扩大并旋转。将实例放置在舞台窗口的上方，效果如图 13-97 所示。

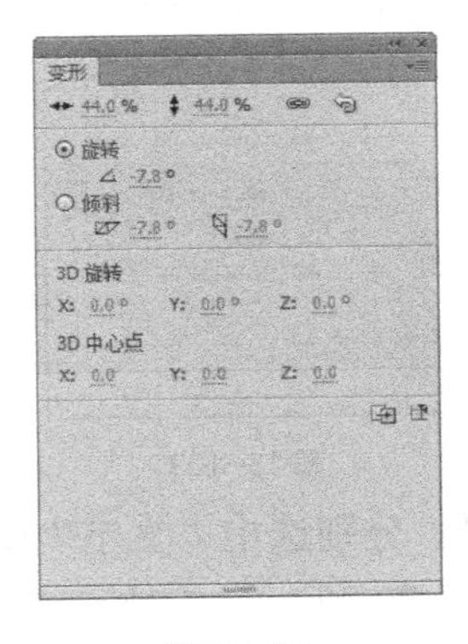


图 13-95

图 13-96

图 13-97

（15）选中第 51 帧，插入关键帧。分别用鼠标右键单击“大照片 3”图层的第 41 帧、第 51 帧，在弹出的菜单中选择“创建传统补间”命令，生成传统补间动画。选中“大照片 3”图层的第 50 帧，按照（4）的方法，在第 50 帧上添加动作脚本，该帧上显示出标记“a”。选中舞台窗口中的“大照片 3”实例，按照（5）～（7）的方法，在“大照片 3”实例上添加动作脚本，并在脚本语言“gotoAndPlay ()”后面的括号中输入数字 51，如图 13-98 所示。

（16）在“时间轴”面板中创建新图层并将其命名为“大照片 4”。分别选中“大照片 4”图层的第 61 帧，按 F6 键插入关键帧。将“库”面板中的按钮元件“大照片 4”拖曳到舞台窗口中。

（17）选中实例“大照片 4”，在“变形”面板中将“缩放宽度”选项设为 42，“缩放高度”选项也随之转换为 42，将“旋转”选项设为 9.5，如图 13-99 所示，将实例缩小并旋转。在按钮的“属性”面板中，将“X”选项设为 398，“Y”选项设为 389，将实例放置在背景图的右下方，如图 13-100 所示。分别选中“大照片 4”图层的第 70 帧、第 80 帧，按 F6 键插入关键帧。

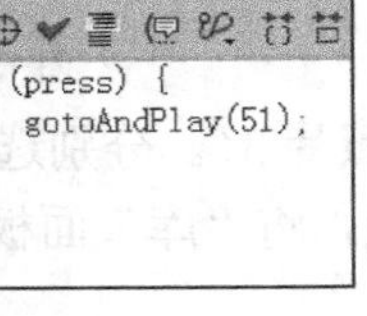
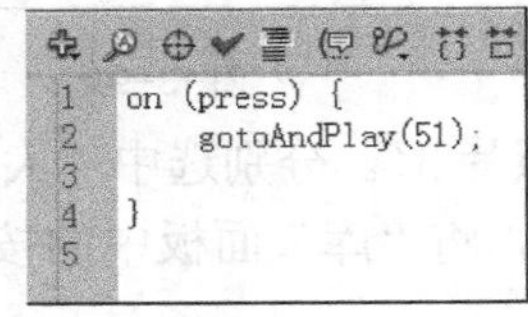


图 13-98

图 13-99

图 13-100

（18）选中第 70 帧，选中舞台窗口中的“大照片 4”实例，在“变形”面板中将“缩放宽度”和“缩放高度”选项分别设为 100，“旋转”选项设为 0，将实例扩大并旋转。将实例放置在舞台窗口的上方，效果如图 13-101 所示。选中第 71 帧，插入关键帧。

（19）分别用鼠标右键单击“大照片 4”图层的第 61 帧、第 71 帧，在弹出的菜单中选择“创建传统补间”命令，生成传统补间动画，如图 13-102 所示。选中“大照片 4”图层的第 70 帧，按照（4）的方法，在第 70 帧上添加动作脚本，该帧上显示出标记“a”。选中舞台窗口中的“大照片 4”实例，按照（5）~（7）的方法，在“大照片 4”实例上添加动作脚本，并在脚本语言“gotoAndPlay（）”后面的括号中输入数字 51，如图 13-103 所示。

图 13-101

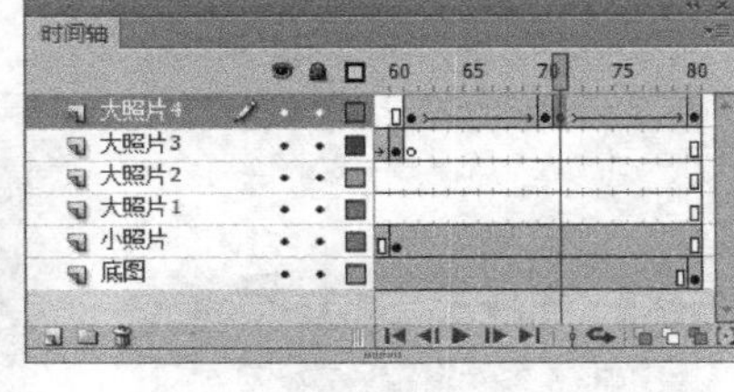


图 13-102

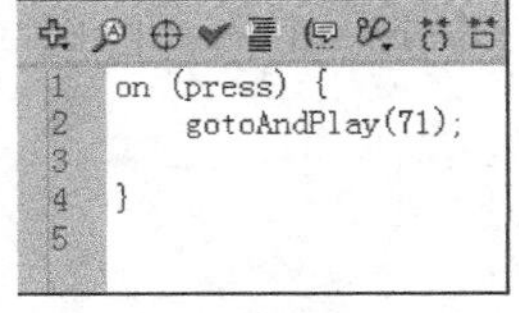


图 13-103

（20）在“时间轴”面板中创建新图层并将其命名为“文字层”。分别选中“文字”图层的第 10 帧、第 11 帧、第 30 帧、第 31 帧、第 50 帧、第 51 帧、第 70 帧、第 71 帧，按 F6 键插入关键帧。选中“文字”图层的第 10 帧，选择“文本工具” T，在文本工具的“属性”面板中进行设置，在舞台窗口中适当的位置输入大小为 21、字体为“Ballpark”的橘黄色（#FFCC00）文字，文字效果如图 13-104 所示。

（21）用相同的方法在“文字”图层的第 30 帧、第 50 帧、第 70 帧的舞台窗口中输入需要的文字，效果分别如图 13-105、图 13-106 和图 13-107 所示。

图 13-104

图 13-105

图 13-106

图 13-107

（22）在“时间轴”面板中创建新图层并将其命名为“装饰”，如图 13-108 所示。将“库”面板中的按钮元件“10.png”拖曳到舞台窗口中适当的位置，效果如图 13-109 所示。

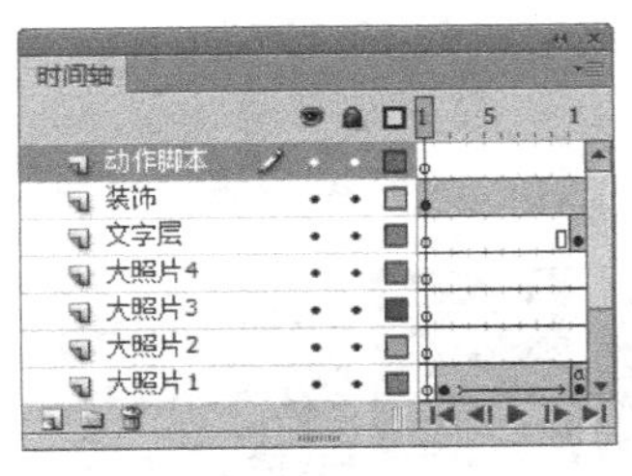


图 13-108

图 13-109

（23）在“时间轴”面板中创建新图层并将其命名为“动作脚本”。选中“动作脚本”图层的第 2 帧，插入关键帧。选中第 1 帧，在“动作”面板中单击“将新项目添加到脚本中”按钮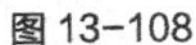，在弹出的菜单中选择“全局函数 > 时间轴控制 > stop”命令，在“脚本窗口”中显示出选择的脚本语言，如图 13-110 所示。设置好动作脚本后，在图层“动作脚本 1”的第 1 帧上显示出一个标记“a”。

（24）选中“动作脚本”图层的第 20 帧，按 F6 键插入关键帧。选中“动作脚本”图层的第 20 帧，选择“窗口 > 动作”命令，弹出“动作”面板，在“动作”面板中设置脚本语言，“脚本窗口”中的显示如图 13-111 所示。

（25）用鼠标右键单击“动作脚本 2”图层的第 20 帧，在弹出的菜单中选择“复制帧”命令。用鼠标右键分别单击“动作脚本 2”图层的第 40 帧、第 60 帧、第 80 帧，在弹出的菜单中选择“粘贴帧”命令，效果如图 13-112 所示。

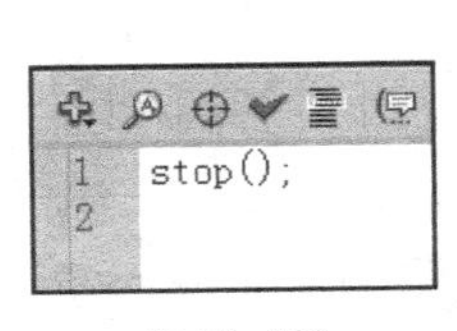


图 13-110

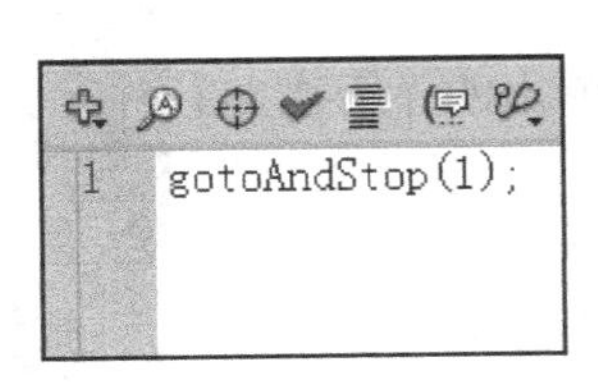


图 13-111

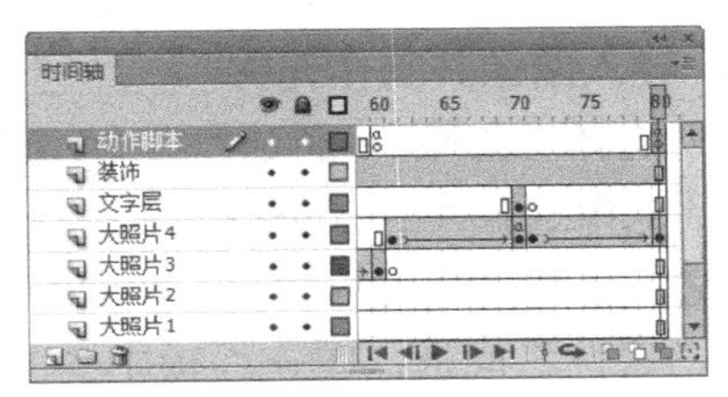


图 13-112

### 4．添加动作脚本

（1）单击“装饰”图层左边的“锁定”按钮，锁定该图层。选中“小照片”图层的第 1 帧，在舞台窗口中选中实例“小照片 1”，选择“窗口 > 动作”命令，弹出“动作”面板，在“动作”面板中设置脚本语言，“脚本窗口”中的显示如图 13-113 所示。在舞台窗口中选中实例“小照片 2”，选择“窗口 > 动作”命令，弹出“动作”面板，在“动作”面板中设置脚本语言，“脚本窗口”中的显示如图 13-114 所示。

（2）在舞台窗口中选中实例“小照片 3”，选择“窗口 > 动作”命令，弹出“动作”面板，在“动作”面板中设置脚本语言，“脚本窗口”中的显示如图 13-115 所示。

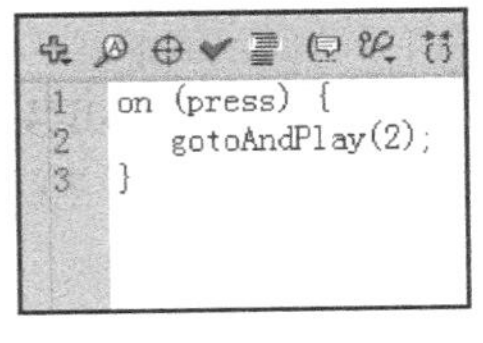


图 13-113

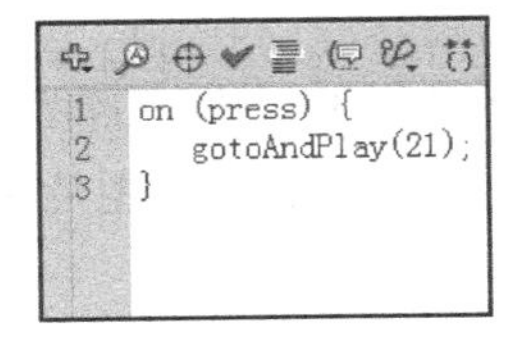


图 13-114

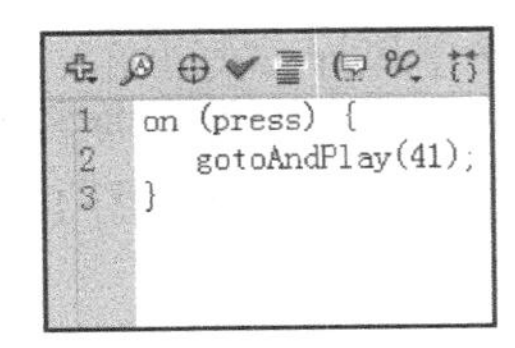


图 13-115

（3）在舞台窗口中选中实例“小照片 4”，选择“窗口 > 动作”命令，弹出“动作”面板，在“动作”面板中设置脚本语言，“脚本窗口”中的显示如图 13-116 所示。至此，旅行相册制作完成，按 Ctrl+Enter 组合键即可查看，效果如图 13-117 所示。

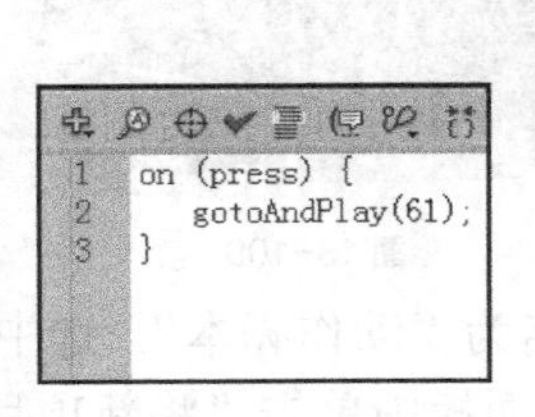

```
1  on (press) {
2      gotoAndPlay(61);
3  }
```

图 13-116

图 13-117

## 13.3 制作音乐广告

【案例学习目标】学习使用导入命令、元件命令和传统补间命令制作音乐广告。

【案例知识要点】使用图像制作影片剪辑元件，使用传统补间命令制作传统补间动画，使用“复制帧”命令和“粘贴帧”命令将帧复制并粘贴。完成后的音乐广告效果如图 13-118 所示。

图 13-118

【文件所在位置】光盘/Ch13/效果/制作音乐广告.fla

### 1. 导入图像并制作元件

（1）选择“文件 > 新建”命令，在弹出的“新建文档”对话框中选择“ActionScript 3.0”选项，单击“确定”按钮，进入新建文档舞台窗口。按 Ctrl+F3 组合键，弹出文档的“属性”面板，单击面板中的“编辑文档属性”按钮，弹出“文档设置”对话框，将“宽度”选项设为 600，“高度”选项设为 434，将“背景颜色”选项设为黑色，单击“确定”按钮，改变舞台窗口的大小和颜色。

（2）选择“文件 > 导入 > 导入到库”命令，在弹出的“导入到库”对话框中选择“Ch13 >素材 > 制作音乐广告 >01~08”文件，单击“打开”按钮，文件被导入到“库”面板中，如图 13-119 所示。

（3）在“库”面板下方单击“新建元件”按钮，弹出“创建新元件”对话框，在“名称”文本框中输入“音乐符动”，在“类型”下拉列表中选择“影片剪辑”选项，单击“确定”按钮，新建影片剪辑元件“音乐符动”，如图 13-120 所示。舞台窗口也随之转换为影片剪辑元件的舞台窗口。

（4）将“图层 1”重新命名为“图片 1”。将“库”面板中的位图“02.jpg”拖曳到舞台窗口中的适当位置，效果如图 13-121 所示。选中“图片 1”图层的第 14 帧，按 F5 键插入帧，如图 13-122 所示。

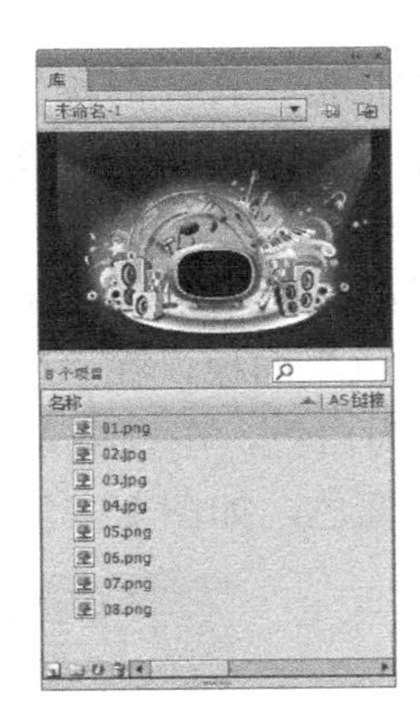


图 13-119

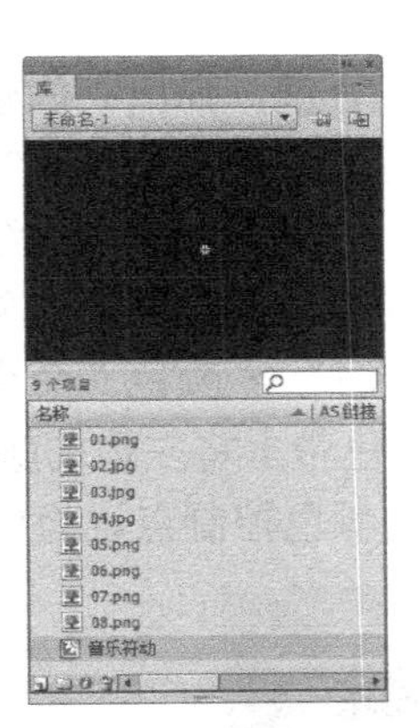


图 13-120

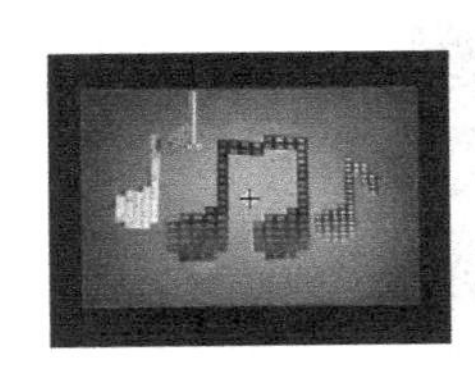

图 13-121

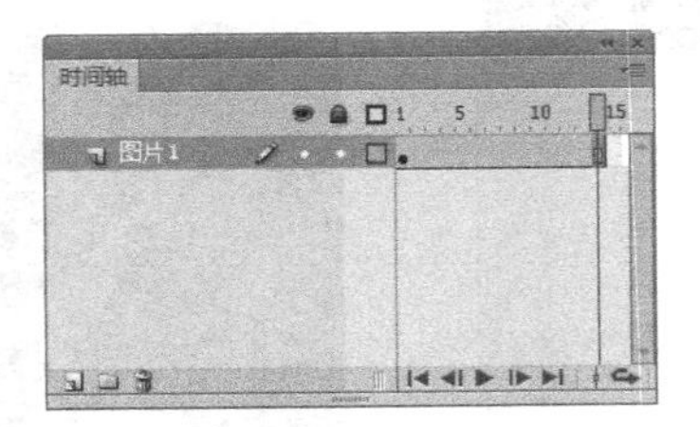


图 13-122

（5）选中“图片 1”图层的第 5 帧，按 F7 键插入空白关键帧，如图 13-123 所示。将“库”面板中的位图“03.jpg”拖曳到舞台窗口中的适当位置，效果如图 13-124 所示。选中该图层的第 10 帧，按 F7 键插入空白关键帧。将“库”面板中的位图“04.jpg”拖曳到舞台窗口中的适当位置，效果如图 13-125 所示。

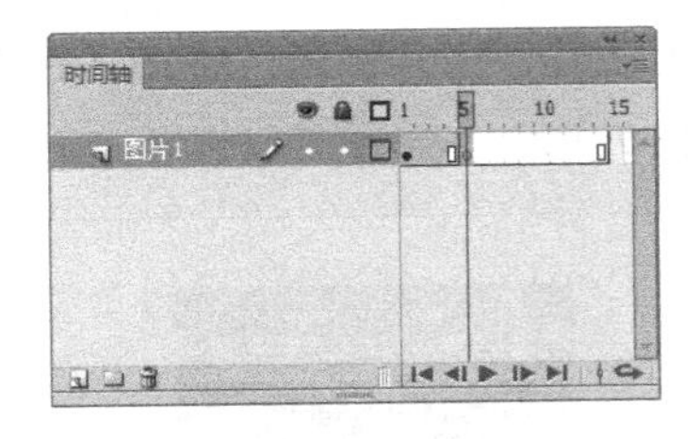


图 13-123

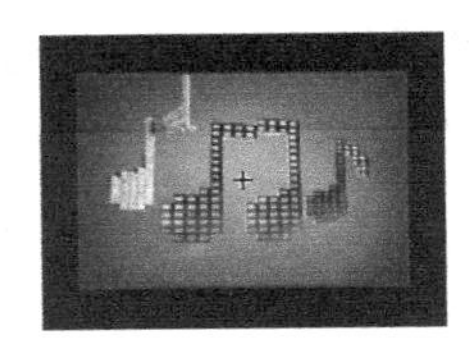

图 13-124

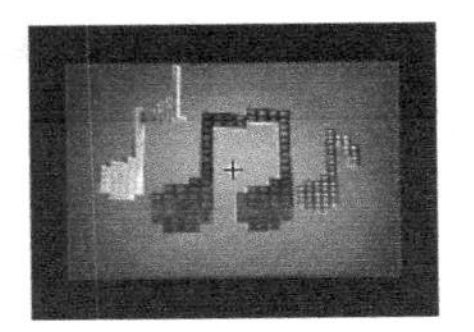

图 13-125

（6）在“时间轴”中创建新图层并将其命名为“图片 2”。选中该图层的第 3 帧，按 F7 键插入空白关键帧。将“库”面板中的位图“05.png”拖曳到舞台窗口中适当的位置，效果如图 13-126 所示。分别选中该图层的第 8 帧和第 12 帧，按 F6 键插入关键帧，如图 13-127 所示。分别选中该图层的第 6 帧、第 10 帧和第 13 帧，按 F7 键插入空白关键帧，如图 13-128 所示。

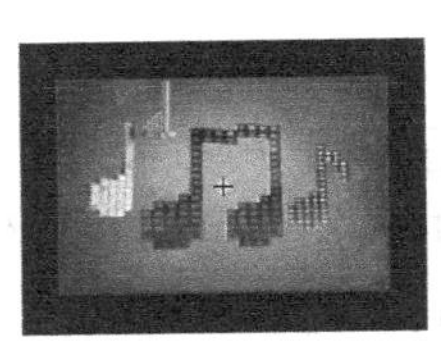

图 13-126

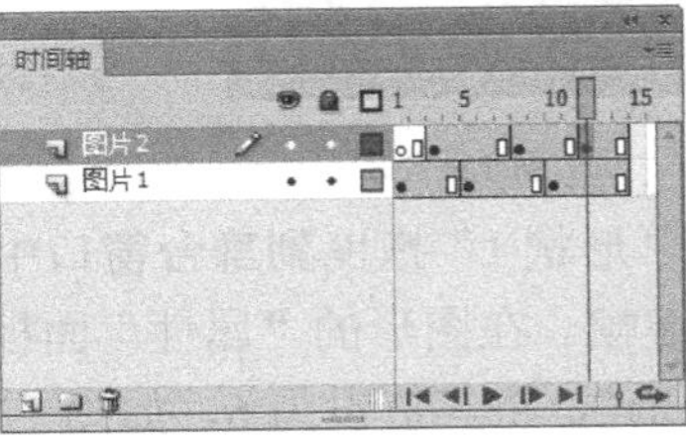


图 13-127

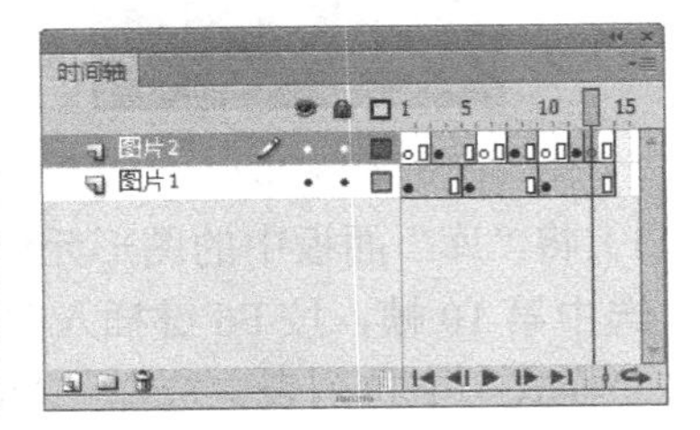


图 13-128

（7）按 Ctrl+F8 组合键，弹出“创建新元件”对话框，在“名称”文本框中输入“形状 1”，在“类型”下拉列表中选择“图形”选项，单击“确定”按钮，新建图形元件“形状 1”，如图 13-129 所示。舞台窗口也随之转换为图形元件的舞台窗口。

（8）选择“钢笔工具”，在工具箱中将笔触颜色设为白色，绘制一个闭合路径，如图 13-130 所示。选择“窗口 > 颜色”命令，弹出“颜色”面板，在“颜色类型”下拉列表中选择“线性渐变”，在色带上将左边的颜色控制点设为白色，在“Alpha”选项中将其不透明度设为 0%，将右边的颜色控制点设为白色，生成渐变色，如图 13-131 所示。

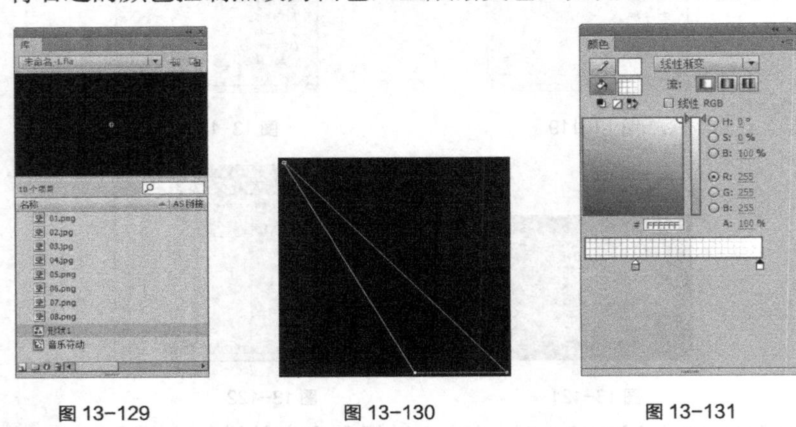


图 13-129　　图 13-130　　图 13-131

（9）选择“颜料桶工具”，在图形中拖曳渐变色，图形被填充渐变色，效果如图 13-132 所示。选择“选择工具”，在图形边线上双击选中边线，再按 Delete 键，将其删除，效果如图 13-133 所示。

（10）在“库”面板下方单击“新建元件”按钮，弹出“创建新元件”对话框，在“名称”文本框中输入“形状动画 1”，在“类型”下拉列表中选择“影片剪辑”选项，单击“确定”按钮，新建影片剪辑元件“形状动画 1”，如图 13-134 所示。舞台窗口也随之转换为影片剪辑元件的舞台窗口。

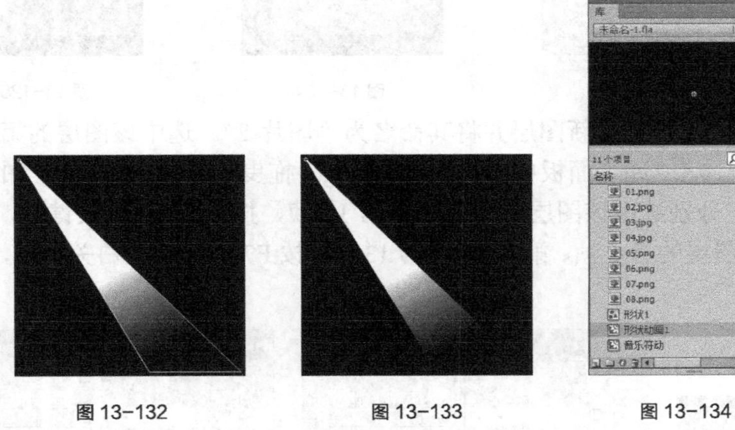


图 13-132　　图 13-133　　图 13-134

（11）将“库”面板中的图形元件“形状 1”拖曳到舞台窗口中适当的位置，如图 13-135 所示。选中第 10 帧，按 F6 键插入关键帧。在图形的“属性”面板中选择“色彩效果”选项组，在“样式”下拉列表中选择“Alpha”，将其值设为 6，如图 13-136 所示。用鼠标右键单击“形状 1”图层的第 1 帧，在弹出的菜单中选择“创建传统补间”命令，生成传统补间动画，如图 13-137 所示。

图 13-135

图 13-136

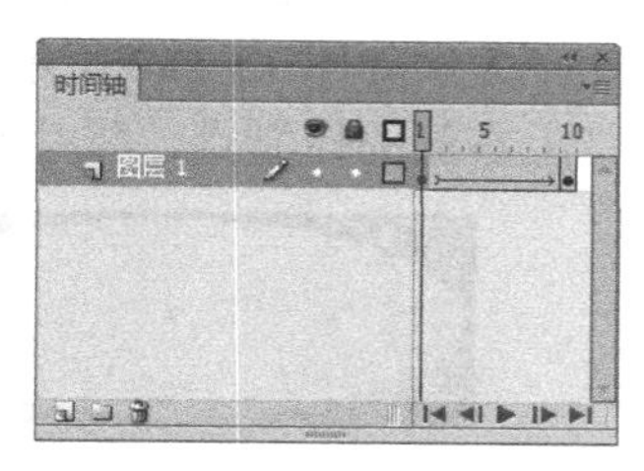


图 13-137

（12）按 Ctrl+F8 组合键，弹出“创建新元件”对话框，在“名称”文本框中输入“人物”，在“类型”下拉列表中选择“图形”选项，单击“确定”按钮，新建图形元件“人物”，如图 13-138 所示。舞台窗口也随之转换为图形元件的舞台窗口。将“库”面板中的位图“06.png”拖曳到舞台窗口中适当的位置，效果如图 13-139 所示。

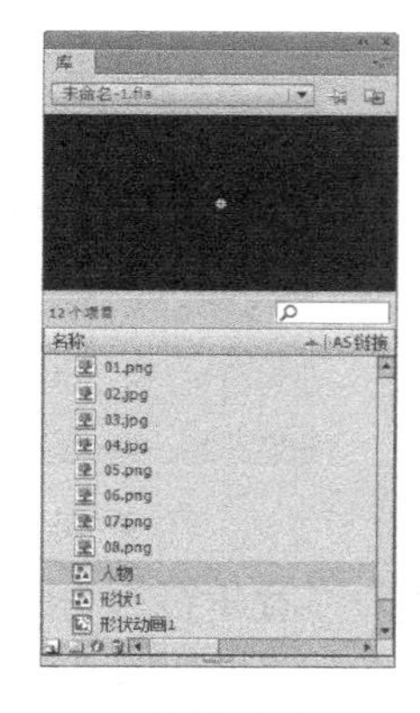


图 13-138

图 13-139

（13）在“库”面板下方单击“新建元件”按钮，弹出“创建新元件”对话框，在“名称”文本框中输入“灯光闪”，在“类型”下拉列表中选择“影片剪辑”选项，单击“确定”按钮，新建影片剪辑元件“灯光闪”。舞台窗口也随之转换为影片剪辑元件的舞台窗口。

（14）选择“颜色”面板，在“类型”下拉列表中选择“径向渐变”，选中色带上左侧的控制点，将其设为白色，选中色带上右侧的控制点，将其设为黄色（# FFFF66），生成渐变色，如图 13-140 所示。选择“椭圆工具”，在舞台窗口中绘制一个椭圆形，效果如图 13-141 所示。

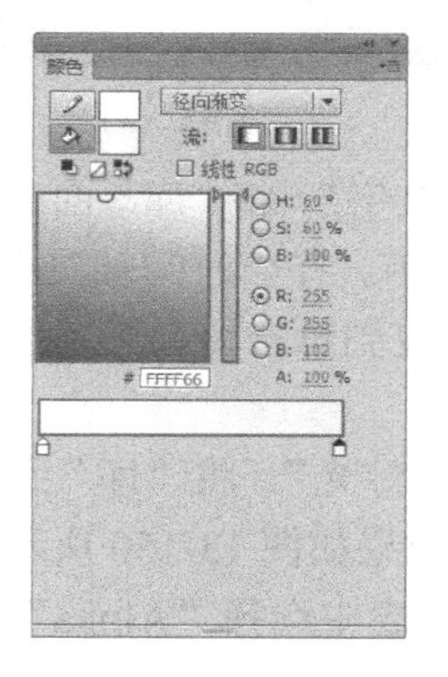


图 13-140

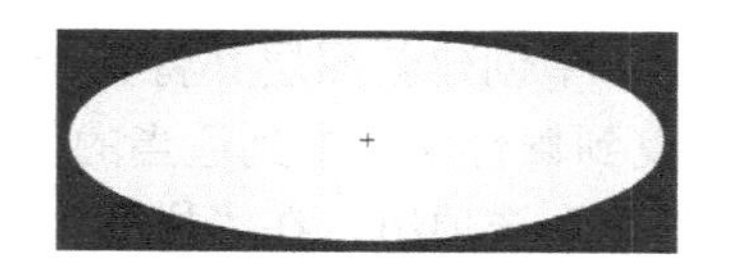

图 13-141

（15）选中“图层 1”的第 5 帧和第 10 帧，按 F6 键插入关键帧。选中第 5 帧，选中“椭圆”实例，选择“颜色”面板，选中色带上右侧的控制点，将其设为橙色（# FF9900），生成渐变色，效果如图 13-142 所示。选中第 10 帧，选中“椭圆”实例，选择“颜色”面板，选中色带上右侧的控制点，将其设为绿色（66FF99），生成渐变色，效果如图 13-143 所示。

图 13-142

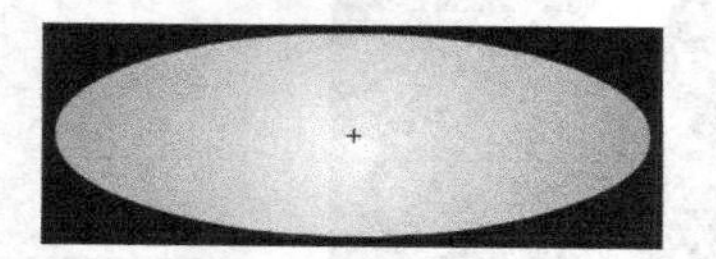

图 13-143

## 2. 制作动画效果

（1）单击舞台窗口左上方的“场景 1”图标，进入“场景 1”的舞台窗口。将“图层 1”重新命名为“底图”。将“库”面板中的位图“01.png”拖曳到舞台窗口的中心位置，效果如图 13-144 所示。选中“底图”图层的第 39 帧，按 F5 键插入帧，如图 13-145 所示。

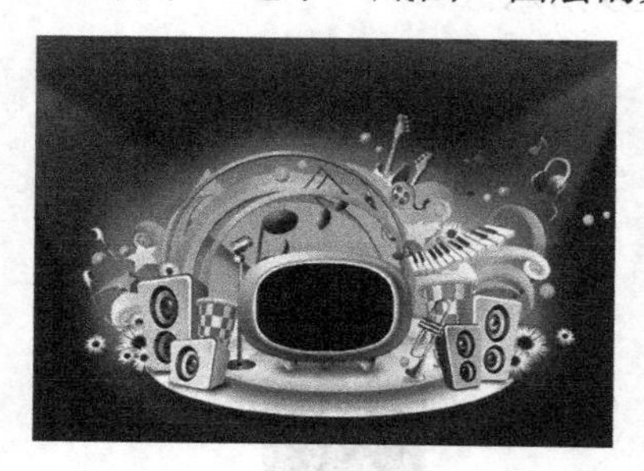

图 13-144

图 13-145

（2）在“时间轴”中创建新图层并将其命名为“音乐符”。将“库”面板中的影片剪辑元件“音乐符动”拖曳到舞台窗口中到适当的位置，效果如图 13-146 所示。在“时间轴”中，将“音乐符”图层拖曳到“底图”图层的下方，效果如图 13-147 所示。

图 13-146

图 13-147

（3）在“时间轴”中创建新图层并将其命名为“文字”。将“库”面板中的位图“08.png”拖曳到舞台窗口中适当的位置，效果如图 13-148 所示。在“时间轴”中创建新图层并将其命名为“灯”。将“库”面板中的位图“07.png”拖曳到舞台窗口中适当的位置，效果如图 13-149 所示。

（4）在“时间轴”中创建新图层并将其命名为“灯光”。将“库”面板中的影片剪辑元件“形状动画 1”拖曳到舞台窗口中到适当的位置，效果如图 13-150 所示。在图形的“属性”面板中选择“色彩效果”选项组，在“样式”下拉列表中选择“Alpha”，将其值设为 35%，如图 13-151 所示。

图 13-148

图 13-149

图 13-150

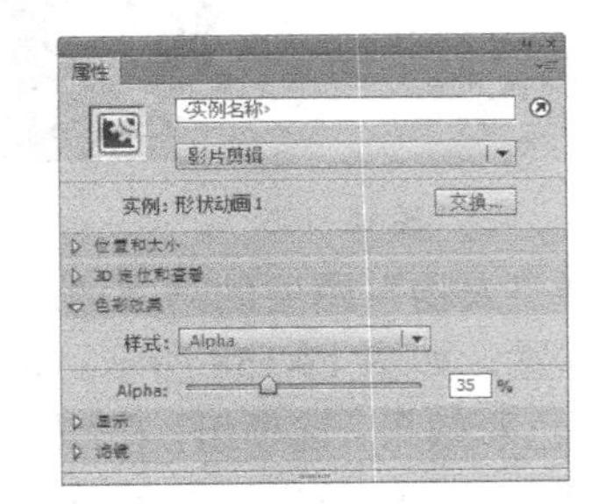


图 13-151

（5）选择“选择工具”，选中实例，按住 Alt 键的同时，向右拖曳实例到适当的位置，复制实例，选择“任意变形工具”，调整其大小和角度，效果如图 13-152 所示。用相同的方法再复制一组实例，调整其大小，效果如图 13-153 所示。

图 13-152

图 13-153

（6）选择“选择工具”，按住 Shift 键的同时，依次单击实例将其同时选中，再按 Ctrl+C 组合键，复制图形，再按 Ctrl+Shift+V 组合键，将图形粘贴到当前位置。选择“修改 > 变形 > 水平翻转”命令，将选中的实例水平翻转，如图 13-154 所示。保持图形选取状态，按住 Alt+Shift 键的同时，单击并按住鼠标水平向右拖曳实例到适当的位置，效果如图 13-155 所示。

图 13-154

图 13-155

（7）在“时间轴”中创建新图层并将其命名为“人物”。将“库”面板中的图形元件“人物”拖曳到舞台窗口中的适当位置，如图 13-156 所示。选中该图层的第 10 帧、第 15 帧、第 16 帧、第 20 帧、第 21 帧、第 25 帧、第 26 帧，按 F6 键插入关键帧，如图 13-157 所示。

图 13-156

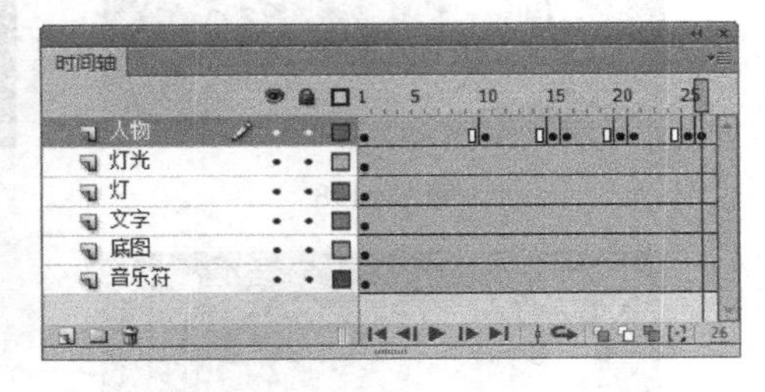


图 13-157

（8）选择“人物”图层的第 1 帧，选择“选择工具”，选中“人物”实例，向右拖曳到适当的位置，如图 13-158 所示。选中第 15 帧，选择“人物”实例，在图形的“属性”面板中选择“色彩效果”选项组，在“样式”下拉列表中选择“色调”，选项的设置如图 13-159 所示。在舞台窗口中的效果如图 13-160 所示。

图 13-158

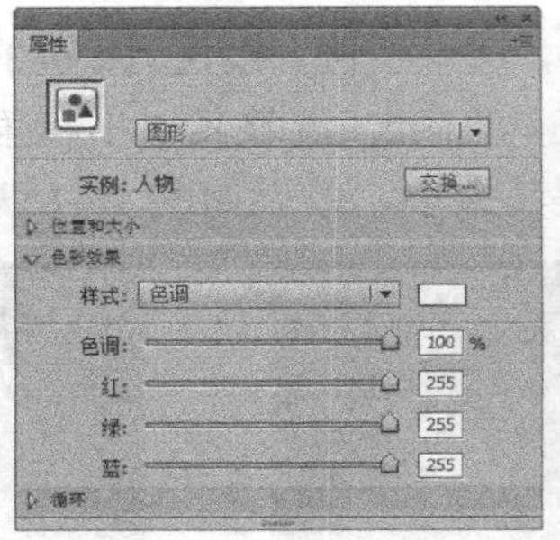


图 13-159

图 13-160

（9）用鼠标右键单击“人物”图层的第 15 帧，在弹出的菜单中选择“复制帧”命令。用鼠标右键分别单击“人物”图层的第 20 帧、第 25 帧，在弹出的菜单中选择“粘贴帧”命令，如图 13-161 所示。用鼠标右键单击“人物”的第 1 帧，在弹出的菜单中选择“创建传统补间”命令，生成传统补间动画，如图 13-162 所示。

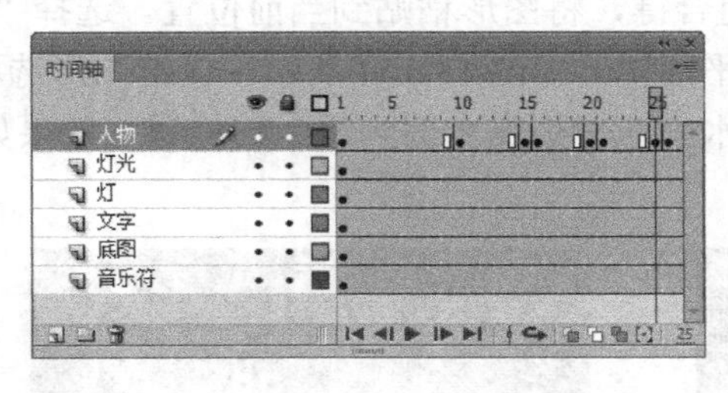


图 13-161

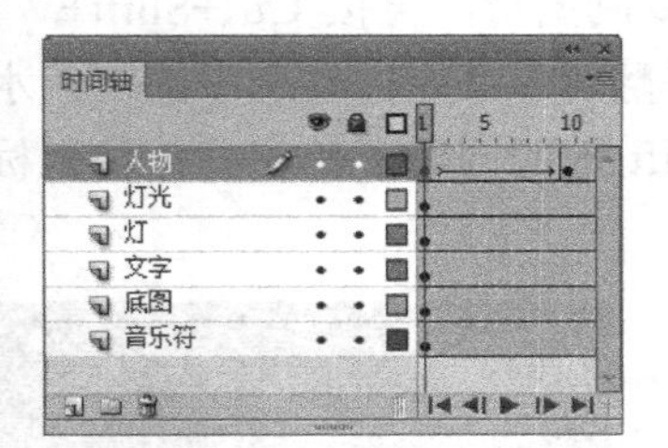


图 13-162

（10）在“时间轴”中创建新图层并将其命名为“闪光灯”。将“库”面板中的影片剪辑元件“灯光闪”拖曳到舞台窗口中，选择“任意变形工具”，调整其位置和角度，效果如图 13-163 所示。用相同的方法再拖曳多个实例到舞台窗口中，并调整其位置和角度，效果如图 13-164 所示。至此，音乐广告制作完成，按 Ctrl+Enter 组合键即可查看效果。

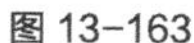

图 13-163

图 13-164

## 13.4 制作房地产网页

【案例学习目标】学习使用矩形工具、颜料桶工具、文字工具、导入命令、颜色面板、动作面板和传统补间命令制作房地产网页。

【案例知识要点】使用矩形工具、文本工具和颜色面板制作按钮元件，使用传统补间命令制作传统补间动画，使用动作面板添加动作脚本。完成后的房地产网页效果如图 13-165 所示。

图 13-165

【文件所在位置】光盘/Ch13/效果/制作房地产网页.fla

### 1. 导入图像并绘制按钮图形

（1）选择“文件 > 新建”命令，在弹出的“新建文档”对话框中选择“ActionScript 2.0”选项，单击“确定”按钮，进入新建文档舞台窗口。按 Ctrl+F3 组合键，弹出文档的“属性”面板，单击面板中的“编辑文档属性”按钮，弹出“文档设置”对话框，将“宽度”选项设为 600，“高度”选项设为 464，单击“确定”按钮，改变舞台窗口的大小。

（2）选择“文件 > 导入 > 导入到库”命令，在弹出的“导入到库”对话框中选择“Ch13 > 素材 > 制作房地产网页 > 01~05”文件，单击“打开”按钮，文件被导入到“库”面板中，如图 13-166 所示。

（3）在“库”面板下方单击“新建元件”按钮，弹出“创建新元件”对话框，在“名称”文本框中输入“效果 1”，在“类型”下拉列表中选择“按钮”，单击“确定”按钮，新建按钮元件“效果 1”。舞台窗口也随之转换为按钮元件的舞台窗口。

（4）将“图层 1”重新命名为“底图”。选择“矩形工具”，在矩形的“属性”面板中将“笔触颜色”设为棕色（#996600），“填充颜色”设为无，“笔触”选项设为 1，其他选项的设置如图 13-167 所示，在舞台窗口中绘制 1 个矩形，效果如图 13-168 所示。在工具箱中将“填充颜色”设为棕色（#996600），“笔触颜色”设为无，使用“矩形”工具再绘制 1 个矩形，效果如图 13-169 所示。

（5）选择“窗口 > 颜色”命令，弹出“颜色”面板，在“颜色类型”下拉列表中选择“线性渐变”，在色带上将渐变色设为从浅棕色（# D8B46A）、棕色（# AB7425）到浅棕色（# D8B46A），共设置 3 个控制点，如图 13-170 所示。

图 13-166

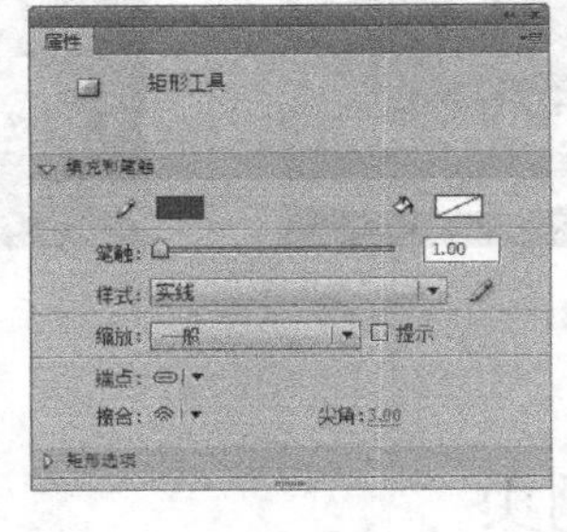

图 13-167

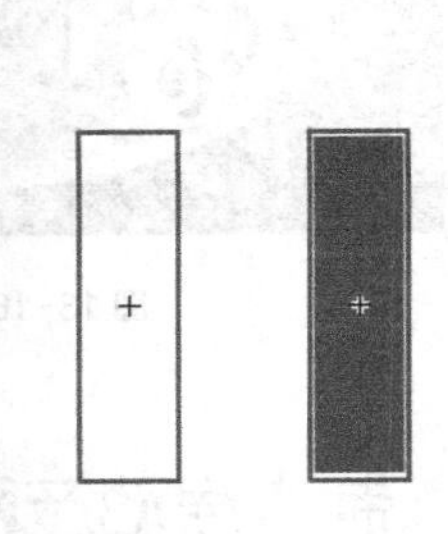

图 13-168　　图 13-169

（6）选择"颜料桶工具"，在矩形内部从左上角向右下角拖曳渐变色，松开鼠标后，渐变色被填充，如图 13-171 所示。选中"底图"图层的"指针经过"帧，按 F5 键插入普通帧。

（7）选择"选择工具"，选中渐变矩形，按 Ctrl+C 组合键，将其复制。在"时间轴"中创建新图层并将其命名为"白色块"。选中"白色块"图层的"指针经过"帧，按 F6 键插入关键帧。按 Ctrl+Shift+V 组合键，将复制的图形原位粘贴到"图层 2"中。

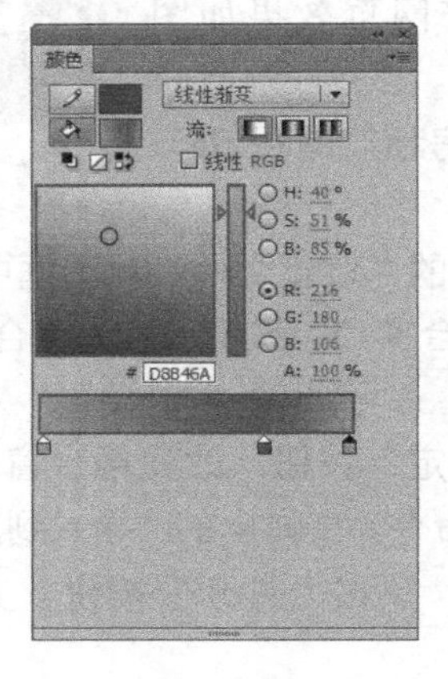

图 13-170

图 13-171

（8）选择"颜色"面板，在"颜色类型"下拉列表中选择"线性渐变"，在色带上将左边和右边的颜色控制点设为白色，在"Alpha"选项中将其不透明度设为 0%，将中间的颜色控制点设为白色，在"Alpha"选项中将其不透明度设为 50%，生成渐变色，如图 13-172 所示。

（9）选择"颜料桶工具"，在矩形内部从左上角向右下角拖曳渐变色，松开鼠标后，渐变色被填充，如图 13-173 所示。

（10）在"时间轴"中创建新图层并将其命名为"文字"。选择"文本工具"，在文本工具的"属性"面板中进行设置，在舞台窗口中适当的位置输入大小为 8、字体为"方正兰亭粗黑简体"的黑色文字，文字效果如图 13-174 所示。选中"文字"图层的"指针经过"帧，按 F6 键插入关键帧，在工具箱中将"填充颜色"设为白色，舞台窗口中文字颜色也随之改变，效果如图 13-175 所示。

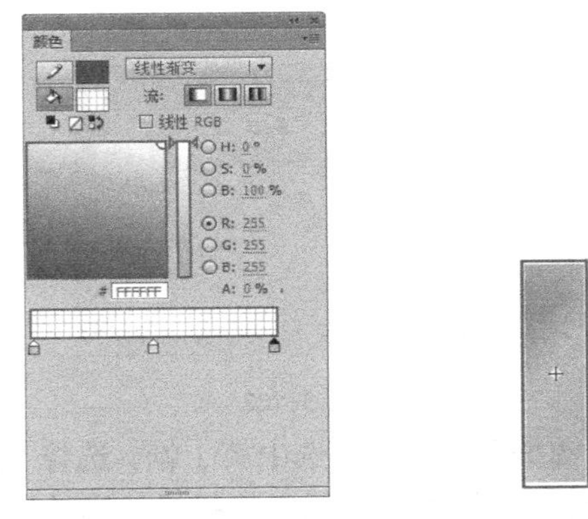

图 13-172

图 13-173

图 13-174

图 13-175

（11）用上述的方法制作按钮元件“效果 2”、“效果 3”、“效果 4”，效果分别如图 13-176、图 13-177 和图 13-178 所示。

图 13-176

图 13-177

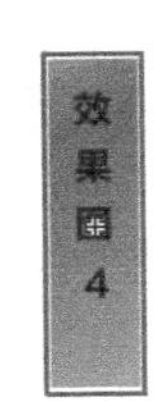


图 13-178

（12）在“库”面板下方单击“新建元件”按钮，弹出“创建新元件”对话框，在“名称”文本框中输入“图片”，在“类型”下拉列表中选择“图形”选项，单击“确定”按钮，新建图形元件“图片”，如图 13-179 所示。舞台窗口也随之转换为图形元件的舞台窗口。将“库”面板中的位图“01.jpg”文件拖曳到舞台窗口中，效果如图 13-180 所示。

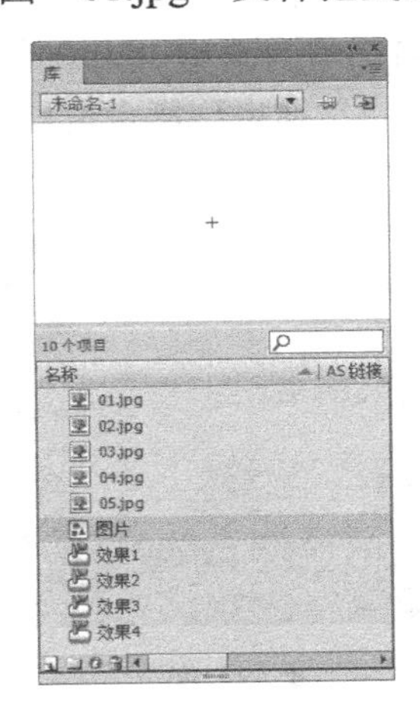


图 13-179

图 13-180

## 2. 制作场景动画

（1）单击舞台窗口左上方的“场景 1”图标，进入“场景 1”的舞台窗口。将“图层 1”重新命名为“底图”。将“库”面板中的图形元件“图片”拖曳到舞台窗口的中心位置，效果如图 13-181 所示。选中“底图”图层的第 40 帧，按 F5 键插入帧，如图 13-182 所示。

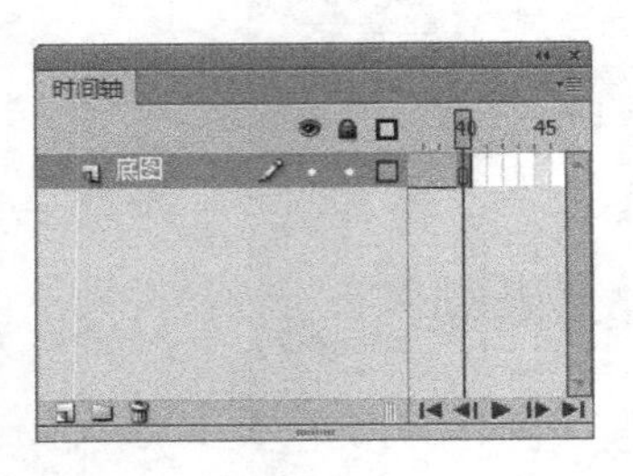


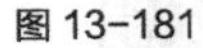
图 13-181

图 13-182

（2）选中“底图”图层的第 20 帧，按 F6 键插入关键帧。选中第 1 帧，选择“选择工具”，在舞台窗口中选中“图片”实例，在图形的“属性”面板中选择“色彩效果”选项组，在“样式”下拉列表中选择“Alpha”，将其值设为 13%，如图 13-183 所示。用鼠标右键单击“底图”图层的第 1 帧，在弹出的菜单中选择“创建传统补间”命令，生成传统补间动画，如图 13-184 所示。

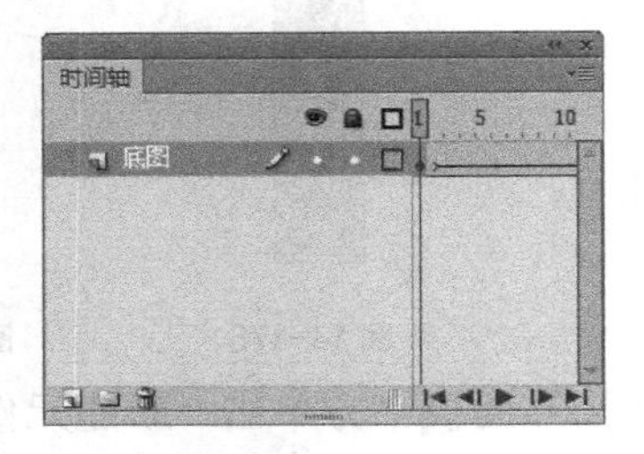


图 13-183

图 13-184

（3）单击“时间轴”面板下方的“新建图层”按钮，创建新图层并将其命名为“按钮”。选中“按钮”图层的第 37 帧，按 F7 键插入空白关键帧。将“库”面板中的影片剪辑元件“效果 1”拖曳到舞台窗口中适当的位置，效果如图 13-185 所示。使用相同的方法分别将“库”面板中的影片剪辑元件“效果 2”、“效果 3”、“效果 4”拖曳到舞台窗口中适当的位置，效果如图 13-186 所示。

图 13-185

图 13-186

（4）单击“时间轴”面板下方的“新建图层”按钮，创建新图层并将其命名为“图片”。选中“图片”图层的第 37 帧、第 38 帧、第 39 帧、第 40 帧，按 F7 键插入空白关键帧，如图 13-187 所示。选中第 37 帧，将“库”面板中的位图“02.jpg”拖曳到舞台窗口中适当的位置，效果如图 13-188 所示。

（5）分别选中第 38 帧、第 39 帧、第 40 帧，将“库”面板中的位图“03.jpg”、“04.jpg”、“05.jpg”分别拖曳到舞台窗口中适当的位置，效果如图 13-189、图 13-190 和图 13-191 所示。

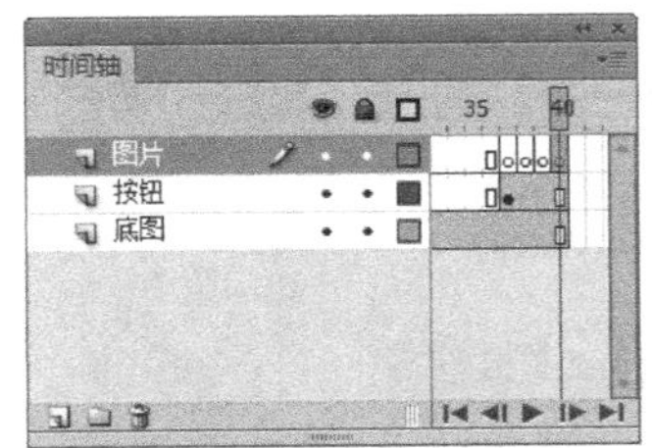


图 13-187

图 13-188

图 13-189

图 13-190

图 13-191

（6）在“时间轴”面板中创建新图层并将其命名为“动作脚本”。选中“动作脚本”图层的第 37 帧，插入关键帧。在“动作”面板中单击“将新项目添加到脚本中”按钮，在弹出的菜单中选择“全局函数 > 时间轴控制 > stop”命令，在“脚本窗口”中即显示出选择的脚本语言，如图 13-192 所示。设置好动作脚本后，在图层“动作脚本 1”的第 1 帧上显示出一个标记“a”，如图 13-193 所示。

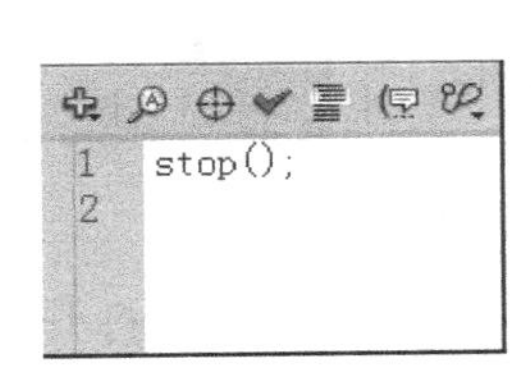


图 13-192

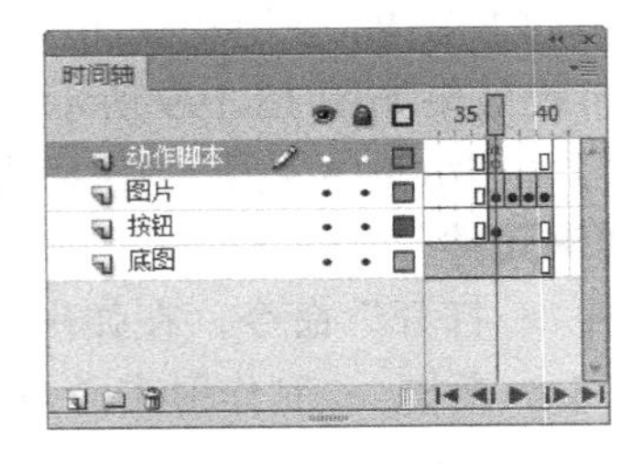


图 13-193

### 3. 添加动作脚本

（1）选中“按钮”图层的第 37 帧，在舞台窗口中选中实例“效果 1”，选择“窗口 > 动作”命令，弹出“动作”面板，在“动作”面板中设置脚本语言，“脚本窗口”中显示的效果如图 13-194 所示。在舞台窗口中选中实例“效果 2”，选择“窗口 > 动作”命令，弹出“动作”面板，在“动作”面板中设置脚本语言，“脚本窗口”中的显示如图 13-195 所示。

（2）在舞台窗口中选中实例“效果 3”，选择“窗口 > 动作”命令，弹出“动作”面板，在“动作”面板中设置脚本语言，“脚本窗口”中显示的效果如图 13-196 所示。

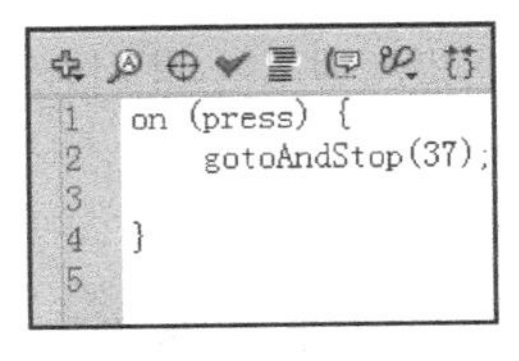


图 13-194

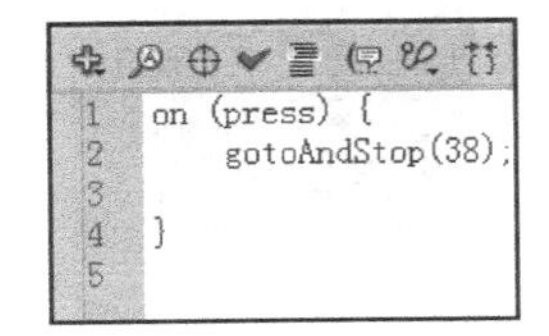


图 13-195

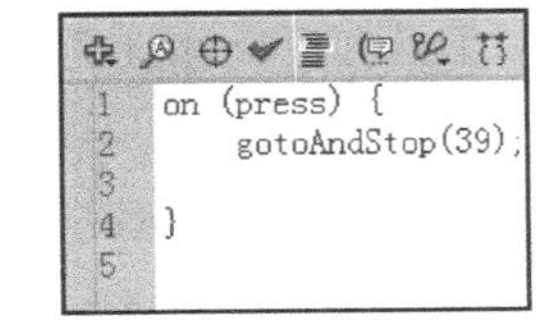


图 13-196

（3）在舞台窗口中选中实例“效果 4”，选择“窗口 > 动作”命令，弹出“动作”面板，在“动作”面板中设置脚本语言，“脚本窗口”中的显示如图 13-197 所示。至此，旅行相册制作完成，按 Ctrl+Enter 组合键即可查看，效果如图 13-198 所示。

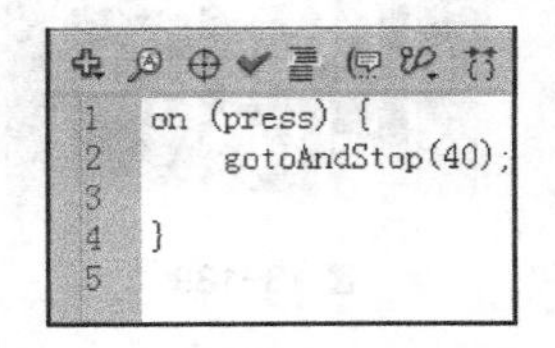


图 13-197

图 13-198

## 13.5 制作射击游戏

【案例学习目标】学习使用椭圆工具、线条工具、动作面板和传统补间命令制作射击游戏。

【案例知识要点】使用椭圆工具、线条工具和颜色面板制作瞄准镜元件，使用逐帧命令制作鱼动 2 效果，使用传统补间命令制作鱼动 1 效果，使用动作面板添加动作脚本。完成后的射击游戏效果如图 13-199 所示。

图 13-199

【文件所在位置】光盘/Ch13/效果/制作射击游戏.fla。

### 1. 制作影片剪辑元件

（1）选择“文件 > 打开”命令，在弹出的“打开”对话框中选择“Ch13 > 素材 > 制作射击游戏 > 01”文件，单击“打开”按钮，打开文件。选择“文件 > 导入 > 导入到库”命令，在弹出的“导入到库”对话框中选择“Ch13 >素材 > 制作射击游戏 > 02”、“03”、“04”、“05”、“06”文件，单击“打开”按钮，文件被导入到“库”面板中，如图 13-200 所示。

（2）在“库”面板下方单击“新建元件”按钮，弹出“创建新元件”对话框，在“名称”文本框中输入“鱼”，在“类型”下拉列表中选择“图形”选项，单击“确定”按钮，新建图形元件“鱼”，如图 13-201 所示。舞台窗口也随之转换为图形元件的舞台窗口。将“库”面板中的位图“05.png”文件拖曳到舞台窗口中适当的位置，效果如图 13-202 所示。

图 13-200

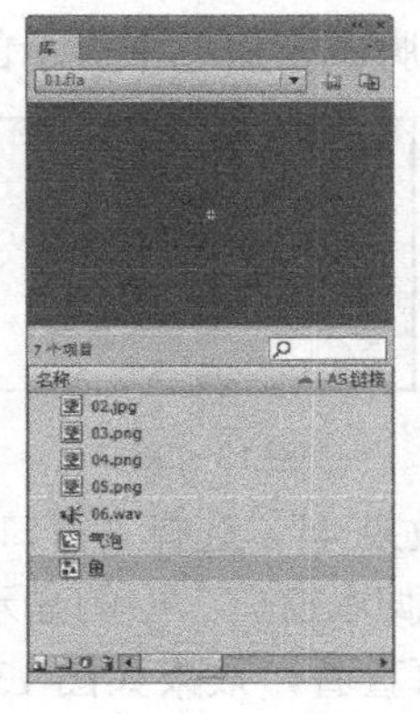


图 13-201

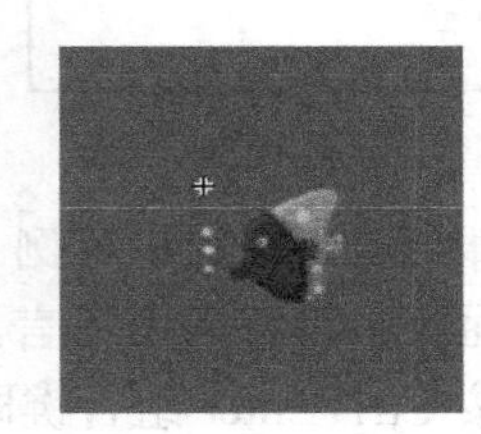

图 13-202

（3）在“库”面板下方单击“新建元件”按钮，弹出“创建新元件”对话框，在“名称”文本框中输入“鱼动 1”，在“类型”下拉列表中选择“影片剪辑”选项，单击“确定”按钮，新建影片剪辑元件“鱼动 1”。舞台窗口也随之转换为影片剪辑元件的舞台窗口。将“库”面板中的图形元件“鱼”拖曳到舞台窗口中适当的位置，效果如图 13-203 所示。

（4）选中“图层 1”的第 100 帧，按 F6 键插入关键帧。选择“选择工具”，选中“鱼”实例，按住 Shift 键的同时，单击并按住鼠标水平向左拖曳其到适当的位置，效果如图 13-204 所示。用鼠标右键单击“鱼”图层的第 1 帧，在弹出的菜单中选择“创建传统补间”命令，生成传统补间动画。

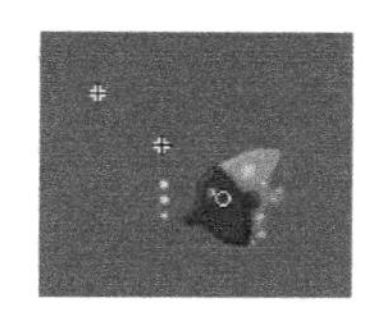

图 13-203

图 13-204

（5）在“库”面板下方单击“新建元件”按钮，弹出“创建新元件”对话框，在“名称”文本框中输入“鱼动 2”，在“类型”下拉列表中选择“影片剪辑”选项，单击“确定”按钮，新建影片剪辑元件“鱼动 2”。舞台窗口也随之转换为影片剪辑元件的舞台窗口。将“库”面板中的位图“03.png”文件拖曳到舞台窗口中适当的位置，效果如图 13-205 所示。

（6）选中“图层 1”的第 5 帧，按 F7 键插入空白关键帧。将“库”面板中的位图“04.png”文件拖曳到舞台窗口中适当的位置，效果如图 13-206 所示。选中“图层 1”的第 9 帧，按 F5 键插入帧，如图 13-207 所示。

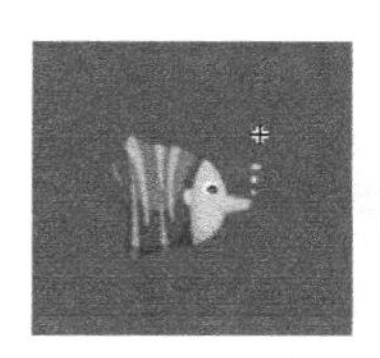

图 13-205

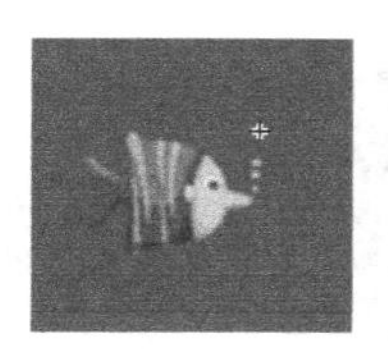

图 13-206

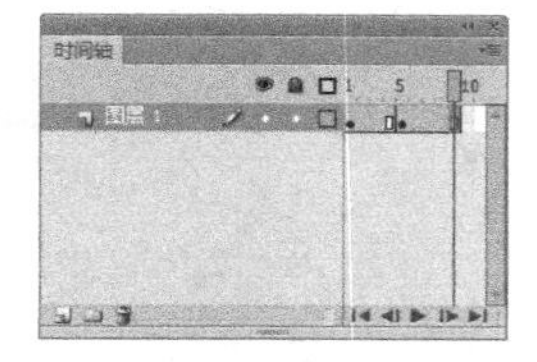

图 13-207

（7）单击“新建元件”按钮，新建影片剪辑元件“瞄准镜”。调出“颜色”面板，选中“笔触颜色”按钮，将“笔触颜色”设为黑色，“Alpha”选项设为 50%；选中“填充颜色”按钮，将“填充颜色”设为白色，将“Alpha”选项设为 50%，如图 13-208 所示。选择“椭圆工具”，按 Alt+Shift 组合键的同时，在舞台窗口的中心绘制 1 个圆形，效果如图 13-209 所示。

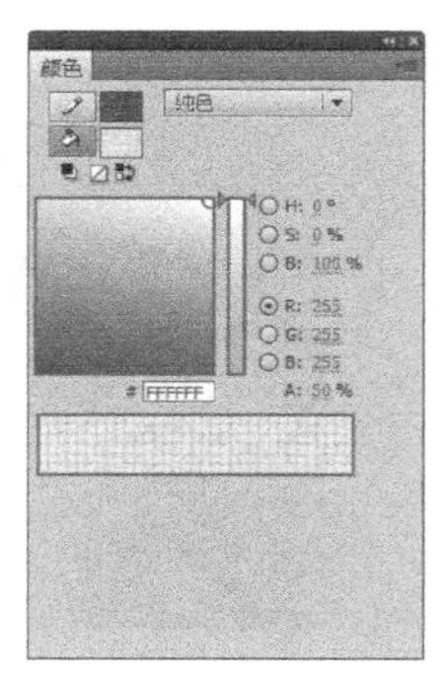

图 13-208

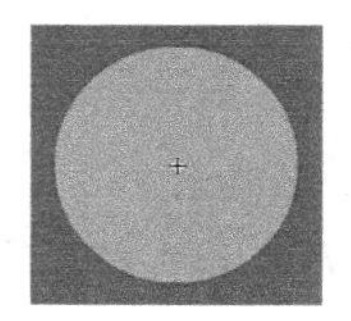

图 13-209

（8）选择“线条工具”，按住Shift键的同时，在舞台窗口中绘制1条直线，如图13-210所示。选择“选择工具”，选中直线，调出“变形”面板，单击面板下方的“重制选区和变形”按钮，复制直线，将“旋转”选项设为90，效果如图13-211所示。选择“任意变形工具”，将两条直线同时选取，拖曳直线到圆形的中心位置并调整大小，效果如图13-212所示。

（9）选择“橡皮擦工具”，单击工具箱下方的“橡皮擦模式”按钮，在弹出的列表中选择“擦除线条”模式，在线条的中心单击鼠标擦除线条，效果如图13-213所示。选择“刷子工具”，在工具箱下方单击“刷子大小”按钮，在弹出的下拉列表中选择第2个笔刷头并将“刷子形状”设为圆形，将“填充颜色”设为红色（#FF0000），“Alpha”选项设为100%，在两条线条的中心单击鼠标，效果如图13-214所示。

图13-210

图13-211

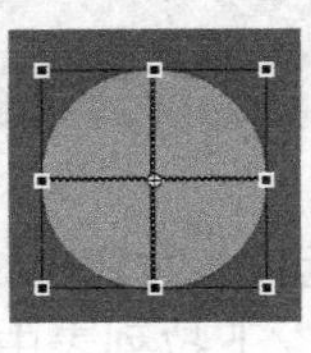
图13-212

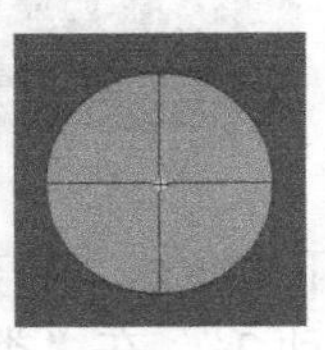
图13-213

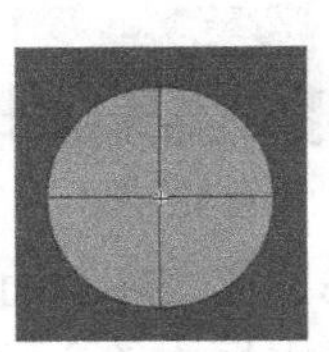
图13-214

## 2. 制作动画效果

（1）单击舞台窗口左上方的“场景1”图标 场景1，进入“场景1”的舞台窗口。在“时间轴”中创建新图层并将其命名为“底图”。将“库”面板中的位图“02”文件拖曳到舞台窗口中，效果如图13-215所示。再次将“库”面板中的影片剪辑“鱼动1”拖曳到舞台窗口中适当的位置，效果如图13-216所示。

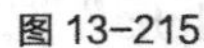
图13-215

图13-216

（2）在“时间轴”面板中创建新图层并将其命名为“鱼2”。分别将“库”面板中的影片剪辑“瞄准镜”、“鱼动2”拖曳到舞台窗口中适当的位置，效果如图13-217和图13-218所示。

图13-217

图13-218

（3）选择“文本工具” ，在舞台窗口的标牌上拖曳出 1 个文本框。选中文本框，在文本的“属性”面板中将“文本类型”设为“动态文本”，单击“约束”按钮，将其更改为解锁状态，将“宽”选项设为 93，“高”选项设为 29，如图 13-219 所示。舞台窗口中效果如图 13-220 所示。

（4）在文本的“属性”面板的“变量”文本框中输入“info”，其他选项的设置如图 13-221 所示。

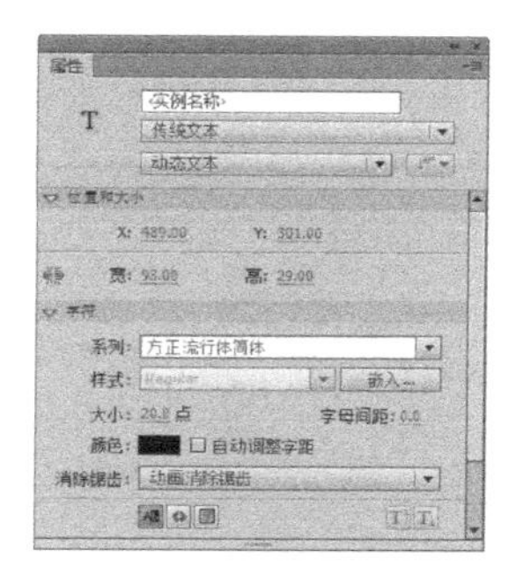


图 13-219

图 13-220

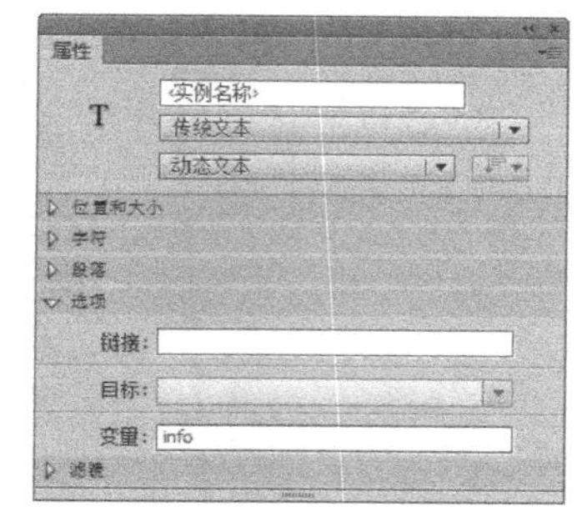


图 13-221

（5）在舞台窗口中选中“鱼动 2”实例，在影片剪辑“属性”面板中，在“实例名称”文本框中输入“fish”，如图 13-222 所示。选择“窗口 > 动作”命令，弹出“动作”面板，在面板中输入需要的脚本语言，如图 13-223 所示。设置好动作脚本后，关闭“动作”面板。

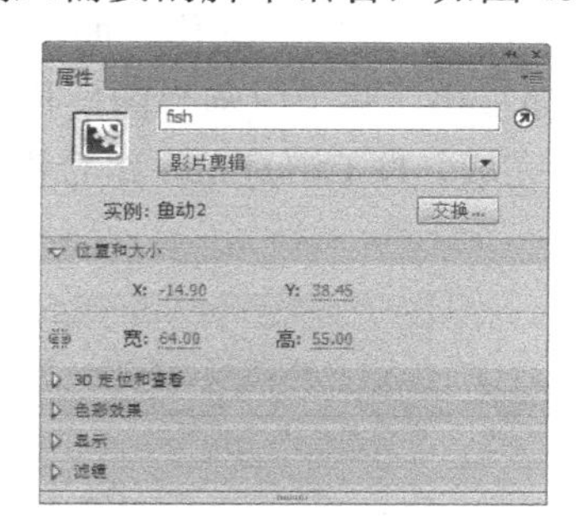


图 13-222

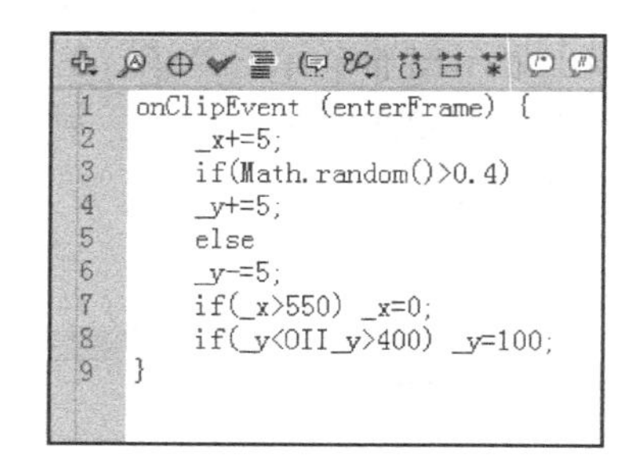


图 13-223

（6）在舞台窗口中选中“瞄准镜”实例，在影片剪辑的“属性”面板中，在“实例名称”文本框中输入“gun”，如图 13-224 所示。选择“窗口 > 动作”命令，弹出“动作”面板，在脚本窗口中输入需要的脚本语言，如图 13-225 所示。设置好动作脚本后，关闭“动作”面板。

图 13-224

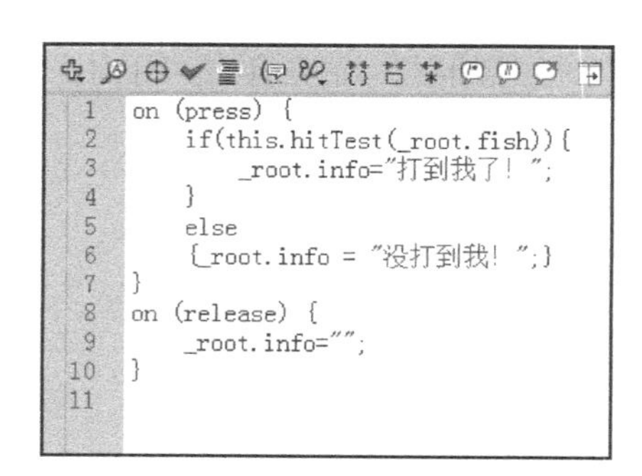


图 13-225

（7）在“库”面板中选中声音文件“06”，单击鼠标右键，在弹出的菜单中选择“属性”命令，弹出“声音属性”面板，选择“ActionScript”选项，在“链接”选项组中，勾选“为ActionScript导出”复选框，其他选项的设置如图13-226所示，单击“确定”按钮。在舞台窗口中选中“瞄准镜”实例，调出“动作”面板，再次在脚本窗口中添加播放声音的动作脚本语言，如图13-227所示。设置好动作脚本后，关闭“动作”面板。

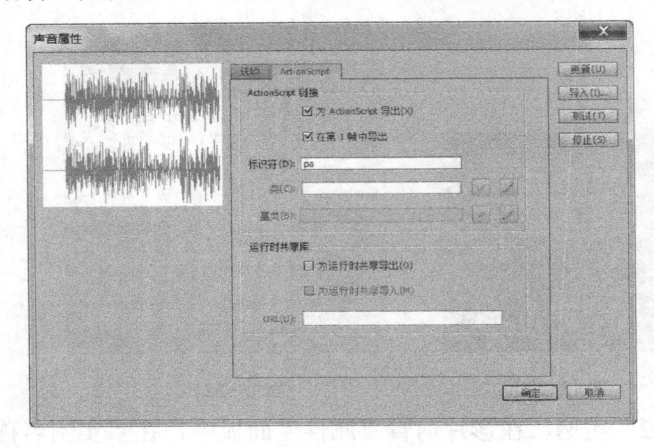


图13-226

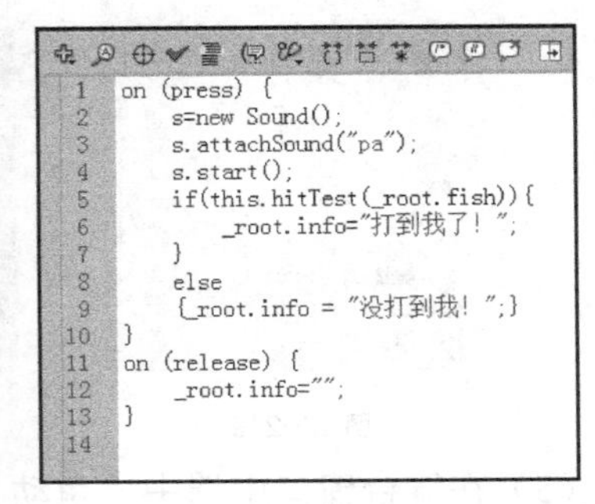


图13-227

（8）选中“鱼2”图层的第1帧，按F9键，弹出“动作”面板，在脚本窗口中输入需要的动作脚本语言，如图13-228所示，设置好动作脚本后，关闭“动作”面板。在“鱼2”图层的第1帧上显示出一个标记“a”。在“时间轴”面板中，将“气泡”图层拖曳到“鱼2”图层的上方，如图13-229所示。至此，射击游戏制作完成，按Ctrl+Enter组合键即可查看效果，如图13-230所示。

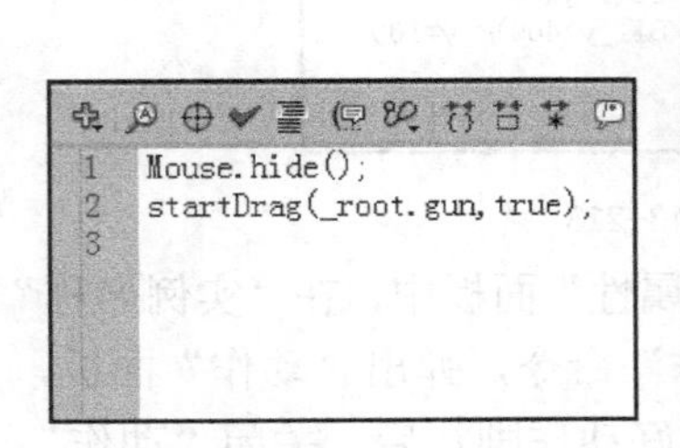


图13-228

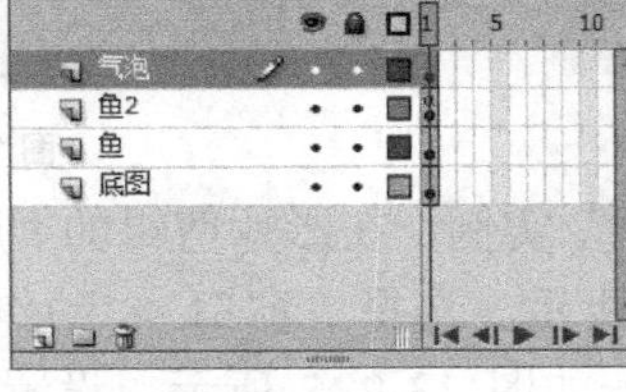


图13-229

图13-230